中国地质大学(武汉)实验教学系列教材
中国地质大学(武汉)实验技术研究经费资助
中国地质大学(武汉)本科教学工程项目资助
中国地质大学(武汉)教学研究项目

# 大学物理实验

DAXUE WULI SHIYAN

**主　编**　何开华　彭　湃　王清波　罗中杰

**副主编**　吴　娟　吴　妍　景锐平　金三梅

中国地质大学出版社
ZHONGGUO DIZHI DAXUE CHUBANSHE

**图书在版编目(CIP)数据**

大学物理实验/何开华等主编.—武汉:中国地质大学出版社,2019.12(2024.1重印)
ISBN 978-7-5625-4670-2

Ⅰ.①物…
Ⅱ.①何…
Ⅲ.①物理学-实验-高等学校-教材
Ⅳ.①O4-33

中国版本图书馆CIP数据核字(2019)第268488号

**大学物理实验**

何开华　彭　湃　王清波　罗中杰　**主　编**
吴　娟　吴　妍　景锐平　金三梅　**副主编**

责任编辑:郑济飞　　选题策划:郑济飞　　责任校对:张旻玥

出版发行:中国地质大学出版社(武汉市洪山区鲁磨路388号)　　邮编:430074
电　　话:(027)67883511　　传　　真:(027)67883580　　E-mail:cbb@cug.edu.cn
经　　销:全国新华书店　　http://cugp.cug.edu.cn

开本:787毫米×1092毫米　1/16　　字数:576千字　　印张:22.5
版次:2019年12月第1版　　印次:2024年1月第5次印刷
印刷:湖北睿智印务有限公司

ISBN 978-7-5625-4670-2　　定价:45.00元

## 中国地质大学(武汉)实验教学系列教材

# 编委会名单

# 前言

近年来，中国地质大学(武汉)物理实验教学示范中心在学校的支持下，新购入了一大批物理实验教学仪器，更新率达到了80%以上，使得原有的实验教材与实际教学仪器严重不符，导致学生在实验前的预习内容和实际操作内容脱节。为使实验教材更好地符合中心的实验仪器，更好地为学生服务，物理实验教学中心安排老师整理出这本实验教材。本教材是在结合原有教材的基础上，结合我校新的仪器设备而重新编写的，对原有的内容作了部分调整和修改，增加和删减了部分实验项目，内容更丰富。全书共列出实验项目45个，覆盖了我中心的绝大部分实验仪器。全书分为力学热学实验、电磁学实验、光学实验及近代物理实验四个部分，完全能够满足物理专业普通物理实验和非物理专业大学物理实验课等相关课程的需求。

本书凝聚了中国地质大学(武汉)数学与物理学院物理专业所有老师的教学成果，是在老师们长期实践教学的基础上结合物理实验中心的实验仪器，总结教学经验编写而成的。前期参加编写工作的有汤型正(绪论和附表部分)、王希成(编写实验1、实验3、实验18)、何开华(主持编写工作、编写实验2、实验43)、杜秋姣(编写实验4、实验26)、郭龙(编写实验5)、张自强(编写实验7、实验22)、景锐平(编写实验8、实验17、实验24)、金三梅(编写实验9、实验30、实验31)、万森(编写实验13)、李迪开(编写实验14、实验15)、郑安寿(编写实验16、实验35)、万珍珠(编写实验19)、陈玲(编写实验20)、马冲(编写实验21、实验29)、吕涛(编写实验23)、张光勇(编写实验32、实验33)、李铁平(编写实验34、实验42)、罗中杰(编写实验36、实验37)、石铁钢(编写实验38)、陈洪云(编写实验39)、左小敏(编写实验40)、吴娟(编写实验44)、王清波(编写实验45)。本次改编力学热学实验部分由吴娟、左小敏、金三梅负责，新增了 3 个实验项目(实验 10、实验 11、实验 12)；电磁学实验部分由彭湃、熊中龙、吴妍负责，新增加了 3 个实验项目(实验 25、实验 27、实验 28)；光学部分由王清波、景锐平负责，新增一个实验项目(实验 41)；绪论、近代物理实验及附表部分由何开华负责。全书由何开华、罗中杰组织编写、修订和统稿，彭湃、吴娟与王清波负责校对。

本书在编写过程中，也广泛参考了兄弟院校的相关教材，我们特别到武汉本地的武汉大学、华中科技大学、武汉理工大学等兄弟院校的物理实验中心进行了走访，吸收了其中优秀的实验内容和方法，在此对他们表示衷心的感谢！

本书的出版得到了学校实验教材项目(2017)、本科教学工程项目(2019G47)及教学研究项目(2016A54)的资助，在此一并感谢！

由于编写时间紧，参与编写的老师多，水平有限，疏漏之处在所难免，衷心希望专家及广大读者对本书提出批评指正意见，以供我们再版时改正，提高本书的编写质量。

编　者

**2019 年 10 月**

# 目录



## 第一部分 力学、热学实验

## 第二部分　电磁学实验



## 第三部分　光学实验

## 第四部分　近代实验

# 绪　论

## 一、物理实验的地位和作用

用人为的方法让自然现象再现，从而加以观察和研究，这就是科学实验。科学实验是人们认识自然和改造客观世界的基本手段，科学技术越进步，科学实验就显得越重要，任何一种新技术、新材料、新工艺、新产品都必须通过科学实验才能获得。由科学实验观察到的现象和测出的数据，加以总结抽象，找出内在的联系和规律，就得到科学理论，科学实验是科学理论的源泉。理论一旦提出，又必须借助科学实验来检验其是否具有普遍的意义，实验是验证理论的手段，是检验理论的裁判。19 世纪，麦克斯韦提出的电磁理论(预言了电磁波的存在)只有当赫兹做出电磁波实验后才被人们公认；20 世纪，杨振宁、李政道提出基本粒子弱相互作用的领域内宇称不守恒理论，只有当吴健雄做出实验验证后，才被同行学者承认，从而才有可能获得诺贝尔物理学奖。而且，人们掌握理论的目的，在于用它来指导生产实践，促进科学进步，推动社会发展，当理论付诸于实际的应用时，仍必须通过实验，实验是理论应用的桥梁，任何一门科学的发展都离不开实验。

物理学是一门实验科学，物理学的形成和发展是以实验为基础的，物理实验的重要性，不仅表现在通过实验发现物理定律，而且物理学中的每一项重要突破都与实验密切相关。物理学史表明，经典物理学的形成，是伽俐略、牛顿、法拉第、麦克斯韦等人通过观察自然现象，反复实验，运用抽象思维方法总结出来的。近代物理的发展，是在某些实验基础上提出假设，例如普朗克根据黑体辐射提出“能量子假设”，但假设还需要再经过大量的实验证实，才成为科学理论，实践证明物理实验是物理学发展的动力。在物理学发展的进程中，物理实验和物理理论始终是相互促进、相互制约、相得益彰的，没有理论指导的实验是盲目的，实验必须总结抽象上升为理论，才有其存在的价值；而理论靠实验来检验，同时理论上的需要又促进实验的发展。1752 年，富兰克林利用风筝把云层的电引入室内，进行室内雷鸣闪电实验，证实了雷电与电火花放电具有同一本质，进而找出了雷电的成因，并且在此基础上发明了避雷针。这个简单的实验事实，足以说明物理实验在物理学发展中所起的重要作用。

物理实验在探索和研究新科技领域，在推动其他自然科学和工程技术的发展中，同样起着重要的作用。自然科学迅速发展，新的学科分支层出不穷，但基础学科就是数学和物理两门。物理实验是研究物理测量方法与实验方法的科学，物理实验的特点是在于它具有普遍性——力、热、电、光都有；具有基础性——它是其他一切实验的基础；同时它还具有通用性——适用于一切领域，如果把高、精、尖的实验拆成“零件”，绝大部分是常见的物理实验。在工程技术领域中，研制、生产、加工、运输等都普遍涉及物理量的测量及物体运动状态的控制，这正是成熟的物理实验的推广和应用。现代高科技的发展，设计思想、方法和技术也来源于物理实验，因此，物理实验是工程技术和高科技发展的基础。

## 二、物理实验的目的和任务

### 1. 学习和掌握物理实验的基本知识

通过对物理实验现象的观察、分析和对物理量的测量，学习和掌握物理实验基本知识、基础理论方法和基本技术；懂得如何运用实验原理和方法去研究某个物理问题，加深对物理学原理的理解；熟悉常用仪器的基本原理、结构性能及使用方法。

### 2. 培养与提高学生的科学实验能力

(1)自学能力。能够自行阅读实验教材，做好实验前的准备。对于实验中出现的基本问题，能够通过查阅资料而得到解释。

(2)动手能力。能够对实验仪器设备正确布局连接，借助教材或说明书正确使用仪器，具体测试，获得较准确的实验结果。能够排除实验中的简单故障，掌握和运用基本的物理实验技能。

(3)分析能力。理论联系实际，能够对实验现象进行初步分析、判断和解释，用理论去指导实验。

(4)表达能力。能够正确记录和处理实验数据，绘制实验曲线，说明分析实验结果，撰写合格的实验报告。

(5)设计能力。对于简单问题，能够从研究对象或课题要求出发，自己阅读资料，依据某项原理，设计实验方法，确定实验参数，选择配套仪器，拟定实验程序方案。

### 3. 培养与提高学生的科学实验素养

培养学生具有实事求是、理论联系实际的科学作风，严肃认真、不怕困难、艰苦努力的科学态度，不断探索、勇于创新的科学精神，以及遵守纪律、团结协作、爱护公共财产的优良品德。

## 三、实验课的基本环节

任何实验的过程都应包括：①准备(预习)；②观测与记录；③数据的整理与分析这三个步骤。

### 1. 实验前的准备(预习)

实验前的准备是保证实验顺利进行，并能取得满意结果的重要步骤。

(1)理论的准备。从实验指导书和有关参考书籍中充分了解实验的理论依据和条件。

(2)实验仪器的准备。了解所用仪器的工作原理、工作条件和操作规程;了解实验室为何选用这样的装置和仪表,是否有其他的实验装置可用。

(3)观测的准备。掌握实验步骤和注意事项,设计记录表格。记录表格既要便于记录,又要便于整理数据。

在此基础上,写出预习报告。预习报告作为实验报告的一部分,其内容包括实验名称、目的、原理等。

**2. 实验的观测与记录**

实验是整个教学中最重要的一环,动手能力、分析问题和解决问题的能力的培养,主要在具体实验时完成。因此,必须充分利用课内的有限时间,提高教学效果。一般实验步骤包括:

(1)仪器的安装与调整。使用仪器进行测量时,必须满足仪器的正常工作条件(工作电压、光照、温度、湿度等),没经过耐心细致地调整仪器,而忙于进行测量,这是很多同学容易出现的毛病。使用仪器测量时,必须按操作规程操作。在仪器的安装与调整中一般应注意:

①安排仪器时,应尽量做到便于观察、读数和便于记录。

②灵敏度高的仪器(例如物理天平、灵敏电流计)都有制动器,不进行测量时,应使仪器处于制动状态。

③秒表、温度计、放大镜等小件仪器,在用完之后要放到实验台中间的仪器盒中。

④拧动仪器上的旋钮或转动部分时,不要用力过猛。

⑤注意仪器的零点,必要时需进行调零。

⑥砝码、透镜、表面镀膜反射镜等器件,为了保持其测量精确度和光洁不许用手去摸,也不要随便用布去擦。

⑦使用电学仪器要注意电源电压、极性,并需经教师允许后方能接通电源。

⑧不要动用别组的仪器,仪器不够用时要请示教师。

⑨实验后要将仪器整理、恢复到实验前的状态。

(2)观测。当从各种仪器的刻度尺上读数时,一定要估读到最小分度的1/10,例如,用一最小分度为毫米的米尺测一物体长度时,20.14cm的最后一位4是估读的,一定要读出,不能写成20.1cm。

(3)记录。实验记录就是如实地记下各观测数据、过程以及观测到的现象。要简单整洁、清楚明白,以使自己和别人都能看懂记录的内容,**数据一定要记在表格中**,并注明单位。

①记录的内容包括:日期、时间、合作者、室温、气压、仪器型号及其编号、实验过程、原始数据、实验有关现象、实验中发现的问题。原始数据是指从仪器上直接读出的、未经任

何运算的数值。

②原则上所有的数据(包括可疑的数据)都得记录,出现异常的数据时,应增加测量次数。

**3. 数据的处理**

实验结束后要尽快整理好数据,数据整理工作应尽可能在实验课上完成,这样可以根据数据整理中的问题作必要的补充测量,一般是在计算结束之后,再收拾仪器。但在实际实验过程中,数据处理往往是在课后完成。所以,实验测量结束后,让任课老师检查数据非常重要,只有任课老师在数据记录表格上签字后,才能收拾实验仪器。我校物理中心实行网上选课,具体实验流程如图 0-1 所示。

**4. 实验的讨论**

实验的讨论是培养分析能力的非常重要的部分,应当努力去做。实验后可供讨论的问题是多方面的,以下提示几点供参考:

(1)实验的原理、方法、仪器给你留下什么印象,实验完成得如何?

(2)实验的系统误差表现在哪些地方?怎样改进测量方法或装置,可以减少误差?对实验的改进有何设想?

(3)实验步骤怎样安排更好?

(4)观察到什么反常现象?遇到过什么困难?能否提出可供以后实验人员借鉴的东西?

(5)测量结果是否满意?如果未达到预期的结果,是何缘故?

(6)对实验的安排(目的、要求、方法和仪器的配置,等等)和教师的指导有何期望?

实验报告要力求简单明了,用语确切,字迹清楚。

完整的实验报告应包括:实验名称;实验目的;实验仪器及其编号;实验原理(含公式、简图);实验步骤;数据记录及处理(被测量的数值及不确定度、图线或经验公式);问题及讨论。

## 四、测量与误差

**1. 测量**

在物理实验中,要用实验的方法研究各种物理规律,因此要定量地测量出有关物理量的大小。例如,测出一摆线长为 0.9867m,某物体质量为 6.87g,某电路的电流强度为 1.56A,某地的重力加速度为 $9.796\text{m}\cdot\text{s}^{-2}$,电子电荷为 $1.6021917\times10^{-19}$C,等等。所谓测量就是借助仪器用某一计量单位把待测量的大小表示出来,即待测量是该计量单位的多少倍。

对待测量物理量的测量可分两类。一类是用计量仪器和待测量进行比较,就可获得

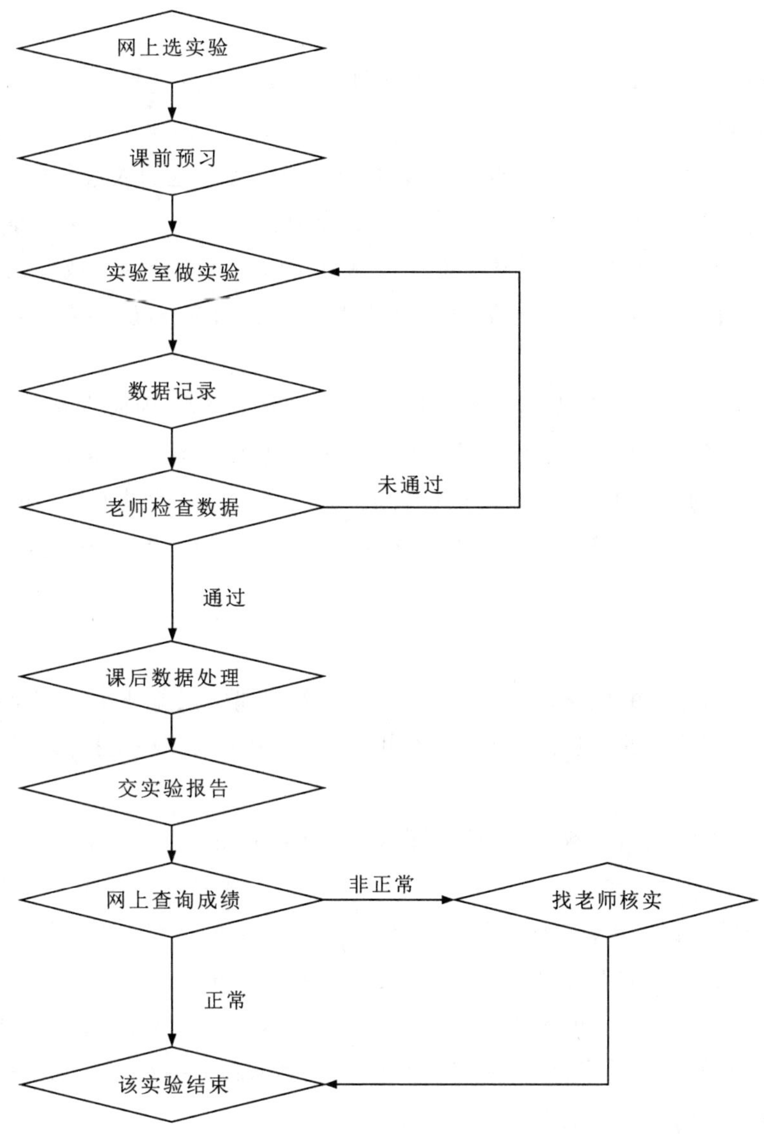


图 0-1　实验流程图

结果。例如,用米尺和某单摆相比较,读出摆线长为 0.9867m。这一类测量称为直接测量。另一类是不能直接用计量仪器把待测量的大小测出来,而需依据待测量和某几个直接测量值的函数关系求出待测量的。例如重力加速度,可以由测量单摆的摆长和周期,根据单摆周期的公式算出,这一类的测量称为间接测量。

物理量多数是间接测量值,一般是设计一个(或一套)装置,通过几个直接测量值求出结果。例如,单摆就是一个测量重力加速度的装置,惠斯通电桥就是一个测量电阻的装置。掌握直接测量仪器的原理和用法,掌握实验装置的设计和调整是学习物理实验的重要内容。

**2. 误差**

每一个物理量都是客观存在，在一定的条件下具有不以人的意志为转移的固定值，这个客观大小称为该物理量的真值。进行测量是想要获得待测量的真值。但是测量是依据一定的理论或方法，使用一定的仪器，在一定的环境中，由一定的人进行的。而由于受实验理论的近似性，实验仪器灵敏度和分辨能力的局限性，环境的不稳定性等因素的影响，待测量的真值是不可能测得的，测量结果和被测量真值之间总会存在或多或少的偏差，这种偏差就称为测得值的误差。设被测量的真值为 $a$，测得值为 $x$，误差为 $\varepsilon$，则

$$x - a = \varepsilon \tag{0-1}$$

测量所得的一切数据，毫无例外地都包含有一定量的误差，因而没有误差的测量结果是不存在的。在误差必然存在的情况下，测量的任务是：①设法将测得值中的误差减至最小；②求出在测量的条件下，被测量的最近真值（最佳值）；③估计最近真值的可靠程度（接近真值的程度）。为此必须研究误差的性质、来源，以便采取适当的措施，以期达到最好结果。

**3. 误差的分类**

按照对测得值影响的性质，误差可分为系统误差和偶然误差两类。实验数据中，两类误差是混杂在一起出现的，但必须分别讨论其规律，以便采取相应的措施去减少误差。

1）系统误差

在同一条件下（方法、仪器、环境和观测人不变）多次测量同一量时，符号和绝对值保持不变的误差，或按某一确定的规律变化的误差，称为系统误差。例如用天平称物体的质量时，由于砝码的标称质量（或名义质量，即标刻在砝码上的质量数值）不准引入的误差，由于天平臂不等长引入的误差，由于空气浮力的影响引入的误差。所有这些误差在多次反复称同一物体的质量时是恒定不变的，这就是系统误差。又例如在一电路中的电池的电压，随放电时间的延长而降低时，将给电路中的电流强度的测量引入系统误差。

系统误差又可以按其产生的原因分为：

①仪器误差，这是所用量具或装置不完善而产生的误差；

②方法误差（理论误差），这是由于实验方法本身或理论不完善导致的误差；

③装置误差，这是由于对测量装置和电路布置、安装、调整不当而产生的误差；

④环境误差，这是外界环境（如光照、温度、湿度、电磁场等）的影响而产生的误差；

⑤人身误差，这是由于观测人的感觉器官或运动器官不完善引入的误差。此种误差因人而异，并和个人当时的精神状况密切相关。

系统误差的出现一般都有较明确的原因，因此可采取适当措施使之降低到可忽略的程度，但是怎样找到产生系统误差的原因，从而采取恰当的对策，又没有一定的规律可遵循，因此在实验过程中逐渐积累经验、锻炼机智、提高实验素养是很重要的。分析系统误差应当是实验的讨论问题之一。

2)偶然误差(随机误差)

在同一条件下多次测量同一物理量时,测得值总是有稍许差异而且变化不定,并在消除系统误差之后依然如此,这部分绝对值和符号经常变化的误差,称为偶然误差。

产生偶然误差的原因很多,比如观测时目的物对得不准,平衡点确定得不准,读数不准确,实验仪器由于环境温度、湿度、电源电压的起伏而引起的微小变化,振动的影响等。这些因素的影响一般是微小的,并且是混杂出现的,因此难以确定某个因素产生的具体影响的大小,所以对待偶然误差不能像对待系统误差那样,找出原因加以排除。

偶然误差并非毫无规律,它的规律性是在大量观测数据中才显现出来的统计规律。在多数物理实验中,偶然误差表现出如下的规律性:

①误差为正和负的次数出现的机会相同;

②绝对值小的误差比绝对值大的误差出现的机会多;

③误差不会超出一定的范围。

设 $n$ 次测量值 $x_1,x_2,\cdots,x_n$ 的误差为 $\varepsilon_1,\varepsilon_2,\cdots,\varepsilon_n$,真值为 $a$,则

$$(x_1-a)+(x_2-a)+\cdots+(x_n-a)=\varepsilon_1+\varepsilon_2+\cdots+\varepsilon_n$$

将上式展开整理后,分别除以 $n$,得出

$$\frac{1}{n}\times(x_1+x_2+\cdots+x_n)-a=\frac{1}{n}(\varepsilon_1+\varepsilon_2+\cdots+\varepsilon_n)$$

它表示平均值的误差等于各测量值误差的平均,由于测量值的误差有正有负,相加后可抵消一部分,而且 $n$ 越大相消的机会越多,因此得到:

①在确定的测量条件下,减小测量结果偶然误差的办法是增加测量次数。

②在消除数据中的系统误差之后,算术平均值的误差由于测量次数的增加而减小,平均值即趋近于真值。因此可取算术平均值为直接测量的最近真值(最佳值)。

测量次数的增加对于提高平均值的可靠性是有利的,但不是测量次数越多越好。因为增加次数必定要延长测量时间,这将给保持稳定的测量条件增加困难,同时延长时间也会给观测者带来疲劳,这又可能引起较大的观测误差。另外增加测量次数只能对降低偶然误差有利而与系统误差的减小无关,所以实际测量次数不必过多。一般在科学研究中,取 10～20 次,而在物理实验课中则只取 4～10 次。

**4. 测量的精密度、准确度和精确度**

精密度、准确度和精确度都是评价测量结果好坏的,但这三个词的涵义不同,使用时应加以区别。

测量的精密度高,是指测量数据比较集中,偶然误差较小,但系统误差的大小不明确。

测量的准确度高,是指测量数据的平均值偏离真值较少,测量结果的系统误差较小,但数据分散的情况,即偶然误差的大小不明确。

测量的精确度高,是指测量数据比较集中在真值附近,即测量的系统误差和偶然误差

都比较小。精确度是对测量的偶然误差与系统误差的综合评定。

图 0-2 是射击时弹着点的情况，图(a)表示精密度高，但准确度较差，图(b)表示准确度高，但精密度较差，图(c)表示精密度和准确度均较好，即精确度高。

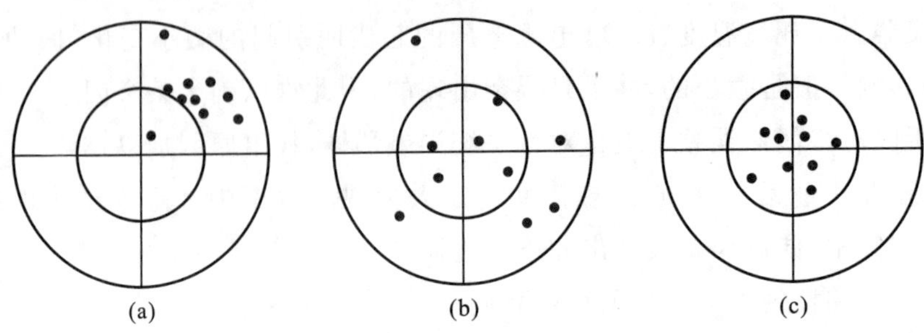

图 0-2　精密度、准确度、精确度的区别

## 五、有效数字

实验中总要记录很多数值，并进行计算，但是记录时应取几位，运算后应留几位，这是实验数据处理的重要问题，必须有一个明确的认识。

实验时处理的数值，应能反映出被测量的实际大小的数值，即记录与运算后保留的应为能传递出被测量实际大小信息的全部数字，我们称这样的数字为有效数字。但是实验中接触的数字，哪些是传递了被测量大小信息的有效数字应予保留，哪些不是而应舍弃呢？

**1. 仪器读数、记录与有效数字**

一般来讲，仪器上显示的数字均为有效数字，均应读出(包括最后一位的估读)并记录。例如，用一最小分度为毫米的尺，测得一物体的长度为 7.62cm，其中 7 和 6 是准确读出的，最后一位数字 2 是估计的，并且仪器本身也将在这一位出现误差，所以它存在一定的可疑成分，即实际上这一位可能不是 2，虽然读数 2 不十分准确，但还是近似地反映出这一位大小的信息，还应算作有效数字。

仪器上显示的最后一位数是“0”时，此“0”也是有效数字，也要读出并记录。例如，用一毫米分度尺测得一物体的长度为 3.60cm，它表示物体的末端是和分度线“6”刚好对齐，下一位是 0，这时若写成 3.6cm 则不能肯定这一点。所以此“0”是有效数字，必须记录。另外在记录时，由于选择单位的不同，也会出现一些“0”，例如，3.60cm 也可记为 0.0360m，或 36000μm，这些由于单位变换才出现的“0”，没有反映出测量大小的信息，不能认为是有效数字。在物理实验中常用一种被称为标准式的写法，就是任何数值都只写出有效数字，而数量级则用 10 的幂数去表示，例如上述两例可写成 $3.60\times10^{-2}$ m，$3.60\times10^{4}$ μm。

对于分度式的仪表，读数要读到最小分度的1/10。例如，最小分度是毫米的尺，测量时一定要估测到1/10mm那一位；最小分度是0.1A的安培针，测量时一定要估测到1/100A那一位。但有的指针式仪表，它的分度较窄，而指针较宽（大于最小分度的1/5），这时要读到最小分度的1/10有困难，可以读到最小分度的1/5甚至1/2。

**2. 运算后的有效数字**

在具体讨论运算后有效数字位数的规则之前，先就一个例子来进行分析。

例如，测得一长方形的长为15.74cm，宽为5.37cm，求其面积。按一般算术计算得面积为84.5238$cm^2$，这个数的6个数字是否都是有效数字呢？可以肯定这两个直接测量值都具有一定的误差，而且误差不小于最后一位数的一个单位。假设它们的较准确值是15.73cm和5.36cm，则算出的面积为84.3128$cm^2$，这两个面积值明显不同，而且小数点后第一位就出现差异，相比之下可以考虑只有前三位数字是传递出实际面积大小的信息的，而后三位数则无意义，因此所求面积的有效数字位数只能取三位。

下面讨论运算后判断有效数字位数的一般规则。

（1）实验后计算误差，根据误差确定有效数字是正确决定有效数字的基本依据。

误差只取一位或两位有效数字，测量值的数值的有效数字是到误差末位为止，即测量值有效数字的末位和误差末位取齐。例如，用单摆测得某地重力加速度为

$$g=981.2\pm0.8\text{cm}\cdot\text{s}^{-2}$$

误差只取一位，测量值的有效数字的末位是和误差同一位的2。

（2）实验后不计算误差时，测量结果有效数字位数只能按以下的规则粗略地确定。

①加减运算后的有效数字。根据误差的讨论，已知加减运算后结果的绝对误差应等于参与运算各数值误差之和，因此运算后的误差应大于参与运算的各数值中任何一个的误差，所以加减运算后小数点有效数字的位数，可估计为与参加运算各数值中小数点后位数最少的相同。

②乘除运算后的有效数字。已知乘除运算结果的相对误差等于参加运算各数值的相对误差之和，因此运算结果的相对误差应大于参加运算各数值中任何一个的相对误差。而一般说来有效数字位数越少，其相对误差就越大，所以乘除运算后的有效数字位数，可估计为与参加运算各数值中有效数字位数最少的相同。

按照以上讨论，判断运算后有效数字位数举例如下：

$$126.7+35.05+76.213+0.16=238.1$$

$$325.7-16.78+125.66=434.6$$

$$27.13/(3.1416\times0.561^2\times10.085)=2.721$$

$$\begin{aligned}3.144\times(3.615^2-2.684^2)\times12.39&=3.144\times(13.07-7.204)\times12.39\\&=3.144\times5.87\times12.39\\&=229\end{aligned}$$

在按有效数字运算时，还应注意以下几点：

①物理公式中有些数值，不是由实验测量出的。例如，测量圆柱体的直径 $d$ 和长度 $l$，求其体积公式 $M=\frac{1}{4}\pi d^2 l$ 中的 $\frac{1}{4}$ 不是测量值，在确定 $M$ 的有效数字位数时不必考虑 $\frac{1}{4}$ 的位数。

②对数运算时，首数不算有效数字。

③首位数是 8 或 9 的 $m$ 位数值的相对误差和首位数是 1 的 $m+1$ 位数值的相对误差相似，因此在乘除运算中，计数有效数字位数时，对首位数是 8 或 9 的可多算一位。

例如，$9.81\times16.24=159.3$，按 9.81 是三位有效数字，结果应取 159，但因为 9.81 的首位数是 9，可将 9.81 算作 4 位数，所以结果取 159.3。

④有多个数值参加运算时，在运算中途应比按有效数字运算规则规定的多保留一位，以防止由于多次取舍引入计算误差，但运算最后仍应舍去。例如，前述运算例子，按此规则应是

$$\begin{aligned}&3.144\times(3.615^2-2.684^2)\times12.39\\&=3.144\times(13.068-7.2039)\times12.39\\&=3.144\times5.864\times12.39\\&=228.4\end{aligned}$$

**3. 数值取舍的约定**

取舍约定的原则是，4 舍 6 入 5 凑偶。

(1)若舍去部分的数值小于所保留的末位数单位的 1/2，末位数不变。

(2)若舍去部分的数值大于保留的末位数单位的 1/2，末位数加 1。

(3)若舍去部分的数值恰好等于保留的末位数单位的 1/2，当末位数为偶数时，保持不变；末位数为奇数时，末位数加 1。

## 六、测量结果的评定

误差存在于一切科学实验过程中。因此，作为科学实验不仅要知道实验的结果，还需要知道误差的范围。由于测量真值是一理想概念，因而前面所定义的误差在实际中无法精确计算。但根据误差的特性，可以估算出误差的大致范围，并以此作为一种评定测量结果质量好坏的指标。1980 年以来，在国际计量局的正式建议下，世界各国开始推广使用统一的测量结果质量评定标准——测量不确定度，简称不确定度。

换言之，测量中总的不确定性误差，包括偶然误差和各项非定值系统误差，以一定的概率落在不确定度所表达的范围内。不确定度所对应的概率值可以有不同的选择，其中最基本、最常用的概率是 68.3%，与之对应的不确定度称为标准不确定度(实际上也简称不确定度)，其他概率的不确定度称为扩展不确定度。扩展不确定度一般可由标准不确定

度乘以相应的扩展因子而获得。在表示扩展不确定度时一定要附加说明其概率值。在物理实验中主要学习掌握标准不确定度的计算与表示方法。

由于测量过程中的误差来源往往不是单一的，因此测量结果的不确定度中一般包含有多个分量，每个分量对应一种误差来源。根据计算方法的不同，不确定度的分量可归并为A、B两类。其中A类是用统计方法计算的那些分量；B类是用其他方法计算的那些分量。根据国际不确定度工作组的建议，完整的不确定度报告的表示过程是：先分别计算其各个分量，如果分量较多则须列成表格，在表格中详细说明各分量的误差来源、计算方法、计算公式和计算结果。然后将这些分量按“方和根”（即将各分量值先平方，再求和，最后开平方根）的形式合成为测量不确定度。下面按直接测量和间接测量分别介绍相应的不确定度的计算方法。

**1. 直接测量结果的不确定度的计算**

物理实验中直接测量的误差来源主要是偶然误差和仪器误差，因此直接测量的不确定度一般有两个分量。

对于来源于偶然误差的不确定度分量用 $s$ 表示，属于A类。设通过重复测量得到 $n$ 个测量值 $x_1, x_2, \cdots, x_n$（已不含定值系统误差），则

$$\bar{x} = \frac{1}{n}\sum_{i=1}^{n} x_i \tag{0-2}$$

$$\sigma = \sqrt{\frac{\sum_{i=1}^{n}(x_i - \bar{x})^2}{n-1}} \tag{0-3}$$

按式(0-2)算出它们的平均值作为测量的结果，按式(0-3)计算标准差 $\sigma$，则 $s$ 的计算式为

$$s = \frac{\sigma}{\sqrt{n}} \tag{0-4}$$

来源于仪器误差的不确定度分量用 $u$ 表示。$u$ 的大小通常根据仪器误差限的大小来估计，属于B类。所谓仪器误差限（又称为仪器最大误差），是指在正确使用仪器的条件下，测量结果可能出现的最大误差。对于一些常用仪器，其误差限 $\varepsilon$（或 $\Delta$）值见表0-1。

一般认为：在正常使用条件下，由仪器原因产生的误差在误差限范围内服从均匀分布，即仪器误差值可能是 $-\varepsilon$ 至 $+\varepsilon$ 范围内的任意值，且它等于任一可能值的概率是相同的。因此，来源于仪器误差的不确定度分量（它表示仪器误差有68.3%的可能性在 $-u$ 至 $u$ 的范围内）是

$$u = 0.683\varepsilon \tag{0-5}$$

由式(0-4)、式(0-5)分别算出 $s$、$u$ 之后，则应按下式将两个分量合成为不确定度 $U$：

$$U = \sqrt{s^2 + u^2} \tag{0-6}$$

表 0-1 常用仪器误差限

| 仪器名称 | 量程 | 最小分度值和精度等级 | ε |
|---|---|---|---|
| 木尺 | 50cm 以下<br>100cm | 1mm<br>1mm | 1mm<br>1.5mm |
| 钢卷尺 | 1m<br>2m | 1mm<br>1mm | 0.8mm<br>1.2mm |
| 钢板尺 | 150mm<br>300～500mm<br>1000mm | 1mm<br>1mm<br>1mm | 0.1mm<br>0.15mm<br>0.2mm |
| 游标尺 | 300mm 以下 | 0.02mm<br>0.05mm<br>0.1mm | 0.02mm<br>0.05mm<br>0.1mm |
| 千分尺 | 0～25mm | 0.01mm | 0.004mm |
| 物理天平 | 500g | 0.05g | 1/3 量程以下 0.04g<br>1/3～1/2 量程 0.06g<br>1/2～满量程 0.08g |
| 水银温度计 | 100℃<br>100℃ | 1℃<br>0.1℃ | 1℃<br>0.2℃ |
| 电表 | | 精度等级;$K$ 级 | $A\times K\%$($A$ 为电表测量值) |
| 电阻 | | 精度等级;$K$ 级 | $R\times K\%$($R$ 为电阻测量值) |

**例 0-1** 用螺旋测微计测某一钢丝的直径,6 次测量值 $L_i$ 分别为:0.249、0.250、0.247、0.251、0.253、0.250;同时读得螺旋测微计的零位为+0.004,单位 mm,已知螺旋测微计的仪器误差限为 ε=0.004mm,请给出完整的测量结果。

**解**
$$\bar{L} = (\sum L_i)/n = 0.250(\text{mm})$$

考虑到零位修正:

$$\bar{L} = 0.250 - 0.004 = 0.246(\text{mm})$$

$$\sigma_L = \sqrt{\sum(\bar{L} - L_i)^2/(n-1)} = 0.002(\text{mm})$$

$$s = \frac{\sigma_L}{\sqrt{n}} \approx 0.001(\text{mm}) \qquad u = 0.683\varepsilon \approx 0.003(\text{mm})$$

$$U = \sqrt{s^2 + u^2} \approx 0.004(\text{mm})$$

最终测量结果表达式为：

$$L = 0.246 \pm 0.004(\text{mm})$$

**2. 间接测量的不确定度计算**

在间接测量中，每一个直接测量量的误差都通过计算而传递给间接测量量。估算间接测量量的不确定度时，首先要明确各原始测量量的不确定度对间接测量量的不确定度影响的传递关系，即明确间接测量量不确定度各分量的计算式。

设间接测量量 $Z$ 是直接测量量 $x,y,\cdots,w$ 的函数，即

$$Z = f(x,y,\cdots,w) \tag{0-7}$$

各直接测量量 $x,y,\cdots,w$ 的不确定度为 $U_{x0},U_{y0},\cdots,U_{w0}$。用 $u_x,u_y,\cdots,u_w$ 表示间接测量量 $Z$ 的不确定度 $U$ 中分别来源于 $x,y,\cdots,w$ 的测量误差的分量。根据数学知识，$U_{x0}$ 相当于自变量 $x$ 的微小变化，它引起因变量 $Z$ 的微小变化即 $u_x$，两者之间的数学关系为

$$u_x = \frac{\partial f}{\partial x}U_{x0} \tag{0-8}$$

同理，$U$ 的其他分量分别是

$$u_y = \frac{\partial f}{\partial y}U_{y0}$$

$$u_w = \frac{\partial f}{\partial w}U_{w0}$$

以上就是间接测量不确定度分量计算的一般公式，式中的偏导数在此称为误差传递系数。

在计算出各分量的数值后，将它们按“方和根”方式合成为不确定度 $U$，即

$$U = \sqrt{u_x^2 + u_y^2 + \cdots + u_w^2} \tag{0-9}$$

**例 0－2**　已测得圆环内径为 $D_1 = 2.880 \pm 0.004\text{cm}$，外径为 $D_2 = 3.600 \pm 0.004\text{cm}$，圆环高度为 $h = 2.575 \pm 0.004\text{cm}$，求圆环的体积 $V$。

**解**　求得圆环体积的平均值为

$$\bar{V} = \frac{\pi}{4}(D_2^2 - D_1^2)h = 9.436(\text{cm}^3)$$

由于 $D_2$ 的测量不准引起的体积的不确定为

$$u_{D_2} = \frac{\partial V}{\partial D_2}U_{D_2} = \frac{\pi}{2}D_2 h \cdot U_{D_2} = 0.06(\text{cm}^3)$$

同理

$$u_{D_1} = 0.05(\text{cm}^3),\ u_h = 0.02(\text{cm}^3)$$

则：

$$U = \sqrt{0.06^2 + 0.05^2 + 0.02^2} = 0.09(\text{cm}^3)$$

所以最终结果表示为

$$V = 9.44 \pm 0.09(\text{cm}^3)$$

**3. 不确定度数值表示的约定**

不确定度一般只保留最大的一位非零数，其后面的尾数只要不全为零，就一律向所保留下来的数进1。

实验测量结果，应写成如下形式：

$$X = X_{测} \pm U_X \tag{0-10}$$

其中，$X$ 是物理量的符号，$X_{测}$ 是物理量的测量值（一般用多次测量的平均值），$U_X$ 是不确定度。$U_{测}$ 的最后一位数字应与 $U_X$ 的第一位非0位对齐。式(0-10)的含义是：物理量 $X$ 的真值有68.3%的几率在$(X_{测}-U_X)\sim(X_{测}+U_X)$的范围内。

## 七、数据处理的基本方法

**1. 列表法**

列表法就是将大量的实验数据按一定的规则、顺序排列成表格形式。这种方法既有助于表示物理量之间的对应关系，也有助于检查并发现实验中的问题。列表时应遵循以下原则：

(1)简单明了，分类清楚，便于查阅、分析、归纳。

(2)表格上方注明表格名称，表内标题栏目中注明物理量的名称和单位。

(3)表内数据应正确反映测量结果的有效数位。数据切忌随意涂改。

(4)若是测量数据的函数关系表，则应按自变量由小到大（或由大到小）的顺序排列。

**2. 实验图线的描绘**

物理实验要研究物质的物理性质和规律以及验证物理理论。表达这些实验结果，可以用数值、图线或经验公式。而用图线表示实验结果，则具有形式简明直观，便于比较，易于显示变化的规律等特点。

绘制图线时需注意的问题：

(1)图线纸有直角坐标纸、对数坐标纸和极坐标纸等几种。常用的是直角坐标纸（方格纸）。

(2)坐标的横轴为自变量，纵轴为因变量，一般是以被测量为变量，但有时为了使获得的图纸是一条直线，而将被测量作某种变换后的数值作为变量。这种变换不仅是由于直线容易描绘，更重要的是直线的斜率和截距所包含的物理内容是我们所需要的。

例如，单摆的摆长 $l$ 和周期 $T$ 之间的关系，若以 $l$ 为自变量，$T$ 为因变量作图，将是图0-3(a)所示的一条曲线；当以 $l$ 为自变量，$T^2$ 为因变量作图时，就得图0-3(b)所示的一条直线。直线的斜率为$\frac{4\pi^2}{g}$，可从直线的斜率求出重力加速度 $g$ 的值。

(3)坐标的原点不一定要和变量的零点一致。若变量 $x$ 的变化范围是从 $a$ 到 $b$，则将

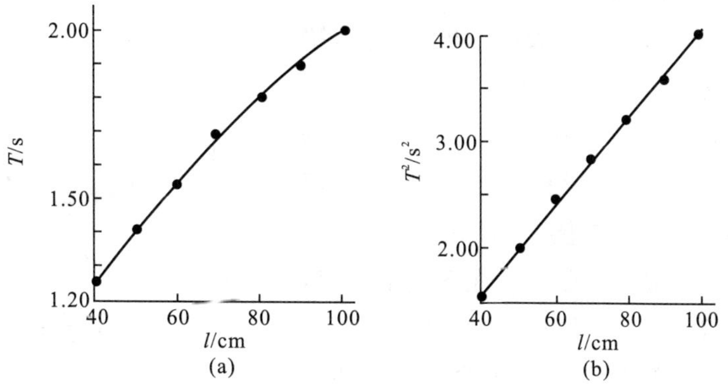


图 0－3　$T-l$ 关系图(a)及 $T^2-l$ 关系图(b)

坐标原点取在 $a$ 的附近即可。因为有时 $a$ 距 $x$ 的零点很远，如果将原点取在 $x$ 的零点处，则坐标纸上将出现很大的空白区，白白浪费了坐标纸。描绘图 0－3 所用数据是：$l$ 为 40.0～100.00cm，$T$ 为 1.27～2.01s。作图时坐标原点取在 $l$=40.0cm，$T$=1.20s 处。这时如果取 $l$=40.0cm，$T$=1.27s 为原点也不利，因为以 1.27 这样的不整齐数为起点，将给 $T$ 轴的分度、标点带来不必要的困难，也容易出现错误，故原点一定要取比较整齐的数。

(4)坐标轴的分度要和测量的有效数字位数对应，坐标纸的一小格应表示为被测量的最后一位的 1 个单位、2 个单位或 5 个单位，要避免用一小格表示 3、7 或 9 个单位。因为那样不仅标点和读数都不方便，也容易出现错误。

(5)$x$ 和 $y$ 轴二变量的变化范围(a～b)、(c～d)，表现在坐标纸上的长度应该相差不大，最多也不要超过一倍。图 0－4 中(a)的选取较合适，(b)、(c)均不好。实际上之所以出现如图 0－4 中(b)、(c)的图线，是由于测量 $x$、$y$ 二变量所用仪器的精度配合不当所致。

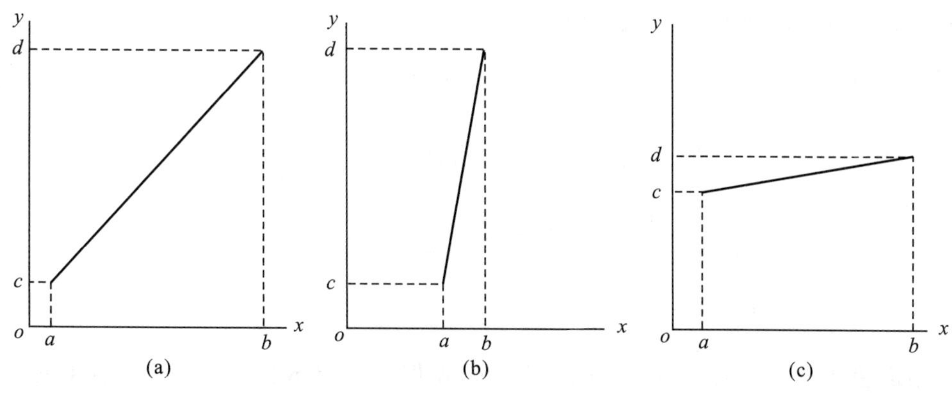


图 0－4　不同坐标原点选取的作图效果图

(6)比例选定后，要画上坐标轴并注明 $x$、$y$ 轴代表的测定量及单位，按测量数据标出坐标点(描出图线后也不要擦掉)，用铅笔沿各坐标点轻轻描一图线，然后用曲线板逐段做出光滑曲线。因为测量值有一定的误差，所以绝不能将各坐标点简单连起来。描出图线后有些点不在图线上，是测量误差的表现，是正常的现象。不在图线上的点，应以大体相同的数目分布在图线的两侧，要尽可能靠近图线，并且两侧各点到图线的距离之和也要近似相等(图 0－5)。

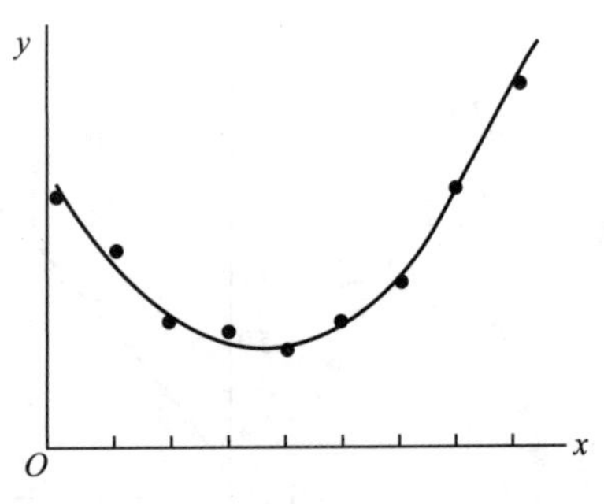


图 0－5　测量点与拟合曲线图

对于显著偏离图线的点，要进行分析后决定取舍。对初学者来说，这往往是由于观测、计算或标点的错误造成的，应努力检查实验及描图的过程，或进行重测，以纠正错误，总结经验。当然也可能是该物理量在这一区域有急剧的变化，但这要经过反复测量，并尽可能在这一区域多取得一些数据之后才能确定。

(7)要标明图线的名称，注明作者及日期。

(8)要将图线纸粘贴在实验报告上。

**3. 逐差法**

用逐差法可以求出线性函数多项式的系数。设物理量 $y$ 与 $x$ 存在关系

$$y = a_0 + a_1 x \tag{0-11}$$

把 $a_1 x_0$ 归入 $a_0$ 中，$X$ 是自变量每次变化值，如有 $2l$ 组数据，则

$$y_i = a_0 + a_1(iX) \quad (i = 1,2,\cdots,2l) \tag{0-12}$$

隔 $l$ 项逐差有

$$\delta y_i = y_{l+i} - y_i = a_1 lX \quad (i = 1,2,\cdots,l) \tag{0-13}$$

一共有 $l$ 个 $\delta y_i$，可得到 $l$ 个 $a_1$ 值，取平均有

$$\bar{a}_1 = \frac{\overline{\delta y_i}}{lX} = \frac{1}{l^2 X}\sum_{i=1}^{l}\delta y_i \tag{0-14}$$

将 $\bar{a}_1$ 代入式(0－12)中，可得到 $2l$ 个 $a_0$ 值，取平均有

$$\begin{aligned}\bar{a}_0 &= \frac{1}{2l}\sum_{i=1}^{2l}[y_i - a_1(iX)] = \frac{1}{2l}\left(\sum_{i=1}^{2l} y_i - \bar{a}_1 X\sum_{i=1}^{2l} i\right)\\ &= \bar{y} - \frac{1}{2}(2l+1)\bar{a}_1 X\end{aligned} \tag{0-15}$$

在用逐差法求系数时，不能逐项逐差而必须把数据分成两半，前半与后半对应项逐差，这样可以充分利用测量数据，具有对数据取平均的效果。如果逐项逐差之后再平均，则

$$\overline{\delta y_i} = \frac{1}{2l-1}\sum_{i=1}^{2l}\delta y_i$$
$$= \frac{1}{2l-1}[(y_2 - y_1) + (y_3 - y_2) + \cdots + (y_{i+1} - y_i) + \cdots + (y_{2l} - y_{2l-1})]$$
$$= \frac{1}{2l-1}(y_{2l} - y_1) \tag{0-16}$$

只用了第一项和最后一项数据。

**4. 最小二乘法线性回归**

图解法求线性方程的斜率和截距比较直观，计算也很简单。但作图法所绘出的图线有一定的随意性，所得出的结果的不确定度也不好估算，因而是一种粗略的数据处理方法。对于由测量数据求物理规律的经验方程问题（称为方程的回归），较为准确可靠的处理是最小二乘法。以下讨论用最小二乘法进行一元线性方程的回归。

设物理量 $y$ 与 $x$ 间存在线性关系

$$y = a + bx \tag{0-17}$$

实验测出 $n$ 对数据点 $x_i$、$y_i$（$i=1,2,\cdots,n$）。现在的问题是如何根据这些数据来确定式（0-17）中的斜率 $b$ 和截距 $a$。由于实验误差的存在，与某一 $x_i$ 对应的 $y_i$，与用回归法求得的直线式（0-17）总存在 $y$ 方向的偏差，在众多可能的直线中，总有一条线与全体实验点的偏差的平方和是最小的，满足这一条件的直线方程就是所求的最佳回归方程。用这一条件来求回归方程的方法就称为最小二乘法。

设 $n$ 个测量值 $y_i$ 与所求直线方程对应的拟合值（$a+bx_i$）的偏差的平方和为 $Q$，即

$$Q = \sum_{i=1}^{n}(y_i - a - bx_i)^2 \tag{0-18}$$

使 $Q$ 值取极小的必要条件是：$a$、$b$ 应满足方程组

$$\begin{cases} \dfrac{\partial Q}{\partial a} = -2\sum\limits_{i=1}^{n}(y_i - a - bx_i) = 0 \\ \dfrac{\partial Q}{\partial b} = -2\sum\limits_{i=1}^{n}x_i(y_i - a - bx_i) = 0 \end{cases}$$

从以上方程组可解得所求量 $a$、$b$ 与直接测量值 $x_i$、$y_i$ 之间的关系式

$$b = l_{xy}/l_{xx} \tag{0-19}$$

其中

$$\begin{cases} l_{xy} = n\sum\limits_{i=1}^{n}x_iy_i - \sum\limits_{i=1}^{n}x_i\sum\limits_{i=1}^{n}y_i \\ l_{xx} = n\sum\limits_{i=1}^{n}x_i^2 - (\sum\limits_{i=1}^{n}x_i)^2 \end{cases} \tag{0-19a}$$

$$a = \frac{1}{n}\sum_{i=1}^{n}y_i - \frac{b}{n}\sum_{i=1}^{n}x_i \tag{0-20}$$

由式(0－19)和式(0－20)就可算出最佳回归直线方程的斜率和截距。

由于观测 $x_i$、$y_i$ 具有误差，则 $a$、$b$ 也必然存在误差。它们的不确定度的计算公式为

$$U_b=\left[\frac{nQ}{(n-2)l_{xx}}\right]^{1/2} \tag{0-21}$$

$$U_a=\left|\frac{Q\sum_{i=1}^{n}x_i^2}{(n-2)l_{xx}}\right|^{1/2} \tag{0-22}$$

## 思考题

(1)什么是测量？测量分为哪几类？分别举例说明。

(2)什么是误差？误差分为哪几类？分别举例说明。

(3)试将下列各式的运算结果写成正确的形式

①30.135＋9.27－1.1043；

② $\sqrt{4.00}$；

③124×356；

④0.1234÷0.0234；

⑤$2.0000^2$；

⑥sin30°00’。

(4)在保留4位有效数字的前提下，写出下列数值的最终结果：0.37456，3.4748，3.4758，3.4745，3.4755，3.4704，3.4705，3.4706。

(5)设圆柱体的高为 $h=(10.00\pm0.01)\times10^{-2}$m，直径为 $d=(4.00\pm0.01)\times10^{-2}$m，求体积。

(6)测量某物体的长度，10次的测量值如下：

$L_1=1.5186$cm，$L_2=1.5197$cm，$L_3=1.5192$cm，$L_4=1.5190$cm，$L_5=1.5180$cm，

$L_6=1.5188$cm，$L_7=1.5189$cm，$L_8=1.5201$cm，$L_9=1.5189$cm，$L_{10}=1.5193$cm

求：①样本的不确定度及相对不确定度；

②平均值的不确定度及相对不确定度；

③如果忽略系统不确定度，求测量结果的表达式。

(7)根据公式 $R_x=\frac{R_3}{R_4}R_2$ 测未知电阻 $R_x$。已知

$R_3=(100.0\pm0.1)\Omega$，$R_4=(1200\pm1)\Omega$，$R_2=(175.3\pm0.2)\Omega$，

求 $R_x$ 的测量结果。

# 第一部分　力学、热学实验

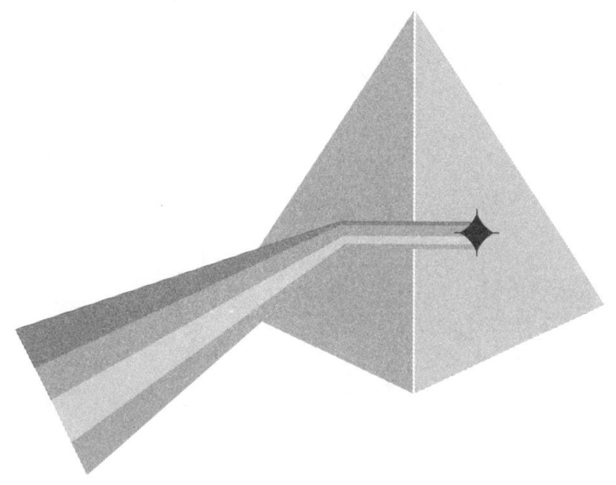

# 实验1　拉伸法测量金属的弹性模量

## 实验目的

(1)掌握测量固体杨氏弹性模量的一种方法——拉伸法。

(2)掌握测量微小伸长量的光杠杆法原理和仪器的调节使用。

(3)学会用逐差法处理数据。

(4)学会不确定度的计算方法。

## 实验仪器

本实验的仪器有:YMC-IV-C型杨氏模量测定仪、望远镜系统、螺旋测微器(千分尺)、游标卡尺(精度0.02mm)、卷尺及数字拉力计。

实验的详细装置如图1-1所示。其中杨氏模量测定仪由钢丝锁紧装置、标尺、金属丝、实验架、光杠杆、拉力传感器、A字底座、施力螺母、望远镜系统和数字拉力计组成。杨氏模量测定仪的实验架是一个较大的三脚架,装有两根平行的立柱,立柱上部横梁中央和立柱下部平台板中央各有一个夹头,可以固定金属丝。金属丝通过下夹头与拉力传感器相连,旋转施力螺母即可对金属丝施加拉力,拉力传感器输出信号可直接通过连接的数字拉力计显示。光杠杆通过转轴支座架设在平台板上。三脚架的A字底座上配有三个螺丝,用于调节平台板水平。

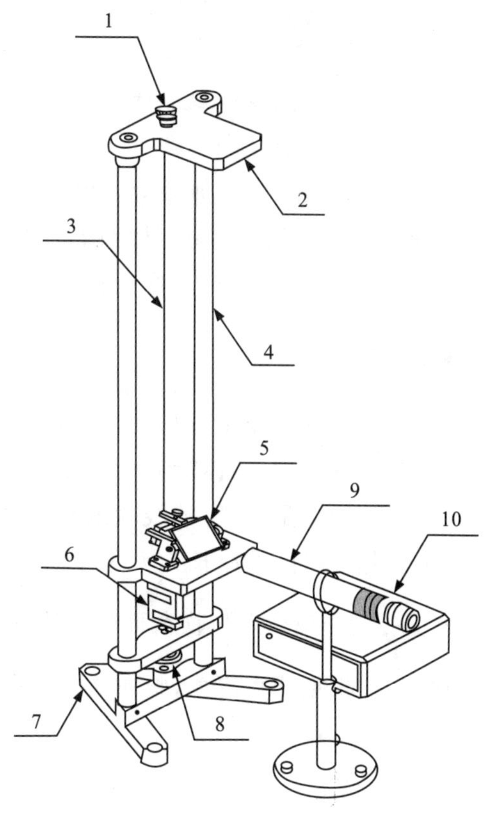


图1-1　杨氏模量测定仪示意图

1. 钢丝锁紧装置;2. 标尺;3. 金属丝;4. 实验架;5. 光杠杆;6. 拉力传感器;7. A字底座;8. 施力螺母;9. 望远镜系统;10. 拉力计

光杠杆系统如图1-2所示。光杠杆由反射镜、反射镜转轴支座和与反射镜固定连

动的动足组成。反射镜转轴支座被固定在杨氏模量测量仪立柱下部的平台板上，光杠杆动足的尾端有一调节螺钉(动足尖)自由放置在下夹头的表面上。通过旋转此调节螺钉可调节反射镜的倾斜度。反射镜转轴支座的左边有一水平卡座。水平卡座的长度等于反射镜转轴与动足尖的初始水平距离，该距离在出厂时已严格校准。反射镜转轴到平台板表面的垂直距离为 28mm(出厂时已严格校准)。

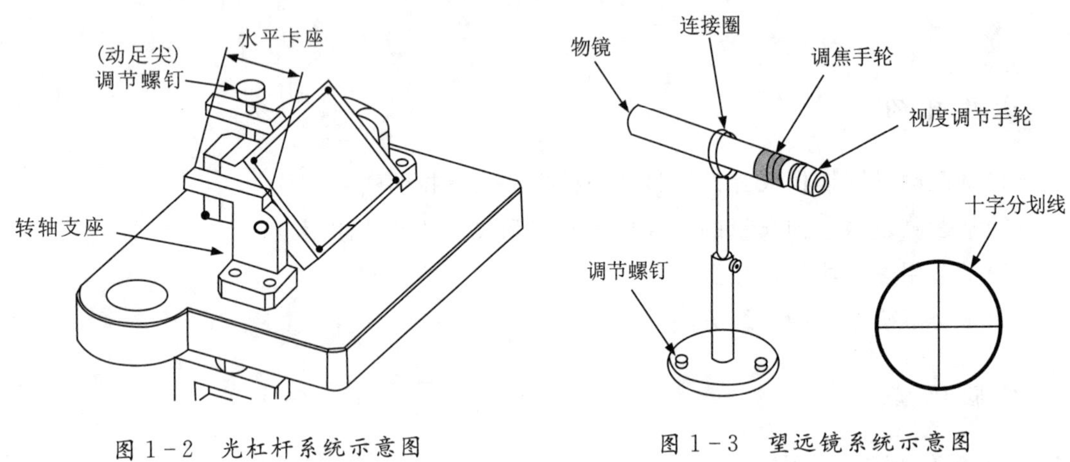


图 1-2　光杠杆系统示意图　　　　图 1-3　望远镜系统示意图

望远镜系统如图 1-3 所示，包括望远镜支架和望远镜。望远镜通过连接圈固定在支架上，支架底部有三个调节螺钉可微调望远镜的水平。望远镜包含目镜和物镜，通过旋转视度调节手轮，可调目镜十字叉丝(纵线和横线)的清晰度，通过调焦手轮可调节物镜焦距。

## 实验原理

任何固体在外力作用下都会改变原来的形状大小，这种现象叫做形变。若一定限度以内的外力撤除之后，物体能完全恢复原状，这种形变叫弹性形变。

最简单的形变是线变，即线状或棒状物体受到长度方向上的拉力作用，发生长度伸长。设金属丝(或杆)的原长为 $L$，横截面积为 $S$，在弹性限度内的拉力 $F$ 作用下，伸长了 $\Delta L$。比值$\frac{F}{S}$为金属丝单位横截面积上所受的力，叫做胁强(或应力)，相对伸长量$\frac{\Delta L}{L}$叫胁变(或应变)。根据胡克定律，胁强和胁变成正比，即

$$\frac{F}{S}=E\frac{\Delta L}{L} \tag{1-1}$$

比例系数

$$E=\frac{F/S}{\Delta L/L} \tag{1-2}$$

$E$ 叫做物体的弹性模量(或称杨氏模量)。$E$ 的大小与物体的粗细、长短等几何形状无关，只取决定于材料的性质。它是表征固体材料抗形变能力的重要物理量，是各种机械设计

和工程技术选择构件用材必须考虑的重要力学参量。$E$ 越大的材料，要使它发生一定的相对形变所需的单位横截面积上的作用力也越大。

杨氏弹性模量的测量方法有静态测量法、共振法、脉冲传输法等，其中静态测量法就是对物体施加外力后，测出物体的应力和应变，从而计算出杨氏模量 $E$ 的值。该方法测量精度较高，本实验中使用的拉伸法就是静态测量法的一种。

由式(1－2)可知，只要能够测得 $F$、$S$、$L$、$\Delta L$ 各量，就可以求出物体杨氏模量 $E$。本实验中施加在金属丝上的外力 $F$ 可直接由数字拉力计上显示的质量 $m$ 求出，即 $F=mg$($g$ 为重力加速度)；$S$ 可通过螺旋测微器(千分尺)量出金属丝的直径 $d$ 算出；$L$ 可用米尺量度；唯有 $\Delta L$ 很微小，用一般工具不能量准，本实验用光杠杆对 $\Delta L$ 进行准确的间接测量。

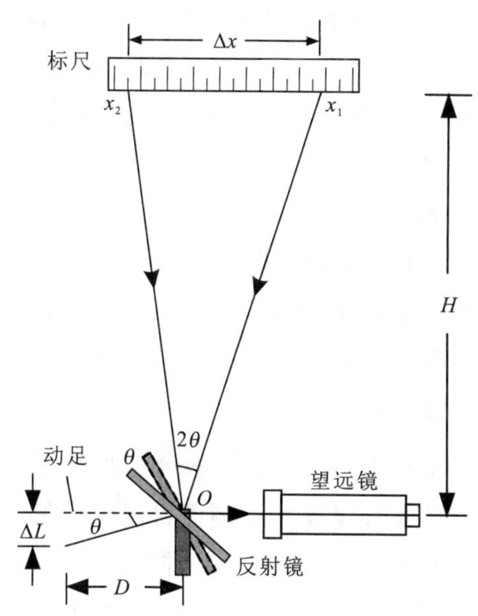


图 1－4　光杠杆原理图

光杠杆光学放大原理如图 1－4 所示。开始时，光杠杆的反射镜法线与水平方向成一夹角，在望远镜中恰能看到标尺刻度 $x_1$ 的像。当金属丝受力后，产生微小伸长 $\Delta L$，动足尖下降，从而带动反射镜转动相应角度 $\theta$，根据光的反射定律可知，在出射光线(即进入望远镜的光线)不变的情况下，入射光线转动了 $2\theta$，此时望远镜中看到标尺刻度为 $x_2$。

实验中 $D \gg \Delta L$，所以 $\theta$ 甚至 $2\theta$ 会很小。从图 1－4 的几何关系中我们可以看出，$2\theta$ 很小时有

$$\Delta L \approx D \cdot \theta, \quad \Delta x \approx H \cdot 2\theta$$

故

$$\Delta x = \frac{2H}{D} \cdot \Delta L \tag{1-3}$$

其中 $2H/D$ 称作光杠杆的放大倍数，$H$ 是反射镜转轴与标尺的垂直距离。仪器中 $H \gg D$，这样一来，便能把微小位移 $\Delta L$ 放大成较大的容易测量的位移 $\Delta x$。将式(1－3)代入式(1－2)可得

$$E = \frac{8mgLH}{\pi d^2 D} \cdot \frac{1}{\Delta x} \tag{1-4}$$

如此，通过测量式(1－4)右边的各参量即可求得被测金属丝的杨氏模量，式(1－4)中各物理量的单位取国际单位(SI 制)。

## 实验内容

**1. 调节实验架**

(1)实验前应保证上下夹头均夹紧金属丝,防止金属丝在受力过程中与夹头发生相对滑移,且反射镜转动灵活。检查施力螺母是否旋松。

(2)将拉力传感器信号线接入数字拉力计信号接口,并用DC连接线连接数字拉力计电源输出孔和标尺背景光源电源插孔。

(3)打开数字拉力计电源开关,预热10min。此时背景光源应被点亮,标尺刻度清晰可见。数字拉力计面板上显示与此时加到金属丝上的拉力对应的质量 $m$,若 $m$ 不为零,则点击数字拉力计上的"清零"按钮。

(4)旋转施力螺母,给金属丝施加一定的预拉力 $F=m_0\cdot g$,其中 $m_0=3.00(\pm 0.02)\mathrm{kg}$,将金属丝原本存在弯折的地方拉直。

**2. 调节望远镜**

(1)将望远镜移近并正对实验架平台板。调节望远镜高度使从实验架侧面目视时反射镜转轴大致在镜筒中心线上(图1-5)。同时调节支架上的三个螺钉和反射镜角度调节螺钉,直到从目镜中看去能看到背景光源发出的明亮的光。

(2)调节目镜视度调节手轮,使得十字叉丝清晰可见。调节调焦手轮,使得视野中标尺的像清晰可见。

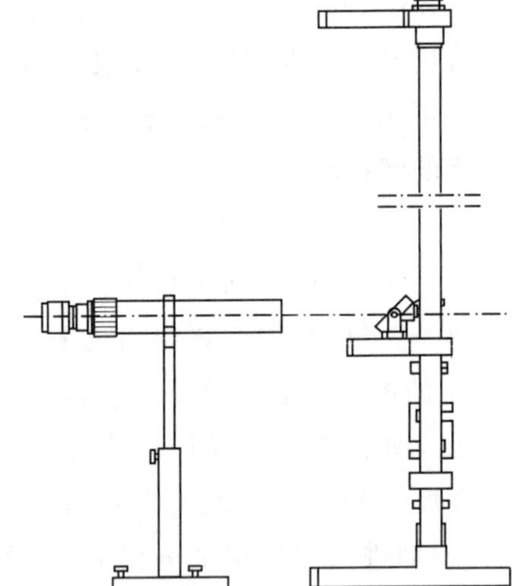

图1-5 望远镜位置示意图

(3)调节支架底部的三个螺钉(也可配合调节平面镜角度调节旋钮),使十字叉丝横线与标尺刻度线平行,并对齐≤2.0cm的刻度线(避免实验做到最后超出标尺量程)。左右方向移动支架,使十字叉丝的纵线对齐标尺中心。

**3. 数据测量**

(1)测量 $L$、$H$、$D$、$d$。

用钢卷尺测量金属丝的原长 $L$,钢卷尺的始端放在金属丝上夹头的下表面(即横梁上表面),另一端对齐金属丝下夹头的上表面。

用钢卷尺测量反射镜转轴到标尺的垂直距离 $H$,钢卷尺始端放在标尺板的下表面,另一端对齐平台板的上表面。此高度减去反射镜转轴到平台板表面的垂直距离(28mm)即为 $H$。

用游标卡尺测量光杠杆常数 $D$,游标卡尺测量水平卡座长度即为光杠杆常数 $D$。物理量 $L$、$H$、$D$ 均各测一次。

用螺旋测微器测量不同位置、不同方向的金属丝直径视值 $d_{视i}$（至少5处），注意测量前记下螺旋测微器的零差 $d_0$，将实验数据记入表中。计算直径视值的平均值 $\overline{d_{视}}=\frac{\sum d_{视i}}{5}$，并根据 $\bar{d}=\overline{d_{视}}-d_0$ 计算金属丝的平均直径。

(2)记录拉力计上显示的质量 $m$ 和对应的标尺刻度 $x$。

点击数字拉力计上的"清零"按钮，记录此时对齐十字叉丝横线的刻度值 $x_0^+$。缓慢旋转施力螺母逐渐增加施加在金属丝上的拉力。前面提到 $F=mg$，每增加 1.00(±0.01)kg 质量记录一次标尺的刻度 $x_i^+$，直到质量增加至 5kg。记录数据 $x_0^+, x_1^+, \cdots, x_5^+$，之后再加质量 0.5kg 左右(不超过 1.00kg，且不记录数据)。

然后，反向旋转施力螺母至 $m=5$kg 并记录数据 $x_5^-$，然后逐渐减小金属丝的拉力对应的质量 $m$，每隔 1.00(±0.01)kg 记录一次标尺的刻度 $x_i^-$，直到质量减至 0.00(±0.01)kg。记录数据：$x_5^-, x_4^-, \cdots, x_0^-$。

求出同一拉力下的平均读数 $\bar{x}_0, \bar{x}_1, \cdots, \bar{x}_5$，然后用逐差法计算出每增添 3kg 砝码时的平均读数差 $\overline{\Delta x}$。计算式为

$$\overline{\Delta x}=\frac{|(\bar{x}_3-\bar{x}_0)+(\bar{x}_4-\bar{x}_1)+(\bar{x}_5-\bar{x}_2)|}{3}$$

(3)将测量得到的 $L$、$H$、$D$、$d$、$\overline{\Delta x}$ 以及 $m=3$kg 代入式(1-4)算出杨氏模量 $E$，并且根据各物理量的不确定度算出 $E$ 的不确定度，写出 $E \pm U_E$。

## 注意事项

(1)该实验是测量微小量，实验时应避免实验台震动。仪器一旦调好，并开始观测后，除了小心旋转施力螺母以外，勿碰触杨氏模量测定仪其他部位，以防前功尽弃。

(2)加力和减力过程，施力螺母不能回旋。

(3)读数勿读错方向，应沿由小到大数字方向读数。例如 2.45cm，不要读成 3.55cm。

(4)实验完成后，应旋松施力螺母，使金属丝自由悬挂，并关闭数字拉力计。

(1)如果把金属丝长度变长(或变短)些，$\Delta x$ 变吗？$E$ 变吗？

(2)光杠杆测量装置是怎样测微小伸长量的？

(3)采用什么办法可以提高光杠杆的放大倍数？

(4)怎样调节望远镜？调到什么状况才算调好了？

(5)本实验可否用作图的数据处理方法去确定杨氏模量？是怎样的关系曲线？

(6)从 $E$ 的不确定度计算分析本实验中哪个量对总不确定度的贡献最大？如何减小它的影响？

# 实验2 固体线膨胀系数的测量

## 实验目的

(1)学习并掌握测量金属线膨胀系数的一种方法。

(2)学习用千分表测量长度的微小增量。

## 实验仪器

FB-XZXS-Ⅱ金属温度特性实验仪见图2-1。该装置是通过流过铜管的循环水来对铜管加热,与铜管相连的温度控制仪可用来设定加热温度,铜管的伸长量可用千分表测量。

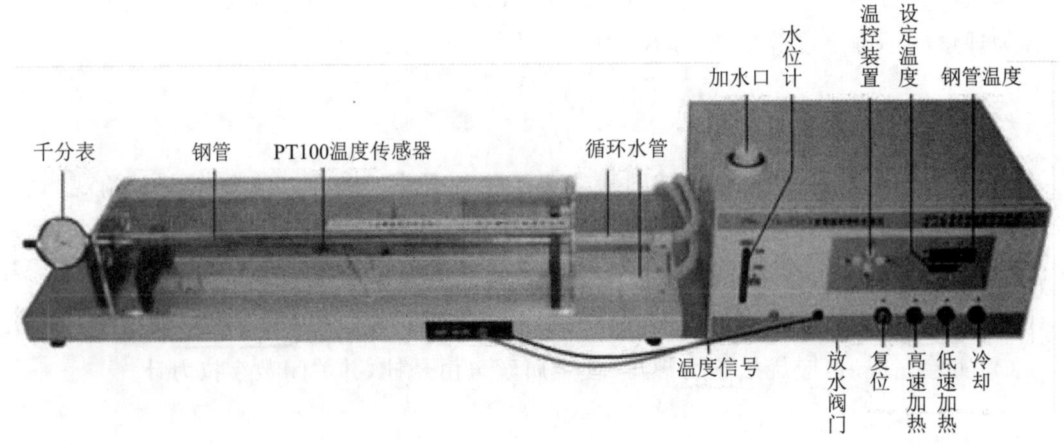


图2-1 FB-XZXS-Ⅱ金属温度特性实验仪

## 实验原理

材料的线膨胀是材料受热膨胀时,在一维方向(长度方向)的伸长,即固体受热后长度的增加。线膨胀系数是选用材料的一项重要指标。特别是研制新材料,通常需要对材料线胀系数做测定。

经验表明,在一定的温度范围内,原长为 $L$ 的物体,受热后其伸长量 $\Delta L$ 与其温度的

增加量 $\Delta T$ 近似成正比，与原长 $L$ 亦成正比，即

$$\Delta L = \alpha L \Delta T \tag{2-1}$$

式中的比例系数 $\alpha$ 称为固体的线膨胀系数(简称线胀系数)。大量实验表明，不同材料的线胀系数不同，如表 2-1 所示。塑料的线胀系数最大，金属次之，殷钢、熔凝石英的线胀系数很小。殷钢和石英的这一特性在精密测量仪器中有较多的应用。

**表 2-1　几种材料的线胀系数**

| 材料 | 铜、铁、铝 | 普通玻璃、陶瓷 | 殷钢 | 熔凝石英 |
| --- | --- | --- | --- | --- |
| $\alpha$ 数量级/(℃)$^{-1}$ | 约 $10^{-5}$ | 约 $10^{-6}$ | $<2\times10^{-6}$ | 约 $10^{-7}$ |

实验还发现，同一材料在不同温度区域，其线胀系数不一定相同。某些合金，在金相组织发生变化的温度附近，会出现线胀量的突变。因此测定线胀系数也是了解材料特性的一种手段。但是，在温度变化不大的范围内，线胀系数仍可认为是一常量。

为测量线胀系数，我们将材料做成条状或杆状。由式(2-1)可知，测量出 $T_1$ 时杆长 $L$、受热后温度达到 $T_2$ 时的伸长量 $\Delta L$ 和受热后与受热前的温度差 $\Delta T = T_2 - T_1$，则该材料在($T_1$，$T_2$)温度区间的线胀系数为

$$\alpha = \frac{\Delta L}{L\Delta T} \tag{2-2}$$

其物理意义是固体材料在($T_1$，$T_2$)温度区间内，温度每升高 1℃时材料的相对伸长量，其单位为(℃)$^{-1}$。

一般长度 $L$ 可近似等于杆在常温时的长度，$T_1$ 及 $T_2$ 较好确定，因此测线胀系数的关键在于如何测伸长量 $\Delta L$。$\Delta L$ 是一个微小量，如当 $L\approx250$mm，温度变化 $T_2 - T_1 \approx 100$℃，金属的 $\alpha$ 数量级为 $10^{-5}$(℃)$^{-1}$时，可估算出 $\Delta L\approx0.25$mm。对于这么微小的伸长量，用普通量具如钢尺或游标卡尺是测不准的，可采用千分表(分度值为 0.001mm)、读数显微镜、光杠杆放大法、光学干涉法等方法来测量。本实验中我们采用千分表来测量。

千分表是一种通过齿轮的多极增速作用，把一微小的位移，转换为读数圆盘上指针读数变化的微小长度测量工具，它的传动原理如图 2-2 所示。

千分表由主表盘和毫米表盘构成，如图 2-3 所示。对应的表盘指针分别为主指针和毫米指针。主指针转动一圈，对应的毫米指针转动 1 小格，测量的长度变化 0.2mm。主表盘共被分成了 200 个小格，所以主指针可以精确到 0.2mm 的 1/200，即 0.001mm，可以估读到 0.0001mm。千分表的测量范围由毫米表盘决定，为 0～1mm。千分表读数方法为

$$千分表读数=毫米表盘读数^{①}+主表盘读数\times\frac{1}{200}\times0.2 \quad (单位:mm)$$

①毫米表盘读数精确到小数点后一位，不需要估读，主表盘读数需要估读。

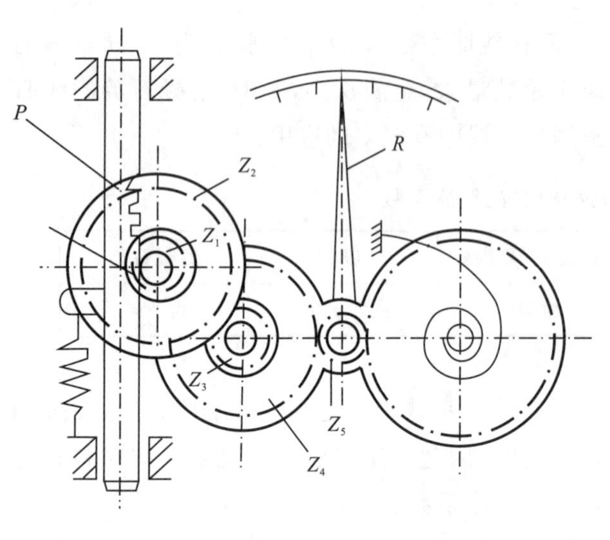


图 2-2　千分表传动原理图

$P$. 带齿条的测杆；$Z_1 \sim Z_5$. 传动齿轮；$R$. 读数指针

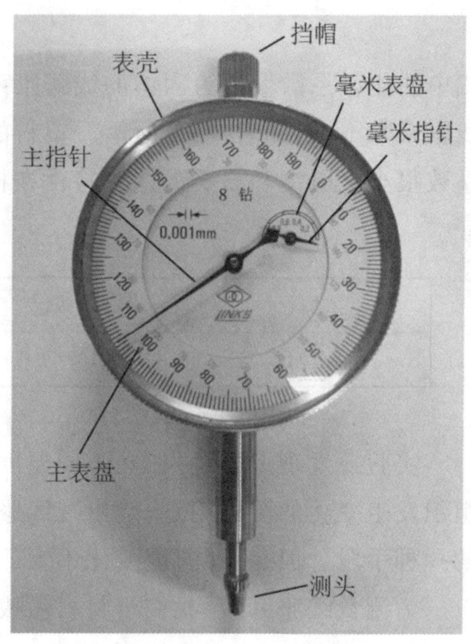


图 2-3　千分表结构图

千分表在使用前，需要进行调零，调零方法是：在测头无伸缩（即所测材料无伸缩）时，松开千分表测头与金属管连接处的旋钮，调整侧头与所测固体杆接触的程度，使毫米指针的初始刻度对应 0.2mm 左右，以保证千分尺与被测材料接触良好并防止材料伸长过程中测量超过千分表量程。另外，主指针初始刻度应与毫米指针刻度对应。例如，若毫米指针对准 0.2mm 时，应转动千分尺表壳，使主指针对准 0；若毫米指针对准 0.23mm 时，应使主指针对准 30。

## 实验内容

(1)记录金属管的原有长度 $L$。

(2)检查与调试仪器。

①检查温度控制器水位，若水位低于水位上限，从温控仪顶部的注水孔加水至适当值。

②检查金属管对应的测温传感器信号输出插座与温度控制仪上的温度传感器插座是否连接良好。

③检查金属杆是否固定良好。

④检查千分表是否与被测介质铜管的自由伸缩端接触良好，为了保证接触良好，一般可使千分表初始毫米读数为 0.2mm 左右，并对主指针调零，使初始主表盘读数与毫米读

数对应。

(3)设置好温度控制器的加热温度。正常测量时，按下“加热”按钮，观察被测金属管温度的变化，直至金属管温度等于所需温度值(例如 35℃)。

(4)测量并记录数据。当被测介质温度为 35℃时，读出千分表数值 $L_{35}$，接着在温度为 40℃、45℃、50℃、55℃、60℃、65℃、70℃时，记录对应的千分表读数 $L_{40}$、$L_{45}$、$L_{50}$、$L_{55}$、$L_{60}$、$L_{65}$、$L_{70}$。

(5)用逐差法求出温度每升高 $\Delta T=20$℃金属棒的平均伸长量，公式为

$$\Delta L=\frac{(L_{55}-L_{35})+(L_{60}+L_{40})+(L_{65}-L_{45})+(L_{70}-L_{50})}{4}$$

(6)由式(2-2)计算出金属棒在(35℃、70℃)温度区间的线胀系数 $\alpha$。并计算 $\alpha$ 的不确定度 $U_\alpha$，写出 $\alpha \pm U_\alpha$。

## 注意事项

(1)该实验在测量读数时是在温度连续变化时进行，因此读数时要快而准。

(2)在测量过程中不能碰动线胀系数测定仪。

(1)如何保证金属管内各点温度均匀而且稳定?

(2)为什么有时候开始时检查水位正常，打开“加热”开关开始加热后又显示水位低?

(3)利用千分表读数时应注意哪些问题?

# 实验3 双悬扭摆测转动惯量

## 实验目的

(1)加深对转动惯量概念和平行轴定理的理解。

(2)了解双悬扭摆测转动惯量的原理和方法。

## 实验仪器

双悬扭摆装置、FB213E型多功能计时计数仪、标准件(圆环)、待测件(圆盘一个、相同圆柱体两个)、游标卡尺。

## 实验原理

转动惯量是描述刚体转动惯性量度的重要物理量,它不仅与刚体的质量分布、几何形状有关,而且与转轴的位置有关。对于形状简单的均匀刚体,测出其外形尺寸和质量,就可以计算出转动惯量。对于形状复杂的、质量分布不均匀的刚体,一般利用转动实验来测定其转动惯量。

### 1. 双悬扭摆装置介绍

如图3-1所示,双悬扭摆的测量载物篮由上、下两根悬丝悬挂。在下悬丝的底端,与一压簧相联,通过旋转螺母,在弹簧的作用下,可以改变上、下两根悬丝中的张力,这就有效地解决了刚体绕中心轴旋转时的晃动。底座的水平调节螺钉是为了保证刚体的旋转轴和悬线在铅直方向。载物篮中放置不同的待测物体,可研究刚体的转动惯量与其质量大小,质量分布和转轴位置变化的规律,并可验证平行轴定理。光电门传感器的作用是将刚体旋转过程中的挡光信号转换成电脉冲信号,以达到自动测量旋转周期的目的。

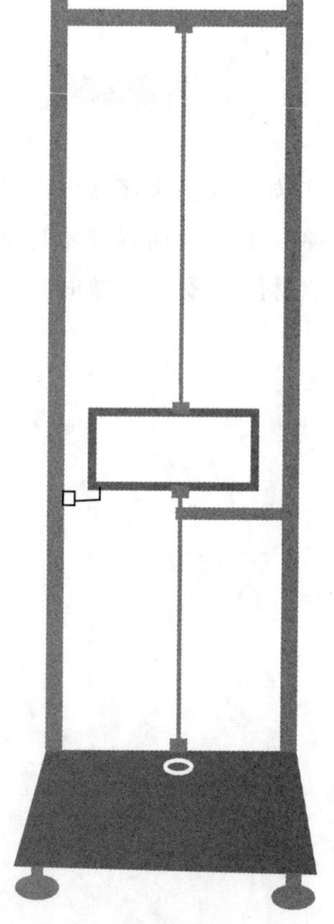

图3-1 双悬扭摆装置图

**2. 工作原理**

当载物篮偏离平衡位置一个角度 $\theta$ 时，载物篮将受到上下面悬丝扭力矩 $M$ 的作用，显然有

$$M = - D\theta$$

其中 $D$ 为扭转系数，它起源于悬丝的切变应力。

根据刚体转动定律

$$- D\theta = J \frac{\mathrm{d}^2\theta}{\mathrm{d}t^2} \tag{3-1}$$

其中 $J$ 是刚体绕中心轴的转动惯量。式(3-1)表明载物篮的运动满足谐振动方程，运动周期为

$$T = 2\pi\sqrt{\frac{J}{D}} \tag{3-2}$$

这就是扭摆测刚体转动惯量的理论依据。

设空载载物篮相对悬丝轴的转动惯量为 $J_0$，摆动周期为 $T_0$；标准件相对是悬丝轴的转动惯量为 $J_1$，标准件与载物篮一起摆动的周期为 $T_1$；待测件相对悬丝轴的转动惯量为 $J_2$，待测件与载物篮一起摆动时的周期为 $T_2$，则

$$T_0 = 2\pi\sqrt{\frac{J_0}{D}} \tag{3-3}$$

$$T_1 = 2\pi\sqrt{\frac{J_0 + J_1}{D}} \tag{3-4}$$

$$T_2 = 2\pi\sqrt{\frac{J_0 + J_2}{D}} \tag{3-5}$$

可得

$$J_2 = \frac{T_2^2 - T_0^2}{T_1^2 - T_0^2} J_1 \tag{3-6}$$

由此可知，只要测出 $T_0$，$T_1$，$T_2$，便可根据 $J_1$ 的值计算出 $J_2$。

## 实验内容

$T_0$、$T_1$、$T_2$ 的测量和计算是由多功能计时计数仪完成，为进一步消除测量中的误差，一般采用测量多个周期的时间，然后算出一个周期的值。具体操作步骤如下：

(1)用游标卡尺多次测量标准件(圆环)的内外径，计算平均值。将质量和内外径数据记录并输入多功能计时计数仪(按“参数设置”框输入，请注意单位)。

(2)双悬扭摆装置的光电门输出电缆连接至多功能计时计数仪“信号输入(1)”或“信号输入(2)”。

(3)输入合适的测量周期次数(默认值为30)，该数值一般不超过120，以免过分拖长

测量时间。

(4)测空载的周期 $T_0$。轻推载物篮(空载)偏离平衡，然后松开让其自由转动，待其平稳转动以后，按下"开始测量"键，计时计数仪开始计时、计数，显示屏"周期数量"从预置最高数逐步减少并显示累计测量的时间，直到倒计数停止，并自动计算出一个平均周期，触接"$T_0$"存入"$T_0$"框并保存。

(5)将标准件(圆环)放到载物篮指定位置，测标准件与空载一起摆动的周期 $T_1$。方法同步骤(4)，不同的是按下"$T_1$"键保存。

(6)取下标准件，换为待测件(圆盘)，测其与空载一起摆动的周期 $T_2$。方法同步骤(4)，不同的是按下"$T_2$"键保存。

(7)按下"计算"键，多功能计时计数仪将根据输入的标准件参数和(4)、(5)、(6)三步测得的结果，自动计算出待测件的转动惯量 $J_2$，并在显示器上显示，单位为：$g \cdot cm^2$。用游标卡尺测量圆盘的直径，利用理论公式计算其相对于垂直中心轴的转动惯量，与测量值进行比较。

(8)验证平行轴定理时，将待测件换为两个小圆柱体，将它们分别放置在离中心轴等距离的定位孔中，测与空载一起摆动的周期 $T_2$。重复上述操作步骤第(6)、(7)步，得到小圆柱位于不同位置时的转动惯量。用游标卡尺测量小圆柱的直径，以及旋转轴到小圆柱中心轴的距离，用"平行轴定理"计算其转动惯量，与测量值进行比较。

如需查看或保存测量数据，按"数据查询"，显示每次测量周期时间，再按"数据查询"可以翻页；按"数据保存"，会弹出窗询问是否插好 U 盘(插口在计时计数器后面板)，确认后数据保存至 U 盘。

### 数据记录与处理

(1)数据填入数据记录单。

(2)将待测件的实验测量结果与计算理论值比较，计算百分比误差。

(3)验证平行轴定理时，将测量结果与用"平行轴定理"计算值比较，计算相对误差。画出 $J-d^2$ 图形，利用最小二乘法求出其斜率。

(1)双悬扭摆的总扭转系数与上、下悬丝的扭转系数之间有何关系？

(2)输入周期测量次数过大，对测量结果有何影响？

(3)系统可能的系统误差有哪些，并分析对测量结果的影响。

# 实验 4　动态悬挂法测定杨氏弹性模量

## 实验目的

(1)用动态悬挂法测定金属材料的杨氏弹性模量。

(2)培养学生综合应用物理仪器的能力。

(3)设计性扩展实验,培养学生研究探索的科学精神。

## 实验仪器

DHY-2 型动态杨氏模量测试台、DHY-2 型动态杨氏模量测试仪、示波器、试样(铜、不锈钢、铝)。

## 实验原理

棒的振动方程为

$$\frac{\partial^4 y}{\partial x^4}+\frac{\rho S}{EJ}\frac{\partial^2 y}{\partial t^2}=0 \tag{4-1}$$

式中,$y$ 为棒振动的位移,$E$ 为棒的杨氏模量,$S$ 为棒的横截面积,$J$ 为棒的转动惯量,$\rho$ 为棒的密度,$x$ 为位置坐标,$t$ 为时间变量。求解棒的振动方程的具体过程如下(不要求掌握)。

用分离变量法。令

$$y(x,t)=X(x)T(t)$$

代入方程式(4-1)得

$$\frac{1}{X}\frac{\mathrm{d}^4 X}{\mathrm{d}x^4}=-\frac{\rho S}{EJ}\frac{1}{T}\frac{\mathrm{d}^2 T}{\mathrm{d}t^2}$$

等式两边分别是 $x$ 和 $t$ 的函数,这只有当等式两边都等于同一个常数才有可能。该常数设为 $K^4$,得

$$\frac{\mathrm{d}^4 X}{\mathrm{d}x^4}-K^4 X=0$$

$$\frac{\mathrm{d}^2 T}{\mathrm{d}t^2}+\frac{K^4 EJ}{\rho S}T=0$$

这两个线性常微分方程的通解分别为

$$X(x)=B_1\cosh(Kx)+B_2\sinh(Kx)+B_3\cos(Kx)+B_4\sin(Kx)$$

$$T(t)=A\cos(\omega t+\varphi)$$

于是棒的振动方程式(4-1)的通解为

$$y(x,t)=[B_1\cosh(Kx)+B_2\sinh(Kx)+B_3\cos(Kx)+B_4\sin(Kx)]A\cos(\omega t+\varphi)$$

其中

$$\omega=\left[\frac{K^4EJ}{\rho S}\right]^{1/2} \tag{4-2}$$

式(4-2)称为频率公式。对任意形状的截面,不同边界条件的试样都是成立的。我们只要用特定的边界条件定出常数 $K$,并代入特定截面的转动惯量 $J$,就可以得到具体条件下的计算公式了。

如果悬丝悬挂在试样的节点附近,自由端横向作用力为零,弯矩也为零,即

$$F=-\frac{\partial M}{\partial x}=-EJ\frac{\partial^3 y}{\partial x^3}=0$$

和

$$M=EJ\frac{\partial^2 y}{\partial x^2}=0$$

则其边界条件为

$$\left.\frac{\mathrm{d}^3X}{\mathrm{d}x^3}\right|_{x=0}=0,\quad \left.\frac{\mathrm{d}^3X}{\mathrm{d}x^3}\right|_{x=l}=0,\quad \left.\frac{\mathrm{d}^2X}{\mathrm{d}x^2}\right|_{x=0}=0,\quad \left.\frac{\mathrm{d}^2X}{\mathrm{d}x^2}\right|_{x=l}=0$$

将通解代入边界条件,得到 $\cos(Kl)\cdot\cosh(Kl)=1$。用数值解法求得方程的根依次为

$$K_nl=0,4.7300,7.8532,10.9956,\cdots$$

由于其中一个根"0"相应于静态情况,故将第二个根记作 $K_1l$。一般将 $K_1l$ 所对应的频率称为基频频率。在上述 $K_nl$ 值中,1,3,5,…,个数值对应着"对称形振动",第 2,4,6,…个数值对应着"反对称形振动"。可见试样在作基频振动时,存在两个节点,它们的位置距离端面分别为 $0.224l$ 和 $0.776l$ 处。将 $K_1=\frac{4.730}{l}$ 代入式(4-2),得到自由振动的固有频率(基频)

$$\omega=\left(\frac{4.730^4EJ}{\rho l^4S}\right)^{1/2}$$

解出杨氏弹性模量

$$E=1.9978\times10^{-3}\frac{\rho l^4S}{J}\omega^2=7.8870\times10^{-2}\frac{l^3m}{J}f^2$$

对圆棒

$$J=\int y^2\mathrm{d}S=S\left(\frac{d}{4}\right)^2$$

式中,$d$ 为圆棒的直径。易求得

$$E = 1.6067\frac{l^3 m}{d^4}f^2 \tag{4-3}$$

上式即为式(4-1)的解。式中 $l$ 为棒长，$d$ 为棒的直径，$m$ 为棒的质量。如果在实验中测定了试样(棒)在不同温度时的固有频率 $f$，即可计算出试样在不同温度时的杨氏弹性模量 $E$。在国际单位制中杨氏弹性模量的单位为 $\mathrm{N \cdot m^{-2}}$。

本实验的基本问题是测量试样在不同温度时的共振频率。为了测出该频率，实验时可采用如图 4-1 所示的原理框图。

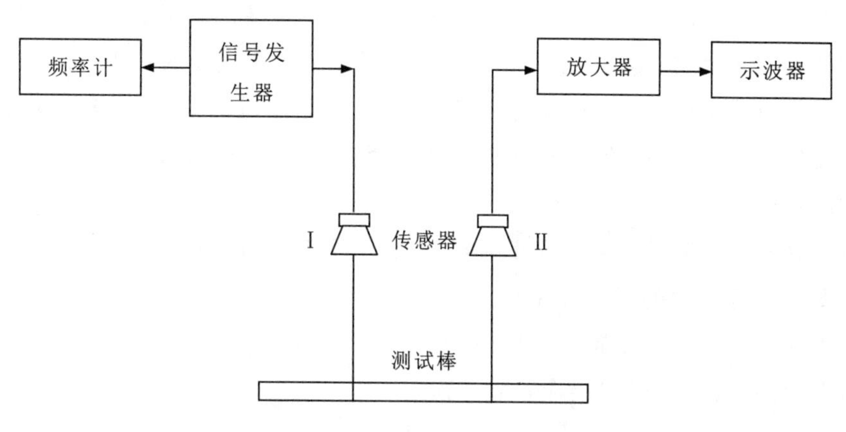


图 4-1　实验原理框图

由信号发生器输出的等幅正弦波信号，加在传感器 I(激振)上。通过传感器 I 把电信号转变成机械振动，再由悬丝把机械振动传给试样，使试样受迫作横向振动。试样另一端的悬丝把试样的振动传给传感器 II(拾振)，这时机械振动又转变成电信号。该信号经放大器放大后送到示波器中显示。当信号发生器的频率不等于试样的共振频率时，试样不发生共振，示波器上几乎没有信号波形或波形很小。当信号发生器的频率等于试样的共振频率时，试样发生共振。这时示波器上的波形突然增大，读出的频率就是试样在该温度下的共振频率。根据式(4-3)，即可计算出该温度下的杨氏弹性模量。不断改变加热炉的温度，可以测出在不同温度时的杨氏弹性模量(本实验只计算室温下的杨氏弹性模量，故不用加热炉)。

实验中有个问题需要注意：从图 4-1 中看到测试棒横振动的激发与拾振是通过悬丝与换能器连接的。试样在作基频振动时，存在两个节点，分别为 $0.224l$ 和 $0.776l$ 处。显然节点是不振动的，若连接点就在波节上，则不能激发与拾取试样的振动，故实验时悬丝不能吊在节点上。但另一方面，若连接点不在棒横振动的节点上，则横振动的方程不满足。因此为测定固有频率，一般可采用外延测量法来计算固有频率。具体做法如下：

(1)先将激振与拾振的两悬丝分别连接在棒 $0.1l$ 与 $0.9l$ 上，寻找其共振频率 $f_1$。

(2)将两悬丝逐渐从每间隔 $0.02l$ 间距向里推进，分别寻找出对应的频率 $f_2, f_3, \cdots,$

直到悬挂点处于 $0.22l$ 与 $0.78l$ 的位置上。

(3)以 $l$ 为横坐标,$f$ 为纵坐标,作图。将图线延升至 $0.224l$ 处,其所对应的 $f$ 即为该棒的固有频率。

## 实验内容

(1)测定试样的长度 $l$、直径 $d$ 和质量 $m$,每个物理量各测 5 次。

(2)在室温下不锈钢、铜和铝的杨氏模量分别为 $2\times10^{11}\,\text{N}\cdot\text{m}^{-2}$、$1.2\times10^{11}\,\text{N}\cdot\text{m}^{-2}$ 和 $7.2\times10^{10}\,\text{N}\cdot\text{m}^{-2}$,先由式(4-3)估算出共振频率 $f$,以便寻找共振点。

(3)按图 4-2 连接各实验装置,并将悬丝分别连接在测试棒的 $0.1l$ 与 $0.9l$ 处。由小到大逐渐缓慢地调节信号发生器的频率,并观察示波器信号的变化。当示波器显示的拾振信号(交流信号)在某一频率处达到极大,则认为信号发生器的激振频率与测试棒共振。并记下该频率 $f_1$。

(4)将两悬丝以每间隔 $0.02l$ 向里靠拢,分别记下频率 $f_2$,$f_3$,…。

(5)作图计算测试棒的固有频率 $f$。

(6)代入式(4-3)计算该棒的杨氏模量。

(7)本实验用铜棒、钢棒和铝棒各做一次。

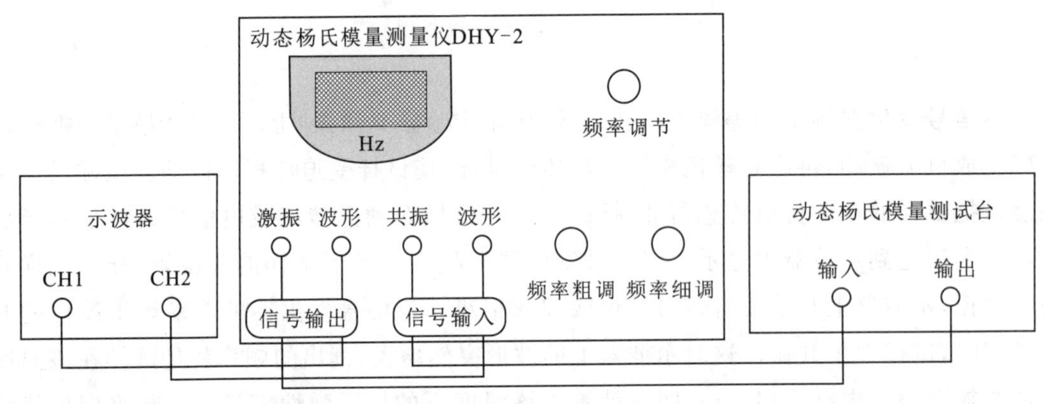


图 4-2　动态杨氏模量测量仪器连线图

## 数据记录与处理

(1)各金属棒的长度 $l$、直径 $d$ 和质量 $m$ 及其不确定度,将测得的数据填入数据记录单中。

$l\pm\Delta l$(mm);　　$d\pm\Delta d$(mm);　　$m\pm\Delta m$(g)

(2)将两悬丝以每间隔 $0.02l$ 向里靠拢,分别记下频率 $f_2$,$f_3$,…,将测得的数据填入表中,作图计算测试棒的固有频率 $f$,由式(4-3)分别求出铜棒、钢棒和铝棒的杨氏模量

$E \pm \Delta E(\mathrm{N \cdot m^{-2}})$（设信号发生器的频率不确定度为 0.1Hz）。其中

$$\Delta E = E\sqrt{\left(3\,\frac{\Delta l}{l}\right)^2 + \left(4\,\frac{\Delta d}{d}\right)^2 + \left(\frac{\Delta m}{m}\right)^2 + \left(2\,\frac{\Delta f}{f}\right)^2}$$

## 思考题

（1）试样的长度 $l$、直径 $d$、质量 $m$、共振频率 $f$ 分别应该采用什么规格的仪器测量？为什么？

（2）物体的固有频率和共振频率有什么不同？它们之间有什么关系？

（3）估算本实验的测量误差。（提示：可从以下几个方面考虑：①仪器误差限；②悬挂点偏离节点引起的误差。）

# 实验5 弦振动的研究

## 实验目的

(1)了解波在弦上的传播及驻波形成条件。

(2)测量不同弦长的共振频率。

(3)测量弦线的线密度。

(4)测量弦上波速。

## 实验仪器

DH0803型弦振动研究试验仪、DH0803型弦振动实验信号源、双踪示波器。

## 实验原理

弦是指一段柔软的弹性线,例如二胡、古筝、吉他等乐器上的弦线。当用薄片拨动或小锤击打时就可以使得整个弦振动,然后通过音箱的共鸣,产生美妙的乐音。另外,架设在两根电线杆之间的电线、悬桥等在一定程度上也可看作弦线。它们的振动却不像乐器弦线的振动能让人产生愉悦。因此,对弦振动的研究,有助于我们理解这一特殊的运动,了解其振动的特点以及机制,从而对其加以适当控制。同时,弦的振动也提供了一个直观的振动和波的模型,对其研究能加深对驻波等问题的理解。本实验旨在通过对一段两端固定的弦振动进行研究,了解弦振动的特点和规律,了解驻波的形成及物理规律。

### 1.波的叠加法

设正弦波沿着拉紧的弦传播(入射波),如果其达到弦的另一端(被固定)时会发生反射(反射波),则它们的波动方程分别为

$$\begin{cases} y_1 = A\sin 2\pi(x/\lambda - ft) \\ y_2 = A\sin 2\pi(x/\lambda + ft) \end{cases} \tag{5-1}$$

式中,$A$ 为简谐波的振幅,$f$ 为频率,$\lambda$ 为波长,$x$ 为弦线上质点的坐标位置。两波叠加后的合成波为驻波,其方程为

$$y = y_1 + y_2 = 2A\sin(2\pi x/\lambda)\cos(2\pi ft) \tag{5-2}$$

由此可见，入射波与反射波合成后，弦上各点都在以同一频率作简谐振动，它们的振幅为 $|2A\sin(2\pi x/\lambda)|$，只与质点的位置 $x$ 有关，与时间无关。当 $x=(2k+1)\lambda/4$ 时振幅最大；当 $x=2k\lambda/4$ 时振幅为零，其中 $k=0,1,2,3,\cdots$。这种波形称为驻波，其相邻波节（波腹）之间的距离为 $\lambda/2$。因此，在驻波实验中，只要测得相邻两波节（或相邻两波腹）间的距离，就能确定该波的波长。

**2. 弦上波动的动力学法**

一根两端固定并紧绷的弦，静止时处于水平平衡位置。当在弦的垂直方向被拉离平衡位置后，弦受到回复力的作用而在其平衡位置附近振动。令弦线所在方向为 $x$ 轴，弦偏离平衡位置方向为 $y$ 轴，如图 5－1 所示。若弦的长度为 $L$，线密度为 $\rho$，弦上张力为 $T$，对微元 $\mathrm{d}l$ 进行受力分析，并应用牛顿第二定律可得

$$T\frac{\partial^2 y}{\partial x^2}\mathrm{d}x=\rho\mathrm{d}x\frac{\partial^2 y}{\partial t^2} \tag{5-3}$$

令 $v^2=T/\rho$，上式可写为

$$\frac{\partial^2 y}{\partial x^2}=\frac{1}{v^2}\frac{\partial^2 y}{\partial t^2} \tag{5-4}$$

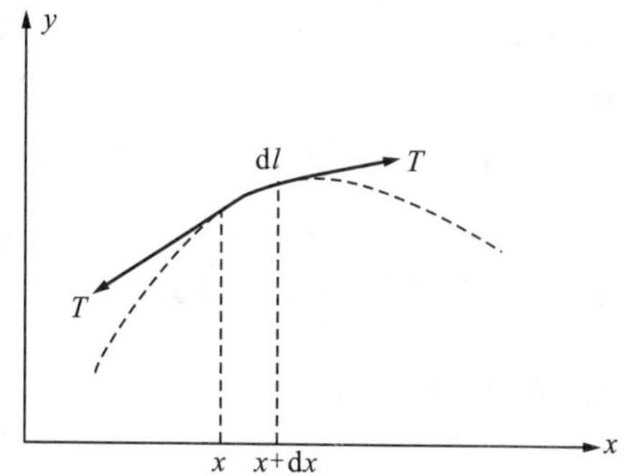


图 5－1　弦上微元振动受力分析

式(5－4)反映了弦上不同位置 $x$ 处，位移 $y$ 与位置 $x$、时间 $t$ 之间的运动学关系，其中 $v$ 为在弦线上横波传播的速率。

对于两端固定的弦而言，满足方程(5－4)的解为

$$y_n=A_n\sin\left(\frac{n\pi}{L}x\right)\cos\left(2\pi\frac{nv}{2L}t\right)\quad(n=1,2,3,\cdots) \tag{5-5}$$

与式(5－2)比较，可得

$$f_n=\frac{nv}{2L},\quad \lambda_n=\frac{2L}{n} \tag{5-6}$$

其中，$L$ 为弦长，$n$ 为波腹数，$\lambda_n$ 和 $f_n$ 分别为与 $n$ 对应的弦上驻波波长和弦振动频率。

根据波动理论，假设弦柔韧性足够好，则波在弦上的传播速度 $v$ 依赖于线密度和弦的拉紧度（张力）$T$，

$$v=(T/\rho)^{1/2} \tag{5-7}$$

由 $v=f\lambda$，可得

$$v=\frac{2Lf}{n}=(T/\rho)^{1/2} \tag{5-8}$$

如果已知张力和频率 $f$，可得线密度为

$$\rho=T\left(\frac{n}{2Lf}\right)^2\quad(n=1,2,3,\cdots) \tag{5-9}$$

如果已知线密度和频率 $f$，则由式(5-8)可得张力为

$$T=\rho\left(\frac{2Lf}{n}\right)^{2}\quad(n=1,2,3,\cdots)\tag{5-10}$$

如果已知线密度和张力，则由式(5-8)可得频率 $f$ 为

$$f=\frac{n}{2L}\cdot\sqrt{\frac{T}{\rho}}\tag{5-11}$$

以上分析是基于驻波是由原波和反射波叠加而成得出的。实际上，固定端点的弦在驱动线圈的激励下，弦受到一个交变磁场力的作用，会产生振动，形成横波。当波传到一端时会发生反射。一般而言，不是所有增加的反射都是同相的，而且振幅都很小。当均匀弦线的两个固定端之间的距离等于弦线中横波的半个波长的整数倍时，反射波就是同相的，产生振幅更大的驻波，弦线形成稳定的振动。当弦线振动为一个波腹时，该波为基波，其所对应的驻波频率为基频，也称为共振频率。当弦线的振动为两个波腹时，该驻波为二次谐波，对应的驻波频率为基频的2倍，以此类推。特别强调，基波的振动振幅是最大的。

## 实验内容

### 1. 准备工作

(1)选择一条弦，将弦带有铜圆柱的一端固定在张力杆的U形槽中，把带孔的一端套到调节螺杆上圆柱螺母上。

(2)把两块支撑板放在弦下相距为L的两点上(它们决定弦的长度)，放置好驱动线圈和接收线圈，按图5-2连接好导线。

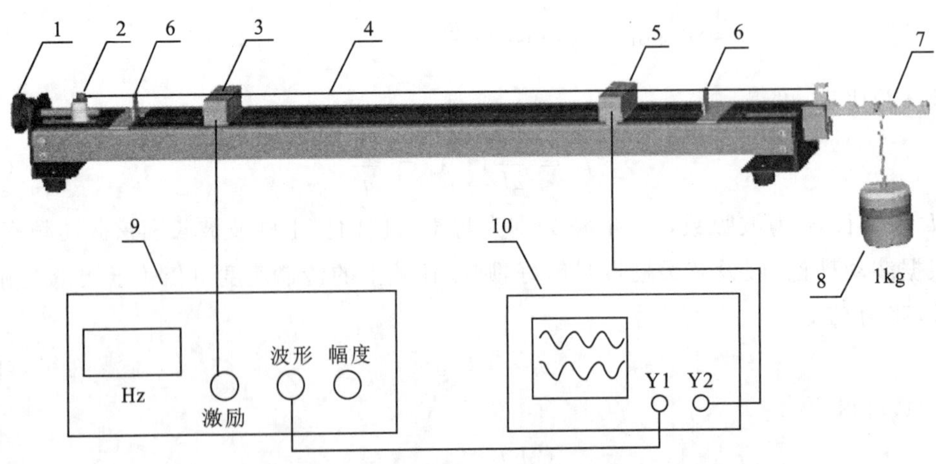


图5-2 实验仪器连接示意图

1. 调节螺杆；2. 圆柱螺母；3. 驱动传感器；4. 弦；5. 接收传感器；6. 支撑板；7. 张力杆；8. 悬挂物块；9. 信号源；10. 双踪示波器

(3)挂上质量可选(0.15kg、0.25kg或0.55kg)砝码到张力杆上,然后旋动调节螺杆,使张力杆水平(这样才能根据挂的物块质量精确地确定弦的张力),如图5-3所示。因为杠杆的原理,通过在不同位置悬挂质量已知的物块,从而获得成比例的、已知的张力,该比例是由杠杆的尺寸决定的。如图5-3(a),挂质量为$m$的重物在张力杆的挂钩槽3处,弦的拉紧度为$3mg$;如图5-3(b),挂质量为$m$的重物在张力杆的挂钩槽4处,弦的拉紧度为$4mg$。

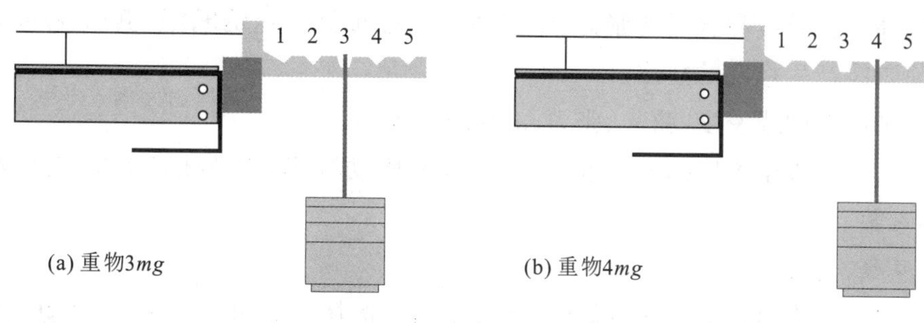


图5-3　张力大小示意图

**2.弦振动测量**

1)共振频率的测量

(1)放置两个支撑板至适当的间距,例如60cm,装上一根弦线。在张力杠杆上挂上一定质量的砝码(注意,总质量还应加上挂钩的质量),旋动调节螺杆,使张力杠杆处于水平状态,把驱动线圈放在离劈尖5～10cm处,把接收线圈放在弦的中心位置。记录弦线的张力和线密度。

(2)驱动频率调至最小、激励幅值调至最大,同时调节示波器的通道增益为20mV/div。

(3)慢慢升高驱动信号的频率,观察示波器接收到的波形的改变。注意,频率调节过程不能太快,因为弦线形成驻波需要一定的能量积累时间,太快则来不及形成驻波。如果弦线的振幅太大,造成弦线敲击传感器,则应减小信号源输出幅度;适当调节示波器的通道增益,以观察到合适的波形大小。一般一个波腹时,信号源输出为2～3V(峰-峰值),即可观察到明显的驻波波形,同时观察弦线,应当有明显的振幅。记录不同驱动频率时形成驻波的幅值。当弦的振动幅度最大时,示波器接收到的波形振幅最大,这时的频率就是共振频率。

(4)记下这个共振频率,以及线密度、弦长和张力,弦线的波腹波节的位置和个数等参数。如果弦线只有一个波腹,这时的共振频率为最低,波节就是弦线的两个固定端(两个支撑板处)。

(5)增加输出频率,连续找出几个共振频率(3～5 个)并记录。注意,接收线圈如果位于波节处,则示波器上无法测量到波形,所以驱动线圈和接收线圈此时应适当移动位置,以观察到最大的波形幅度。当驻波的频率较高,弦线上形成几个波腹、波节时,弦线的振幅会较小,眼睛不易观察到。这时把接收线圈移向右边劈尖,再逐步向左移动,同时观察示波器(注意波形是如何变化的),找出并记下波腹和波节的个数,及每个波腹和波节的位置。

2)弦长与共振频率的关系测量

(1)选择一根弦线和合适的张力,放置两个支撑板至一定的间距,例如 60cm,调节驱动频率,使弦线产生稳定的驻波。

(2)记录相关的线密度、弦长、张力、波腹数等参数。

(3)移动支撑板至不同的位置改变弦长,调节驱动频率,使弦线产生稳定的驻波。记录相关的参数。

3)测弦线上横波波速

(1)放置两个支撑板至合适的间距,例如 60cm,选择一定的张力,改变驱动频率,使弦线产生稳定的驻波。

(2)记录相关的线密度、弦长、张力等参数。

(3)改变砝码的质量和挂钩的位置,调节驱动频率,使弦线产生稳定的驻波。记录相关的参数。

## 数据记录及处理

数据填入数据记录单中。

(1)信号源频率($f_{实}$)与共振频率($f_{理}=\frac{n}{2L}\cdot\sqrt{\frac{T}{\rho}}$)比较,计算相对百分比误差,并分析误差原因。

(2)当弦长 $L$ 一定时,试分析张力 $T$ 与共振频率 $f$ 的关系,并作相应的曲线图;当张力 $T$ 一定时,试分析弦长 $L$ 与共振频率 $f$ 的关系,并作相应的曲线图。

(3)根据公式 $v_{理}=\sqrt{\frac{T}{\rho}}$ 和 $v_{实}=f\lambda=2Lf/n$,分别计算相应条件下的波速的理论值和实验值,计算相对百分比误差,并分析误差原因。试分析张力 $T$ 与波速 $v$ 的关系,并作相应的曲线图。

## 注意事项

(1)弦上观察到的频率可能不等于驱动频率,一般是驱动频率的两倍。因为驱动器的电磁力在一周内两次作用于弦线。

(2)开始实验前,预热 10min 再进行测量。

(3)频率调节不能过快,驻波形成需要一定时间。

(4)驱动传感器与接收传感器不能距离太近,一般应为 10cm 以上。

(5)悬挂重物轻拿轻放,以免弦线崩断而发生事故。

## 思考题

(1)通过实验,说明弦线共振频率与哪些条件有关。

(2)实验所得线密度与弦线静态线密度之间是否相等? 为什么?

(3)若弦线弯曲或不均匀,对实验结果有何影响?

(4)通过本实验,你能否描绘出弦线的驻波曲线?

# 实验6 磁悬浮导轨实验

## 实验目的

(1)学习导轨的水平调整,熟悉磁悬导轨和智能速度加速度测试仪的调整和使用。

(2)学习作图法处理实验数据,掌握匀变速直线运动规律。

(3)测量重力加速度 $g$,并学习消减系统误差的方法。

(4)探索牛顿第二定律,加深理解物体运动时所受外力与加速度的关系。

## 实验仪器

磁悬浮导轨、磁悬浮滑块(1个)、光电门(2个)、DHSY-1型磁悬浮导轨实验智能测试仪、水平仪。

## 实验原理

磁悬浮实验装置如图6-1所示,磁悬浮导轨实际上是一个槽轨,长约1.2m,在槽轨底部中心轴线嵌入钕铁硼(NdFeB)磁钢,在其上方的滑块底部也嵌入磁钢,形成两组带状磁场。由于磁场极性相反,上下之间产生斥力,滑块处于非平衡状态(图6-2)。为使滑块悬浮在导轨上运行,采用了槽轨。

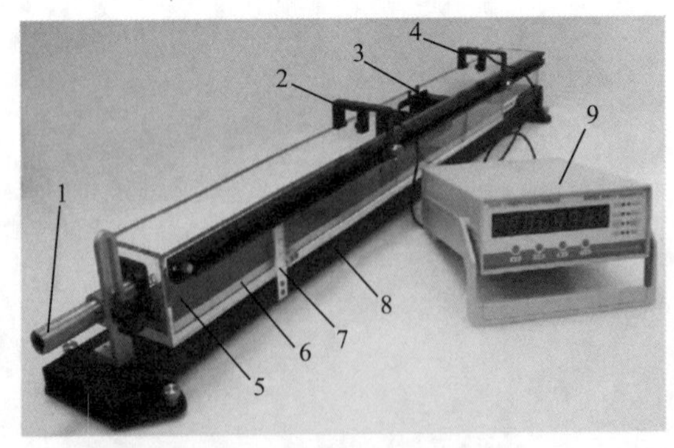


图6-1 磁悬浮实验装置

1.手柄;2.光电门Ⅰ;3.磁悬浮滑块;4.光电门Ⅱ;5.导轨;6.标尺;7.角度尺;8.基板;9.计时器

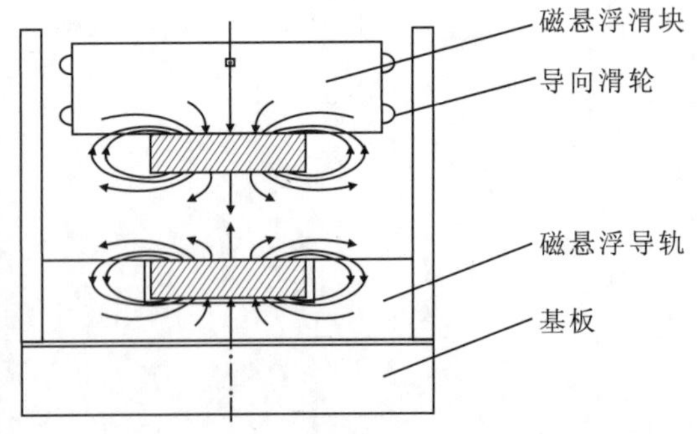


图6-2 磁悬浮导轨截面图

在导轨的基板上安装了带有角度刻度的标尺。根据实验要求，可把导轨设置成不同角度的斜面。

**1. 瞬时速度的测量**

一个作直线运动的物体，在 $\Delta t$ 时间内，物体经过的位移为 $\Delta s$，则该物体在 $\Delta t$ 时间内的平均速度为

$$\bar{v} = \frac{\Delta s}{\Delta t}$$

为了精确地描述物体在某点的实际速度，应该把时间 $\Delta t$ 取得越小越好，$\Delta t$ 越小，所求得的平均速度越接近实际速度。当 $\Delta t \to 0$ 时，平均速度趋近于一个极限，即

$$v = \lim_{\Delta t \to 0} \frac{\Delta s}{\Delta t} = \lim_{\Delta t \to 0} \bar{v} \tag{6-1}$$

这就是物体在该点的瞬时速度。

但在实验时，直接用式(6-1)来测量某点的瞬时速度是极其困难的，因此，一般在一定误差范围内，且适当修正时间间隔(图6-3、图6-4)，可以用历时极短的 $\Delta t$ 内的平均速度近似地代替瞬时速度。

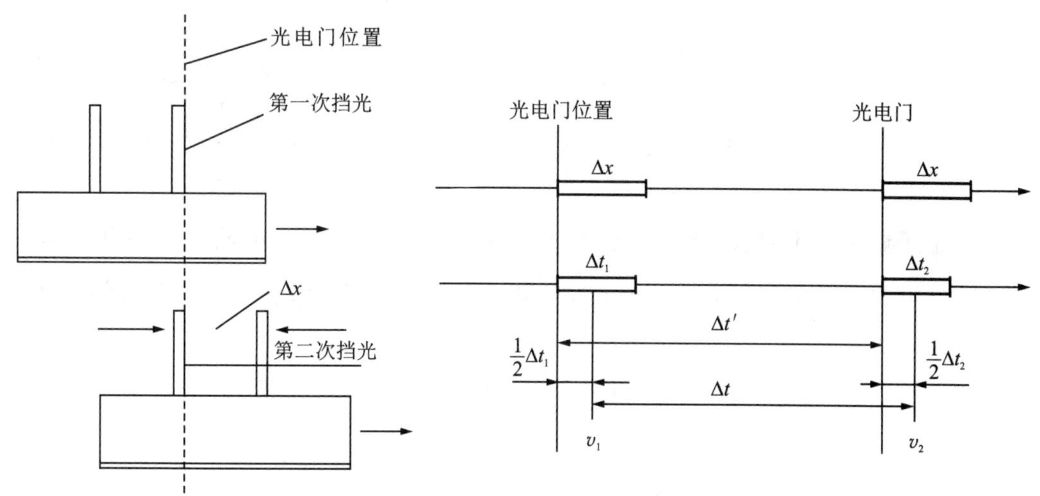


图6-3　滑块挡光片挡光示意图　　　　图6-4　两光电门计时间隔的修正

**2. 匀变速直线运动**

如图6-5所示，沿光滑斜面下滑的物体，在忽略空气阻力的情况下，可视作匀变速直线运动。匀变速直线运动的速度公式、位移公式、速度和位移的关系分别为

$$v_t = v_0 + at \tag{6-2}$$

$$s = v_0 t + \frac{1}{2}at^2 \tag{6-3}$$

$$v^2 = v_0^2 + 2as \tag{6-4}$$

如图 6-6 所示，在斜面上物体从同一位置 $P$ 处静止开始下滑，在 $P_0$ 处放置光电门Ⅰ，分别在不同位置 $P_1$，$P_2$，$P_3$，…处放置光电门Ⅱ，用智能速度加速度测试仪测量滑块经过两光电门所用时间 $t_1$，$t_2$，$t_3$…和在各处时的速度 $v_1$，$v_2$，$v_3$，…。以 $t$ 为横坐标，$v$ 为纵坐标作 $v-t$ 图，如果图线是一条直线，则证明该物体所作的是匀变速直线运动，其图线的斜率即为加速度 $a$，截距为 $v_0$。

同样取 $s_i = P_i - P_0$，作$\frac{s}{t}-t$ 图和 $v^2-s$ 图。若为直线，也证明物体所作的是匀变速直线运动，两图线斜率分别为$\frac{1}{2}a$ 和 $2a$，截距分别为 $v_0$ 和 ${v_0}^2$。

物体在磁悬浮导轨中运动时，摩擦力和磁场的不均匀性对小车可产生作用力，对运动物体有阻力作用，用 $F_f$ 来表示，即 $F_f = ma_f$，$a_f$ 作为加速度的修正值。

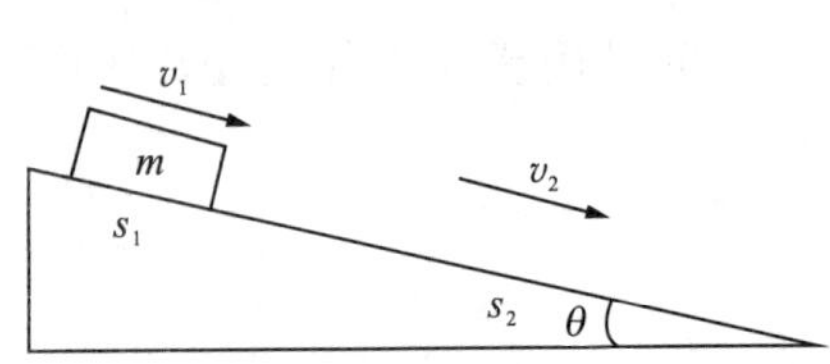


图 6-5 沿光滑斜面下滑的物体

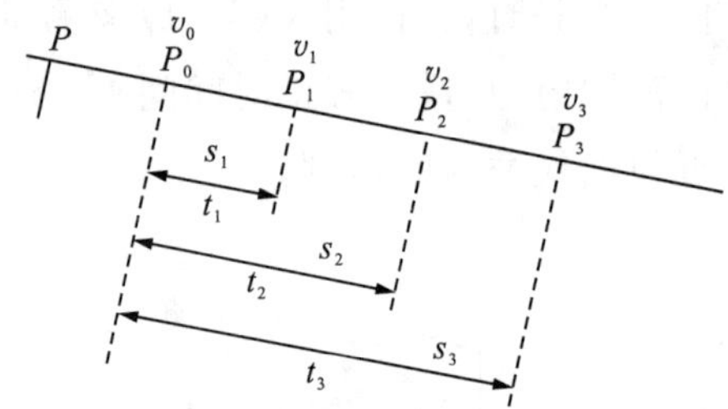


图 6-6 沿光滑斜面下滑的物体数据测量

**3. 系统质量保持不变，改变系统所受外力，考察动摩擦力的大小及其与外力 $F$ 的关系**

考虑到滑块在磁悬浮导轨中运动时，将其所受阻力用 $F_f$ 来表示。根据力学分析，滑块所受的力的关系式为

$$ma = mg\sin\theta - F_f$$

则有

$$F_f = mg\sin\theta - ma \tag{6-5}$$

用已知重力加速度 $g=9.8\text{m/s}^2$，及小车质量，通过测量不同轨道角度 $\theta$ 时的滑块加速度值 $a$，可以求得相应的动摩擦力大小。将 $F_f$ 与 $F$ 的值作图，可以考察 $F_f$ 与 $F$ 的关系。

**4. 重力加速度的测定及消减导轨中系统误差的方法**

令 $F_f = ma_f$，则有

$$a = g\sin\theta - a_f \tag{6-6}$$

式中，$a_f$ 为与动摩擦力有关的加速度修正值。

$$a_1 = g\sin\theta_1 - a_{f1} \tag{6-7}$$

$$a_2 = g\sin\theta_2 - a_{f2} \tag{6-8}$$

$$a_3 = g\sin\theta_3 - a_{f3} \tag{6-9}$$

$$\vdots$$

根据前面得到的动摩擦力 $F_f$ 与 $F$ 的关系可知，在一定的小角度范围内，滑块所受到动摩擦力 $F_f$ 近似相等，且 $F_f \ll mg\sin\theta$，即

$$a_{f1} \approx a_{f2} \approx a_{f3}, \cdots, = \bar{a}_f \ll g\sin\theta$$

由式(6－7)、式(6－8)、式(6－9)可得到

$$g = \frac{a_2 - a_1}{\sin\theta_2 - \sin\theta_1} = \frac{a_3 - a_2}{\sin\theta_3 - \sin\theta_2} = \cdots \tag{6-10}$$

**5. 系统质量保持不变，改变系统所受外力，考察加速度 $a$ 和外力 $F$ 的关系**

根据牛顿第二定理 $F=ma$，$a=\frac{1}{m}F$，斜面上 $F=mg\sin\theta$，故

$$a = kF \tag{6-11}$$

如图 6－5 所示，设置不同的角度 $\theta_1, \theta_2, \theta_3, \cdots$ 的斜面，测出物体运动的加速度 $a_1, a_2, a_3, \cdots$，作 $a-F$ 拟合直线图，求出斜率 $k$。由于 $k=\frac{1}{m}$，即可求得 $m=\frac{1}{k}$。

**6. 仪器说明**

每个滑块上有两条挡光片，滑块在槽轨中运动时，挡光片对光电门进行挡光，每挡光一次，光电转换电路便产生一个电脉冲信号，以此控制计时门的开和关(即计时的开始和停止)。

导轨上有两个光电门，本光电测试仪测定并存储了运动滑块上的两条挡光片通过光电门Ⅰ的时间间隔 $\Delta t_0$、通过光电门Ⅱ的时间间隔 $\Delta t_1$ 和滑块从光电门Ⅰ到光电门Ⅱ所经历的时间间隔 $\Delta t'$。根据两条挡光片之间的距离参数 $\Delta x$(图 6－3)，即可计算出滑块上两条挡光片通过光电门Ⅰ时的平均速度 $v_0=\frac{\Delta x}{\Delta t_0}$和通过光电门Ⅱ时的平均速度$v_1=\frac{\Delta x}{\Delta t_1}$。

为使测得的平均速度更接近挡光片中心处通过时的瞬时速度，本仪器在时间处理上已作图 6－4 处理，本实验测试仪中，从 $v_0$ 增加到 $v_1$ 所需时间已修正为 $\Delta t=\Delta t'-\frac{1}{2}\Delta t_0+\frac{1}{2}\Delta t_1$。根据测得的 $\Delta t_0, \Delta t_1, \Delta t$ 和键入的挡光片间隔 $\Delta x$ 值，经智能速度加速度测试仪运算显示得 $v_0, v_1, a$；测试仪中显示的 $t_1, t_2, t_3$ 对应上述的 $\Delta t_0, \Delta t_1, \Delta t$。

## 实验内容

**1. 检查磁悬浮导轨的水平度，检查测试仪的测试准备**

把磁悬浮导轨设置成水平状态。水平度调整有两种方法：①把配置的水平仪放在磁悬浮导轨槽中，调整导轨一端的支撑脚，使导轨水平。②把滑块放到导轨中，滑块以一定的初速度从左到右运动，测出加速度值，然后反方向运动，再次测出加速度值，若导轨水平，则由左到右运动减速情况相近，即测量的 $a$ 相近。

检查导轨上的光电门Ⅰ和光电门Ⅱ是否与测试仪的光电门Ⅰ和光电门Ⅱ相连，开启电源，并检查“功能”是否置于“加速度”(计时器按模式 0 功能进行操作)。

**2. 匀变速运动规律的研究**

调整导轨成如图 6-6 所示的斜面，倾斜角为 $\theta$(不小于 $2^\circ$ 为宜)。将斜面上的滑块每次从同一位置 $P$ 处由静止开始下滑，光电门Ⅰ置于 $P_0$ 处，光电门Ⅱ分别置于 $P_1, P_2, \cdots$ 处，用智能速度加速度测试仪测量 $\Delta t_0, \Delta t_1, \Delta t_2, \cdots$ 和速度为 $v_0, v_1, v_2, \cdots$；依次记录 $P_0$，$P_1, P_2, \cdots$ 的位置和速度 $v_0, v_1, v_2, \cdots$ 及由 $P_0$ 到 $P_i$ 的时间 $t_i$，列表记录所有数据。

**3. 重力加速度 $g$ 的测量**

两光电门之间距离固定为 $s$。改变斜面倾斜角 $\theta$，滑块每次由同一位置滑下，依次经过两个光电门，记录其加速度 $a_i$，由式(6-10)计算加速度 $g$，与当地重力加速度 $g_{标}$ 相比较，并求其百分比误差。

**4. 系统质量保持不变，改变系统所受外力，考察加速度 $a$ 和外力 $F$ 的关系**

找到滑块上的质量标记，记录滑块质量标准值 $m_{标}$，利用上一内容的实验数据，计算不同倾斜角时，系统所受外力 $F=m_{标}\, g\sin\theta$，根据式(6-9)作 $a-F$ 拟合直线图，求出斜率 $k$，$k=\frac{1}{m}$，即可求得 $m=\frac{1}{k}$。比较 $m$ 和 $m_{标}$，并求其百分比误差。

## 数据记录与处理

(1)实验数据记录于数据记录单中。

(2)分别作直线 $v-t$ 图线和 $\frac{s}{t}-t$ 图线，若所得均为直线，则表明滑块作匀变速直线运动，由直线斜率与截距求出 $a$ 与 $v_0$，将 $v_0$ 与数据表中 $\bar{v}_0$ 比较，并加以分析和讨论。

(3)根据 $g=\frac{a_2-a_1}{\sin\theta_2-\sin\theta_1}=\frac{a_3-a_2}{\sin\theta_3-\sin\theta_2}=\cdots$，分别算出相邻两个倾斜角度所得出的重力加速度 $g_i$(最后一个空填写前 4 个 $g_i$ 的平均值)。注意，每个角度下加速度至少测量三次，求其平均值。

(4)将计算测得的重力加速度的平均值 $\bar{g}$，与本地区公认值 $g_{标}$ 相比较，求出

$$E_g = \frac{|\bar{g} - g_{标}|}{g_{标}} \times 100\%$$

(5)作 $a-F$ 拟合直线图,求出斜率 $k$,$k=\frac{1}{m}$,求出 $m=\frac{1}{k}$。与 $m_{标}$ 相比较,求出

$$E_m = \frac{|m - m_{标}|}{m_{标}} \times 100\%$$

## 注意事项

(1)光电门接线时请注意,加速度测量时将首先经过的光电门定为光电门Ⅰ,否则测量会出现错误。

(2)实验做完后,磁悬浮滑块不可长时间放在导轨中,防止滑轮被磁化。

(1)实验进行时仔细观察,磁悬浮滑块在导轨中运动时,产生阻力的因素有哪些?

(2)把磁悬浮导轨调节成水平状态的两种方法中,你选择的哪一种?相比之下它有何优点?

## 附 DHSY-1 型磁悬浮导轨实验智能测试仪使用说明

**1. 加速度测量**

(1)按"功能"按钮,选择工作模式,选择加速度模式,即使"加速度"指示灯亮。

(2)按"翻页"按钮,可选择需存储的组号或查看各组数据。最高位数码管显示"0"~"9",表示存储的组号。

(3)按"开始"按钮,即开始一次加速度测量过程,测量结束后数据会自动保存在当前组中。

(4)测量数据依次显示顺序:$t_1 \to v_1 \to t_2 \to v_2 \to t_3 \to a$,对应的指示灯会依次亮起,每个数据显示时间为 2s。

(5)清除所有数据按"复位"按钮。

**2. 碰撞测量**

(1)按"功能"按钮,选择碰撞模式,即使"碰撞"指示灯亮。最高位数码管显示"1"~"C"对应 12 种碰撞模式(信号源是从加速度到碰撞依次扫描显示)。

(2)按"开始"按钮,即开始一次碰撞测量过程,测量结束后数据会自动保存在当前组中。

(3)测量数据依次显示顺序:$At_1 \to Av_1 \to At_2 \to Av_2 \to Bt_1 \to Bv_1 \to Bt_2 \to Bv_2$,对应的指

示灯会依次亮起，每个数据显示时间 2s。

(4)碰撞模式说明见表 6－1。

**表 6－1　实验设置模式**

<table>
<tr><th>模式</th><th colspan="2">初始状态</th><th colspan="2">结束状态</th></tr>
<tr><td>1</td><td rowspan="3">A 位于光电门Ⅰ左侧向右运动，B 静止于两光电门之间</td><td>A→　B_0</td><td>A→　B→</td><td>A 过光电门Ⅰ、光电门Ⅱ后向右运动，B 过光电门Ⅱ后向右运动</td></tr>
<tr><td>2</td><td>A→　B_0</td><td>A←　B→</td><td>A 过光电门Ⅰ后折返向左运动，B 过光电门Ⅱ后向右运动</td></tr>
<tr><td>3</td><td>A→　B_0</td><td>A_0　B→</td><td>A 过光电门Ⅰ后静止在两光电门中间，B 过光电门Ⅱ后向右运动</td></tr>
<tr><td>4</td><td rowspan="6">A 位于光电门Ⅰ左侧向右运动，B 位于光电门Ⅱ右侧向左运动</td><td>A→　B←</td><td>A→0　B→</td><td>A 过光电门Ⅰ、光电门Ⅱ后向右运动，B 过光电门Ⅱ后折返向右运动</td></tr>
<tr><td>5</td><td>A→　B←</td><td>A←　B←</td><td>A 过光电门Ⅰ后折返向左运动，B 过光电门Ⅱ光电门Ⅰ后向左运动</td></tr>
<tr><td>6</td><td>A→　B←</td><td>A←　B→</td><td>A 过光电门Ⅰ后折返向左运动，B 过光电门Ⅱ后折返向右运动</td></tr>
<tr><td>7</td><td>A→　B←</td><td>A_0　B→</td><td>A 过光电门Ⅰ后静止在两光电门中间，B 过光电门Ⅱ后折返向右运动</td></tr>
<tr><td>8</td><td>A→　B←</td><td>A←　B_0</td><td>A 过光电门Ⅰ后折返向左运动，B 过光电门Ⅱ后静止在两光电门中间</td></tr>
<tr><td>9</td><td>A→　B←</td><td>A_0　B_0</td><td>A 过光电门Ⅰ后静止在两光电门中间，B 过光电门Ⅱ后静止在两光电门中间</td></tr>
<tr><td>A</td><td rowspan="3">A 和 B 都位于光电门Ⅰ左侧，A 撞击 B 后同时向右侧运动</td><td>A→　B→</td><td>A→　B→</td><td>A 过光电门Ⅰ、光电门Ⅱ后向右运动，B 过光电门Ⅰ、光电门Ⅱ后向右运动</td></tr>
<tr><td>B</td><td>A→　B→</td><td>A←　B→</td><td>A 过光电门Ⅰ、后折返向左运动，B 过光电门Ⅰ、光电门Ⅱ后向右运动</td></tr>
<tr><td>C</td><td>A→　B→</td><td>A_0　B→</td><td>A 过光电门Ⅰ后静止在两光电门中间，B 过光电门Ⅰ、光电门Ⅱ后向右运动</td></tr>
</table>

注：*A*、*B* 分别表示导轨中的滑块，“→”表示向右运动；“←”表示向左运动；“_0”表示静止。左边为光电门Ⅰ，右边为光电门Ⅱ。

# 实验 7　超声声速的测定

声波是一种在弹性媒质中传播的机械波，频率低于 20Hz 的声波称为次声波；频率在 20Hz～20kHz 的声波可以被人听到，称为可闻声波；频率在 20kHz 以上的声波称为超声波。

超声波在媒质中的传播速度与媒质的特性及状态因素有关。因而通过媒质中声速的测定，可以了解媒质的特性或状态变化。例如，测量氯气（气体）、蔗糖（溶液）的浓度、氯丁橡胶乳液的密度以及输油管中不同油品的分界面等，这些问题都可以通过测定这些物质中的声速来解决。可见，声速测定在工业生产上具有一定的实用意义。同时，通过液体中声速的测量，了解水下声呐技术应用的基本概念。

## 实验目的

（1）了解压电换能器的功能，加深对驻波及振动合成等理论知识的理解。

（2）学习用共振干涉法、相位比较法和时差法测定超声波的传播速度。

（3）通过用时差法对多种介质的测量，了解声呐技术的原理及其重要的实用意义。

## 实验仪器

SV5 型声速测量组合仪及 SV5 型声速测定专用信号源各一台。组合仪主要由储液槽、传动机构、数显标尺、两副压电换能器等组成。储液槽中的压电换能器供测量空气和液体声速用，另一副换能器供测量固体声速用。作为发射超声波用的换能器 $S_1$ 固定在储液槽的左边，另一只接收超声波用的接收换能器 $S_2$ 装在可移动滑块上。上下两只换能器的相对位移通过传动机构同步行进，并由数显表头显示位移的距离。

$S_1$ 发射换能器超声波的正弦电压信号由 SV5 声速测定专用信号源供给，换能器 $S_2$ 把接收到的超声波声压转换成电压信号，用示波器观察；时差法测量时则还要接到专用信号源进行时间测量，测得的时间值具有保持功能。

示波器一台、300mm 游标卡尺。

## 实验原理

在波动过程中波速 $v$、波长 $\lambda$ 和频率 $f$ 之间存在着下列关系：$v=f\lambda$。实验中可通过

测定声波的波长 $\lambda$ 和频率 $f$ 来求得波速 $v$。常用的方法有共振干涉法与相位比较法。

声波传播的距离 $L$ 与传播的时间 $t$ 存在下列关系：$L=vt$，只要测出 $L$ 和 $t$ 就可测出声波传播的速度 $v$，这就是时差法测量声速的原理。

**1. 共振干涉法（驻波法）测量声速的原理**

当两束幅度相同、方向相反的声波相交时，产生干涉现象，出现驻波。对于波束 1：$F_1=A\cos(\omega t-2\pi x/\lambda)$，波束 2：$F_2=A\cos(\omega t+2\pi x/\lambda)$，当它们相交时，叠加后的波形成波束 3：$F_3=2A\cos(2\pi x/\lambda)\cos(\omega t)$，这里 $\omega$ 为声波的角频率，$t$ 为经过的时间，$x$ 为经过的距离。由此可见，叠加后的声波幅度，随距离按 $\cos(2\pi x/\lambda)$ 变化，如图 7-1 所示。

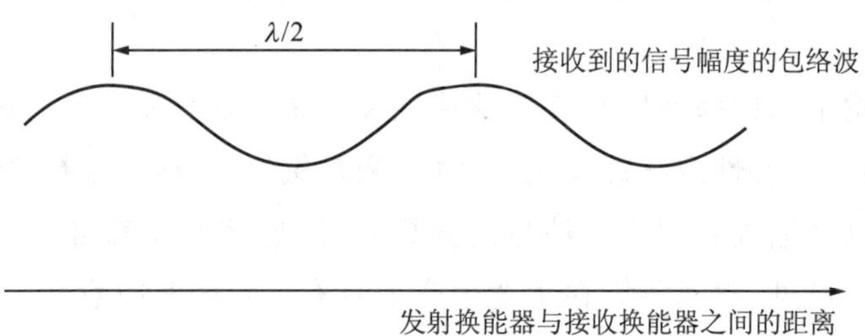


图 7-1 声波的叠加

压电陶瓷换能器 $S_1$ 作为声波发射器，它由信号源供给频率为数千赫兹的交流电信号，由逆压电效应发出一平面超声波；而换能器 $S_2$ 则作为声波的接收器，正压电效应将接收到的声压转换成电信号，该信号输入示波器，我们在示波器上可看到一组由声压信号产生的正弦波形。声源 $S_1$ 发出的声波，经介质传播到 $S_2$，在接收声波信号的同时反射部分声波信号，如果接收面（$S_2$）与发射面（$S_1$）严格平行，入射波即在接收面上垂直反射，入射波与发射波相干涉形成驻波。我们在示波器上观察到的实际上是这两个相干波合成后在声波接收器 $S_2$ 处的振动情况。移动 $S_2$ 位置（即改变 $S_1$ 与 $S_2$ 之间的距离），从示波器显示屏上会发现当 $S_2$ 在某些位置时振幅有最小值或最大值。根据波的干涉理论可以知道：任何两相邻的振幅最大值的位置之间（或两相邻的振幅最小值的位置之间）的距离均为$\lambda/2$。为测量声波的波长，可以在一边观察示波器上声压振幅值的同时，缓慢地改变 $S_1$ 和 $S_2$ 之间的距离。示波器上就可以看到声振动幅值不断地由最大变到最小再变到最大，两相邻的振幅最大之间 $S_2$ 移动过的距离亦为 $\lambda/2$。换能器 $S_2$ 至 $S_1$ 之间的距离的改变可通过转动螺杆的鼓轮来实现，而超声波的频率又可由声波测试仪信号源频率显示窗口直接读出。在连续多次测量相隔半波长的 $S_2$ 的位置变化及声波频率 $f$ 以后，我们可用逐差法处理测量的数据，计算得出波长，然后求出声速。

**2. 相位法测量原理**

声源 $S_1$ 发出声波后，在其周围形成声场，声场在介质中任一点的振动相位是随时间而变化的。但它和声源的振动相位差 $\Delta\varphi$ 不随时间变化。

设声源方程为

$$F_1 = F_{01}A\cos\omega t$$

距声源 $x$ 处 $S_2$ 接收到的振动为

$$F_2 = F_{02}A\cos\omega(t - \frac{x}{y})$$

两处振动的相位差

$$\Delta\varphi = \omega\frac{x}{y}$$

当把 $S_1$ 和 $S_2$ 的信号分别输入到示波器 $X$ 轴和 $Y$ 轴，那么当 $x=n\lambda$，即 $\Delta\varphi=2\pi n$ 时，合振动为一斜率为正的直线；当 $x=(2n+1)\lambda/2$，即 $\Delta\varphi=(2n+1)\pi$ 时，合振动为一斜率为负的直线，当 $x$ 为其他值时，合振动为椭圆(图 7－2)。

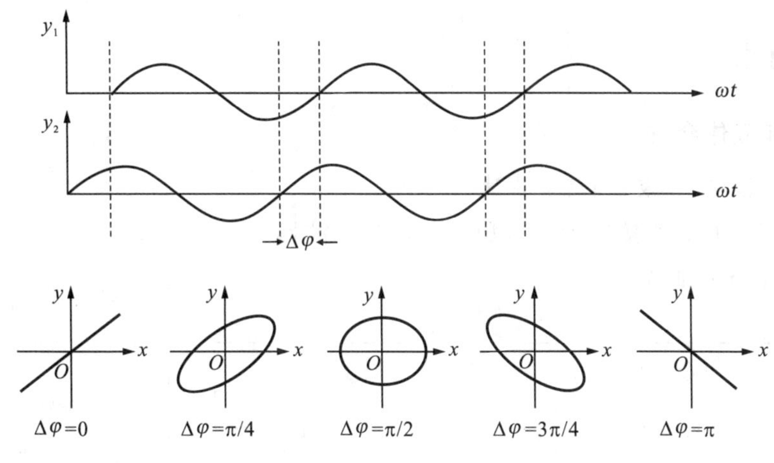


图 7－2　振动的合成

### 3. 时差法测量原理

以上两种方法测声速，都是用示波器观察波谷和波峰，或观察两个波间的相位差，原理是正确，但存在读数误差，较精确测量声速是用声波时差法，时差法在工程中得到了广泛的应用。它是将经脉冲调制的电信号加到发射换能器上，声波在介质中传播，经过时间 $t$ 后，到达距离 $L$ 处的接收换能器(图 7－3)，所以可以用以下公式求出声波在介质中传播的速度：

$$v = L/t$$

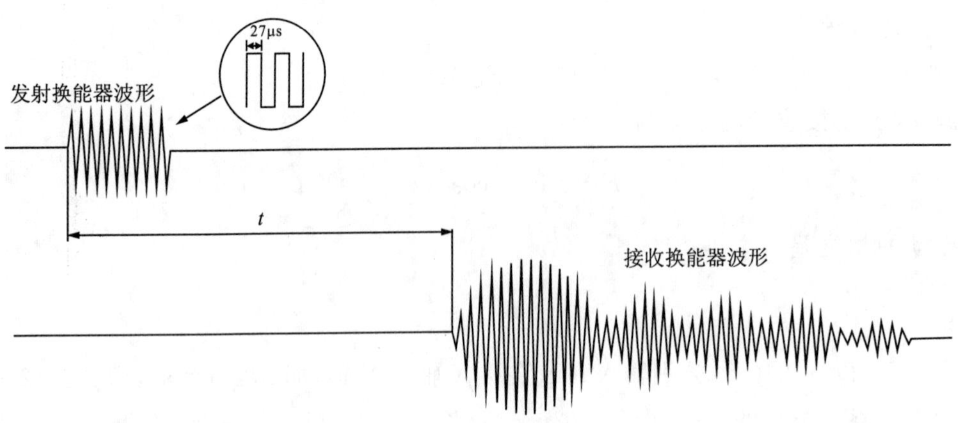


图 7-3 时差法测量原理

## 实验内容

### 1. 空气和液体介质

1)共振干涉法(驻波法)测量声速

(1)按图 7-4(a)连接专用信号源、测试仪、示波器。

(2)谐振频率的调节。

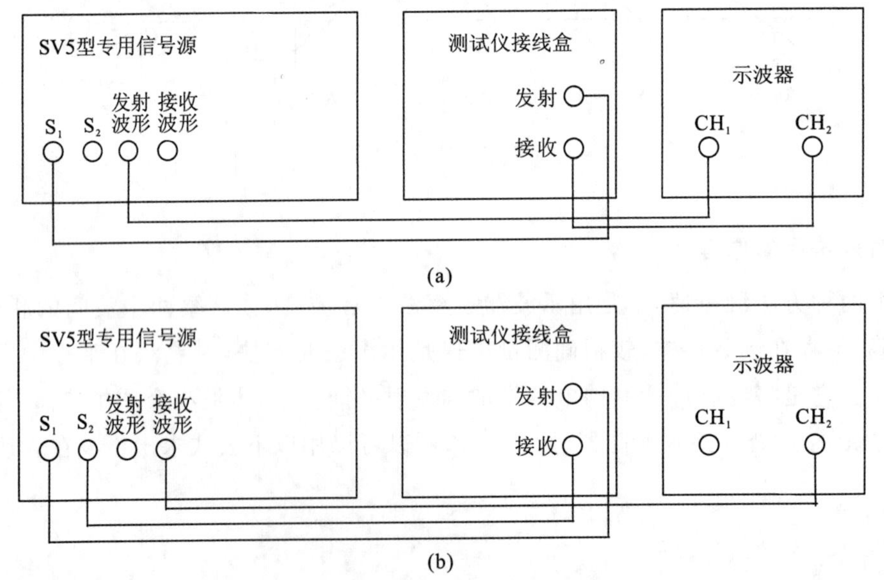


图 7-4 仪器连接图

(a)共振干涉法、相位法测量连接图;(b)时差法测量连接图

根据测量要求初步调节好示波器。将专用信号源输出的正弦信号频率调节到换能器的谐振频率，以使换能器发射出较强的超声波，能较好地进行声能与电能的相互转换，以得到较好的实验效果，方法如下：

将专用信号源的“发射波形”端接至示波器，调节示波器，能清楚地观察到同步的正弦波信号。

调节专用信号源的上“发射强度”旋钮，使其输出电压峰－峰值为 25V 左右，然后将换能器的接收信号接至示波器，调整信号频率（25～45kHz），观察接收波的电压幅度变化，在某一频率点处（34.5～39.5kHz 之间，因不同的换能器或介质而异）电压幅度最大，此频率即是压电换能器 $S_1$、$S_2$ 相匹配频率点，记录此频率 $f_i$。

改变 $S_1$、$S_2$ 的距离，使示波器的正弦波振幅最大，再次调节正弦信号频率，直至示波器显示的正弦波振幅达到最大值。共测 3 次取平均频率 $f$。

（3）将测试方法设置到连续波方式。向着同方向转动距离调节鼓轮，观察示波器，这时波形的幅度会发生变化（同时在示波器上可以观察到来自接收换能器的振动曲线波形发生相移），找到接收波形的最大值，逐个记下振幅最大的 $S_2$ 位置 $X_1, X_2, \cdots, X_{10}$，共 10 个数据，单次测量的波长 $\lambda_i = 2|X_i - X_{i-1}|$。用逐差法处理这 10 个数据，即可得到波长 $\lambda$。

（4）已知波长 $\lambda$ 和平均频率 $f$（频率由声速测试仪信号源频率显示窗口直接读出），则声速为

$$v = f\lambda$$

2）相位比较法（李萨如图法）测量声速

按前面实验内容（1）中①和②的方法连接仪器和确定最佳工作频率（可沿用刚才确定的平均谐振频率 $f$），并将测试方法设置到连续波方式。单踪示波器接收波接到“Y”，发射波接到“EXT”外触发端；双踪示波器接收波接到“$CH_1$”，发射波接到“$CH_2$”，显示方式设置为“$x-y$”，适当调节示波器，出现李萨如图形，即两个垂直方向的正弦振动的合成轨迹。转动距离调节鼓轮，观察李萨如图形中为一定角度的斜线，记下 $S_2$ 的位置，再向前或者向后（必须是一个方向）移动一定距离，使观察到的波形又回到前面所说的特定角度的斜线，这时来自接收换能器 $S_2$ 的振动波形发生了 $2\pi$ 相移。依次记下示波器显示屏上斜率负、正变化的直线出现时对应位置 $X_1, X_2, \cdots, X_{10}$。单次波长 $\lambda_i = 2|X_i - X_{i-1}|$。多次测定用逐差法处理数据，即可得到波长 $\lambda$。利用公式 $v = f\lambda$ 计算得出声速。

3）时差法测量声速

（1）按图 7－4(b) 连接专用信号源、测试仪、示波器。

（2）测量空气和液体声速时，分别将专用信号源上“声速传播介质”置于“空气”和“液体”位置。

（3）将测试方法设置到脉冲波方式。将 $S_1$ 和 $S_2$ 之间的距离调到一定距离（≥

50mm)。开启数显表头电源,并置0,再调节接收增益,使示波器上显示的接收波信号幅度在300～400mV左右(峰-峰值),以使计时器工作在最佳状态。然后记录此时的距离值和显示的时间值(时间由声速测试仪信号源时间显示窗口直接读出)。多记录几次 $S_2$ 在不同位置时的时间值,用毫米方格纸作 $L-t$ 拟合直线,从直线斜率求声速。

需要说明的是,由于声波的衰减,移动换能器使测量距离变大(这时时间也变大)时,如果测量时间值出现跳变,则应顺时针方向微调“接收放大”旋钮,以补偿信号的衰减;反之测量距离变小时,如果测量时间值出现跳变,则应逆时针方向微调“接收放大”旋钮,以使计时器能正确计时。

当使用液体为介质测试声速时,先小心将金属测试架从储液槽中取出,取出时应用手指稍稍抵住储液槽,再向上取出金属测试架。然后向储液槽注入液体,直至液面线处,但不要超过液面线。

**注意:**在注入液体时,不能将液体淋在数显表头上。然后将金属测试架装回储液槽。

记下介质温度 $t$(℃)。标准大气压下空气中的声速为 $v_s=(331.45+0.59t)$m/s,水中为 $v_s=(1557-0.0245(74-t)^2)$m/s。

**2. 固体介质(选做)**

测量非金属(有机玻璃棒)、金属(黄铜棒)固体介质时,只能使用时差法测量声速,可按以下步骤进行实验:

(1)按图7-4(b)连接仪器,将换能器的连接线接至测试架上的“固体”专用插座上,专用信号源上的“测试方法”置于“脉冲波”位置,“声速传播介质”按测试材质的不同,置于“非金属”或“金属”位置。

(2)先拔出发射换能器尾部的连接插头,再将待测的测试棒的一端面小螺柱旋入接收换能器中心螺孔内,再将另一端面的小螺柱旋入能旋转的发射换能器上,使固体棒的两端面与两换能器的平面可靠、紧密接触,然后把发射换能器尾部的连接插头插入接线盒的插座中。

**注意:**旋紧时,应用力均匀,不要用力过猛,以免损坏螺纹及储液槽,拧紧程度要求两只换能器端面与测试棒两端紧密接触即可。调换测试棒时,应先拔出发射换能器尾部的连接插头,然后旋出发射换能器的一端,再旋出接收换能器的一端。

(3)记录信号源的时间读数,单位为 $\mu$s。测试棒的长度可用游标卡尺测量得到并记录。

(4)用以上方法调换第二长度及第三长度测试棒,重新测量并记录数据。

(5)根据不同被测棒的长度差和测得的时间差计算出测试棒的声速。

## 数据记录与处理

(1)数据记录于数据记录单中。

(2)计算出空气和水中通过三种方法测量的 $v$(共振干涉法、相位比较法测得的数据用逐差法处理,时差法测得的数据用直线拟合法处理),将实验结果与理论值 $v_s$ 比较,计算百分比误差并分析误差产生的原因。

(3)列表记录用时差法测量非金属棒及金属棒的实验数据,用差值法计算得出各自的声速(选做)。

(1)声速测量中共振干涉法、相位比较法、时差法有何异同?

(2)为什么要在谐振频率条件下进行声速测量?如何调节和判断测量系统是否处于谐振状态?

(3)为什么发射换能器的发射面与接收换能器的接收面要保持互相平行?

(4)声音在不同介质中传播有何区别?声速为什么会不同?

## 附　数显表头的使用方法及维护

声速测量组合仪储液槽上方的测量显示两换能器移动距离的数显表头使用方法:

(1)“inch/mm”按钮为英/公制转换用,测量声速时用“mm”。

(2)“OFF”“ON”按钮为数显表头电源开关。

(3)“ZERO”按钮为表头数字回零用。

(4)数显表头在标尺范围内,接收换能器处于任意位置都可设置“0”位。摇动丝杆,接收换能器移动的距离为数显表头显示的数字。

(5)数显表头右下方有“▼”标志处为更换表头内扣式电池处。

(6)使用时,严禁将液体淋到数显表头上,如不慎将液体淋入,可用电吹风吹干(电吹风用低挡,并保持一定距离,使温度不超过 60℃)。

(7)数显表头与数显杆尺的配合极其精确,应避免剧烈的冲击和重压。

(8)仪器使用完毕后,应关掉数显表头的电源,以免不必要的消耗电池。

# 实验8　多普勒测声速

## 实验目的

(1)了解声波的多普勒效应现象,掌握智能多普勒效应实验仪的使用方法。

(2)通过测量超声接收器的运动速度和接收频率,验证多普勒效应。

(3)观察物体不同类型的变速运动的规律,掌握用时差法测量空气中声波的传播速度。

(4)了解超声换能器特性测量。

## 实验仪器

智能多普勒效应实验仪由FB718A型实验仪、测试架组成。FB718A型实验仪由信号发生器和功率放大器、接收放大器、微处理器、液晶显示器等组成。测试架由步进电机,电机控制模块,超声接收、发射换能器,光电门、小车等组成(图8-1)。

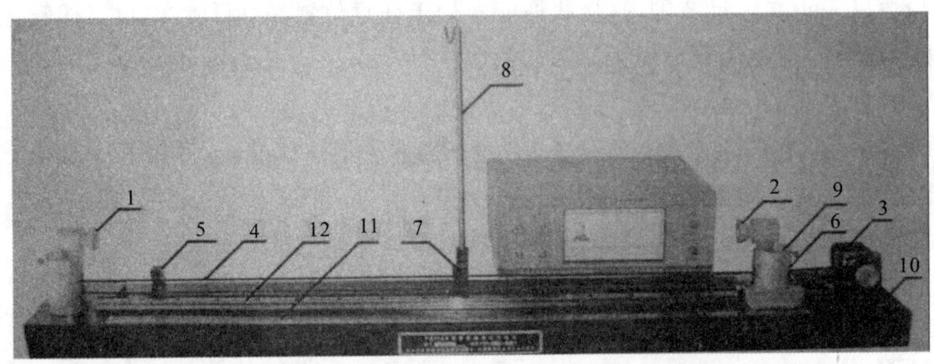


图8-1　FB718A型多普勒效应实验仪测试架结构图

1.发射换能器;2.接收换能器;3.步进电机;4.同步带;5.左限位光电门;6.右限位光电门;7.测速光电门;8.接收线支架;9.小车;10.底座;11.标尺;12.导轨

## 实验原理

### 1. 多普勒效应测速原理

多普勒效应就是当发射源与接收体之间存在相对运动时,接收体接收到发射源发射信息的频率与发射源发射信息频率不相同,这种现象称为多普勒效应。接收频率与发射频率之差称为多普勒频移(doppler shift)。当声源与接收体之间有相对运动时,接收体接收的声波频率 $f'$ 与声源频率 $f$ 存在多普勒频移 $\Delta f$ 即

$$\Delta f = f' - f \tag{8-1}$$

当接收体与声源相互靠近时,接收频率 $f'$ 大于发射频率 $f$,即

$$\Delta f > 0$$

当接收体与声源相互远离时,接收频率 $f'$ 小于发射频率 $f$,即

$$\Delta f < 0$$

根据声波的多普勒效应公式,当声源与接收器之间有相对运动时,接收器接收到的频率为

$$f' = \frac{u \pm v_1}{u \mp v_2} f_0 \tag{8-2}$$

式中,$f_0$ 为声源发射频率,$u$ 为声速,$v_1$ 为接收器运动速率,$v_2$ 为声源运动速率。$v_1$、$v_2$ 的符号规则:声源和接收器相向运动时为正,背离运动时为负。

在本实验中只研究声源不动,接收器运动速度为 $v$ 的情况。根据多普勒公式,接收频率、多普勒频移分别是

$$f' = \frac{u \pm v}{u} f_0 \tag{8-3}$$

$$\Delta f = f' - f_0 \tag{8-4}$$

即声速公式为

$$u = \frac{f_0}{\Delta f} v \tag{8-5}$$

在实验中,选定小车的运动速度后,系统会自动计算出 $\Delta f$,然后通过液晶显示器显示。

### 2. 时差法测量声速的原理

1)超声波与压电陶瓷换能器

在弹性介质中传播的机械振动为声波,高于 20kHz 称为超声波,超声波的传播速度就是声波的速度,而超声波具有波长短,易于定向发射等优点。声速实验所采用的声波频率一般都在 20～60kHz 之间,在此频率范围内,采用压电陶瓷换能器作为声波的发射器、接收器效果最佳。

压电陶瓷换能器根据它的工作方式，分为纵向(振动)换能器、径向(振动)换能器及弯曲振动换能器。声速教学实验中大多数采用纵向换能器。

2)时差法(脉冲波)测量声速的原理

如图 8-2 所示，连续波经脉冲调制后由发射换能器发射至被测介质中，声波在介质中传播，经过时间 $t$ 后，到达距离 $L$ 处的接收换能器。由运动定律可知，声波在介质中传播的速度可由以下公式求出

$$u = L/t$$

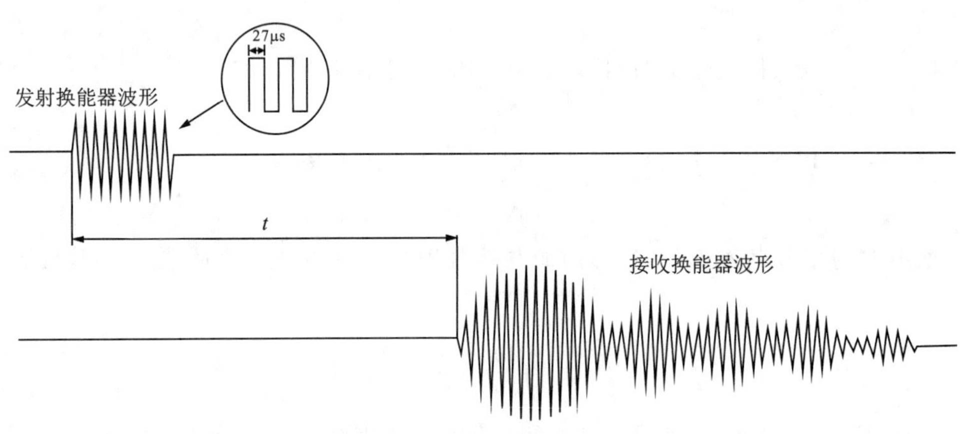


图 8-2 示波器上观察到的发射波形和接收波形

通过测量发射、接收换能器端面之间距离 $L$ 和时间 $t$，就可以计算出声波在当前介质中的传播速度。

声速理论值

$$u_0 = 331.45\sqrt{1+\frac{T_K}{273.16}}\,(\mathrm{m/s}) \quad [\text{或 } u_0 \approx 331.45 + 0.61 \times T(\mathrm{m/s})] \tag{8-8}$$

式中，$T$ 为室温，单位为℃；$T_K$ 为 $T$ 的热力学温度值，即 $T_K = T + 273.16$，单位为 K。

## 实验内容

### 1. 参数设定

(1)把 FB718A 型智能多普勒效应实验仪、测试架专用连接线连接起来。先打开 FB718A 工作电源，液晶屏显示主菜单(图 8-3)；仪器预热 15min 后，进行实验。

(2)先触摸液晶屏主菜单“1. 多普勒效应实验”选项，液晶屏显示子菜单；其中显示的(环境)温度、(采集)点数、(采集)间隔值是仪器出厂时的预置值，可修改(除环境温度须重新设置外，其他参数保持不变，按原预置运行)。

(3)环境温度值设置：若要把“36.0℃”修改到“XX.X℃”，操作步骤如下：

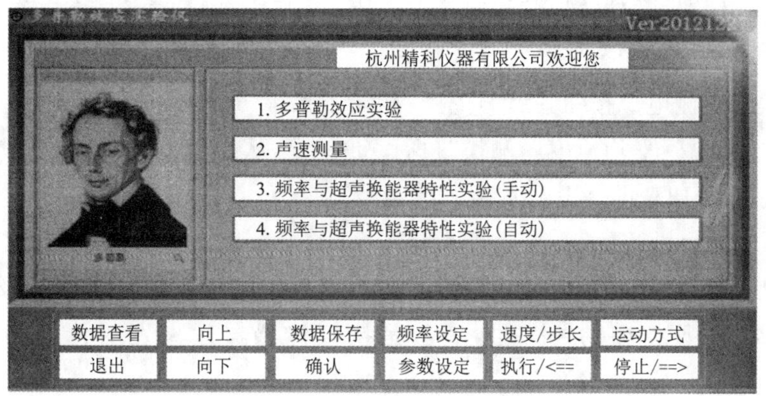


图 8-3　液晶屏显示主菜单

如图 8-4 所示，触摸菜单下部的“参数设定”及子菜单的“环境温度”，在设置窗口输入“XX. X”。设置完毕按“确认”键存入修改结果并退出设置状态(注意：必须待参数输入完毕才能退出设置窗口)。

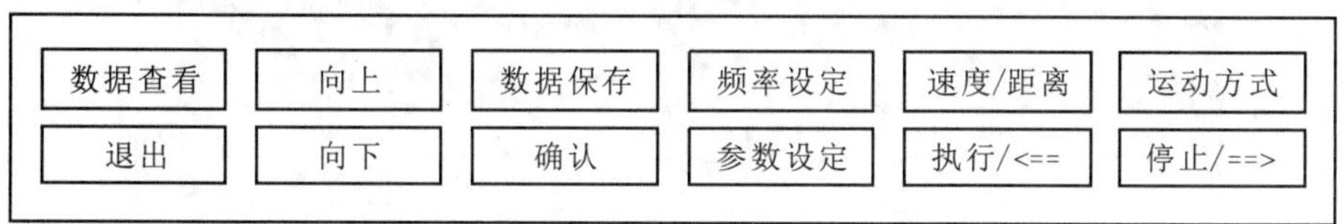


图 8-4　仪器操作键

**2. 超声换能器频率特性实验**

将“发射”旋钮顺时针调到较大，“接收强度”旋钮顺时针调到中间位。用手移动装有接收探头的小车至测试架中间位置，分别调节使接收头、发射头圆盘座上的刻线与其底座角度指示尺的“0”对准。

(1)触摸主菜单的“4. 频率与超声换能器特性实验(自动)”，进入超声换能器频率特性实验，声源频率(发射频率)开始逐渐由小增大，接收强度随之增大，信号源输出频率达到接收探头的谐振频率附近(参见探头上的标志)，在液晶屏上可观察到接收强度极大值，此后声源频率继续增大，接收强度减小，仪器会记录不同频率下的接收强度，同时绘出曲线，最后确定接收强度极大值对应频率为中心频率(接收探头的谐振频率)，此后各项实验都默认为声源频率，以确保接收探头灵敏度最高，触摸菜单下部的“退出”，回到上层菜单。

(2)触摸主菜单的“3. 频率与超声换能器特性实验(手动)”，进入超声换能器频率特性实验，声源频率(发射频率)由手点触屏上“退出”两边的“向上”或“向下”，频率将以 50Hz 步进方式增、减，并给出不同发射频率对应的接收强度值，绘出曲线，以便观察分析超声换能器频率特性，寻找接收强度极大值对应的频率，即中心频率(接收探头的谐振频率)。

**3. 观察并验证多普勒效应**

按下测试架右侧电源按钮，指示灯亮。触摸主菜单“1. 多普勒效应实验”选项，再按子菜单的“1. 通过光电门平均速度”，触摸“执行”键，小车从导轨的一端，按照预置速度匀速运动到另一端，FB718A 屏幕上显示出一次实验结果

$$v=0.\mathrm{XX\ m/s} \qquad f=\mathrm{XXX\ Hz} \qquad \Delta f=\mathrm{XXX\ Hz}$$

各显示值分别是小车过中间光电门的平均速度 $v$，接收到的声波频率 $f$ 以及多普勒频移 $\Delta f$ 数据(频移 $\Delta f$ 数据前的“—”号，表示是接收传感器远离发射传感器的运动)，如图 8－5所示。

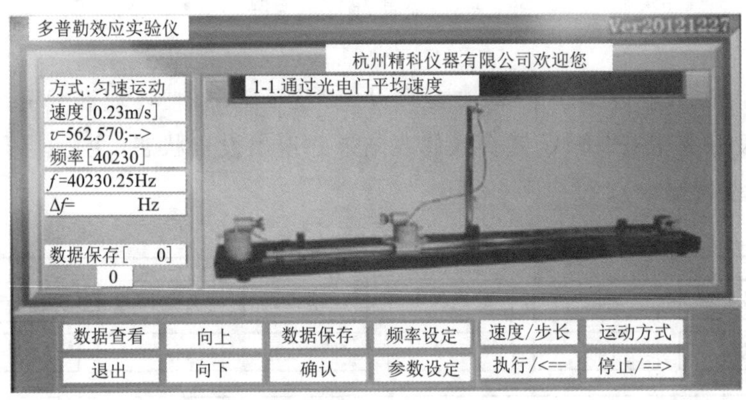


图 8－5　液晶显示器上的子菜单

触摸菜单下部的“速度/步长”，可改变预置速度，用手触摸菜单上的“向上”或“向下”，速度以 0.01m/s 步进方式增、减，按“确认”键存入修改结果并退出设置(参数允许设置范围：0.04～0.43m/s)。改变速度设置值，在不同速度条件下重复进行多次测量。“频率设定”一般不需重置，因为换能器频率特性实验已确定接收强度极大值对应频率为中心频率。

做一次“过光电门的平均速度”实验，触摸“数据保存”记录一组数据，内容包括：“平均速度 $v$”和“多普勒频移 $\Delta f$”。最多可以保存 48 组实验数据。要查看这些数据，只需要重复按“数据查看”键，可显示各组实验数据。如此至少做 10 次不同速度下的测量，记录到表格中，测量结束后，按“退出”键，仪器回到上层菜单。断电(关电源)数据将丢失，自动恢复到出厂设置状态。

**4. 观察变速运动的规律**

智能多普勒效应实验仪可控制小车作多种方式运动，以观察变速运动的规律。触摸子菜单的“2. 动态运动测量”，再触摸菜单下部的“运动方式”，可选择不同的变速运动

方式。

(1)匀速运动:如图 8-6 所示,触摸菜单下部的"运动方式"及子菜单的"匀速运动",按"执行"键,小车将回到起点,开始作匀速运动,到终点停止。系统根据采集点数及采集间隔记录下小车接收声波频率值,并自动在液晶屏上画出 $\Delta f-t$ 曲线。每做一次匀速运动实验,自动记录一组"$\Delta f$"值。若要查看这些数据,则需重复按"数据查看"键,并可翻页显示实验数据。按"退出"键,回到上层菜单。

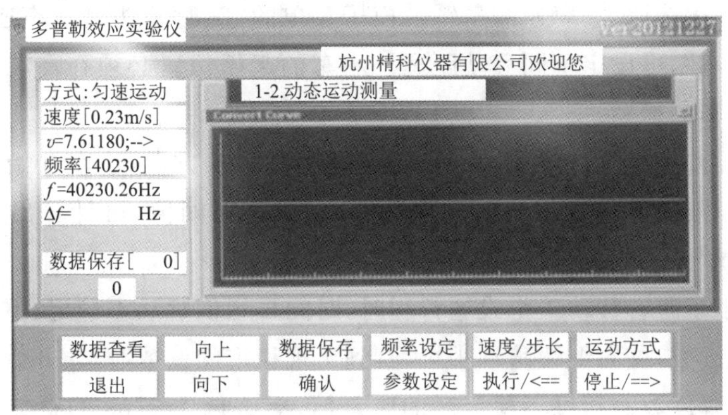


图 8-6　小车运动方式选择

(2)往复匀速:触摸菜单下部的"运动方式"及子菜单的"往复匀速",按"执行"键,小车将回到起点,开始作匀速运动,到终点停止;然后反向作匀速运动,往复进行,直到接触"停止"。系统根据采集点数及采集间隔记录下小车接收声波频率值,并自动在液晶屏上画出 $\Delta f-t$ 曲线(下部是反向运动曲线)。如图 8-7(a)所示,每做一次匀速运动实验,自动记录一组"$\Delta f$"值(反向匀速运动时,清除原记录,记录新数据)。若要查看单程匀速运动实验记录,则需在小车到达终点停止前触摸"停止",此单程记录保存。

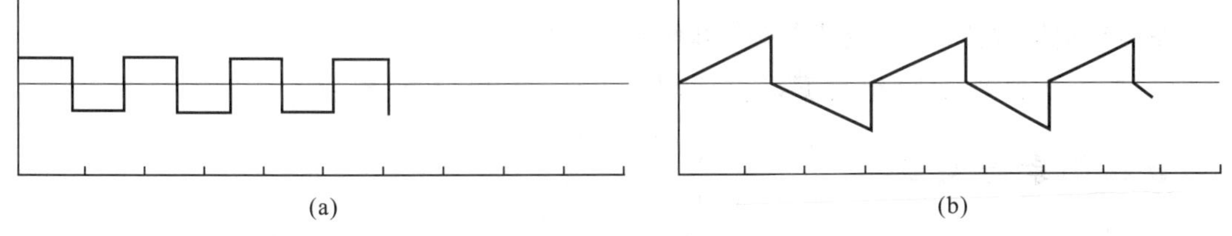


图 8-7　小车往复运动、匀加速运动时频移曲线图

(3)匀加速:小车在两限位光电门之间任意位置,触摸菜单下部的"运动方式"及子菜单的"往复匀速",按"执行"键,小车先回到起点,从右向左逐渐匀加速运动,直到到达左端限位光电门后换向,从左向右逐渐反向匀加速运动,如此往复匀加速运动,液晶屏上显示

$\Delta f-t$ 曲线(下部是反向运动曲线),如图 8-7(b)右图所示。每做一次匀加速运动实验,自动记录一组“$\Delta f$”值(反向匀速运动时,清除原记录,记录新数据)。若要查看单程匀速运动实验记录,则需在小车到达终点停止前触摸“停止”,此单程记录保存。

匀减速、变速 1、变速 2 及简谐运动的操作步骤同步骤(3)。

**5. 用时差法测声速**

1)自动(电机移距)

(1)在主菜单中选取“2. 声速测量”,触摸子菜单的“2. 时差法测量声速”,再触摸菜单下部的“速度/距离”,可设定不同移动距离。小车的起始位置必须在左右限位光电门内,才能正常控制小车的运动。

(2)按“执行/＜==”或“停止/==＞”选择小车移动方向,小车开始作匀速运动,移动所选距离停止,液晶屏会显示出时间值($\mu$s),记录该时间值,可计算出时差,可重复按“执行/＜==”或“停止/==＞”,观察变化规律。

(3)如果在小车向右移动一个设置行程时,时间显示值跳动不稳定,不能正确读数,那么可以放弃这组读数,往右继续移动小车,直到出现稳定的读数时,才开始记录,且必须记住此时对应的位置读数。超过不稳定区的时差值,应该包含 27$\mu$s 的整数倍的误差,在数据处理时予以剔除。

(4)如此至少测量 10 组数据,记录到表格中,由于此时位移量已经不再是等间距,不能使用逐差法处理数据,只能将相邻实验数据相减,用对应的时差值计算声速,然后求算术平均值。

2)手动(手工移距)

(1)在主菜单中选取“2. 声速测量”,再按子菜单的“2. 时差法测量声速”。待电机复位完毕,关闭测试架电源。手工移动小车的起始位置远离发射头。

(2)手工旋转步进电机转轴旋钮,顺时针或逆时针旋转来选择小车移动方向,按照测试架上标尺刻度,移动“自动”时所选距离停止,液晶屏会显示出时间值($\mu$s),记录该时间值。继续移动同样距离,重复进行(说明等同“自动”)。

(3)如此至少测量 10 组数据,记录到表格中,计算出时差、声速。

## 数据记录与处理

(1)把不同速度下多普勒效应实验数据记录到数据记录单中。

(2)根据式(8-8)计算实验环境条件下声速的理论值。

(3)根据式(8-4)计算实验环境条件下多普勒频移的理论值。

(4)与理论值比较,计算多普勒效应实验的相对误差,验证多普勒效应方程。

(5)从液晶屏上观察各种不同规律运动的 $\Delta f-t$ 实验曲线。调出并记录存储的实验数据,根据实验环境下声速的理论值和发射信号频率,把各采样点记录的频率数值换算成小车的运动速度，从而了解和研究各种变速运动的规律。

(6)将利用时差法测量声速所得到的各对应时差值记录到相应数据记录单中：

①计算时差法测量声速的实验平均值

$$\bar{u} = \frac{1}{n}\sum_{i=1} u_i = \underline{\qquad\qquad\qquad} \text{(m/s)}$$

②计算实验环境温度 $T$℃下声速在空气中的传播速度的理论值

$$u_0 \approx 331.45 + 0.61T = \underline{\qquad\qquad\qquad} \text{(m/s)}$$

③把实验结果与理论值比较，计算相对误差

$$E = \left|\frac{\bar{u} - u_0}{u_0}\right| \times 100\% = \underline{\qquad\qquad\qquad}\%$$

④如果误差太大，请对误差产生的原因进行分析。

## 注意事项

(1)实验过程中，切勿断电(关电源)，断电数据将丢失，自动恢复到出厂设置状态。

(2)实验过程中，将连接导线搁置在接收线支架上，以免实验中导线阻碍小车的运行。

(1)请举例说明多普勒效应在生活中的应用。

(2)为什么在声速测定实验中，必须用逐差法处理数据？如果不用，会出现什么结果？

# 实验9 三线摆、扭摆测转动惯量

转动惯量是物体转动时惯性大小的量度。它与物体的质量、质量分布、几何形状和转轴的位置有关。对于形状复杂或不规则的物体，很难用数学的方法计算出它的转动惯量，必须用实验方法来测定。本实验介绍测定物体转动惯量的两种方法。

## 实验目的

(1)加深对转动惯量概念和平行轴定理的理解。

(2)学会用三线摆和扭摆测物体的转动惯量，并验证平行轴定理。

(3)掌握周期性物理量的测量方法。

## 实验仪器

三线摆及扭摆实验仪(图9-1)、水准仪、米尺、游标卡尺、DHTC-1型多功能微秒计及待测物体等。

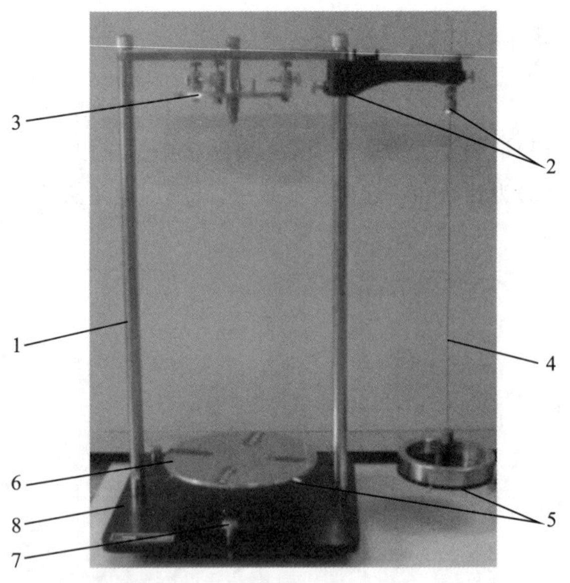

图9-1 三线摆及扭摆实验仪

1. 三线摆支架；2. 悬线固定螺钉；3. 上圆盘；4. 悬丝；5. 挡光杆；6. 下圆盘；7. 底脚螺钉；8. 三线摆底座

## 实验原理

### 1. 扭摆测物体的转动惯量

将一金属丝上端固定，下端悬挂一刚体就构成扭摆。在圆盘上施加一外力，使之扭转一角度 $\theta$。由于悬线上端是固定的，悬线因扭转而产生弹性恢复力矩。外力矩撤去后，在弹性恢复力矩 $M$ 作用下圆盘作往复扭动。忽略空气阻力矩的作用，根据胡克定律，悬丝受扭转而产生的恢复力矩 $M$ 与所转过的角度 $\theta$ 成正比，即

$$M=-K\theta \tag{9-1}$$

式中，$K$ 为悬丝的扭转常数，根据转动定律

$$M = I\beta \tag{9-2}$$

式中，$I$ 为物体绕转轴的转动惯量，$\beta$ 为角加速度，$\omega$ 为角速度。角加速度 $\beta$ 与角速度 $\omega$ 及角度 $\theta$ 的关系为

$$\beta = \frac{\mathrm{d}\omega}{\mathrm{d}t} = \frac{\mathrm{d}^2\theta}{\mathrm{d}t^2} \tag{9-3}$$

由式(9－1)、式(9－2)得

$$\beta = -\frac{K}{I}\theta \tag{9-4}$$

由式(9－3)、式(9－4)得

$$\frac{\mathrm{d}^2\theta}{\mathrm{d}t^2} = -\frac{K}{I}\theta \tag{9-5}$$

式(9－5)表示扭摆运动具有简谐振动的特性，其转动周期为

$$T = 2\pi\sqrt{\frac{I}{K}} \tag{9-6}$$

由式(9－6)得

$$I = \frac{KT^2}{4\pi^2} \tag{9-7}$$

由式(9－7)可知，只要测得物体扭摆的摆动周期 $T$ 和弹簧的扭转常数 $K$，即可计算出圆盘与待测物体一起转动的转动惯量 $I$。

将几何形状规则、相对转心轴的转动惯量可求(通过物体质量和几何尺寸计算)的物体放到金属圆盘上(注意圆柱体的轴心要与转轴重合)，设金属圆盘的摆动周期为 $T_0$，金属圆盘与待测物体一起转动的周期为 $T_1$，则

$$I_0 = \frac{K}{4\pi^2}T_0^2 \tag{9-8}$$

$$I_1 = \frac{KT_1^2}{4\pi^2} - I_0 \tag{9-9}$$

联合式(9－8)和式(9－9)得

$$I_0 = \frac{I_1 T_0^2}{T_1^2 - T_0^2} \tag{9-10}$$

$$K = 4\pi^2 \frac{I_1}{T_1^2 - T_0^2} \tag{9-11}$$

**2. 三线摆测物体的转动惯量**

1)测悬盘绕中心轴转动时的转动惯量 $J_0$

三线摆实验装置如图 9－1 所示。当轻轻转动水平放置的半径为 $r_0$ 的上圆盘时，由于对称放置的三根悬丝的张力作用，下悬盘即以上下盘的中心连线 $OO'$ 为轴(中心轴)作周期性的扭转。三根悬丝的长均为 $l$，与悬盘的三个接点成等边三角形(如图 9－2 所示)，

这个三角形的外接圆与盘有共同的圆心，外接圆半径为 $R$，$R$ 小于悬盘的几何半径 $R_0$。若悬丝接点之间的距离为 $a$，如图 9-2 所示，由几何关系知

$$R=\frac{\sqrt{3}}{3}a$$

如图 9-3 所示，设悬丝在 $BA$ 位置时为平衡位置。由于悬盘发生了最大角位移 $\theta_0$，悬丝移到了 $BA_1$ 位置，如图中虚线所示，这时悬盘的重心升高 $h$。取平衡位置的势能为零，而悬盘发生最大角位移 $\theta_0$ 时动能为零，如果忽略摩擦阻力和圆盘质心上下运动的平动动能，由机械能守恒定律有

$$m_0gh=\frac{1}{2}J_0\omega_0^2 \tag{9-12}$$

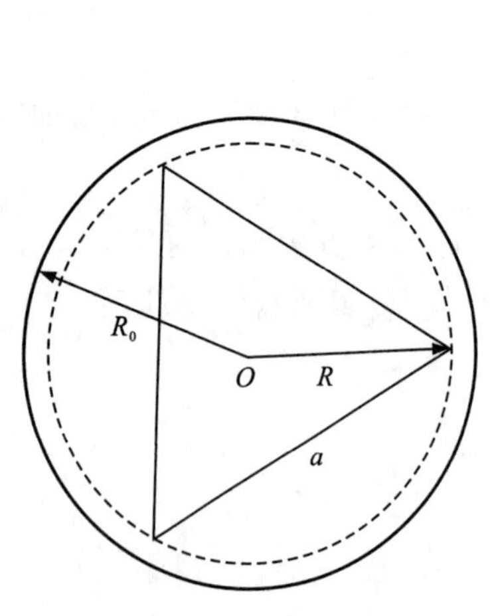

图 9-2　悬盘

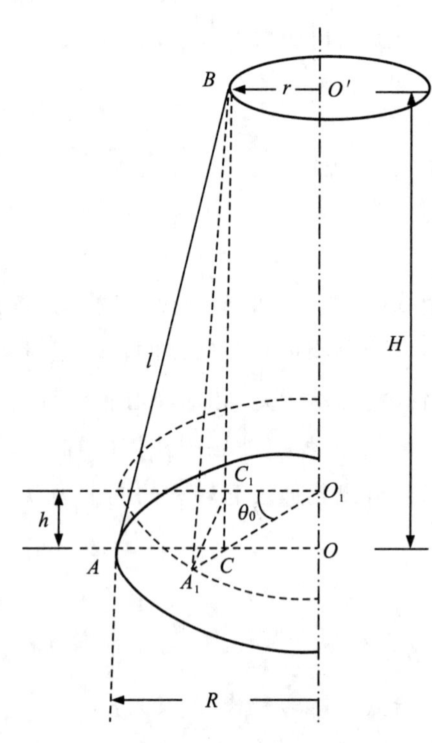

图 9-3　三线摆几何关系图

式中，$m_0$ 为悬盘的质量，$g$ 为重力加速度，$J_0$ 和 $\omega_0$ 分别是悬盘的转动惯量和通过平衡位置时的角速度。若 $\theta_0$ 很小，可以证明悬盘将作简谐振动。根据简谐振动的规律，悬盘在任一时刻 $t$，相对于平衡位置的角位移

$$\theta=\theta_0\cos\left(\frac{2\pi}{T_0}t+\varphi\right)$$

式中，$T_0$ 是悬盘的振动周期，$\varphi$ 为初相位。

振动的角速度为

$$\omega = \frac{d\theta}{dt} = -\frac{2\pi}{T_0}\theta_0 \sin\left(\frac{2\pi}{T_0}t + \varphi\right)$$

悬盘通过平衡位置时，角速度的最大值为

$$\omega_0 = \frac{2\pi}{T_0}\theta_0 \tag{9-13}$$

将式(9－13)代入式(9－12)中得

$$J_0 = \frac{m_0 g T_0^2}{2\pi^2 \theta_0^2} h \tag{9-14}$$

由图 9－3 的几何关系得

$$h = O_1O = BC - BC_1 = \frac{(BC)^2 - (BC_1)^2}{BC + BC_1}$$

因为

$$(BC)^2 = (AB)^2 - (AC)^2 = l^2 - (R - r)^2$$

及

$$(BC_1)^2 = (A_1B)^2 - (A_1C_1)^2 = l^2 - (R^2 + r^2 - 2Rr\cos\theta_0)$$

得

$$h = \frac{2Rr(1 - \cos\theta_0)}{BC + BC_1} = \frac{4Rr\sin^2\dfrac{\theta_0}{2}}{BC + BC_1}$$

在偏转角很小时，有

$$\sin\frac{\theta_0}{2} \approx \frac{\theta_0}{2}$$

设 $OO' = H$，当 $l > R$ 时，$BC \approx BC_1 \approx H$，所以

$$h = \frac{Rr\theta_0^2}{2H}$$

将此式代入式(9－14)得

$$J_0 = \frac{m_0 gRr}{4\pi^2 H} T_0^2 \tag{9-15}$$

2）测圆环绕中心轴转动的转动惯量 $J_1$

把质量为 $m_1$ 的圆环放在悬盘上，使两者圆心重合，组成一个系统。测得它们绕 $OO'$ 轴扭动的周期为 $T_1$，根据与式(9－15)相同的推导过程得这个系统的转动惯量

$$J = \frac{(m_0 + m_1) gRr}{4\pi^2 H} T_1^2 \tag{9-16}$$

圆环绕 $OO'$ 轴的转动惯量

$$J_1 = J - J_0 \tag{9-17}$$

3）验证平行轴定理

设某刚体的质心通过轴线 $OO'$，刚体绕这个轴线的转动惯量为 $J_c$，如果将此刚体与其

质心在转动平面内平移距离 $d$ 以后，刚体对轴 $OO'$ 的转动惯量为

$$J'_c = J_c + Md^2 \tag{9-18}$$

式中，$M$ 为刚体的质量，$d$ 为相对刚体来讲平移前后两平行的转轴之间的距离。这个关系称为转动惯量的平行轴定理。

取下圆环，将两个质量均为 $m_2$ 的形状完全相同的圆柱体对称地放置在悬盘上，圆柱体中心离 $OO'$ 轴线的距离为 $x$。测出两柱体与悬盘组成的系统绕 $OO'$ 轴扭动周期 $T_2$。则两柱体此时的转动惯量为

$$2J_2 = \frac{(m_0 + 2m_2)gRr}{4\pi^2 H}T_2^2 - J_0 \tag{9-19}$$

将式(9－19)所得的结果与式(9－18)计算出的理论值比较，就可验证平行轴定理。

## 实验内容

### 1. 测定扭摆的转动惯量 $J_0$

(1)将水准仪放在扭摆的支架顶端，调节底座螺钉使上支架和上圆盘水平。

(2)由实验室给出圆环的质量 $m_1$，用米尺测出圆环的内外几何直径 $2R_1$ 和 $2R_2$。将圆环放到悬盘上，并使二者的圆心重合。

(3)用多功能微秒计测出悬盘转动 20 个周期所需的时间，计算出 $\overline{T_0}$。

(4)用多功能微秒计测出悬盘和圆环一起转动 20 个周期所需的时间，计算出 $\overline{T_1}$。

(5)根据 $J_1 = \frac{m_1}{2}(R_1^2 + R_2^2)$ 计算圆环转动惯量的理论值，由式(9－10)即可求出圆盘的转动惯量。

### 2. 三线摆测物体的转动惯量 $J_1$

(1)将水准仪放在三线摆的支架顶端，调节底座螺钉使上支架和上圆盘水平。再将水准仪放在悬盘中心，调整悬丝轴和悬丝固定螺钉，使 3 根悬丝长度都为 $l$ 且比悬盘半径大很多，并且悬盘面水平。待悬盘静止时，轻轻扭动上圆盘，在最大转角不超过 5°的条件下，使悬盘扭动时，其质心只能上下移动，如果质心有左右摆动就必须重新开始扭动。

(2)用多功能微秒计测出 20 个转动周期所需的时间，计算出 $\overline{T_0}$。

(3)用米尺分别测出两悬盘上悬丝接点之间的距离 $a$、$a'$ 和上下盘之间的距离 $H$。悬盘质量 $m_0$ 由实验室给出，$g$ 取理论值，由式(9－15)计算悬盘转动惯量的实验值 $J_0$。

(4)用米尺测量悬盘的几何直径 $2R_0$，根据 $J'_0 = \frac{1}{2}m_0R_0^2$ 计算悬盘转动惯量的理论值，以理论值 $J'_0$ 为真值，计算实验的误差和百分比误差。

(5)由实验室给出圆环的质量 $m_1$，用米尺测出圆环的内外几何直径 $2R_i$ 和 $2R_e$。将圆环放到悬盘上，并使二者的圆心重合。用多功能微秒计测出悬盘和圆环一起转动 20 个周

期所需的时间，计算出$\overline{T_1}$。由式(9－16)和式(9－17)计算圆环转动惯量的实验值 $J_1$，根据 $J'_1=\frac{m_1}{2}(R_i^2+R_e^2)$计算圆环转动惯量的理论值，以理论值 $J'_1$ 为真值，计算误差和相对百分比误差。

**3. 验证平行轴定理**

(1)将两个圆柱体对称地放在悬盘上，两圆柱体中心的连线经过悬盘的圆心。用游标卡尺测出两圆柱体中心距离 $2x$。这两个圆柱体是完全相同的，均匀分布的质量都为 $m_2$(由实验室给出)，直径都为 $2R_x$(用游标卡尺测出)。

(2)用多功能微秒计测出悬盘和两个圆柱体一起转动 20 个周期所需的时间，计算出$\overline{T_1}$。

(3)由式(9－19)计算每个圆柱体此时转动惯量的实验值 $J_2$。由平行轴定理式(9－18)计算此时圆柱体的理论值为

$$J'_2=m_2x^2+\frac{1}{2}m_2{R_x}^2 \tag{9-21}$$

计算测量的误差和相对百分比误差。

## 数据记录与处理

(1)实验数据记录于数据记录单中。

(2)求扭摆圆盘的转动惯量。

(3)求圆环的转动惯量。将圆环转动惯量的理论值和实验值进行比较，并计算相对百分比误差，分析误差原因。

(4)验证平行轴定理。①分别计算两圆柱体之间距离为 $2x$ 时对应的转动惯量的实验值 $J_2$ 和理论值 $J'_2$，计算相对百分比误差，并分析误差原因。②以 $x^2$ 为横轴，$J_2$ 为纵轴，作 $J_2-x^2$ 曲线，并用最小二乘法拟合出函数关系式。

## 注意事项

(1)悬线的扭转常数 $K$ 值不是固定常数，它与摆动角度略有关系，摆角在 90°左右基本相同，在小角度时变小。

(2)为了降低实验时由于摆动角度变化过大带来的系统误差，在测定各种物体的摆动周期时，摆角不宜过小，摆幅也不宜变化过大。

(3)光电探头宜放置在挡光杆平衡位置处，挡光杆不能和它相接触，以免增大摩擦力矩。机座应保持水平状态。

(4)在安装待测物体时，其支架必须全部套入扭摆主轴，并旋紧紧固螺丝，否则扭摆不能正常工作。

(1)用三线摆测量刚体的转动惯量时，扭转角的大小对实验结果有无影响？若有影响，能否进行修正？

(2)三线摆在摆动中受到空气阻尼，振幅越来越小，它的周期将如何变化？请观察实验，并说出理论根据。

(3)加上待测物体后，三线摆的扭动周期是否一定比空盘时大？为什么？

(4)圆柱体的轴心与转轴重合放置时的转动惯量和圆柱体的轴心与转轴垂直，且质心通过转轴放置时的转动惯量相等吗？为什么？

# 实验 10　双线摆实验

## 实验目的

(1)加深对转动惯量概念和平行轴定理的理解。

(2)学会用双线摆测物体的转动惯量,并验证平行轴定理。

(3)掌握周期性物理量的测量方法。

## 实验仪器

双线摆、水准仪、米尺、游标卡尺、DHTC-1 型多功能微秒计及待测物体等。

## 实验原理

考虑双线摆的纯转动的理想物理模型。在这种情况下双线摆的双摆锤在一椭圆柱体的表面运动。该曲线运动可分解为两个分运动:一个水平面上的转动,一个上下方向的往返振动。在水平面上的转动为绕通过横杆中心的竖直直线的轴的转动(轴的附加压力为零),在竖直方向上的运动则视为一质点的往返运动。

### 1. 均匀细杆的转动惯量

设均匀细杆质量为 $m_0$、长为 $l$、绕通过质心竖直轴转动的惯量为 $I_0$;两相同圆筒体的质量之和为 $2m_1$,之间距离为 $2c$;双绳之间距离为 $d$,绳长为 $L$,如图 10-1 所示。

线摆绕竖直转动轴,转过一初始的角度 $\theta_0$,双线摆将上升一定的高度,则在绳的拉力和重力的作用下,将自由摆动,在无阻尼状态下,系统的动能和势能将相互转化,但总量将保持为一恒定的值,可视为一无休止的循环运动。

设双线摆摆锤运动至最低点时横杆的中心位置为直角坐标系的原点,并以此时原点所在的平面为零势能面。双线摆运动系统的几何关系如图 10-2 所示。根据该图可得

$$\alpha = \arccos \frac{s}{L} \tag{10-1}$$

式中,$s$ 为以 $d/2$ 为半径,圆心为 $\theta$ 所对应的弦。

所以有

$$h = L - L\sin\alpha = L[1 - \sin \arccos(\frac{d}{L}\sin\frac{\theta}{2})] \tag{10-2}$$

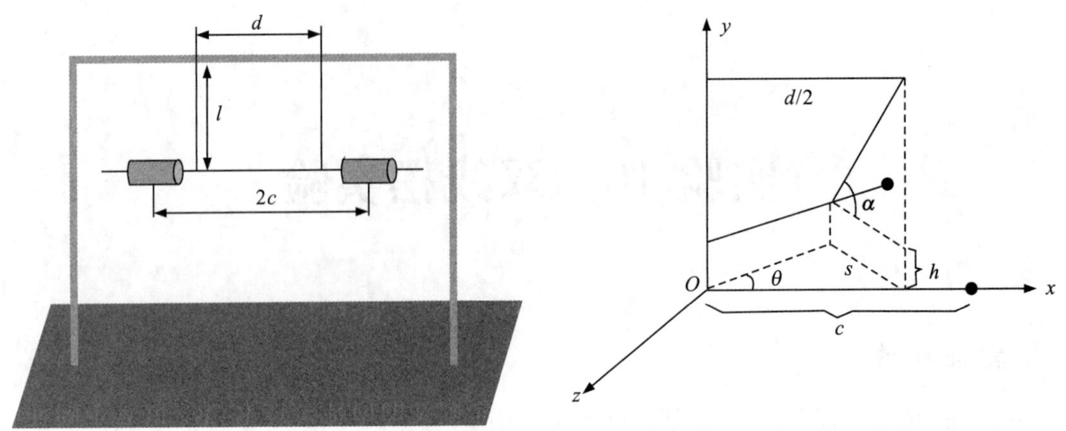


图 10-1　双线摆结构图　　　　图 10-2　几何分析图

如果我们取 $d=L$，则

$$h = L(1-\cos\frac{\theta}{2}) = 2L\sin^2\frac{\theta}{4} \tag{10-3}$$

由于，当摆角 $\theta$ 很小时，可近似认为 $\theta\approx\sin\theta$，则

$$h = L(1-\cos\frac{\theta}{2}) = \frac{1}{8}L\theta^2 \tag{10-4}$$

由式(10-4)知系统的势能为

$$E_p = m_0gh = \frac{1}{8}m_0gL_0\theta^2 \tag{10-5}$$

杆的转动动能为

$$E_k = \frac{1}{2}I_0\left(\frac{\mathrm{d}\theta}{\mathrm{d}t}\right)^2 \tag{10-6}$$

根据能量守恒定律，得

$$\frac{1}{2}I_0(\frac{\mathrm{d}\theta}{\mathrm{d}t})^2 + \frac{1}{8}m_0gL_0\theta^2 = m_0gh_0 \tag{10-7}$$

式中，$h_0$ 为初始摆的最大高度。式(10-7)两边对 $t$ 求一阶导数，并除以$\frac{\mathrm{d}\theta}{\mathrm{d}t}$，得

$$\frac{\mathrm{d}^2\theta}{\mathrm{d}t^2} + \frac{m_0gL_0\theta}{4I_0} = 0 \tag{10-8}$$

式(10-8)是一简谐振动方程，有 $\omega_0{}^2 = \frac{m_0gL_0}{4I_0}$，所以

$$T_0 = 4\pi\sqrt{\frac{I_0}{m_0gL}} \tag{10-9}$$

$$I_0 = \frac{m_0gL}{16\pi^2}T_0{}^2 \tag{10-10}$$

根据式(10-10),实验时先调节摆线长等于两线间的距离,即 $d=L_0$,并测出 $L_0$,旋转一小角度,测量周期 $T_0$,代入式(10-10),求细杆的转动惯量 $I_0$。

**2. 测量待测物体的转动惯量**

将质量为 $m_x$ 的待测物体固定在细杆上,由式(10-10)知系统总的转动惯量为

$$I=\frac{(m_0+m_x)gL_0}{16\pi^2}T^2 \tag{10-11}$$

待测物体的转动惯量为

$$I_x=\frac{(m_0+m_x)gL_0}{16\pi^2}T^2-I_0=\frac{(m_0+m_x)gL_0}{16\pi^2}T^2-\frac{m_0gL_0}{16\pi^2}T_0^2 \tag{10-12}$$

根据式(10-12),实验时先测出待测物体的质量 $m_x$,然后将待测物体固定在细杆的质心处,调节摆线长等于两线间的距离,即 $d=L_0$,并测出 $L_0$,旋转一小角度,测量周期 $T$,代入式(10-12),求待测物体的转动惯量 $I_x$。

**3. 用双线摆验证平行轴定理**

用双线摆还可以验证平行轴定理。若质量为 $m_1$ 的物体绕过其质心轴的转动惯量为 $I_c$,当转轴平行移动距离 $x$ 时(图 10-3),则此物体对新轴 $OO'$ 的转动惯量为 $I_x=I_c+m_1x^2$。这一结论称为转动惯量的平行轴定理。

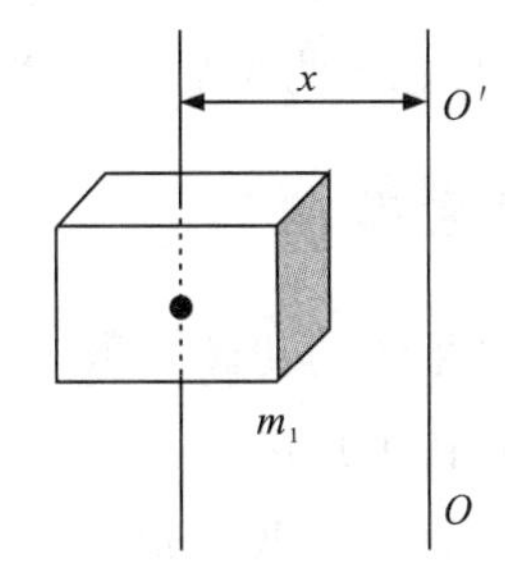

图 10-3　平行轴定理示意图

实验时将质量均为 $m_1$,形状和质量分布完全相同的两个圆环对称地套在均匀细杆上。按同样的方法,测出两小圆环和细杆的转动周期 $T_x$,则可求出每个圆环对中心转轴 $OO'$ 的转动惯量

$$I_x=\frac{(m_0+2m_1)gL_0}{32\pi^2}T_x^2-\frac{I_0}{2}=\frac{(m_0+2m_1)gL_0}{32\pi^2}T_x^2-\frac{m_0gL_0}{32\pi^2}T_0^2 \tag{10-13}$$

如果测出小圆环中心与细杆质心之间的距离 $x$,小圆环的内外半径 $R_i$、$R_e$,以及小圆环的厚度 $h$,则由平行轴定理可求得

$$I'_x=m_1x^2+\left[\frac{m_1}{4}(R_i^2+R_e^2)+\frac{m_1}{12}h^2\right] \tag{10-14}$$

比较 $I_x$ 与 $I'_x$ 的大小,可验证平行轴定理。

## 实验内容

(1)将水准仪放在双线摆的支架顶端,调节底座螺钉使上支架水平。调节摆线长等于两线间的距离,即 $d=L_0$,测量 $L_0$。

(2)用多功能微秒计测出 20 个转动周期所需的时间,计算出周期 $T_0$,由式(10—9)计算出 $I_0$。

(3)测量待测物体的质量 $m_x$,调节 $m_x$ 的质心与细杆质心重合,用多功能微秒计测出待测件与细杆一起转动 20 个周期所需的时间,计算出周期 $T_x$,由式(10-12)计算出 $I_x$。

(4)测量圆环的质量 $m_1$，圆环的内外半径 $R_i$、$R_e$，圆环的厚度 $h$，将两圆环对称地套在细杆的两边，并使两圆环的质心与细杆的质心重合，测量 $m_1$ 的质心与细杆质心距离 $x$，用多功能微秒计测出两个小圆环与细杆一起转动 20 个周期所需的时间，计算出周期 $T_x$，由式(10 - 13)和式(10 - 14)分别计算出圆环转动惯量的实验值 $I_x$、理论值 $I'_x$，计算实验的相对百分比误差，验证平行轴定理。

(5)改变 $m_1$ 的质心与细杆质心距离 $x$，重复步骤(4)。

## 数据记录与处理

(1)求待测件的转动惯量。

(2)求圆环的转动惯量，验证平行轴定理。

(3)分别计算两圆环之间距离为 $2x$ 时对应的转动惯量的实验值 $J_{实}$ 和理论值 $J_{理}$，计算相对百分比误差，并分析误差原因。

(4)以 $x^2$ 为横轴，$J_{实}$ 为纵轴，作 $J_{实}-x^2$ 曲线，并用最小二乘法拟合出函数关系式。

## 注意事项

(1)悬丝的扭转常数 $K$ 值不是固定常数，它与摆动角度略有关系，摆角在 90°左右基本相同，在小角度时变小。

(2)为了降低实验时由于摆动角度变化过大带来的系统误差，在测定各种物体的摆动周期时，摆角不宜过小，摆幅也不宜变化过大。

(3)光电探头宜放置在挡光杆平衡位置处，挡光杆不能和它相接触，以免增大摩擦力矩。机座应保持水平状态。

(4)在安装待测物体时，待测物套在细杆上后，必须旋紧紧固螺丝，否则摆不能正常工作。

(1)试推导圆环绕自身对称轴转动时的转动惯量公式

$$I_c=\frac{m_1}{4}(R_i^2+R_e^2)+\frac{m_1}{12}h^2$$

(2)摆动角度的大小对实验测量是否有影响？该如何避免？

# 实验 11　利用单摆测重力加速度

## 实验目的

(1)学会使用光电门计时器和米尺,测准摆的周期和摆长。

(2)验证摆长与周期的关系,掌握使用单摆测量当地重力加速度的方法。

(3)初步了解误差的传递和合成。

## 实验仪器

单摆实验装置、多功能微秒计(含高速光电门)、卷尺、游标卡尺。

## 实验原理

单摆实验是个经典实验,许多著名的物理学家都对单摆实验进行过细致的研究。

用一不可伸长的轻线悬挂一小球,当细线质量比小球的质量小很多,而且小球的直径又比细线的长度小很多时,此种装置称为单摆,如图 11-1 所示。

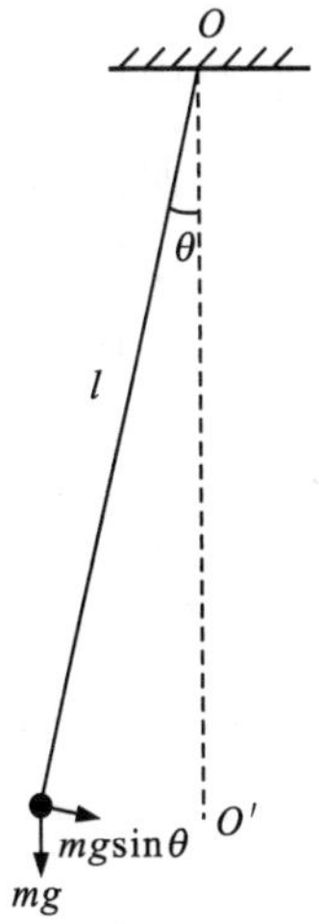

设小球的质量为 $m$,其质心到摆的支点 $O$ 的距离为 $l$(摆长)。如果把小球稍微拉开一定距离,小球在重力作用下可在铅直平面内作往复运动。作用在小球上的切向力的大小为 $mg\sin\theta$,它总指向平衡点 $O'$。当单摆的摆角很小(一般 $\theta<5°$)时,按牛顿第二定律,质点的运动方程为

$$ma_{切}=-mg\sin\theta$$

即

$$ml\frac{\mathrm{d}^2\theta}{\mathrm{d}t^2}=-mg\sin\theta$$



图 11-1　单摆示意图

因为 $\sin\theta\approx\theta$,所以

$$\frac{\mathrm{d}^2\theta}{\mathrm{d}t^2}=-\frac{g}{l}\theta \tag{11-1}$$

这是一简谐运动方程(参阅普通物理学中的简谐振动),式(11-1)的解为

$$\theta(t)=P\cos(\omega_0 t+\varphi) \tag{11-2}$$

$$\omega_0 = \frac{2\pi}{T} = \sqrt{\frac{g}{l}} \tag{11-3}$$

式中，$P$ 为振幅，$\varphi$ 为幅角，$\omega_0$ 为角频率（固有频率），$T$ 为周期。可见，单摆在摆角很小，不计阻力时的摆动为简谐振动，简谐振动是一切线性振动系统的共同特性，它们都以自己的固有频率作正弦振动，与此同类的系统有：线性弹簧上的振子，LC 振荡回路中的电流，微波与光学谐振腔中的电磁场，电子围绕原子核的运动等，因此单摆的线性振动是具有代表性的。由式（11－3）可知该简谐振动固有角频率 $\omega_0$ 的平方等于 $g/l$，由此得出

$$T = 2\pi\sqrt{\frac{l}{g}} \qquad g = 4\pi^2\frac{l}{T^2} \tag{11-4}$$

由式（11－4）可知，周期只与摆长有关。实验时，测量一个周期的相对误差较大，一般是测量连续摆动 $n$ 个周期的时间 $t$，由式（11－4）得

$$g = 4\pi^2\frac{n^2 l}{t^2} \tag{11-5}$$

式中，$\pi$ 和 $n$ 不考虑误差，因此式（11－5）的误差传递公式为

$$\frac{\Delta g}{g} = \frac{\Delta l}{l} + 2\frac{\Delta t}{t} \tag{11-6}$$

从上式可以看出，在 $\Delta l$、$\Delta t$ 大体一定的情况下，增大 $l$ 和 $t$ 对测量 $g$ 有利。

## 实验内容

（1）分别用米尺和游标卡尺测量摆线长和摆球的直径。摆长 $l$ 等于摆线长与摆球的半径之和，使摆球的振幅小于摆长的 1/12（此时摆角 $\theta<5^\circ$），或依据角度标尺，使单摆小角度摆动，使用多功能微秒计测量周期。

（2）重力加速度 $g$ 的测量。改变单摆的摆长 $l$，测量在 $\theta<5^\circ$ 的情况下，分别记录连续摆动 $n$ 次的时间 $t$，求出周期 $T$。得到的测量数据，有两种处理方法：

①作图法：根据测量数据，作 $l-T^2$ 直线（图 11－2），在直线上取两点 $A$ 和 $B$，求直线斜率 $K=\dfrac{y_1-y_2}{x_1-x_2}$，由式（11－4）知

$$g = \frac{4\pi^2}{K} \tag{11-7}$$

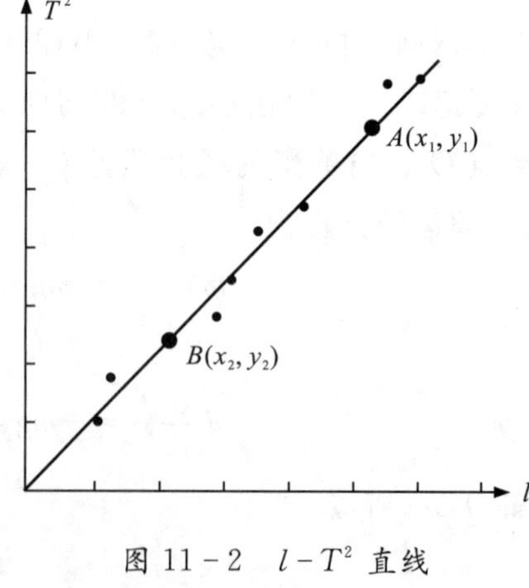

图 11－2　$l-T^2$ 直线

根据式（11－7）求重力加速度 $g$。

②计算法：根据测量数据，分别计算不同摆长的重力加速度，然后取平均，再计算不确定度。

(3)不改变单摆的摆长 $l$，测量在不同摆角的情况下，连续摆动 $n$ 次的时间 $t$，比较摆角对 $T$ 的影响。

(1)设单摆摆角 $\theta$ 接近 0°时的周期为 $T_0$，任意摆角 $\theta$ 时周期为 $T$，两周期间的关系近似为

$$T = T_0\left(1 + \frac{1}{4}\sin^2\frac{\theta}{2}\right)$$

若在 $\theta=10°$ 条件下测得 $T$ 值，将给 $g$ 值引入多大的相对误差？

(2)有一摆长很长的单摆，不能直接去测量摆长，请设法用测时间的工具测出摆长？

# 实验 12　惯性秤测质量

## 实验目的

(1)了解惯性秤的构造并掌握用它测量惯性质量的方法。

(2)研究物体的惯性质量与引力质量之间的关系。

(3)研究重力对惯性秤的影响。

## 实验仪器

本实验的仪器有:惯性秤、多功能微秒计(含高速光电门)、定标用标准质量块(共 10 块)、待测圆柱体、水平仪。

惯性秤的详细装置如图 12-1 所示。其主要部分是两根弹性钢片连成的一个悬臂振动体,振动体的一端是秤台 11,秤台的槽中可插入定标用的标准质量块。悬臂振动体的另一端是平台 9,通过固定螺栓把悬臂振动体固定在底座上,旋松固定螺栓,则整个悬臂可绕固定螺栓转动。挡光片 13 用于光电门测周期。光电门和周期测试仪用导线相连。立柱顶上的吊杆用以悬挂待测物,研究重力对秤的振动周期的影响。

实验时还需配备周期测定仪,如多功能微秒计,用于测定悬臂振动体的振动周期,具有很短的响应时间和很高的记时精度。

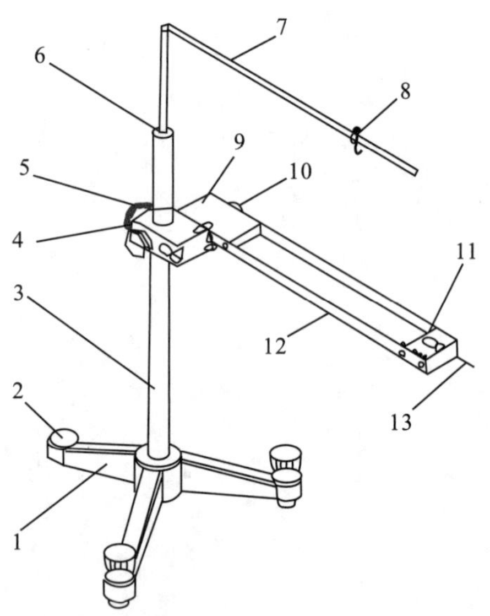


图 12-1　惯性秤示意图

1.三脚架;2.水平螺栓;3.立柱;4.固定架;5.旋钮;6.滚花扁螺母;7.吊杆;8.挂钩;9.平台;10.球形手柄;11.秤台;12.振动体;13.挡光片

## 实验原理

惯性质量和引力质量是由两个不同的物理定律——牛顿第二定律和万有引力定律引入的两个物理概念,前者表示物体惯性大小的量度,后者表示物体与其他物体相互吸引性质的量度。现已精确证明,任一物体的引力质量和它的惯性质量成正比，两种质量若以同一物体作为单位质量，则任何物体的两种质量值是相同的，因此，我们可以用同一个物理量“质量”来表示惯性质量和引力质量。

根据牛顿第二定律和万有引力定律，原则上讲，可以有两种测定质量的方法：一是通过待测物体和选作质量标准的物体达到力矩平衡的杠杆原理求得，用天平称衡质量就是根据该原理；另一种是由测定待测物体和标准物体在相同的外力作用下的加速度进行比较而求得。惯性秤测定质量就是根据后者。但惯性秤不是直接比较物体的加速度，而是用振动法比较反映物体加速度的振动周期，进而去确定物体的质量。该方法对处于失重状态下物体质量的测定有独特的优点，具体原理如下：

惯性秤平台调平后，将秤台沿水平方向推开一段距离，手松开后，惯性秤的秤台及其上的负载将在水平方向作微小振动，由于所受的重力方向垂直于运动方向，对物体运动加速度不起作用，而决定物体加速度的只有秤臂的弹性力。在秤台负载不大且秤台的位移较小情况下，可以证明秤台在水平方向作简谐振动，设弹性回复力为 $F$，秤台质心偏离平衡位置的位移为 $x$，则

$$F = -kx$$

根据牛顿第二定律，可得

$$(m_0 + m_i)\frac{\mathrm{d}^2 x}{\mathrm{d}t^2} = -kx \tag{12-1}$$

式中，$m_0$ 为秤台的等效惯性质量，$m_i$ 为砝码或待测物体的惯性质量，$k$ 为悬臂振动体的劲度系数。将式(12－1)变形为

$$\frac{\mathrm{d}^2 x}{\mathrm{d}t^2} = -\frac{k}{m_0 + m_i}x \tag{12-2}$$

设 $\omega^2 = -\dfrac{k}{m_0 + m_i}$，则有

$$\frac{\mathrm{d}^2 x}{\mathrm{d}t^2} = -\omega^2 x \tag{12-3}$$

微分方程(12－3)的解为 $x = A\cos(\omega t + \varphi_0)$

其振动周期 $T$ 由下式决定

$$T = \frac{2\pi}{\omega} = 2\pi\sqrt{\frac{m_0 + m_i}{k}} \tag{12-4}$$

将式(12－4)两边平方，可改写成

$$T^2 = \frac{4\pi^2}{k}m_0 + \frac{4\pi^2}{k}m_i \tag{12-5}$$

式(12－5)表明，惯性秤水平振动周期 $T$ 的平方和附加质量 $m_i$ 成线性关系。先测得空秤($m_i=0$)时的周期 $T_0$，然后将具有同惯性质量的片状砝码依次插入平台，测得相应的周期为 $T_1, T_2, \cdots$。当测出各已知附加质量 $m_i$ 所对应的周期值 $T_i$，可作 $T^2-m_i$ 直线图(图 12－2)或 $T-m_i$ 曲线图(图 12－3)，这就是该惯性秤的定标曲线，如需测量某物体的

质量时,可将其置于惯性秤的秤台上,测出周期 $T_j$,就可从定标曲线上查出 $T_j$ 对应的质量 $m_j$,即为被测物体的质量。

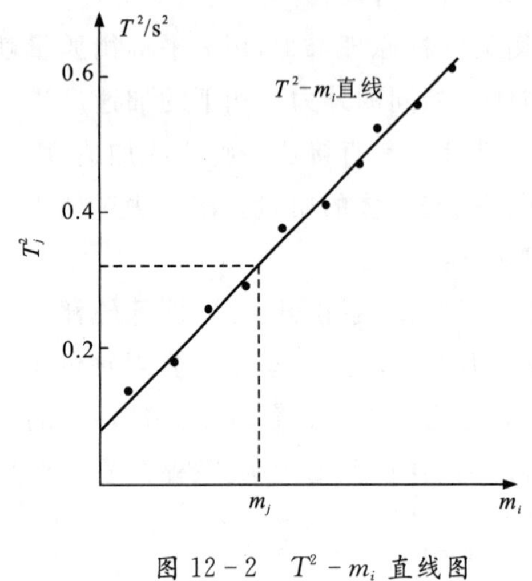


图 12-2 $T^2-m_i$ 直线图

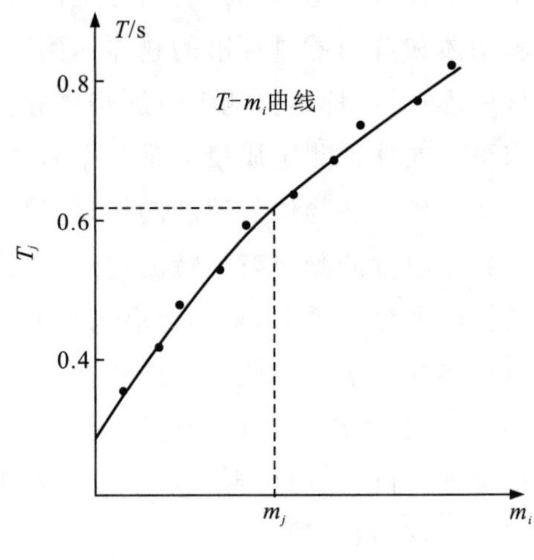


图 12-3 $T-m_i$ 曲线图

## 实验内容

(1)利用水平仪调节惯性秤平台水平,分别将砝码插入秤台中,测量惯性秤上加每个砝码时的周期,若各个周期之间差异不超过 1%,在此实验中可以认为它们具有相同的惯性质量。可以取一个砝码作为惯性质量单位。

(2)测空秤的周期 $T_0$,再依次增加,把片状砝码插入平台中,记下周期值,用测得的周期作定标图线($T^2-m_i$ 或 $T-m_i$),横坐标取为砝码的个数。

(3)将待测圆柱体放置在秤台中央圆孔中,测量其周期,从 $T-m_i$ 图上查出其惯性质量。

进一步,利用上述数据进行一元线性回归处理,得到最佳的 $T^2-m_i$ 直线图,定出仪器常数,即空秤的等效质量 $m_0$ 和秤臂的弹性系数 $k$ 由直线的斜率和截距求得。然后求出待测物体的惯性质量。

(4)用物理天平称衡各砝码及待测物的引力质量。在惯性秤误差范围内,从这些数据分析,你对惯性质量和引力质量得出什么结论?本实验中选取的惯性质量单位和克这个单位之间的比例为多大?

(5)研究重力对惯性秤的影响:

①水平放置惯性秤,待测物(圆柱体)通过长约 50cm 的细线利用吊桥上的钩挂铅直悬挂在秤台的圆孔中。此时圆柱体的重量由吊线承担,当秤台振动时,带动圆柱体一起振动,测其周期。将此周期和前面测定值比较,说明二者为何不同。

②垂直放置惯性秤,使秤在铅直面内左右振动,测量空秤和加 1、3、5 块片状砝码的周

期。将其和惯性秤在水平方向的周期值进行比较，说明有何不同？

## 注意事项

(1)要严格水平放置惯性秤，以避免重力对振动的影响。

(2)秤台振动时，摆角要尽量小些(5°以内)，秤台的水平位移约在 1～2cm 即可，并且使各次测量时都相同。

(3)由式(12－4)可得

$$\frac{\mathrm{d}T}{\mathrm{d}m_i}=\frac{\pi}{\sqrt{k(m_0+m_i)}} \tag{12-6}$$

此即惯性秤的灵敏度，$\frac{\mathrm{d}T}{\mathrm{d}m_i}$ 越大，秤的灵敏度越高，分辨微小质量差异的能力越强。而 $\frac{\mathrm{d}T}{\mathrm{d}m_i}$ 为 $T-m_i$ 曲线上 $m_i$ 点对应的斜率。从此式可以看出要提高灵敏度，须减小 $k$ 和 $m_0$，并且待测物的质量也不宜太大。

(1)何谓惯性质量？何为引力质量？在普通物理力学课中是怎样表述二者的关系的？

(2)怎样测量惯性秤的周期？测量时要注意什么问题？

(3)惯性秤放在地球不同高度处测量同一物体，所测结果能否相同？如果将其置于月球上去做此实验，结果又将如何？用天平做以上的称量将如何？用弹簧秤测又将如何？

(4)处于失重状态的某一空间里有两个完全不同的物体，能用天平或弹簧秤区分其引力质量的差异吗？能用惯性秤区分其惯性质量的差异吗？

(5)作 $T-m_i$ 图线并分析惯性秤的振动周期的平方是否与其上负载 $m_i$ 成比例，如果成比例，估计空秤的惯性质量 $m_0$ 是多少？

# 实验 13 气体比热容比的测定

比热容比是物质的重要参量，在研究物质结构、确定相变、鉴定物质纯度等方面起着重要的作用。本实验将介绍一种较新颖的测量气体比热容比的方法。

## 实验目的

测定空气分子的定压比热容与定容比热容之比 $\gamma$ 值。

## 实验仪器

FB212 型气体比热容比测定仪，其结构和连接方式如图 13－1 所示。

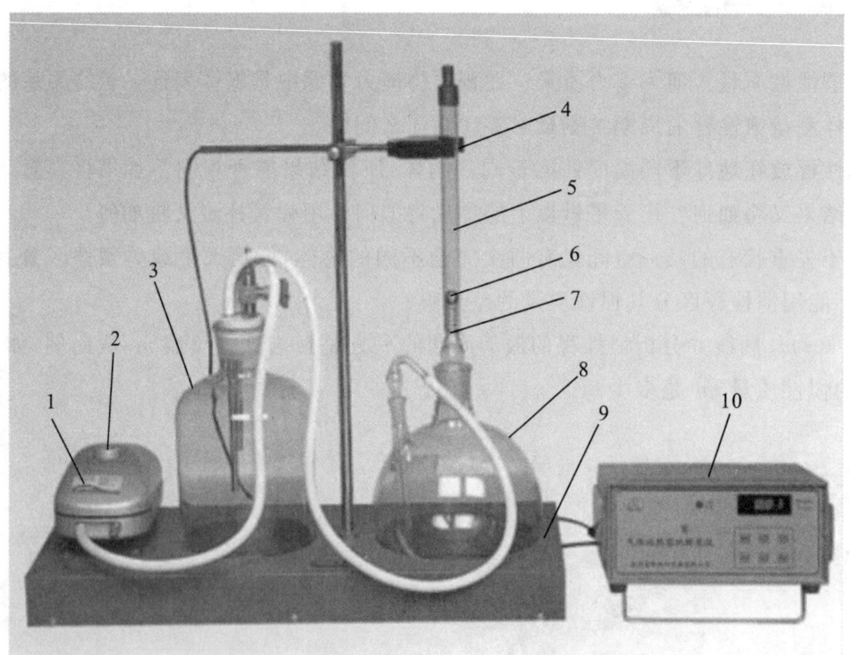


图 13－1 FB212 型气体比热容比测定仪

1. 空压机；2. 气压调节器；3. 储气瓶 A；4. 光电门；5. 钢球简谐振动腔；6. 不锈钢球；7. 小弹簧；8. 储气瓶 B；9. 仪器底座；10. FB213A 型数显计时计数毫秒仪

## 实验原理

气体的定压比热容 $C_P$ 与定容比热容 $C_V$ 之比 $\gamma=\dfrac{C_P}{C_V}$，也称绝热系数，在热力学过程特别是绝热过程中是一个很重要的参数。比热容比 $\gamma$ 的测定方法有多种，这里我们通过测定物体在特定容器(玻璃谐振腔)中的振动周期来计算 $\gamma$ 值。实验基本装置如图 13-1 所示，振动物体为不锈钢球，它的直径比玻璃谐振腔直径仅小 0.01～0.02mm，能在精密的玻璃谐振腔中上下移动。玻璃谐振腔的上端开口，下端与储气瓶 B 相连。在储气瓶 B 的壁上有一充气孔，并插入一根细管，通过它各种气体可以注入到储气瓶 B 中。

钢球的质量为 $m$，半径为 $r$(直径为 $d$)，当储气瓶 $B$ 内的压强 $P$ 满足 $P=P_L+\dfrac{mg}{\pi r^2}$ 时，钢球处于受力平衡状态，式中的 $P_L$ 为大气压强。通过细管给储气瓶 B 注入一个小气压的气流，使瓶内压强 $P$ 略增大，钢球上移。在玻璃谐振腔的中央开设有一个小孔，当钢球移到小孔上方时，谐振腔内的气体通过小孔流出，储气瓶 B 内的压强减小，钢球下沉。重复上述过程，只要适当控制注入气体的流量，钢球将在谐振腔的小孔上下做简谐振动，振动周期可以利用光电计时器测得。下面对这一运动的性质进行分析。

若储气瓶 B 内的压强相对平衡状态时变化 $\mathrm{d}P$，钢球偏离平衡位置一个较小距离 $\mathrm{d}x$，则根据牛顿第二定律，有

$$\pi r^2\,\mathrm{d}P=m\,\frac{\mathrm{d}^2x}{\mathrm{d}t^2}\tag{13-1}$$

由于物体振动过程相当快，可以看作绝热过程，满足绝热方程

$$PV^r=\text{常数}\tag{13-2}$$

将式(13-2)求导数得出

$$\mathrm{d}P=-\frac{P\gamma\,\mathrm{d}V}{V}=-\frac{P\gamma\pi r^2\,\mathrm{d}x}{V}\tag{13-3}$$

将式(13-3)式代入式(13-1)得

$$\frac{\mathrm{d}^2x}{\mathrm{d}t^2}+\frac{\pi^2r^4P\gamma}{mV}\mathrm{d}x=0$$

此式即为熟知的简谐振动方程，可得振动频率

$$\omega=\sqrt{\frac{\pi^2r^4P\gamma}{mV}}=\frac{2\pi}{T}$$

故

$$\gamma=\frac{4mV}{T^2Pr^4}=\frac{64mV}{T^2Pd^4}\tag{13-4}$$

式中，钢球质量 $m$ 和储气瓶体积 $V$ 均由实验室给出，钢球直径 $d$ 可由螺旋测微器测出，储气瓶内压强 $P$ 由公式 $P=P_L+\dfrac{mg}{\pi r^2}=P_L+\dfrac{4mg}{\pi d^2}$ 计算得到，振动周期 $T$ 采用可预置测量

次数的数字计时仪，采用重复多次测量得到。以上各物理量测量后均换算成国际单位制，即可计算出 $\gamma$ 值。

由气体运动论可以知道，$\gamma$ 值与气体分子的自由度有关，对单原子气体（如氩气）只有 3 个平均自由度，双原子气体（如氢气）除上述 3 个平均自由度外还有 2 个转动自由度。对多原子气体，则具有 3 个转动自由度，比热容比 $\gamma$ 与自由度 $f$ 的关系为 $\gamma=\frac{f+2}{f}$。根据理论公式可以得到下面的结论，该数据域测试与环境温度无关。

单原子气体（Ar，He）：$f=3$，　$\gamma=1.67$。

双原子气体（$N_2$，$H_2$，$O_2$）：$f=5$，　$\gamma=1.40$。

多原子气体（$CO_2$，$CH_4$）：$f=6$，　$\gamma=1.33$。

本实验装置主要由玻璃制成，而且对玻璃管（钢球简谐振动腔）的要求特别高，振动物体钢球的直径为 14.00mm，仅比玻璃管直径小 0.01mm 左右，玻璃管内壁有灰尘微粒都可能引起钢球不能正常振动，因此振动物体（不锈钢球）表面不允许擦伤，管内必须保持清洁。钢球静止时停留在玻璃管的下方（用弹簧托住）。若要将其取出，只需在它振动时，用手指将玻璃管壁上的小孔堵住，稍稍加大气体流量钢球便会上浮到管子上方开口处，用手可以方便地取出，也可以将玻璃管从储气瓶 B 上取下，将钢球倒出来。

## 实验内容

### 1. 实验仪器的准备和调节

（1）将空压机、储气瓶用橡皮管连接好，装有钢球的玻璃管插入球形储气瓶。将光电接收装置利用方形连接块固定在立杆上，固定位置于空芯玻璃管的小孔附近。

（2）接通空压机电源，缓慢调节空压机上的调节旋钮，数分钟后，待储气瓶内注入一定压力的气体后，玻璃管中的钢球浮起离开弹簧，向管子上方移动，此时适当调节进气的大小，使钢球在玻璃管中以小孔为中心上下振动，即维持简谐振动状态。

### 2. 振动周期 T 的测量

接通 FB213A 型数显计时计数毫秒仪的电源，把光电接收装置与毫秒仪连接。打开毫秒仪电源开关，预置测量钢球振动 50 次（$N$ 次）的总时间（可根据实验需要从 1～99 次任意设置），设置计数次数时，可分别按“置数”键的十位或个位按钮进行调节，设置完成后自动保持设置值（直到再次改变设置为止）。在钢球正常振动的情况下，按“执行”键，毫秒仪即开始计时，每设置一个周期，周期显示数值逐一递减，直到递减为 0 时，计时结束，毫秒仪显示出累计 50 个（$N$ 个）周期的总时间 $t_i$（毫秒仪计时范围：0～99.999s，分辨率 1ms）。重复以上测量 5 次，记录数据并求钢球振动单次周期的平均值 $\overline{T}=\frac{\sum t_i}{5\times 50}$。

**注意：**若不能启动计时或不能停止计时，可能原因是光电门位置放置不正确，造成钢球上下振动时未能挡光，如果因外界光线过强，影响光电门的正常逻辑关系，可拉上窗帘适当遮光，问题即可解决。

**3. 钢球直径 $d$ 的测量**

从玻璃管中取出钢球，用螺旋测微器测出钢球的直径 $d_i$，重复测量 5 次，记录数据并求平均值 $\bar{d}=\dfrac{\sum d_i}{5}$。

**注意：**装有钢球的玻璃管上端有一黑色护套，防止实验时气流过大时，导致钢球冲出。如需测钢球的质量可先拔出护套，取出钢球，待测量完毕，钢球放入后，重新装好护套。

**4. 计算储气瓶 B 内的气体压强 $P$**

记录储气瓶 B 的体积 $V$ 和钢球质量 $m$，储气瓶 B 的容积由制造厂提供（每台仪器上有标注），钢球的质量已由实验室测量，为 $m=(11.30\pm0.05)\mathrm{g}$。利用公式 $P=P_L+\dfrac{4mg}{\pi d^2}$ 计算储气瓶 B 内的气体压强 $P$，其中 $P_L$ 为大气压强，一个标准大气压为 $1.013\times10^5\mathrm{Pa}$。

**5. 计算比热容比 $\gamma$**

用式(13－4)计算比热容比 $\gamma$，并在忽略体积 $V$ 和大气压 $P$ 测量误差的情况下计算 $\gamma$ 的不确定度 $U_\gamma$，写出 $\gamma\pm U_\gamma$。

## 注意事项

(1)先熟悉开关的用法，再开始作实验。因为都是玻璃仪器，所以操作要小心谨慎，既要防止发生扭断破碎，又要防止漏气。

(2)要保证绝热过程进行良好，放气、关闭等动作力求迅速。

(3)打气不可太猛，严防玻璃谐振腔中钢球冲出。

(4)为使读数无误，打气、放气后均应等到温度与室温平衡，压强达到稳定状态后才能读数。

## 思考题

(1)注入气体流量的多少对小球的运动情况有没有影响？

(2)在实际问题中，物体振动过程并不是十分理想的绝热过程，这时测得的值比实际值大还是小？为什么？

(3)膨胀放出的一部分气体，为什么可以不考虑？

# 实验14 准稳态法测量导热系数和比热

## 实验目的

(1)了解准稳态法测量导热系数和比热的原理。

(2)学习热电偶测量温度的原理和使用方法。

(3)用准稳态法测量不良导体的导热系数和比热。

## 实验仪器

本实验的仪器有:ZKY-BRDR型准稳态法比热导热系数测定仪、实验样品两套(橡胶和有机玻璃,每套四块)、加热板两块、热电偶两只、导线若干、保温杯一个。

**1. 设计考虑**

仪器设计必须尽可能满足理论模型。

无限大平板条件是无法满足的,实验中总是要用有限尺寸的试件来代替。根据实验分析,当试件的横向尺寸大于试件厚度的六倍以上时,可以认为传热方向只在试件的厚度方向进行。

为了精确地确定加热面的热流密度,利用超薄型加热器作为热源,其加热功率在整个加热面上均匀并可精确控制,加热器本身的热容可忽略不计。为了在加热器两侧得到相同的热阻,采用四个样品块的配置,可认为热流密度为功率密度的一半。

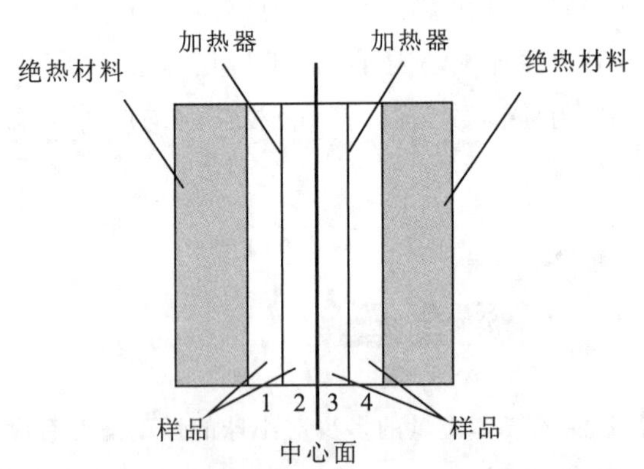


图14-1 被测样件的安装原理

为了精确地测量出温度和温差,用两个分别放置在加热面和中心面中心部位的热电偶作为传感器来测量温差和温升速率。

实验仪主要包括主机和实验装置,另有一个保温杯用于保证热电偶的冷端温度在实验中保持一致。

### 2. 主机

主机是控制整个实验操作并读取实验数据的装置，主机前后面板如图 14－2、图 14－3所示。

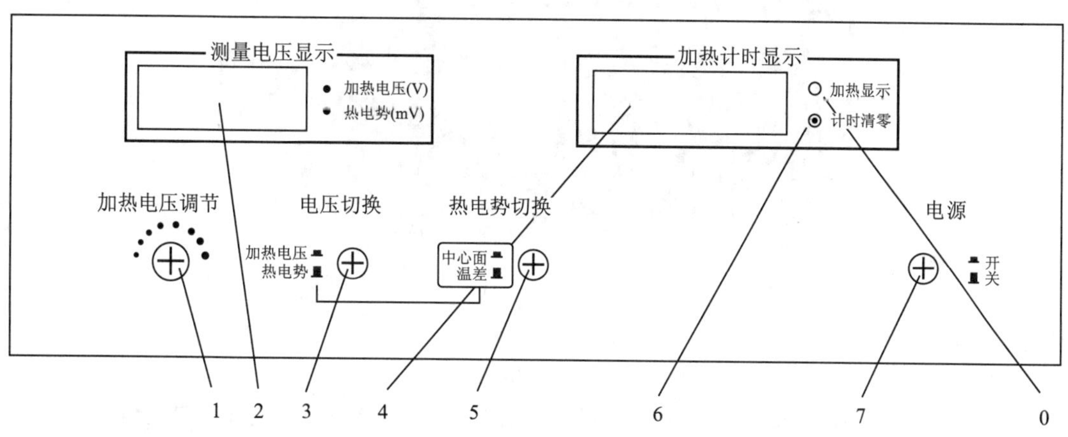


图 14－2　主机前面板示意图

0. 加热指示灯：指示加热控制开关的状态，亮时表示正在加热，灭时表示加热停止；1. 加热电压调节：调节加热电压的大小（范围：16.00～19.99V）；2. 测量电压显示：显示两个电压，即“加热电压（V）”和“热电势（mV）”；3. 电压切换：在加热电压和热电势之间切换，同时测量电压显示表显示相应的电压数值；4. 加热计时显示：显示加热的时间，前两位表示分，后两位表示秒，最大显示 99:59；5. 热电势切换：在中心面热电势（实际为中心面—室温的温差热电势）和中心面—加热面的温差热电势之间切换，同时测量电压显示表显示相应的热电势数值；6. 清零：当不需要当前计时显示数值而需要重新计时时，可按此键实现清零；7. 电源开关：打开或关闭实验仪器

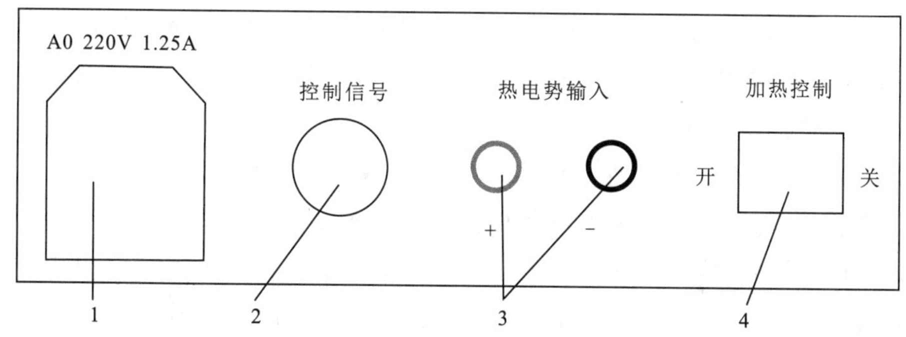


图 14－3　主机后面板示意图

1. 电源插座：接 220V，1.25A 的交流电源；2. 控制信号：为放大盒及加热薄膜提供工作电压；3. 热电势输入：将传感器感应的热电势输入到主机；4. 加热控制：控制加热的开关

### 3. 实验装置

实验装置是安放实验样品和通过热电偶测温并放大感应信号的平台。实验装置采用

了卧式插拔组合结构，直观，稳定，便于操作，易于维护，如图 14－4 所示。

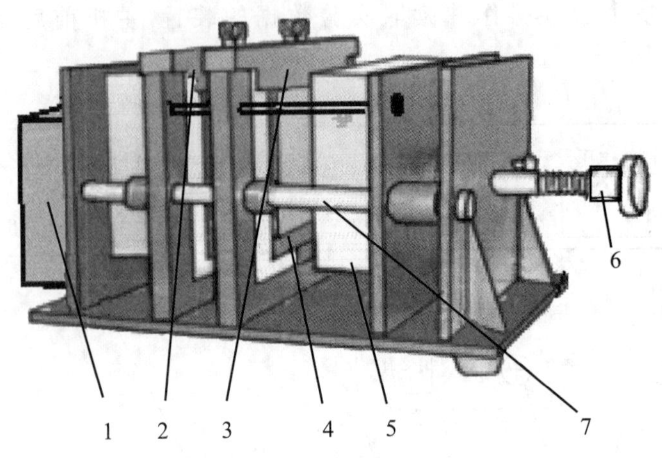


图 14－4　实验装置

1. 放大盒：将热电偶感应的电压信号放大并将此信号输入到主机；2. 中心面横梁：承载中心面的热电偶；3. 加热面横梁：承载加热面的热电偶；4. 加热薄膜：给样品加热；5. 隔热层：防止加热样品时散热，从而保证实验精度；6. 螺杆旋钮：推动隔热层压紧或松动实验样品和热电偶；7. 锁定杆：实验时锁定横梁，防止未松动螺杆取出热电偶导致热电偶损坏

**4. 接线原理图及接线说明**

实验时，将两只热电偶的热端分别置于样品的加热面和中心面，冷端置于保温杯中，接线原理如图 14－5 所示。

放大盒的两个“中心面热端＋”相互短接再与横梁的中心面热端“＋”相连（绿—绿—绿），“中心面冷端＋”与保温杯的“中心面冷端＋”相连（蓝—蓝），“加热面热端＋”与横梁的“加热面热端＋”相连（黄—黄），“热电势输出－”和“热电势输出＋”则与主机后面板的“热电势输入－”和“热电势输出＋”相连（红—红，黑—黑）。

横梁的两个“－”端分别与保温杯上相应的“－”端相连（黑—黑）。

后面板上的“控制信号”与放大盒侧面的七芯插座相连。

主机面板上的热电势切换开关相当于图 14－5 中的切换开关，开关合在上边时测量的是中心面热电势（中心面与室温的温差热电势），开关合在下边时测量的是加热面与中心面的温差热电势。

## 实验原理

物质的导热系数和比热是衡量物质热传导特性的重要参数。导热系数 $\lambda$ 定义为单位温度梯度下，单位时间内由单位面积传递的热量，单位是 W/(m·K)。比热 $c$ 是指单位质量的物体在温度升高（或降低）1K 时所吸收（或放出）的热量，单位是 J/(kg·K)。了解物

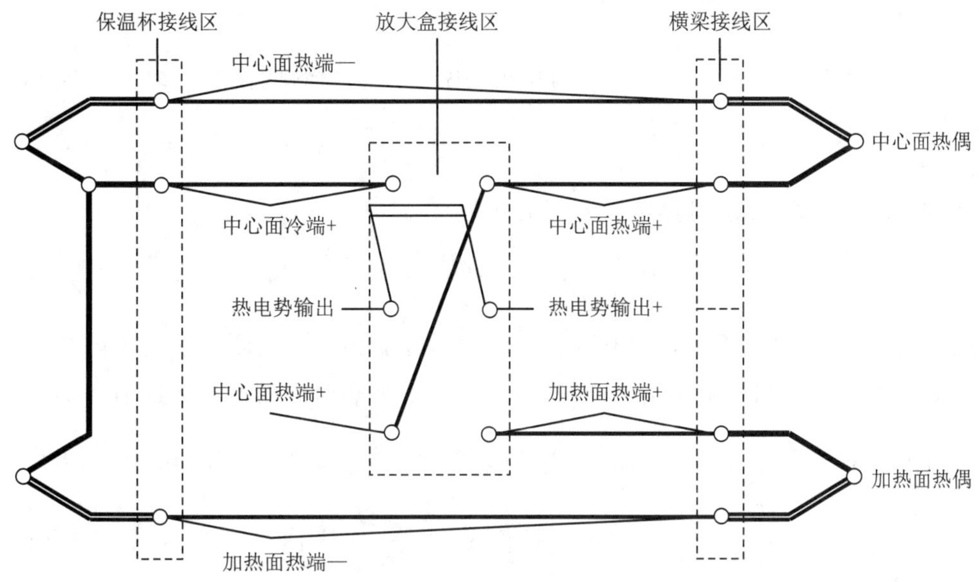


图 14－5　接线方法及测量原理图

质的热传导特征具有重要意义。比如了解玻璃建筑材料的导热系数和比热，有助于人们研究和开发保温效果更好更安全的玻璃制品。研究橡胶的热力学特征参数，有助于人们开发更为安全的交通道路和轮胎材料。下面我们将对本实验采用的测量方法准稳态法进行介绍。

**1. 准稳态法测量原理**

考虑如图 14－6 所示的一维无限大导热模型：一堆无限大不良导体平板厚度为 $2R$，横向尺度远大于厚度，初始温度为 $t_0$。现在平板两侧同时施加均匀的指向中心面的热流密度 $q_c$，如图 14－6 所示。其中热流密度 $q_c=\frac{\partial t}{\partial x}\cdot\lambda$，是指单位时间内通过物体单位横截面积的热量。对无限大平板，可认为传热方向只在厚度方向上进行，则平板各处的温度 $t(x,\tau)$ 将随加热时间 $\tau$ 而变化。

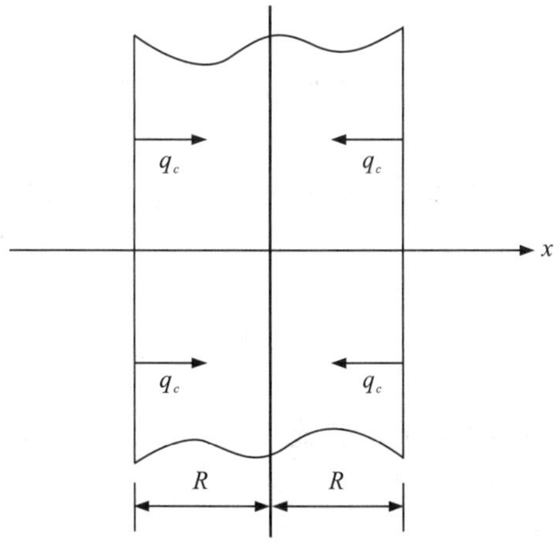


图 14－6　理想中的无限大不良导体平板

以试样中心为坐标原点，平板各处的温度 $t(x,\tau)$ 随加热时间 $\tau$ 的变化可用一维热传导方程描述

$$\frac{\partial t(x,\tau)}{\partial \tau}=a\frac{\partial^2 t(x,\tau)}{\partial x^2}$$

式中，$a=\lambda/\rho c$，$\lambda$ 为材料的导热系数，$\rho$ 为材料的密度，$c$ 为材料的比热。结合边界条件

$$\frac{\partial t(R,\tau)}{\partial x}=\frac{q_c}{\lambda} \quad \& \quad \frac{\partial t(0,\tau)}{\partial x}=0$$

初始条件 $t(x,0)=t_0$，可求得热传导方程的解为

$$t(x,\tau)=t_0+\frac{q_c}{\lambda}\left(\frac{a}{R}\tau+\frac{1}{2R}x^2-\frac{R}{6}+\frac{2R}{\pi^2}\sum_{n=1}^{\infty}\frac{(-1)^{n+1}}{n^2}\cos\frac{n\pi}{R}x\cdot e^{-\frac{an^2\pi^2}{R^2}\tau}\right) \quad (14-1)$$

通过式(14－1)可以看到，随加热时间的增加，样品各处的温度将发生变化，而且我们注意到式中的级数求和项由于指数衰减的原因，会随加热时间的增加而逐渐变小。

定量分析表明，当$\frac{a\tau}{R^2}>0.5$ 以后，上述级数求和项可以忽略。这时式(14－1)变成

$$t(x,\tau)=t_0+\frac{q_c}{\lambda}\left[\frac{a\tau}{R}+\frac{x^2}{2R}-\frac{R}{6}\right] \quad (14-2)$$

试件厚度方向上各处的温度 $t$ 和加热时间 $\tau$ 成线性关系，温升速率各处相同，为$\frac{aq_c}{\lambda R}$，我们称此种状态为准稳态。此时，在试件中心处($x=0$)有

$$t(0,\tau)=t_0+\frac{q_c}{\lambda}\left[\frac{a\tau}{R}-\frac{R}{6}\right] \quad (14-3)$$

在试件加热面处($x=R$)有

$$t(R,\tau)=t_0+\frac{q_c}{\lambda}\left[\frac{a\tau}{R}+\frac{R}{3}\right] \quad (14-4)$$

由式(14－3)和式(14－4)可见，当加热时间满足条件$\frac{a\tau}{R^2}>0.5$ 时，在试件中心面和加热面处不仅温升速率同为$\frac{aq_c}{\lambda R}$，且加热面和中心面间的温度差 $\Delta t$ 与加热时间 $\tau$ 无关，为一恒量

$$\Delta t=t(R,\tau)-t(0,\tau)=\frac{1}{2}\frac{q_c R}{\lambda} \quad (14-5)$$

当系统达到准稳态时，由式(14－5)得到

$$\lambda=\frac{q_c R}{2\Delta t} \quad (14-6)$$

根据式(14－6)，只要测量出进入准稳态后加热面和中心面间的温度差 $\Delta t$，并由实验条件确定相关参量 $q_c$ 和 $R$，则可以得到待测材料的导热系数 $\lambda$。

另外在进入准稳态后，由系统厚度方向上各处的温升速率$\frac{dt}{d\tau}=\frac{aq_c}{\lambda R}$及 $a=\frac{\lambda}{\rho_c}$，可得比热为

$$c=\frac{q_c}{\rho R\,\dfrac{\mathrm{d}t}{\mathrm{d}\tau}} \tag{14-7}$$

式中，$\frac{\mathrm{d}t}{\mathrm{d}\tau}$为准稳态条件下试件各点的温升速率，一般通过测量中心面的温升速率得到。

由以上分析可以得到结论：只要在上述模型中测量出系统进入准稳态后加热面和中心面间的温度差以及中心面的温升速率，即可由式(14－6)和式(14－7)分别得到待测材料的导热系数和比热。

**2. 热电偶温度传感器**

热电偶结构简单，具有较高的测量准确度，可测温度范围为－50～1600℃，在温度测量中应用极为广泛。

由 A(单线表示)、B(双线表示)两种不同的导体两端相互紧密的连接在一起，组成一个闭合回路，如图 14－7(a)所示。上述两种不同导体的组合称为热电偶，A、B 两种导体称为热电极。两个接点，一个称为工作端或热端($T$)，与被测温度相连(如中心面、加热面)；另一个称为自由端或冷端($T_0$)，与保温杯相连，一般要求温度恒定。

当两接点温度不等($T>T_0$)时，回路中就会产生电动势，从而形成电流，这一现象称为热电效应，回路中产生的电动势称为热电势。测量热电势即可得到所测温度。

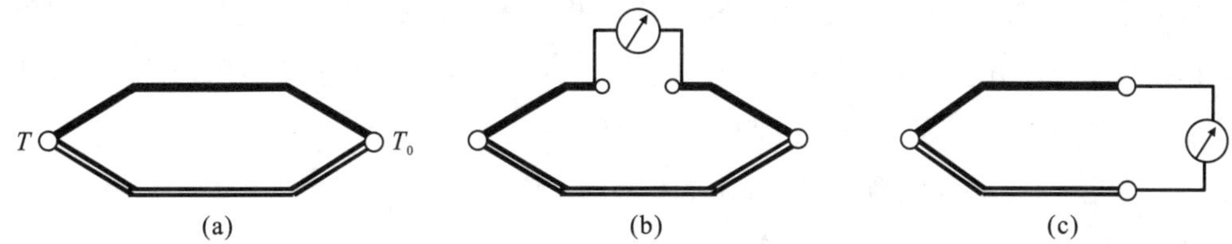


图 14－7　热电偶原理及接线示意图

理论分析和实践证明热电偶的如下基本定律：

(1)热电偶的热电势仅取决于热电偶的材料和两个接点的温度，而与温度沿热电极的分布以及热电极的尺寸与形状无关(热电极的材质要求均匀)。

(2)在 A、B 材料组成的热电偶回路中接入第三导体 C，只要引入的第三导体两端温度相同，则对回路的总热电势没有影响。在实际测温过程中，需要在回路中接入导线和测量仪表，相当于接入第三导体，常采用图 14－7(b)或(c)的接法。

(3)热电偶的输出电压与温度并非线性关系。对于常用的热电偶，其热电势与温度的关系由热电偶特性分度表给出。测量时，若冷端温度为 0℃，由测得的电压，通过对应分度表，即可查得所测的温度。若冷端温度不为 0℃，则通过一定的修正，也可得到温度值。在智能式测量仪表中，将有关参数输入计算程序，则可将测得的热电势直接转换为温度显示。

## 实验内容

**1. 安装样品并连接各部分连线**

(1)检查热电偶:连接线路前,请先用万用表检查两只热电偶冷端和热端的电阻值大小,一般在 3～6Ω 内,如果偏差大于 1Ω,则可能是热电偶有问题,遇到此情况应请指导教师帮助解决。

(2)放置样品:戴好手套,以尽量地保证四个实验样品初始温度保持一致。将冷却好的样品放进样品架中。安装好后,旋动螺杆旋钮以压紧样品。

**注意:**安装样品时,两个热电偶的位置不要放错。根据图 14－1 所示样品结构,中心面横梁的热电偶应该放到样品 2 和样品 3 之间,加热面热电偶应该放到样品 3 和样品 4 之间。热电偶不要嵌入到加热薄膜里,热电偶的工作端应置于样品的中心位置,防止由于边缘效应影响测量精度。

(3)在保温杯中加入自来水,水的容量约在保温杯容量的 3/5 为宜。根据接线原理图和接线要求(参考图 14－5),连接好各部分连线(其中包括主机与样品架放大盒、放大盒与横梁、放大盒与保温杯、横梁与保温杯之间的连线)。

**2. 设定加热电压**

检查各部分接线是否有误,同时检查后面板上的“加热控制”开关是否关上,没有关则应立即关上(若已开机,可以根据前面板上加热计时指示灯的亮和不亮来确定,亮表示加热控制开关打开,不亮表示加热控制开关关闭)。

(1)开机后,先让仪器预热 10min 左右再进行实验。

(2)在记录实验数据之前,应该先设定所需要的加热电压。步骤为:按下“电压切换”按钮,切换到“加热电压”挡位,旋转“加热电压调节”旋钮到所需的加热电压 $V_h$(参考加热电压:约 18V)。记录 $V_h$ 值。

**3. 测定样品“加热面与中心面”间的温度差和“中心面”的温升速率**

(1)弹出“电压切换”按钮,切换到“热电势”挡位;再弹出“热电势切换”按钮,将测量电压显示切换到“温差”挡位。如果显示的“温差热电势”绝对值小于 0.004mV,就可以开始加热了,否则应等待,直到显示值降到小于 0.004mV 再加热(若实验要求精度不高,此条件可放宽到 0.010mV 左右,但不能太大,以免降低实验的准确性)。

(2)保证上述条件后,打开“加热控制”开关,按照表 14－1,建议每隔 1min 分别记录一次“加热面与中心面的温差热电势”$V_t$ 和“中心面热电势”$V$。一次实验时间最好在 25min 之内完成,一般在 15min 左右为宜。通过每隔 1min 记录的“中心面热电势”计算“中心面每分钟上升的热电势”$\Delta V$。

准稳态的判定原则是温差热电势和温升热电势趋于恒定。实验中有机玻璃一般在

8～15min，橡胶一般在 5～12min，处于准稳态状态。根据记录数据，选择“加热面与中心面之间的温差热电势”$V_t$ 趋于稳定后的5个数据为对象，计算平均值 $\bar{V}_t=\frac{\sum V_t}{5}$；选择“中心面上每分钟上升的热电势”$\Delta V$ 趋于稳定后的 5 个数据为对象，计算平均值 $\overline{\Delta V}=\frac{\sum \Delta V}{5}$。

**表 14－1 导热系数及比热测定**

| 时间 $\tau$(min) | 1 | 2 | 3 | 4 | 5 | 6 | 7 | 8 | 9 | 10 | 11 | 12 | 13 | 14 | 15 |
|---|---|---|---|---|---|---|---|---|---|---|---|---|---|---|---|
| 温差热电势 $V_t$(mV) | | | | | | | | | | | | | | | |
| 中心面热电势 $V$(mV) | | | | | | | | | | | | | | | |
| 中心面每分钟上升的热电势 $\Delta V=V_{n+1}-V_n$ | | | | | | | | | | | | | | | |

## 4. 计算样品的导热系数和比热容

铜-康铜热电偶的热电常数为 0.04mV/K。即温度每相差 1℃，温差热电势为 0.04mV。据此可将“温差热电势”$\bar{V}_t$ 和“中心面每分钟上升热电势”$\overline{\Delta V}$换算为温度值。

温度差 $\Delta t=\frac{\bar{V}_t}{0.04}$(K)　　　温升速率$\frac{dt}{d\tau}=\frac{\overline{\Delta V}}{60\times 0.04}$(K/s)

通过式(14－6)和式(14－7)计算最后的样品导热系数 $\lambda$ 和比热容 $c$。式中有关参量如下：样品厚度 $R=0.010$m，有机玻璃密度 $\rho=1196$kg/m$^3$，橡胶密度$\rho=1374$kg/m$^3$，热流密度 $q_c=\frac{V_h^2}{2Fr}$(W/m$^2$)。

式中，$V_h$ 为两并联加热器的加热电压；$r$ 为每个加热器的电阻，其值为 110Ω；$F$ 为边缘修正后的加热面积，其值为 $A\times 0.09\text{m}\times 0.09\text{m}$；$A$ 为修正系数，对于有机玻璃和橡胶，$A=0.85$。

**5. 选做部分**

(1)更换样品：需要换样品进行下一次实验时，其操作顺序是：关闭加热控制开关→关闭电源开关→旋螺杆以松动实验样品→取出实验样品→取下热电偶传感器→取出加热薄膜冷却。至常温后，再安装新的样品。

**注意：**在取样品的时候，必须先将中心面横梁热电偶取出，再取出实验样品，最后取出加热面横梁热电偶。严禁以热电偶弯折的方法取出实验样品，这样将会大大减小热电偶的使用寿命。

(2)重复步骤1～步骤4。

## 注意事项

(1)在保温杯中加水时应注意,不能将杯盖倒立放置,否则杯盖上热电偶处残留的水将倒流到内部接线处,导致接线处生锈,从而影响仪器性能和使用寿命。可以使用植物油代替水进行实验,如此可不需反复更换。

(2)在取样品的时候,热电偶和样品的取出顺序为:先取出中心面横梁热电偶,再取出实验样品,最后取出加热面横梁热电偶。严禁以热电偶弯折的方法取出实验样品。

## 思考题

(1)试述准稳态法测不良导体导热系数的基本思想方法和优点。

(2)实验过程中,环境温度的变化对实验有无影响?为什么?

(3)本实验中,如何判断系统进入了准稳态,即准稳态的条件是什么?

# 实验 15　液体表面张力系数的测量

由于液体分子间的相互吸引力,使得液体具有尽量缩小其表面的趋势。这种沿着液体表面的收缩液面的力称为表面张力。表面张力的存在解释了液体所呈现的许多现象,如泡沫的形成、毛细现象等。本实验将利用脱拉法来测量纯净水和酒精这两种液体的表面张力系数。

## 实验目的

(1)用砝码对硅压阻力敏传感器进行定标,计算该传感器灵敏度,学习传感器定标方法。

(2)观察拉脱法测液体表面张力的物理过程和物理现象,并用物理学基本概念和定律进行分析和研究,加深对物理规律的认识。

(3)测量纯水和其他液体的表面张力系数。

(4)测量液体的浓度与表面张力系数的关系。

## 实验仪器

本实验的仪器有:液体表面张力系数测定仪主机、实验调节装置、镊子及砝码。

液体表面张力系数测定仪主要由吊环、玻璃器皿、力敏传感器和数字电压表组成,实验的详细装置如图 15-1 所示。

## 实验原理

一个金属环固定在力敏传感器上,将该环浸没于液体中,并渐渐拉起圆环,当它从液面拉脱瞬间,力敏传感器受到的拉力差值 $f$ 为

$$f = \pi(D_1 + D_2)\alpha \tag{15-1}$$

式中,$D_1$、$D_2$ 分别为圆环内外直径,$\alpha$ 为液体表面张力系数,$g$ 为重力加速度。

力敏传感器受到的拉力 $F$ 和与之相连的数字电压表显示的电压值 $U$ 成正比

$$U = bF + a \tag{15-2}$$

式中,$b$ 为力敏传感器的灵敏度,单位 V/N。假设圆环即将拉断液柱时传感器受到的拉力为 $F_1$,此刻数字电压表的读数为 $U_1$,则有 $U_1 = bF_1 + a$;同样,假设圆环即将拉断液柱时为

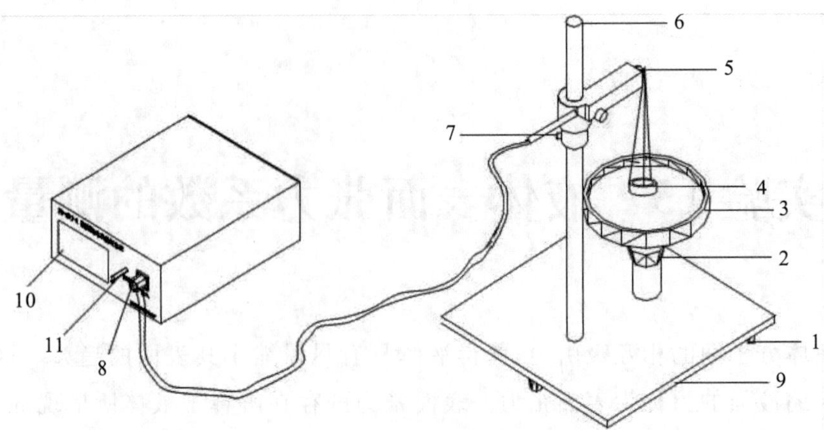


图 15-1 液体表面张力系数测定仪装置图

1. 调节螺丝;2. 升降螺丝;3. 玻璃器皿;4. 吊环;5. 力敏传感器;6. 支架;7. 固定螺丝;

8. 航空插头;9. 底座;10. 数字电压表;11. 调零旋钮

$F_2$,此刻数字电压表的读数为 $U_2$,则有 $U_2 = bF_2 + a$。故在圆环从液面拉脱前后传感器受到的拉力差值与电压差值的关系为

$$f = \frac{U_1 - U_2}{b} \tag{15-3}$$

结合式(15-1)和式(15-3)可得液体的表面张力系数为

$$\alpha = \frac{U_1 - U_2}{\pi b(D_1 + D_2)} \tag{15-4}$$

其中圆环的内外直径 $D_1$、$D_2$ 可由游标卡尺测量;$U_1$、$U_2$ 分别为圆环,即将拉断水柱时数字电压表读数以及刚刚拉断时数字电压表的读数;力敏传感器的灵敏度 $b$ 可通过研究大小已知的拉力与对应电压值之间的关系定标得到。

## 实验内容

(1)仪器开机预热。

(2)用游标卡尺测量吊环的内外直径 $D_1$、$D_2$,在不同方向上各测 5 次,分别计算平均值 $\overline{D}_1 = \frac{\sum D_1}{5}$ 和 $\overline{D}_2 = \frac{\sum D_2}{5}$。

(3)对力敏传感器定标:整机预热 15min 后,用镊子将砝码盘挂在力敏传感器的钩子上后,首先对电压表调零,然后用镊子往砝码盘上轻轻地添加砝码(0.5g/只),每添加一只砝码,记录下电压表显示的电压值 $U$,并计算出此时力敏传感器受到的拉力 $F$,其大小等于砝码盘上砝码受到的重力。利用最小二乘法计算传感器的灵敏度 $b$。定标结束后用镊子取下砝码和砝码盘放回到干燥缸内。

(4)清洁玻璃器皿和吊环。

(5)在玻璃器皿内放入纯净水并安放在升降台上。

(6)用镊子夹住吊环吹干后，将吊环挂在传感器的挂钩上，然后升降液面平台，判断力敏传感器的高度是否合适。逆时针旋转平台升降螺帽时，平台上升；反之下降。若液面升到最高处，吊环都未能接触液面，则需要降低传感器的高度；若液面降到最低处，吊环都未能脱离液面，则需要升高传感器的高度。

(7)将液面平台调整到合适的高度，使圆环浸入液体中。升高液面平台观察圆环从液体中拉起时的物理过程和现象，测量圆环即将拉脱液面时电压表显示的电压值 $U_1$ 和圆环刚刚拉脱液面瞬间电压表显示的电压值 $U_2$，计算圆环拉脱液面前后电压差 $\Delta U = U_1 - U_2$。重复此过程 6 次，即分别测量 $U_1$、$U_2$ 各 6 次。计算电压差的平均值 $\overline{\Delta U}$。

(8)通过式(15-4)，计算纯净水液体表面张力系数 $\alpha$ 及其不确定度，写出 $\alpha \pm \Delta\alpha$。

(9)吹干玻璃器皿和吊环，在玻璃器皿内放入酒精并安放在升降台上。重复步骤(6)～步骤(8)，计算酒精的液体表面张力系数 $\alpha$ 及其不确定度，写出 $\alpha \pm \Delta\alpha$。

(10)实验结束后冲洗玻璃器皿和吊环，用清洁纸擦干玻璃器皿后放在桌面上，吊环吹干放入干燥缸内。

## 注意事项

(1)吊环须严格处理干净。可用 NaOH 溶液洗净油污或杂质后，用清洁水冲洗干净，并用热吹风烘干。

(2)读吊环水平须调节好，注意当偏差有 1°时测量结果引入误差为 0.5%；当偏差有 2°时则误差为 1.6%。

(3)开机后需预热 15min。

(4)在旋转升降台时，尽量缓慢，减小液体的波动。

(5)实验室不宜风力较大，以免吊环摆动致使零点波动，所测系数不正确。

(6)若液体为纯净水，在使用过程中防止灰尘和油污及其他杂质污染。特别注意手指不要接触被测液体。

(7)实验过程中注意不要用手拿取砝码、砝码盘、吊环，以免汗液污染仪器。

(8)力敏传感器使用时用力不宜大于 0.098N，过大的拉力容易使传感器损坏。

## 思考题

(1)实验前，为什么要清洁吊环？

(2)液体表面张力系数测定时为什么要预热？

(3)为什么吊环拉起的水柱的表面张力为 $f = \pi(D_1 + D_2)\alpha$？

(4)本实验的误差来源于什么？

# 第二部分　电磁学实验

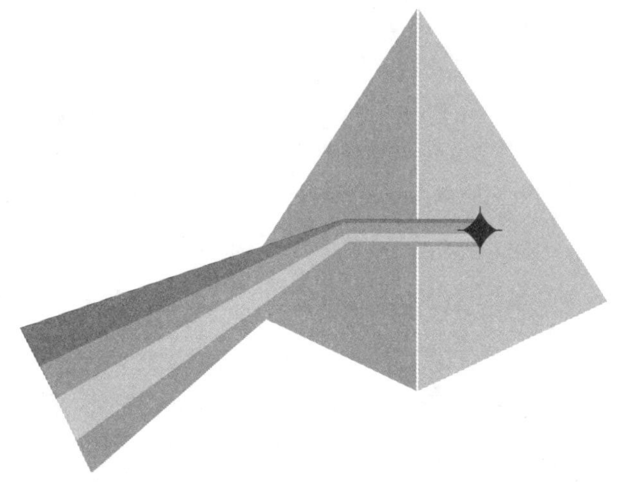

# 实验16　电学元件的伏安特性测量

## 实验目的

(1)验证欧姆定律。

(2)掌握测量伏安特性的基本方法。

(3)学会直流电源、电压表、电流表、电阻箱等仪器的基本使用。

## 实验器材

FB321型电阻元件、V-A特性实验仪一台(含测试元件、专用连接线)。

## 实验原理

### 1. 电学元件的伏安特性

在某一电学元件两端加上直流电压,在元件内会有电流通过,元件的电流与端电压之间的关系称为电学元件的伏安特性。在欧姆定律

$$U=IR$$

式中,电压$U$的单位为伏特,电流$I$的单位为安培,电阻$R$的单位为欧姆。一般以电压为横坐标和电流为纵坐标作出元件的电压-电流关系曲线,称为该元件的伏安特性曲线。

对于碳膜电阻、金属电阻、线绕电阻等电学元件,在通常情况下,通过元件的电流与加在元件两端的电压成正比关系变化,即其伏安特性曲线为一直线。这类元件称为线性元件,如图16-1所示。至于半导体二极管、稳压管等元件,通过元件的电流与加在元件两端的电压不成线性关系变化,其伏安特性曲线为一曲线。这类元件为非线性元件,如图16-2所示为稳压管的非线性伏安特性曲线。

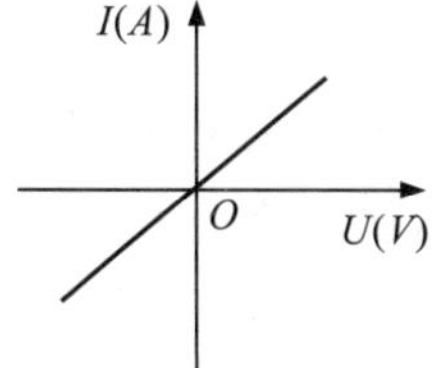


图16-1　线性元件的伏安特性

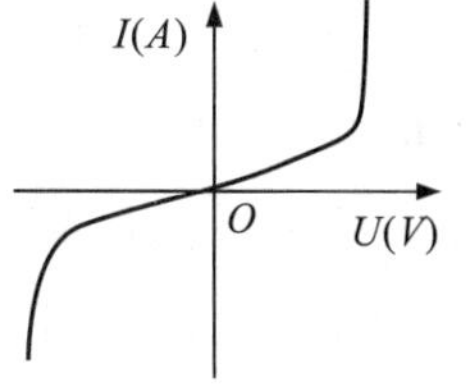


图16-2　非线性元件(稳压管)的伏安特性

在设计测量电学元件伏安特性的线路时，必须了解待测元件的规格，使加在它上面的电压和通过的电流均不超过额定值。此外，还必须了解测量时所需其他仪器的规格（如电源、电压表、电流表、滑线变阻器等的规格），也不得超过其量程或使用范围。根据这些条件所设计的线路，可以将测量误差减到最小。

**2. 实验线路的比较与选择**

在测量电阻的伏安特性的线路中，常有两种方法，即如图 16－3 所示的电流表为外接和图 16－4 所示的电流表为内接。电流表和电压表都有一定的内阻。简化处理时直接用电压表读数除以电流表读数来得到被测电阻值，即 $R=U/I$，这样会引起一定的系统误差。当电流表内接时，电压表读数比电阻端电压值大。为了减小上述系统误差，测量线路可以粗略地按下列方案来选择：

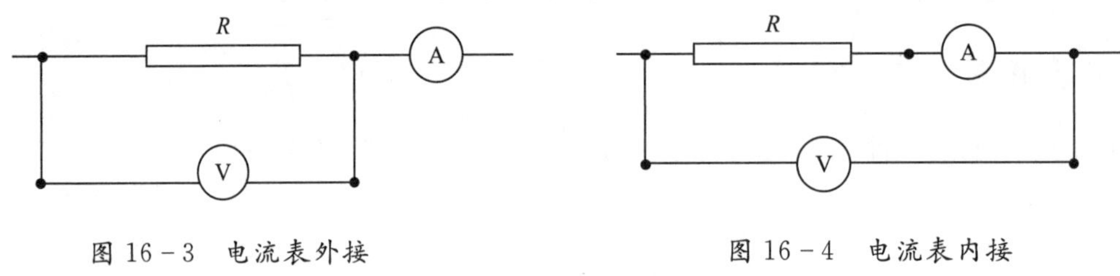


图 16－3 电流表外接　　图 16－4 电流表内接

当被测电阻 $R$ 远远小于伏特表的内阻 $R_V$，且 $R$ 比电流表内阻 $R_A$ 大得不多时，宜用电流表外接；

当 $R \gg R_A$，且 $R$ 和 $R_V$ 相差不多时，宜选用电流表内接；

当 $R \gg R_A$，且 $R_V \gg R$ 时，则必须先用电流表内接法和外接法分别测量，然后比较电流表的读数变化大还是电压表的读数变化大，根据结果决定是内接还是外接。

## 实验内容

(1)测定两种线性电阻 $R_X$ 的伏安特性，并作出伏安特性曲线，从图中求出电阻值。

①按图 16－5 或者图 16－6 电路图进行连接。

②选择电源的输出电压挡为 10V，电流表和电压表的量程分别为 20mA 和 20V，实验开始前调节输出电压为 0。

③选择电路：按图 16－5 连接好电路，调节分压输出使电压表和电流表有一个合适的指示值，记录电压值 $U_1$ 和电流值 $I_1$，然后再按图 16－6 连接好电路，合上电键后，调节输出电压，保持电压表的值不变，记下 $U_2$ 和 $I_2$。比较 $U_1$、$I_1$ 与 $U_2$、$I_2$，若电流有显著变化，那么相对于电流表内阻而言，$R_X$ 为高阻，则可以内接；若电压有显著变化，则可以将电流表外接；若电流和电压没有显著变化，则电流表内接和外接都可以。

(2)测定二极管正反向伏安特性，并画出伏安特性曲线。

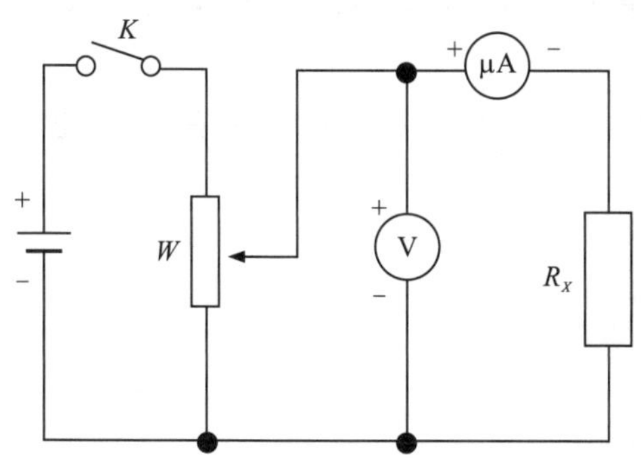


图 16－5　电流表内接电路图

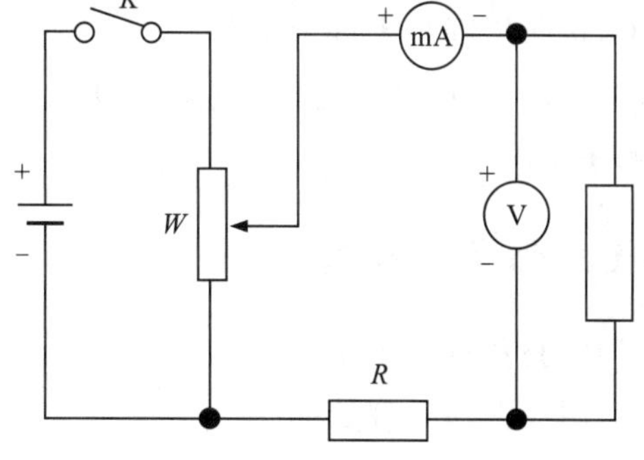


图 16－6　电流表内接电路图

①连线前先了解被测二极管的有关参数(型号、最大正向电流和最大反向电压)。

②分别按图 16－7 和图 16－8 连接好线路测量二极管正向和反向特性。

③图中的 $W$ 和 $R$ 为保护电阻，作用是限制电流，避免电流太大，损坏二极管或者电流表。先调节电源使输出电压为 3V 左右，由 0 开始缓慢增加电压，在电流变化比较大的地方可适当减小测量的间隔(如硅管 0.6～0.8V)，硅管电压范围在 1V 以内。测量中电流应该小于最大额定电流值。

(3)测定稳压管正反向伏安特性，并画出伏安特性曲线，方法同上。

(4)测定小灯泡伏安特性，并画出伏安特性曲线。

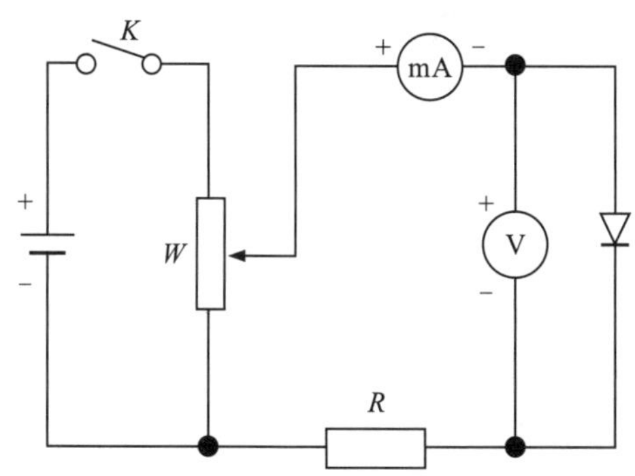


图 16－7　测量二极管正向特性电路

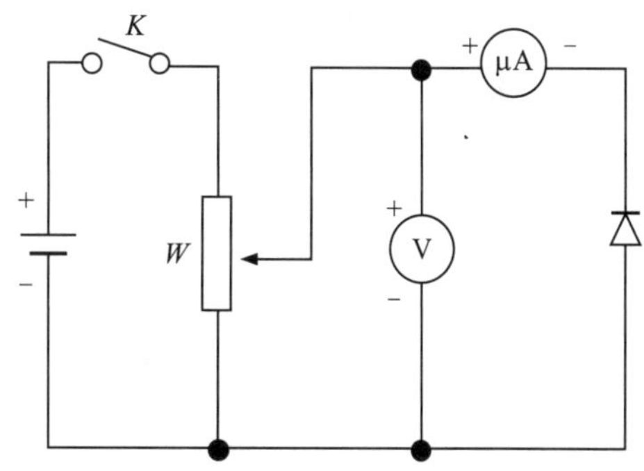


图 16－8　测量二极管反向特性电路

## 注意事项

各电学元件的安全参数如下。

(1)电阻器：额定功率 2W，安全电压 20V。

(2)电阻器：额定功率 0.5W，安全电压 10V。

(3)二极管：最高反向电压 10V，正向最大电流 0.2A，正向压降 0.8V。

(4)稳压二极管:稳定电压 6.2V,最大工作电流 35mA,工作电流 5mA 时,动态电阻为 20Ω,正向压降小于等于 1V。

(5)钨丝灯泡:在室温时,电阻 10Ω,在 12V、0.1A 时热态电阻 100Ω 左右,安全电压小于或等于 13V。

## 数据记录与处理

(1)实验数据记录于数据记录中。

(2)用作图法处理数据。

(1)电路选择的原理?

(2)电流表和电压表面板上的符号分别表示什么意思?

# 实验 17　温差电动势实验

## 实验目的

(1)了解热电偶测温的基本原理,加深对温差电现象的理解。

(2)掌握测量热电偶温差电动势的基本原理和方法。

(3)学会利用热电偶来测量温度。

## 实验仪器

热电偶、温差电动势实验仪、加热装置、杜瓦瓶(保温杯)。

## 实验原理

### 1. 温差电效应

在日常生产生活中,我们常常将非电学量如温度、时间、长度等物理量的测量转换为电学量(如电流、电压等)进行测量,这种方法叫做非电学量的电测法。其优点是测量方便、迅速、易于数据处理,而且能够大大提高测量精密度。

研究发现:同一种金属 A 热端温度为 $t$,冷端温度为 $t_0$,热端电子比较活跃,扩散到了冷端。热端失去电子,显正电性;冷端获得电子,显负电性。因此金属的两端就产生一个电势差,称为汤姆逊电动势

$$\varepsilon = \sigma(t - t_0) \tag{17-1}$$

如图 17-1 所示,热端与冷端温差越大,汤姆逊电动势就越显著。其比例系数 $\sigma$ 与材料的导电能力有关。导电能力强的金属 A 比较贵重,故常引入另一种导电能力一般的廉价金属 B 构成热电偶,提高了仪器探测距离。

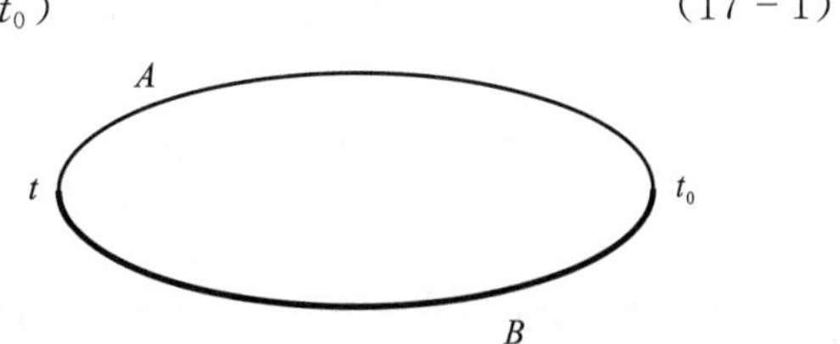

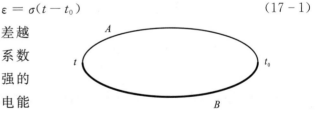

图 17-1　不同金属或合金组成的闭合回路

而当两种不同金属互相接触时,金属 A 单位体积内的自由电子数 $N_A$ 比较大,金属 B 单位体积内的自由电子数 $N_B$ 比较小,自由电子会从浓度高的金属 A 扩散到浓度低的金属 B。金属 A 接触面失去电子,显正电性(接触电动势正极),金属 B 接触面获得电子显

负电性(接触电动势负极)。接触面上产生一个接触电势差,称为铂尔贴电动势。

$$\varepsilon_{AB}(t)=\frac{kt}{e}\ln\frac{N_A}{N_B} \tag{17-2}$$

式中,$k$ 为玻耳兹曼常量,$e$ 为电子电量,金属接触面所处环境温度 $t$ 越高,两种金属单位体积内的自由电子数 $N_A$ 与 $N_B$ 相差越大,铂尔贴电动势就越显著。

由两种不同的金属或由两种不同成分的合金(热电偶丝材或热电极)A、B 的两端彼此焊接在一起组成闭合回路时(图 17-1),若两端点温度分别为 $t$ 和 $t_0$,则回路中就有温差电动势,它是铂尔贴电动势和汤姆逊电动势之和,这种现象称为温差电效应。

温差电偶又称热电偶,是利用温差电效应制作的测温元件,在温度测量与控制中有广泛的应用,是一种常用的测温器件,具有良好的分辨率和精度。

**2. 热电偶测温原理**

两种不同金属串接在一起,把一端置于被测温场 $t$ 中,称为测量端(热端);另一端恒定于某一温度 $t_0$,称为自由端(冷端),用仪器相连进行测温(图 17-2)的元件称为温差电偶,也叫热电偶。

温差电偶的温差电动势与两接头温度之间的关系比较复杂,现从基尔霍夫电压定律出发进行推导。

假设电压表正极(图 17-3 中+号表示)与负极(图 17-3 中-号表示)处于室温 $t_1$ 中,电势从正极出发沿着闭合回路逆时针走一圈,最后会等于负极电势。

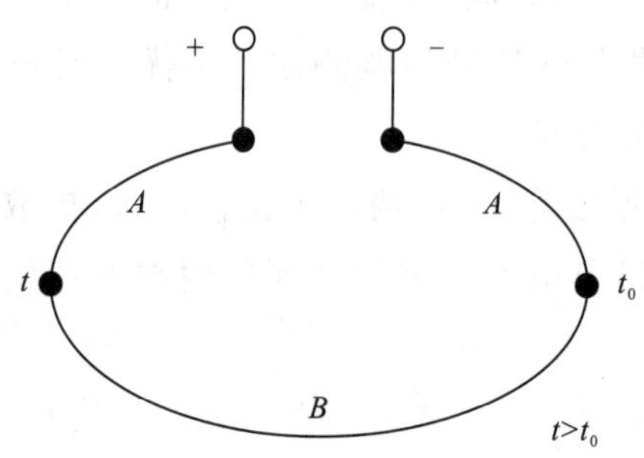


图 17-2 热电偶示意图

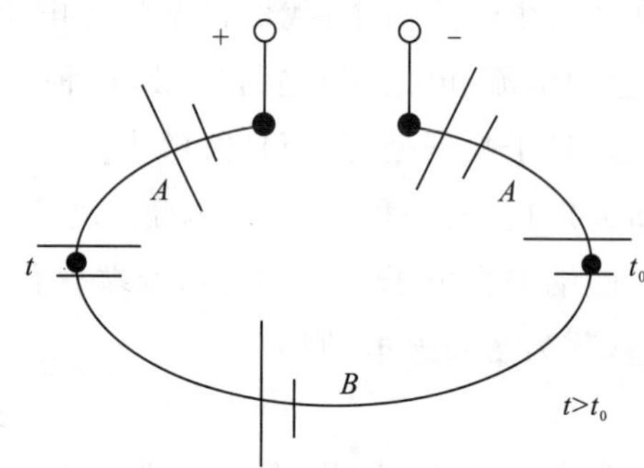


图 17-3 热电偶电势变化示意图

首先从正极沿着左边金属 $A$ 从室温 $t_1$ 升温到热端 $t$,电势上升;在热端 $t$ 有 $A$、$B$ 金属接触面,从金属 $A$ 到达金属 $B$,对应从接触电动势正极到负极,电势下降;接着下方金属 $B$ 从热端 $t$ 降温到冷端温度 $t_0$,电势下降;在冷端 $t_0$ 有 $A$、$B$ 金属接触面,从金属 $B$ 到达金属 $A$,对应从接触电动势负极到正极,电势上升;最后右边金属 $A$ 从冷端 $t_0$ 升温到室温 $t_1$,电势上升,等于负极电势。电势从正极出发沿闭合回路逆时针变化表达式如下

$$U_{+}+\varepsilon_A(t,t_1)-\varepsilon_{AB}(t)-\varepsilon_B(t,t_0)+\varepsilon_{AB}(t_0)+\varepsilon_A(t_1,t_0)=U_{-} \tag{17-3}$$

$$E_t = U_+ - U_- = \varepsilon_{AB}(t) - \varepsilon_{AB}(t_0) + \varepsilon_B(t, t_0) - [\varepsilon_A(t, t_1) + \varepsilon_A(t_1, t_0)] \quad (17-4)$$

$$E_t = \frac{kt}{e}\ln\frac{N_A}{N_B} - \frac{kt_0}{e}\ln\frac{N_A}{N_B} + \sigma_B(t - t_0) - [\sigma_A(t - t_1) + \sigma_A(t_1 - t_0)] \quad (17-5)$$

$$E_t = \frac{k}{e}\ln\frac{N_A}{N_B}(t - t_0) + \sigma_B(t - t_0) - \sigma_A(t - t_0) \quad (17-6)$$

$$E_t = \left[\frac{k}{e}\ln\frac{N_A}{N_B} + \sigma_B - \sigma_A\right](t - t_0) \quad (17-7)$$

即在一段温差范围内可以近似认为电压表正负极间温差电动势 $E_t$ 与温度差 $(t-t_0)$ 成正比，即

$$E_t = c(t - t_0) \quad (17-8)$$

式中，$t$ 为热端的温度，$t_0$ 为冷端的温度，$c$ 称为温度系数（或称温差电偶常量），它表示两接点的温度相差 1℃时所产生的电动势，其大小取决于组成温差电偶材料的性质。

如图 17－4 所示，温差电偶与测量仪器有两种连接方式：(a)金属 $B$ 的两端分别和金属 $A$ 焊接，测量仪器 $M$ 插入 $A$ 线中间；(b)$A$、$B$ 的一端焊接，另一端和测量仪器连接。

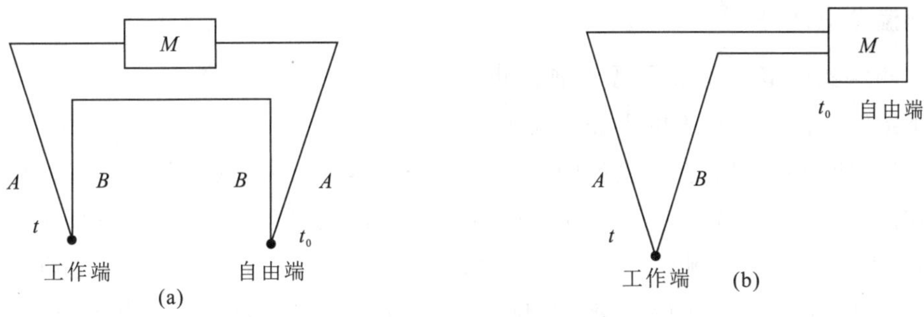


图 17－4　温差电偶与测试仪器的两种连接方式

### 3. 中间导体定律

在热电偶回路中接入中间导体（第三导体），只要中间导体两端温度相同，中间导体的引入对热电偶回路总电势没有影响，这就是中间导体定律。

依据中间导体定律，在热电偶实际测温应用中，常采用热端焊接、冷端开路的形式，冷端经连接导线与测量仪器连接构成测温系统[图 17－4(b)]，不用担心导线与热电偶连接处产生的接触电势会使测量产生附加误差。

### 4. 热电偶温度计

将冷端置于冰水混合物中，保持 $t_0=0$℃，将热端置于待测温度处，即可测得相应的温差电动势，再根据事先校正好的曲线或数据来求出温度。这样就组成一个热电偶温度计（图 17－5）。热电偶温度计的优点是热容量小，灵敏度高，反应迅速，测温范围广，能直接把非电学量温度转换成电学量。因此，在自动测温、自动控温等系统中得到广泛应用。

## 实验内容

**1. 将机箱后部插座与加热装置基台后部的插座用专用导线进行连接**

**2. 测热电偶**

将两种待测的热电偶[T型铜-铜镍(康铜)热电偶和E型镍铬-铜镍(康铜)热电偶]的热端分别插入加热装置上的“热电偶插口(Ⅰ)”和“热电偶插口(Ⅱ)”中(热电偶的区分可依据其两根连线颜色:E型为黄、黑;T型为红、黑)。将其中一种待测热电偶的连接线接入“电压测量”接线端,红色插头(+)、黑色插头(-)分别插对应颜色插座。

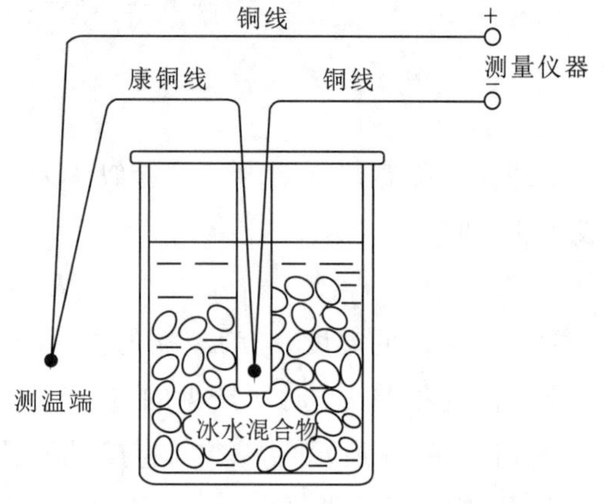


图 17-5 热电偶温度计

**3. 测温差电动势**

分别测量实验室T型和E型两种热电偶在以下给定的两种情况下的温差电动势。

(1)热电偶的冷端悬空(即室温中)。①开启电源,进行温度控制仪的设置(电源开启后温度控制仪上“测定温度”显示的是当时的室温,“设定温度”显示的是仪器出厂时的设定温度)。先计划好实验测试温度点(如40℃,50℃,60℃,…,120℃)然后进行下列设置操作,如图17-6所示。②按“位移”键调整时,数字闪烁的位数即是要进行调整的位数。调好再按“位移”键,可进行下一位调整。最后按“设置”键1次,结束温度设置。③加热温度(如40℃)设定后,选择加热挡位。当“加热选择”开关置“低”或“高”位置时,加热装置开始加热(指示灯长亮),读取仪器上该温度点的热电偶温差电动势(mV)并记录于相应表格。然后将另一型号的热电偶接入“电压测量”端钮,读取仪器上该温度点的热电偶温差电动势并记录于相应表格。然后把“设定温度”重新设置至下一个温度,进入第二个测温点,方法同上。

(2)热电偶的冷端插入装有冰水混合物的杜瓦瓶中。仪器操作和设置以及实验步骤同情况(1)。

**4. 利用热电偶测量温度**

根据实验内容3的第二种情况(即热电偶的冷端插入装有冰水混合物的杜瓦瓶中)测出的温差电动势,由实验室提供参考的T型和E型两种热电偶参数或者实验得到的热电偶特性曲线,可以分别反查各测量点所对应的温度值。

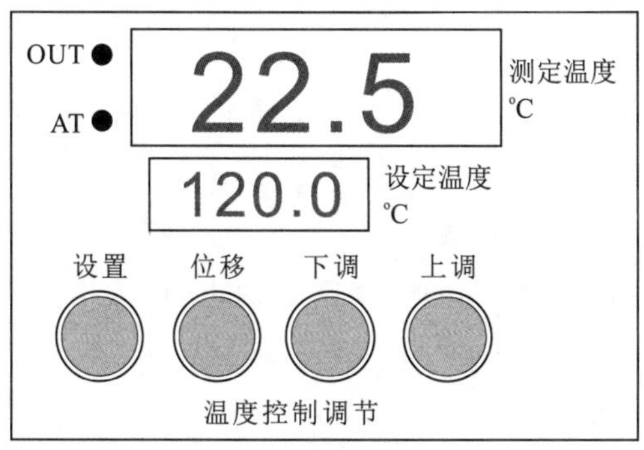


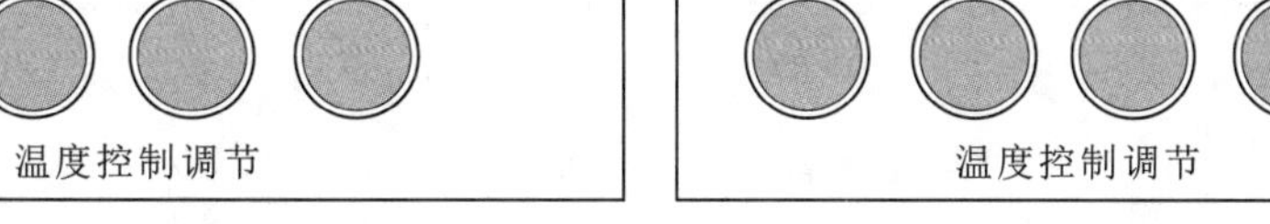

(a)出厂设置温度及实测温度

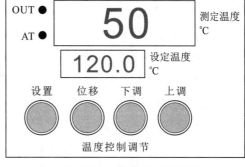

(b)按“设置”键0.5s进入温度设置

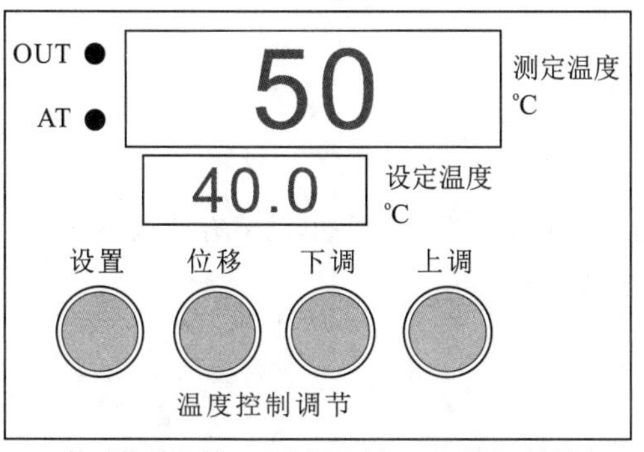


(c)按“位移”键、“上调”键、“下调”键设定加热温度(40℃)

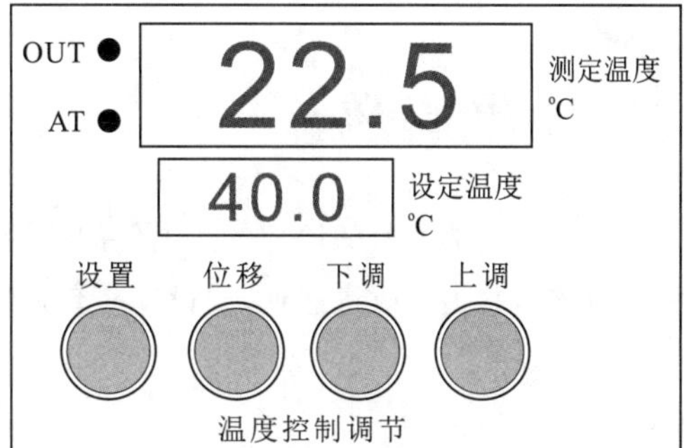


(d)按“设置”键0.5s退出设置，进入温控状态

图 17－6　温度控制仪设置操作图

## 注意事项

(1)温差电动势测量接线时，要注意颜色的匹配。

(2)在温度控制仪设置过程中，若误按“设置”键时间超过 5s，将出现进入第二设定区(符号为 SHP)，这时只要停止操作 5s，会自动退出，恢复原来状态。

(3)进入第二设定区(符号为 SHP)，就无法进行改变温度设定，故应注意调温时，不能长时间按“设置”键(不超过 5s)。

(4)仪器加热挡位有两个，“高挡”位加热快，但恒温时温度波动范围略大，“低挡”位则波动范围较小。实验时可先选“高挡”，温度接近设定温度时，再切换至“低挡”。灵活切换，可提高实验效率和精度。

(5)在温差电动势测量中，若要重新实验，可按下风扇电源开关，风扇可使加热装置迅速降温。

## 数据记录及处理

(1)根据表格中记录的数据,以电动势 $\varepsilon$ 为纵轴,以热端温度 $t$ 为横轴,分别作 T 型、E 型热电偶的特性曲线。

(2)用两种方法求出不同型号、不同条件下的温差系数 $c$。

①根据所记录数据作出的 $\varepsilon-\Delta t$ 曲线,在曲线上两端的数据区取两点,代入下式求出 T 型、E 型升温系数 $c$

$$c=(\varepsilon_2-\varepsilon_1)/(\Delta t_2-\Delta t_1)$$

②根据记录单中数据,用最小二乘法求出 T 型、E 型降温系数 $c$ 值。

(1)温差电动势产生的原理?热电偶的冷端置于室温和 0℃时温差电动势有什么不同?

(2)对该实验提出改进意见,或设计一套新的实验方案。

# 实验 18　惠斯登电桥测电阻及检流计内阻测量设计

电阻的测量是电学基本测量之一。电阻值不同，其测量方法也有所不同。对于几欧姆至几兆欧以内的中等阻值的电阻，用惠斯登电桥进行测量，可以得到较为精确的结果。惠斯登电桥还有其他广泛的应用(例如作热敏温度计，测电容、电感、自动控制中的桥式电路)。

惠斯登电桥有箱式和滑线式两种，本实验采用滑线式直流电桥，装置简单，直观易懂，是理解其他类型电桥的基础，并练习检流计内阻的测量设计。

## 实验目的

(1)掌握惠斯登电桥的原理、性能和测量电阻的方法，并能够熟练接线。

(2)分析电桥测量误差来源和掌握减少误差的方法。

(3)利用电桥设计电路测量检流计内阻。

## 实验仪器

滑线式电桥、检流计、电阻箱、稳压电源、待测电阻、开关(图 18 - 1)。

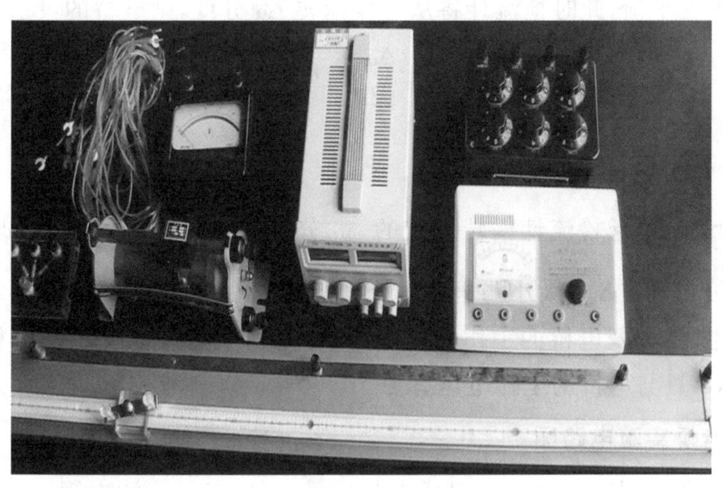

图 18 - 1　惠斯登电桥实验仪器

## 实验原理

**1. 电桥测电阻**

惠斯登电桥的原理电路如图 18－2 所示。其中，G 为灵敏电流计(检流计)，$BD$ 支路则称为“桥”。设通过 G 的电流为 $I_g$，电桥平衡时，即 $I_g=0$，$B$、$D$ 两点电位相等。则有

$$\begin{cases} I_x R_x = I_1 r_1 \\ I_3 r_3 = I_2 r_2 \end{cases} \qquad (18-1)$$

将式(18－1)上下相除，得

$$\frac{I_x R_x}{I_3 r_3} = \frac{I_1 r_1}{I_2 r_2} \qquad (18-2)$$

因为 $I_g=0$，故有：$I_x=I_3$，$I_1=I_2$，由式(18－2)得

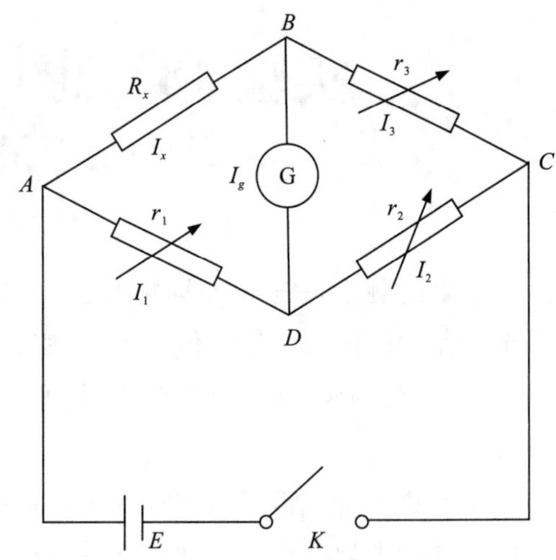


图 18－2　惠斯登电桥原理图

$$R_x = \frac{r_1}{r_2} r_3 \qquad (18-3)$$

这就是电桥平衡(即 $BD$ 间电势相等、$BD$ 间电流为零)的充分必要条件。

根据式(18－3)的关系，若已知电桥 4 个电阻其中的任意 3 个电阻的阻值，则第 4 个电阻阻值就很容易算出来了。

**2. 电桥的灵敏度**

一个电桥平衡后，再任意改变其中一臂的电阻 $r$(例如电阻箱 $r_3$)使其增加或减少阻值 $\Delta r$，电桥将失去平衡，此时检流计将从 0 度偏转 $\Delta\alpha$ 分度，则电桥的灵敏度 $S$ 为

$$S = \frac{\Delta\alpha}{\frac{\Delta r}{r}} = r\frac{\Delta\alpha}{\Delta r} \qquad (18-4)$$

式中，$r$ 为电桥平衡时这一臂的电阻值。

式(18－4)表示引起检流计偏转一定的 $\Delta\alpha$ 分度时，一臂电阻的相对改变量 $\frac{\Delta r}{r}$ 越小，则电桥的灵敏度越高。$S$ 的大小与电桥各个电阻的大小成比例，与检流计的灵敏度高低，桥路 $BD$ 间的电阻，以及电桥的工作电压等因素有关，它综合地反映了电桥性能的优劣。对于特定电桥，$S$ 只与电桥的工作电压有关。

**3. 滑线式电桥实验电路图**

如图 18－3 所示，$R_x$、$r_3$、$r_1$、$r_2$ 组成电桥四臂。$R_x$ 表示待测电阻，$r_3$ 为电阻箱示数。$r_1$、$r_2$ 是同一根均匀电阻丝($AC$)被滑动电键 $K_1$ 分成的前后两段，其下附有米尺，可以量取 $r_1$、$r_2$ 的长度为 $l_1$、$l_2$。

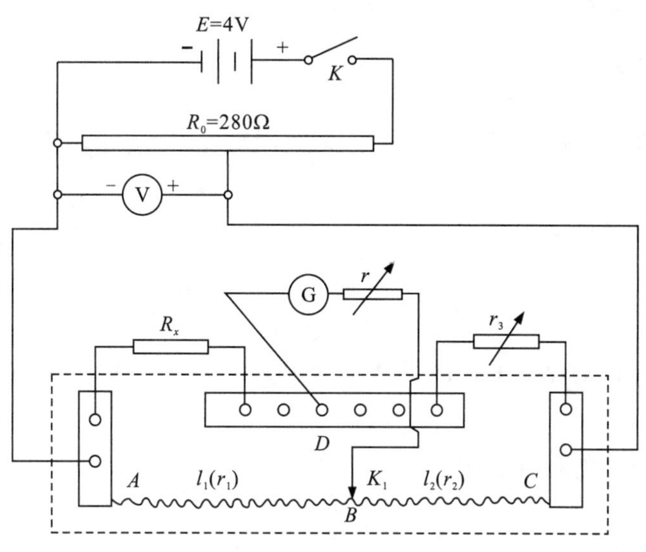


图 18－3　滑线式电桥实验电路图

$r$ 为检流计 G 的保护电阻，实验开始时先调最大，电桥接近平衡时，要逐渐调到零，以提高灵敏度。图中虚线部分表示电桥的木底板，底板上有三段金属板条，但三个金属板条(A、D、C)的电势各不相同，每个金属板条上设有若干个接线柱(接线柱相互等势)。A、C 点之间的桥路工作电压由分压器 $R_0$ 调节，并由电压表量度。滑线式电桥的平衡条件为

$$R_x = \frac{l_1}{l_2} r_3 \tag{18-5}$$

式中，$R_x$ 表示待测电阻；$r_3$ 为六转盘电阻箱示数。

## 实验内容

### 1. 用滑线式惠斯登电桥测中阻值电阻

(1)先任选一只待测电阻 $R_x$，按图 18－3 滑线式电桥实验电路图将电路接好。

(2)将稳压电源电压先调至 3V 左右。

(3)根据估计的待测电阻的大小，选择合适的电阻箱 $r_3$，其值固定不变，实验中 $r_1$ 和 $r_2$ 固定在同一根细铁丝上(总长 100cm)，移动滑动电键 $K_1$ 到合适的位置，使检流计指针指零，记录此时相应的 $l_1$ 和 $l_2$ 的值以及电阻箱 $r_3$ 的值。分别测量 3 个待测电阻的大小。

(4)为防止桥路两边不对称，互换待测电阻 $R_x$ 和电阻箱 $r_3$ 的位置进行测量，重复步骤(3)。列表记录互换位置前后，3 个待测电阻 $R_{x1}$、$R_{x2}$、$R_{x3}$ 的有关直接测量($l_1$、$l_2$、$r_3$)并计算每个待测电阻的平均阻值 $\overline{R}_x$。

### 2. 设计

要求学生用图 18－1 中所给出的仪器设计电路，用惠斯登电桥测量检流计的内阻，并

说明判断电桥平衡的方法。

## 数据记录与处理

(1)计算3个待测电阻的平均阻值并计算不确定度,并写出结果表达式,取长度误差限为0.02cm。

(2)计算检流计的内阻 $R_g$。

## 注意事项

(1)实验前检流计的保护电阻调至最大,当电桥接近平衡时,要逐渐调到零,以提高灵敏度。

(2)不要让检流计的指针长时间偏向一侧。

## 思考题

(1)什么是电桥的灵敏度?如何提高电桥灵敏度?

(2)接通电源后,在任何位置按下按键,“桥”上的检流计指针总偏向一边或总不偏转。分别说明在两种情况下,电路发生了什么故障?又如何排除?

(3)互换待测电阻 $R_x$ 和电阻箱 $r_3$ 的位置进行测量后,计算待测电阻的公式是否要变化?该如何变化?

# 实验 19　自组双臂电桥测量低值电阻

## 实验目的

(1)掌握双臂电桥测电阻的原理和方法。

(2)学习并掌握组装式双臂电桥测量低值电阻的方法。

## 实验仪器

直流电源、FB513 型组装式直流双臂电桥(图 19-1)、四端电阻、导线若干。

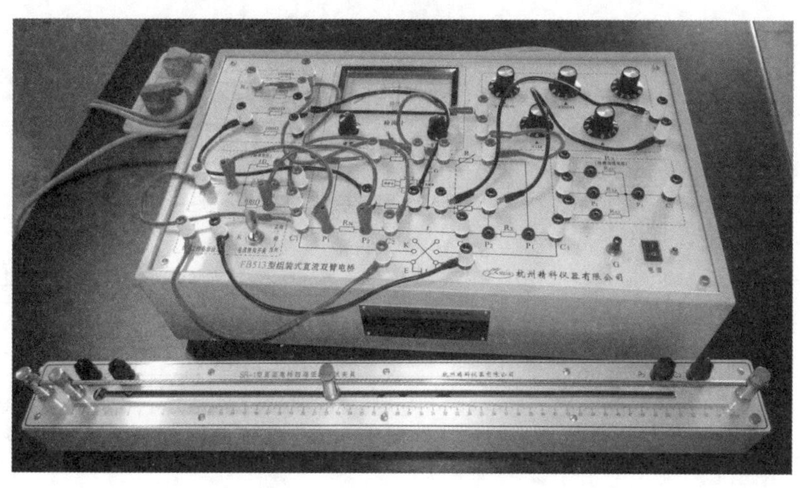


图 19-1　自组装式直流双臂电桥测量低值电阻仪器

## 实验原理

用伏安法测电阻时,由于电表精度的制约和电表内阻的影响,测量结果准确度较低。于是人们设计了电桥,它是通过平衡比较的测量方法,而表征电桥是否平衡,用的是检流计示零法。只要检流计的灵敏度足够高,其示零误差即可忽略。

用电桥测电阻的误差主要来自于比较,而比较是在待测电阻和标准电阻间进行的,标准电阻越准确,电桥法测电阻的精度就越高。

当用单臂电桥测电阻时,其中比较臂电阻可采用较高的电阻,因此,与比较臂电阻相连接的导线电阻和接触电阻都可以忽略不计。如果待测电阻 $R_X$ 属于低值电阻,那么比

较臂电阻 $R_N$ 也应该用低值电阻。因此与 $R_X$、$R_N$ 相连的四根导线和几个接点的接触电阻对测量结果的影响就比较明显，不能轻易忽略。为了减少它们的影响，对单臂电桥作了两处明显的改进，从而发展成双臂电桥。

(1)被测电阻 $R_X$ 和标准电阻 $R_N$ 均采用四端接法。四端接法示意图见图 19－2，图中 $C_1$、$C_2$ 是电流端，通常接电源回路，从而将这两端的引线电阻和接触电阻折合到电源回路的其他串联电阻中；$P_1$、$P_2$ 是电压端，通常接测量电压用的高电阻回路或电流为零的补偿回路，从而使这两端的引线电阻和接触电阻对测量的影响大为减少。采用这种接法的电阻称为四端电阻。

(2)把低值电阻的四端接法用于电桥电路。如图 19－3 所示，其中增设了电阻 $R'_1$、$R'_2$，构成另一臂，其阻值较高。这样，电阻 $R_X$ 和 $R_N$ 的电压端 $P_1$、$P_2$ 和 $P'_1$、$P'_2$ 附加电阻由于和高阻值桥臂串联，其影响就大大减少了；两个靠外侧的电流端 $C_1$、$C'_1$ 的附加电阻串联在电源回路中，对电桥没有影响；两个内侧的电流端 $C_2$、$C'_2$ 的附加电阻和连线电路总电阻为 $r$，只要适当调节 $R_1$、$R_2$、$R'_1$、$R'_2$ 的阻值，就可以消除 $r$ 对测量结果的影响。调节 $R_1$、$R_2$、$R'_1$、$R'_2$，使流过检流计 G 的电流为零，电桥达到平衡，于是得到以下三个回路方程

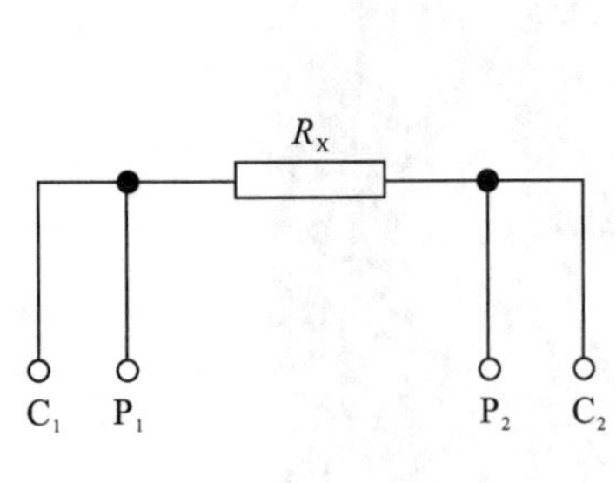


图 19－2 四端接法示意图

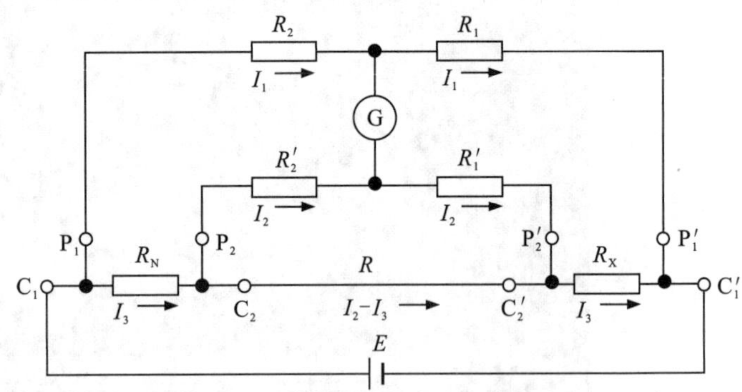


图 19－3 低值电阻的四端接法电路

$$\begin{cases} I_1R_1 = I_3R_x + I_2R'_1 \\ I_1R_2 = I_2R'_2 + I_3R_N \\ I_2(R'_2 + R'_1) = (I_3 - I_2)r \end{cases} \tag{19-1}$$

上式中各变量见图 19－3 所示，由上列方程可得

$$R_X = \frac{R_1}{R_2}R_N + \frac{rR'_2}{R_1 + R'_2 + r}\left(\frac{R_1}{R_2} - \frac{R'_1}{R'_2}\right) \tag{19-2}$$

从式(19－2)可以看出，双臂电桥的平衡条件与单臂电桥平衡条件的差别在于公式右边多出了第二项，如果满足以下辅助条件

$$\frac{R_1}{R_2} = \frac{R'_1}{R'_2} \tag{19-3}$$

则式(19－2)中第二项为零，于是得到双臂电桥的平衡条件为

$$R_X = \frac{R_1}{R_2}R_N \tag{19-4}$$

由此可见，根据电桥平衡原理测电阻时，双臂电桥与单臂电桥具有完全相同的表达式。

为了保证在电桥使用过程中$\frac{R_1}{R_2}=\frac{R'_1}{R'_2}$的辅助条件始终成立，通常将电桥设计成一种特殊结构，即 $R_1$、$R'_1$ 采用特制的同轴调节的十进制五盘电阻箱。其中每位的调节转盘下都有两组相同的十进制电阻，因此无论各个转盘位置如何，都能保持 $R_1$、$R'_1$ 相等。以本实验双臂电桥为例：其阻值调节范围等于(0～10)×(1000＋100＋10＋1＋0.1)Ω。$R_2$ 和 $R'_2$ 采用两对不同的固定电阻，分别为 100Ω、1000Ω。对于这样设计的电桥，只要调节到 $R_2=R'_2=100$ 或 $R_2=R'_2=1000$，则式(19－3)就能得到满足。

在这里必须指出，在实际的双臂电桥中，很难做到$\frac{R_1}{R_2}$和$\frac{R'_1}{R'_2}$完全相等，所以电阻 $r$ 越小越好，因此 $C_2$ 和 $C'_2$ 之间尽量用短粗导线连接。

## 实验内容

(1)选择待测金属棒，将测试棒穿入 SR－1 面板上的四个固定立柱，利用左边两个及右边一个固定立柱将金属棒固定。待选择测量距离(230mm)后，再将中间可滑动的立柱固定在金属棒相应位置上。

(2)按图 19－4 所示连接好导线，“$R_N$”标准电阻选择“0.01Ω”，$R_1=R_2=1000\Omega$；将检流计“灵敏度”调节电位器置于中间位置(即检流计灵敏度不是最高位置)，电流换向开关置于中间位置(断位置)。开启“电源”开关(指示灯亮)，将检流计工作电源接通，电子检流计工作，调节“调零”旋钮使检流计指针指“0”(此时，“G”按钮不要按下)，然后按下“G”按钮，线路中的检流计回路接通，再次调节“调零”旋钮使检流计指针指“0”；估计被测电阻的阻值，在测量盘上调好相应的指示值，然后将“电流换向开关”拨到“正向”方向，线路中的电源回路接通，调节测量盘使检流计指“0”；调节“灵敏度”旋钮，提高检流计的灵敏度，再次调节测量盘使检流计指“0”，此时，测量盘示值为该电阻的实际值

$$R_X = \frac{R}{R_2}R_N = \frac{R}{R'_2}R_N \tag{19-5}$$

式中，$R$ 为测量盘示值。

(3)将“电流换向开关”拨到“反向”方向，重复测量一次，按实验要求，将该被测电阻多次进行正反向测量并记录。

(4)测量金属棒直径，在杆 230mm 和 460mm 的两个位置测量其阻值，则电阻率为

$$\rho = \frac{\pi d^2}{4\Delta l}\Delta R_X \tag{19-6}$$

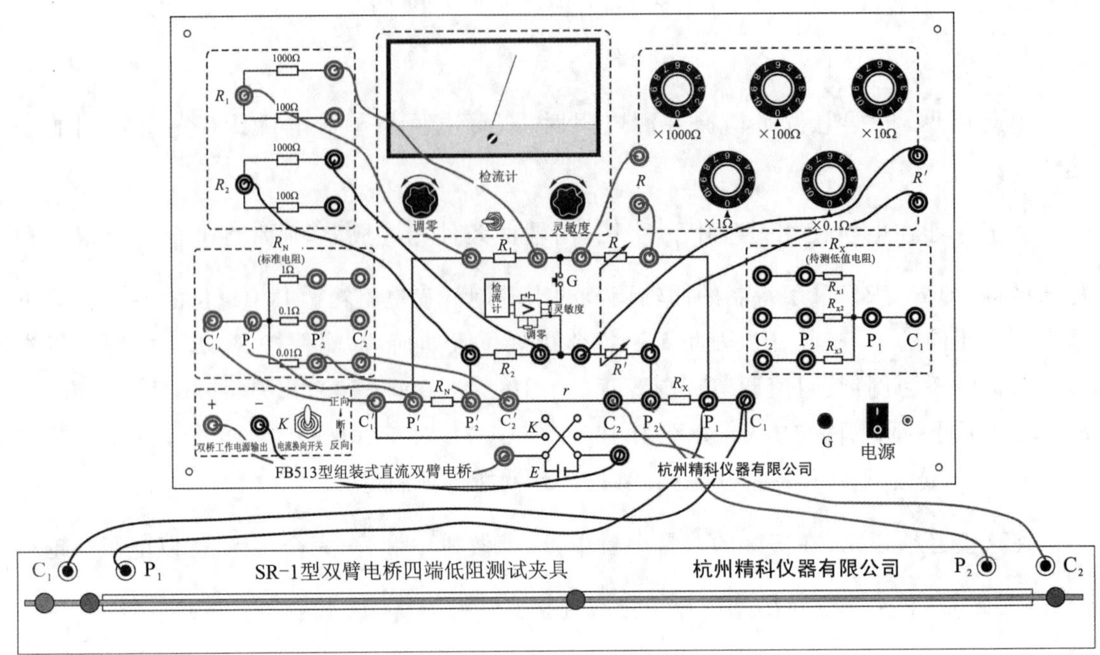


图 19－4 组装式直流双壁电桥线路连接示意图

## 数据记录与处理

(1)测量金属棒的电阻的数据记录于数据记录单中。

(2)用式(19－6)计算金属棒的电阻率。

## 注意事项

(1)在实际的双臂电桥中,很难做到$\frac{R_1}{R_2}$和$\frac{R'_1}{R'_2}$完全相等,所以电阻 $r$ 越小越好,因此 $C_2$ 和 $C'_2$ 之间尽量用短粗导线连接。

(2)将“电流换向开关”拨到“正向”和“反向”方向,按实验要求,将该被测电阻多次进行正反向测量并记录。

(3)做完实验,一定要把“G”按钮弹出来,不能一直处于按下去的状态。

(4)实验时一定要注意按照原理图正确接线,做完实验把导线整理好放在实验台上。

(1)双臂电桥与单臂电桥有哪些异同?

(2)为什么双臂电桥能消除接触电阻及导线电阻的影响? 试简要说明。

# 实验 20　示波器的原理及应用

## 实验目的

(1)掌握数字示波器和 DDS 信号源的使用方法。

(2)学习用示波器合成李萨如图形并了解图像与信号频率比之间的关系。

(3)学习用示波器测量信号电压、频率、相位差的一些方法。

## 实验仪器

TDS1001C－EDU 型数字示波器、TFG1920A 型信号源、NBC 直通线两根、NBC 双头夹测试线三根、RC 电路板。

示波器能直观地显示电压随时间迅速变化的过程,还可显示两个相关量的函数图形,因而一切可以转换为电压变化的电学量或非电学量都可以用示波器进行观察测量。它是科学实验、工程技术和医学中应用十分广泛的测量工具。

**1. TDS1001C－EDU 型数字示波器使用说明**

数字示波器是数据采集、A/D 转换、软件编程等一系列技术制造出来的高性能示波器。数字示波器一般支持多级菜单,能提供给用户多种选择,多种分析功能。目前使用的 TDS1001C－EDU 型数字示波器是教学用数字示波器,其前面板被分成几个易于操作的功能区,如图 20－1 所示。

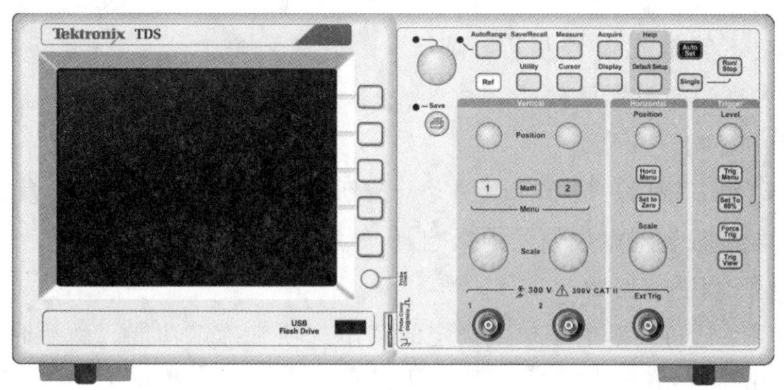


图 20－1　TDS1001C－EDU 型数字示波器前面板功能区示意图

1)显示区域

除显示波形外,显示屏上还含有很多关于波形和示波器控制设置的详细信息。

2)垂直控制(图 20-2)

位置(1、2):可垂直定位波形。

菜单(1、2):显示“垂直”菜单选择项并打开或关闭对通道波形显示。

标度(1、2):选择垂直刻度系数。

数学:显示波形数学运算菜单,并打开和关闭对数学波形的显示。

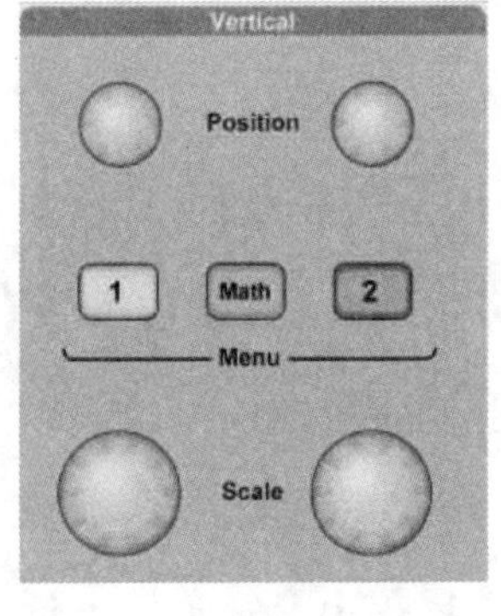


图 20-2 垂直控制区

3)水平控制(图 20-3)

位置:调整所有通道和数学波形的水平位置。这一控制的分辨率随时基设置的不同而改变。

水平:显示 Horiz Menu(水平菜单)。

设置为零:将水平位置设置为零。

标度:为主时基或视窗时基选择水平的时间/分度(刻度系数)。如果“视窗设定”已启用,则通过更改视窗时基可以改变视窗宽度。

4)“触发”控制(图 20-4)

位置:使用边沿触发或脉冲触发时,“位置”旋钮设置采集波形时信号所必须越过的幅值电平。

触发菜单:显示 Trig Menu(触发菜单)。

设为 50%:触发电平设置为触发信号峰值的垂直中点。

强制触发:不管触发信号是否适当,都完成采集。如采集已停止,则该按钮不产生影响。

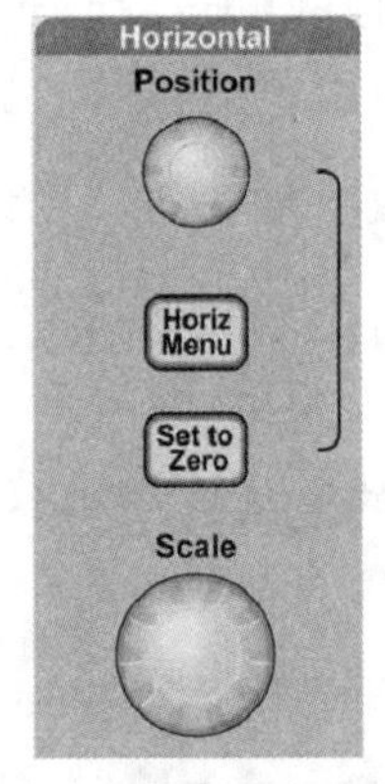


图 20-3 水平控制区

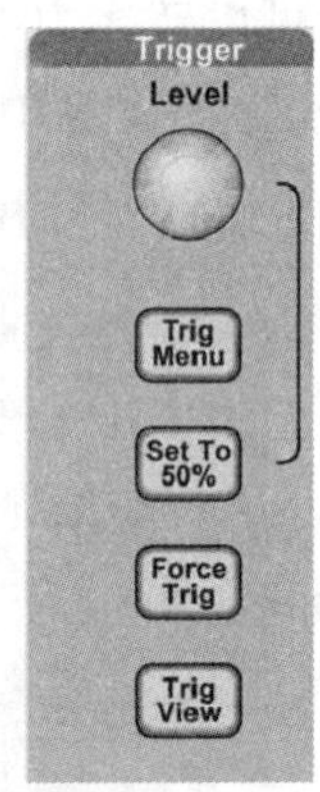


图 20-4 触发控制区

Trig View(触发视图):按下 Trig View 按钮时,显示触发波形而不是通道波形。可用此按钮查看触发设置对触发信号的影响,例如触发耦合。

5)菜单和控制按钮(图 20-5)

多用途旋钮:通过显示的菜单或选定的菜单选项来确定功能。激活时,相邻的 LED 变亮。下面列出所有功能。

Auto Range(自动量程):显示“自动量程”菜单,并激活或禁用自动量程功能。自动

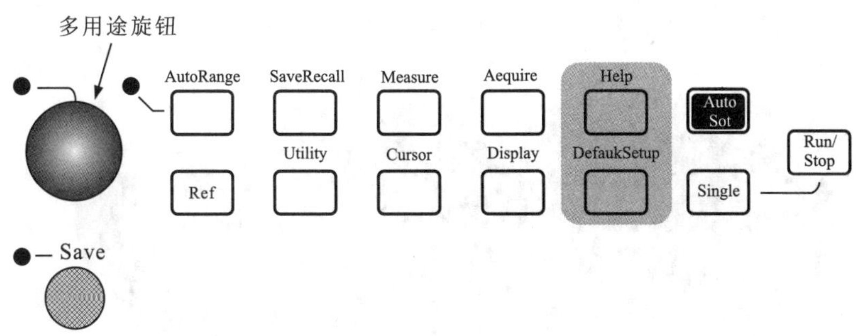


图 20－5　菜单和控制区按钮

量程激活时，相邻的 LED 变亮。

Save/Recall（保存/调出）：显示设置和波形的 Save/Recall（保存/调出）菜单。

Measure（测量）：显示“自动测量”菜单。

Acquire（采集）：显示采集菜单。

Ref（参考）：显示 Reference Menu（参考波形），以快速显示或隐藏存储在示波器非易失性存储器中的参考波形。

Utility（辅助功能）：显示辅助功能菜单。

Cursor（光标）：显示光标菜单。离开光标菜单后，光标保持可见（除非“类型”选项设置为“关闭”），但不可调整。

Display（显示）：显示菜单。

Help（帮助）：显示帮助菜单。

Default Setup（默认设置）：调出厂家设置。

AutoSet（自动设置）：自动设置示波器控制状态，以产生适用于输出信号的显示图形。

Single（单次）：（单次序列）采集单个波形，然后停止。

Run/stop（运行/停止）：连续采集波形或停止采集。

PictBridge（启动打印到）：兼容打印机的操作，或执行“保存”到 USB 闪存驱动器功能。

Save（保存）：LED 指示何时将“打印”按钮配置为“将数据储存到 USB 闪存驱动器”。

**2. TFG1790A 信号源使用说明**

1）显示说明

如图 20－6 所示，TFG1920A 型信号源仪器的显示屏具有两组数字显示，左边 6 位数字显示频率、周期、衰减等参数，右边 5 位数字显示幅度、偏移、占空比等参数。显示屏还具有符号和字符显示，用于指示当前信号的波形和参数选项，以及参数值的单位。

2）键盘说明

仪器前面板上共有 28 个按键（见前面板图），各个按键的功能如下。

【0】【1】【2】【3】【4】【5】【6】【7】【8】【9】键：数字输入键。

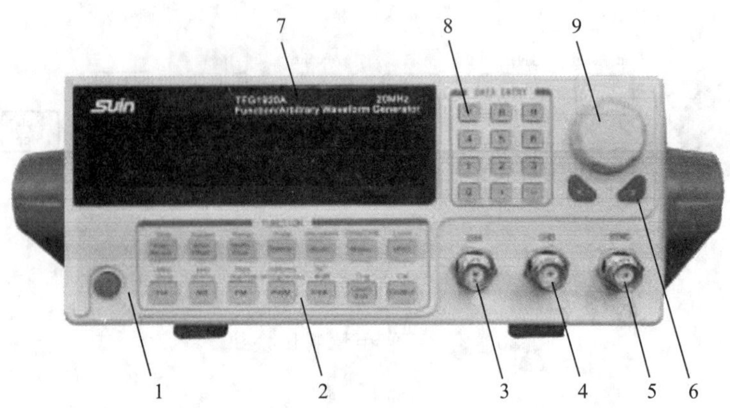


图 20-6 TFG1920A 型信号源前面板功能区显示图

1. 电源开关;2. 功能键;3. CHA 输出;4. CHB 输出;5. 同步输出;
6. 方向键;7. 显示屏;8. 数字键;9. 调节旋钮

【.】键:小数点输入键。

【—】键:负号输入键,在偏移设置和波形编辑时输入负号,在其他时候可以循环开启和关闭按键声响。

【<】键:光标闪烁位左移键,数字输入过程中的退格删除键。

【>】键:光标闪烁位右移键。

【Freq/Period】键:循环选择频率和周期,在校准功能时取消校准。

【Ampl/Offset】键:循环选择幅度和偏移。

【Width/Duty】键:循环选择脉冲宽度和方波占空比或锯齿波对称度。

【FM】【AM】【PM】【PWM】【FSK】【Sweep】【Burst】键:分别选择频率调制、幅度调制、相位调制、脉宽调制、频移键控、频率扫描和脉冲串功能,再按返回连续功能。

【Count/Edit】键:在 A 路用户波形时选择波形编辑功能,其他时候选择频率测量功能,再按返回连续功能。

【Menu】键:菜单键,循环选择当前功能下的菜单选项(见功能选项表)。

【Shift/Local】键:选择上挡键,在程控状态时返回键盘功能。

【Output】键:循环开通和关闭输出信号。

【Sine】【Square】【Ramp】【Pulse】键:上挡键,分别快速选择正弦波、方波、锯齿波和脉冲波四种常用波形。

【Waveform】键:上挡键,使用波形序号分别选择 16 种波形。

【CHA/CHB】键:上挡键,循环选择输出通道 A 和输出通道 B。

【Trig】键:上挡键,在频率扫描和脉冲串功能时用作手动触发。

【Cal】键:上挡键,选择参数校准功能。

单位键：下排左边五个键的上面标有单位字符，但并不是上挡键，而是双功能键，直接按这五个键执行键面功能，如果在数据输入之后再按这五个键，可以选择数据的单位，同时作为数据输入的结束。

3)A 路连续功能：A 路输出单一频率的稳态连续信号

按【Shift】【CHA/CHB】键，选中“CHA”选项，可以设定通道 A 的参数。

频率设定：如设定频率值 3.5kHz。

按【Freq】键选中“Hz”单位，按【3】【.】【5】【kHz】。

频率调节：按【<】或【>】键可移动光标闪烁位，左右转动旋钮可使光标闪烁位的数字增大或减小，并能连续进位或借位。光标向左移动可以粗调，光标向右移动可以细调。其他选项数据也都可以使用旋钮调节，以后不再重述。

周期设定：设定周期值 2.5ms。

按【Period】键选中“s”单位，按【2】【.】【5】【ms】。

幅度设定：设定幅度值为 1.5Vpp。

按【Ampl】键选中“Vpp”单位，按【1】【.】【5】【Vpp】。

衰减设定：设定衰减 0dB。

按【Menu】键选中“Atten”选项，按【0】【dB】。

偏移设定：设定直流偏移－1Vdc。

按【Offset】键选中“Vdc”单位，按【－】【1】【Vdc】。

常用波形选择：选择方波。

按【Shift】【Square】。

占空比设定：设定方波占空比 20%。

按【Duty】键，按【2】【0】【%】。

其他波形选择：选择指数函数波形（波形序号 5，见波形序号表）。

按【Shift】【Waveform】键，按【5】【#】。

输出模式选择：输出信号与同步信号反相。

按【Menu】键选中“Mode”选项，按【1】【#】。

4)B 路连续功能：B 路输出单一频率的稳态连续信号

按【Shift】【CHA/CHB】键，选中“CHB”选项，可以设定通道 B 的参数。

AB 相位差设定：设定 AB 两路的相位差 90°。

按【Menu】键选中“Phase”选项，按【9】【0】【°】。

B 路的其他参数设置与 A 路相类同。

5)频率调制功能：预先设置 A 路连续的频率为 20kHz

按【FM】键，输出频率调制信号。

调制频率设定：设定调制频率 10Hz，按【Menu】键，选中“Mod_f”选项，按【1】【0】

【Hz】。

频率偏差设定：设定频率偏差 2kHz，按【Menu】键，选中“Devia”选项，按【2】【kHz】。

调制波形设定：设定调制波形锯齿波，按【Menu】键，选中“Shape”选项，按【2】【#】。

调制源设定：设定外部调制源，按【Menu】键，选中“Source”选项，按【1】【#】。

返回连续功能：在频率调制时，再按【FM】键，可以返回连续功能。

6）幅度调制功能

按【AM】键，输出幅度调制信号。

调制频率设定：设定调制频率 1kHz，按【Menu】键，选中“Mod_f”选项，按【1】【kHz】。

调幅深度设定：设定调幅深度 50%，按【Menu】键，选中“Depth”选项，按【5】【0】【%】。

调制波形设定：设定调制波形正弦波，按【Menu】键，选中“Shape”选项，按【0】【#】。

调制源设定：设定内部调制源，按【Menu】键，选中“Source”选项，按【0】【#】。

返回连续功能：在幅度调制时，再按【AM】键，可以返回连续功能。

7）相位调制功能

按【PM】键，输出相位调制信号。

调制频率设定：设定调制频率 10kHz，按【Menu】键，选中“Mod_f”选项，按【1】【0】【kHz】。

相位偏差设定：设定相位偏差 180°，按【Menu】键，选中“Devia”选项，按【1】【8】【0】【°】。

调制波形设定：设定调制波形方波，按【Menu】键，选中“Shape”选项，按【1】【#】。

调制源设定：设定外部调制源，按【Menu】键，选中“Source”选项，按【1】【#】。

返回连续功能：在相位调制时，再按【PM】键，可以返回连续功能。

脉宽调制功能、频移键控功能、频率扫描功能、脉冲串功能请参阅仪器说明书。

## 实验基本原理

### 1. 用示波器显示李萨如图形

当 $x$ 轴和 $y$ 轴方向分别加上正弦电压，且两正弦波的频率比为整数比时，两垂直正弦波合成就有可能产生一个封闭的图形，称之为李萨如图。两频率比满足：

$f_y : f_x = x$ 方向的最多交点数 : $y$ 方向的最多交点数。如表 20-1 所示。

### 2. 位相差的测量

1）波形比较法

把要比较的两个正弦信号分别送入示波器的 $CH_1$ 通道和 $CH_2$ 通道，并将显示方式调整为 YT 格式，则屏幕上直接显示两个信号的波形，如图 20-7 所示。则两信号的位相差按照式(20-1)计算为

$$\Delta\varphi = \frac{2\pi}{T}\Delta t \tag{20-1}$$

式中，$\Delta t$ 为两个波形延时时间；$T$ 为正弦波信号的一个周期。

表 20-1 不同频率比下的李萨如图形及对应交点数的比

| $f_y : f_x$ | 1∶1 | 1∶2 | 1∶3 | 2∶3 | 3∶2 | 3∶4 | 2∶1 |
|---|---|---|---|---|---|---|---|
| 李萨如图形 | | | | | | | |
| $N_x$ | 2 | 2 | 2 | 4 | 6 | 6 | 4 |
| $N_y$ | 2 | 4 | 6 | 6 | 4 | 8 | 2 |
| $f_y$/Hz | 100 | 100 | 100 | 100 | 100 | 100 | 100 |
| $f_x$/Hz | 100 | 200 | 300 | 150 | 66.7 | 133.3 | 50 |

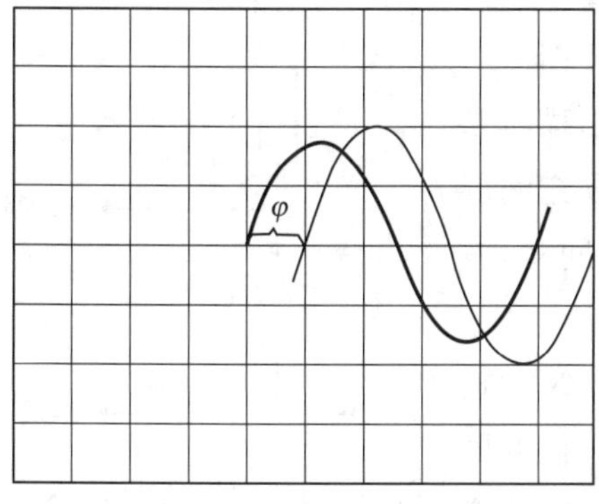


图 20-7 YT 格式下显示两个信号的波形

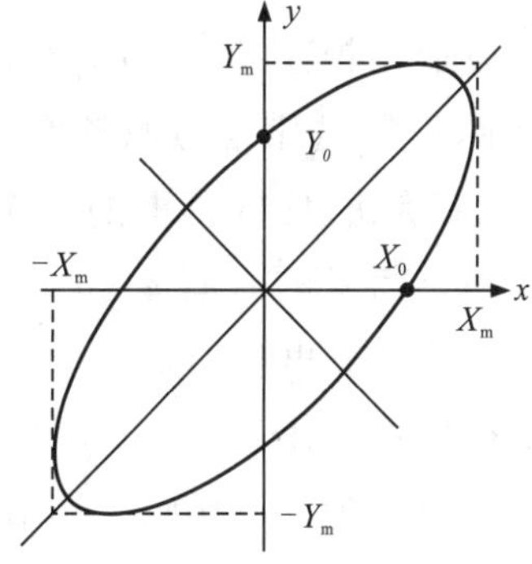


图 20-8 XY 格式下两信号合成的李萨如图

2)椭圆法

把两个频率相同的正弦信号分别送入到示波器的 $CH_1$ 和 $CH_2$ 通道，在 XY 格式下，得到李萨如图，为一椭圆，如图 20-8 所示，椭圆的形状和两个信号的振幅、相位有关。设两个信号为 $x=X_m\cos\omega t$，$y=Y_m\cos(\omega t+\Delta\varphi)$，则相位差按照式(20-2)计算为

$$\Delta\varphi = \arcsin\left(\frac{2Y_0}{2Y_m}\right) \tag{20-2}$$

**3. *RC* 电路的相位偏移理论值计算**

如图 20-9 所示在 $RC$ 电路两端加载交流信号 $U_{RC}$，则电容两端的电压 $U_C$ 将相对于 $U_{RC}$ 产生相位偏移，可以推出相位差的理论值为

$$\Delta\varphi = \arcsin(2\pi fCR) \tag{20-3}$$

## 实验内容

### 1. 使用练习

熟悉 TDS1001C 数字示波器的几个功能区：①显示区域；②水平和垂直控制；③“触发”控制；④菜单和控制按钮。熟悉 TFG1920A 信号源的使用。

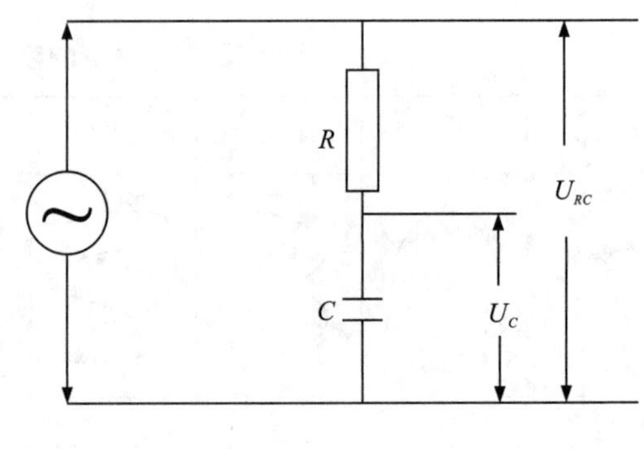


图 20-9 *RC* 电路图

### 2. 不同频率比下的李萨如图形观测

按下“Display(显示)”按钮查看屏幕上的显示菜单，按下“格式”到“XY”，屏幕才出现李萨如图形，调节 Y1 通道和 Y2 通道的频率比 $f_x$ 和 $f_y$，使其依次出现八个不同频率比的李萨如图，记录不同频率比时的李萨如图形，以及李萨如图与 $x$ 和 $y$ 方向直线相交的最多交点数的 $N_x$ 和 $N_y$，验证交点数的比是否与频率比成反比。

### 3. 测量两个正弦信号的相位差

(1)波形比较法：用实验室给出的 *RC* 电路按图 20-10 连接示波器，选定信号源频率 1000Hz，调节扫描时基因素“scale”旋钮，使屏幕上的一个波的波形大致充满屏幕，测量两个信号的时间差 $\Delta t$ 和一个周期的时间 $T$，按照式(20-1)计算出相位差。

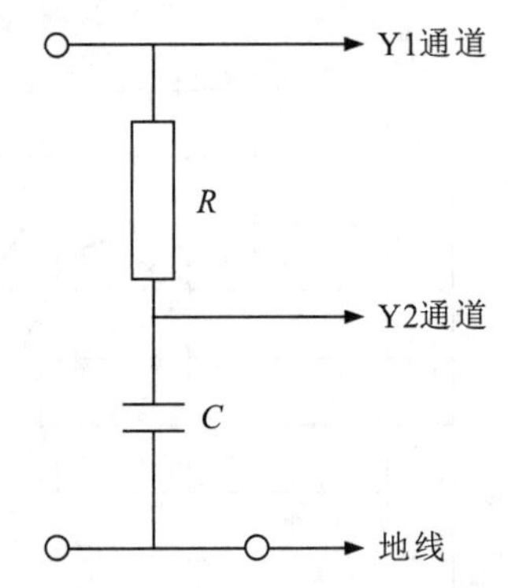


图 20-10 *RC* 电路连入示波器的两个通道

(2)椭圆法：“按下 Display”按钮选择格式为“XY”格式，屏幕上显示为一个椭圆。调节垂直移位旋钮，使椭圆中心在 XY 轴的交点上，测量记录此时椭圆与 Y 轴两个交点的距离 $2Y_0$，然后再测量并记录椭圆最高点与最低点的高度差 $2Y_m$。按照式(20-2)计算出相位差。

## 数据记录

实验数据记录于数据记录单中，包括李萨如图形观测及相位差测量。其中相位差测量时，设置交流信号频率为 1000Hz，已知电阻值为 51Ω。

## 注意事项

(1)示波器和信号源上的所有开关和旋钮都有一定的调节限度，调节时不能用力过猛。

(2)实验过程中，数据线的接口处不要硬拉硬拽，容易使数据线脱线或者接触不良，从而影响数据传输，影响图形显示效果。

(3)*RC* 电路板中电容焊接点不要随意触碰，以免出现掉线的情况。

# 实验 21　新能源电池特性

## 实验目的

(1)了解太阳能电池、燃料电池和电解池的工作原理。

(2)学会测量太阳能电池的伏安特性曲线、开路电压、短路电流、最大输出功率、填充因子等特性参数。

(3)学会测量燃料电池的伏安特性曲线、开路电压、短路电流、最大输出功率以及转换效率等。

(4)验证法拉第电解定律。

## 实验仪器

新能源电池综合特性测试仪、太阳能电池测试架、燃料电池测试架、太阳能控制系统、负载电阻以及专用连接线等。

## 实验原理

### 1. 太阳能电池原理

太阳能电池是一种由于光生伏特效应而将太阳光能直接转化为电能的器件，是一个半导体光电二极管，当太阳光照到光电二极管上时，光电二极管就会把太阳的光能变成电能，产生电流。

太阳能电池在没有光照时特性近似于二极管，其正向偏压 $U$ 与通过电流 $I$ 的关系式为

$$I = I_o(e^{\frac{q}{nkT}U} - 1) = I_o(e^{\beta U} - 1) \tag{21-1}$$

式中，$I_o$ 为二极管反向输出饱和电流，k 为玻尔兹曼常数($1.38\times10^{-23}$ J/K)，$q$ 为电子电荷量($1.602\times10^{-19}$ C)，$T$ 为绝对温度，$n$ 是理想二极管参数，$\beta = \dfrac{q}{nkT}$。

根据半导体理论，二极管主要是由能隙为 $E_c - E_v$ 的半导体构成，如图 21－1 所示。$E_c$ 为半导体导电带，$E_v$ 为半导体价电带。

太阳能电池的理论模型是由一个理想电流源、一个理想二极管、一个并联电阻 $R_{sh}$ 与

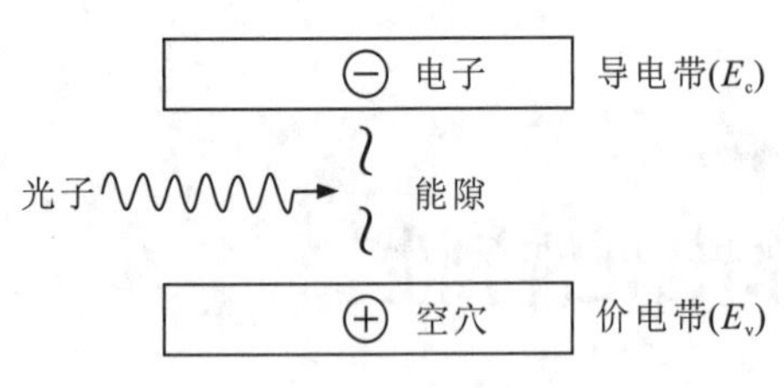

图 21-1 光伏效应示意图

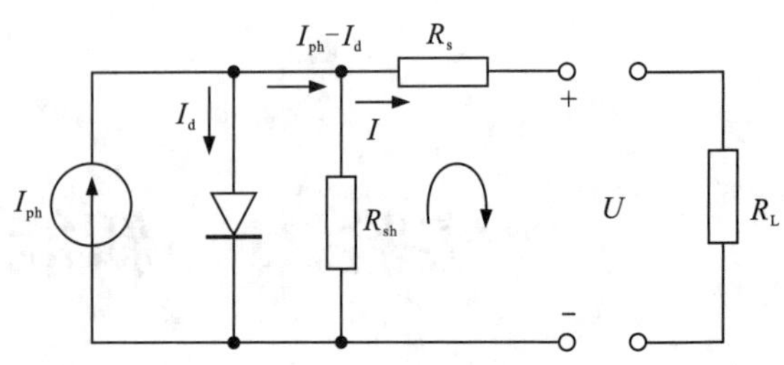

图 21-2 太阳能电池等效电路

一个串联电阻 $R_s$ 组成，如图 21-2 所示。

图 21-2 中，$I_{ph}$ 为太阳能电池在光照时的等效输出电流，$I_d$ 为光照时，通过太阳能电池内部二极管的电流。由基尔霍夫定律得到

$$IR_s + U - (I_{ph} - I_d - I)R_{sh} = 0 \tag{21-2}$$

式中，$I$ 为太阳能电池的输出电流，$U$ 为输出电压。联立式(21-1)、式(21-2)可得

$$I\left(1 + \frac{R_s}{R_{sh}}\right) = I_{ph} - \frac{U}{R_{sh}} - I_d \tag{21-3}$$

若 $R_{sh} = \infty$ 且 $R_s = 0$，则太阳能电池可简化为如图 21-3 所示电路。由图可知

$$I = I_{ph} - I_d = I_{ph} - I_o(e^{\beta U} - 1) \tag{21-4}$$

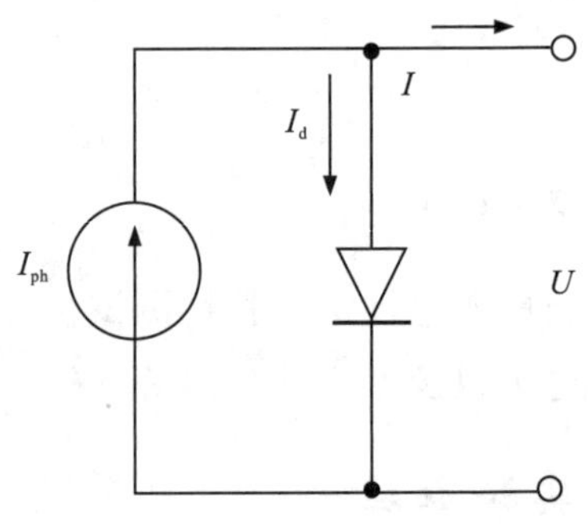

图 21-3 太阳能电池简化图

在短路时，负载电压为

$$U = 0, \quad I_{ph} = I_{sc}$$

在开路时，负载电压无穷大，负载电流 $I = 0$，则

$$I_{ph} - I_o(e^{\beta U} - 1) = 0$$

根据以上两种情况，可得

$$U_{oc} = \frac{1}{\beta}\ln\left(\frac{I_{sc}}{I_o} + 1\right) \tag{21-5}$$

这就是太阳能电池开路电压 $U_{oc}$ 和短路电流 $I_{sc}$ 的关系式。其中 $U_{oc}$ 为开路电压，$I_{sc}$ 为短路电流，而 $I_o$ 和 $\beta$ 为常数。

**2. 太阳能电池的效率**

太阳能电池本质是一个能量转换器件，它把光能转化为电能。根据热力学原理可知，在任何能量转化过程中都存在能量损失，实际发生的能量转化过程效率不可能是 100%。对太阳能电池来说，如何提高能量转化效率是一个至关重要的问题。要解决这个问题，就必须知道太阳能电池的转换效率与哪些因素有关。太阳能电池的转换效率 $\eta$ 定义为最大输出电能($p_m$)和入射光能($p_{in}$)的比值。

$$\eta = \frac{p_m}{p_{in}} \times 100\% = \frac{I_m V_m}{p_{in}} \times 100\% \tag{21-6}$$

式中，$I_m$ 和 $V_m$ 分别为最大功率 $p_m$ 所对应的最大工作电流和最大工作电压。

**3. 质子交换膜燃料电池的工作原理**

燃料电池的工作原理实际上是电解水的逆过程，其基本原理是由威廉·罗伯特·格鲁夫提出，他是第一位实现电解水逆反应并产生电流的科学家。燃料电池多种多样，它们之间最大的区别在于使用的电解质不同。本实验所用的质子交换膜燃料电池以质子交换膜为电解质，特点是工作温度低，启动速度快，特别适于用作动力电池。

质子交换膜燃料电池技术是目前世界上最成熟的一种能将氢气与空气中的氧气合成洁净水并能释放出电能的技术，其工作原理如图 21-4 所示。

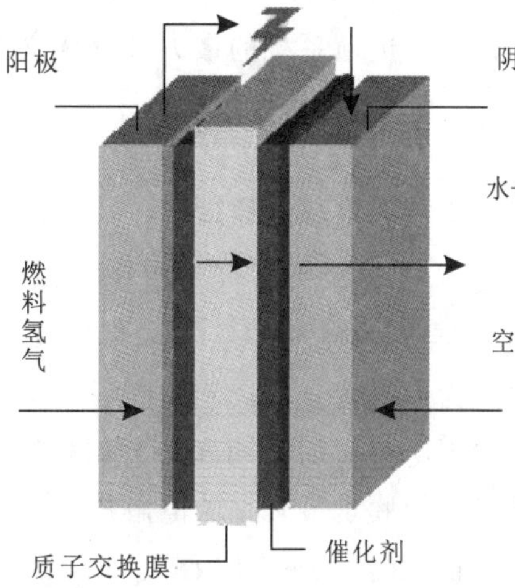

图 21-4　质子交换膜燃料电池工作原理

燃料电池的工作过程如下：

(1)氢气通过管道到达阳极，在催化剂的作用下，氢分子解离为带正电的氢离子(即质子)，并释放出带负电的电子。反应方程式如下：

$$H_2 = 2H^+ + 2e$$

(2)氢离子穿过质子交换膜到达阴极；电子则通过外电路到达阴极。外电路中由于电子的运动而形成的电流，通过适当的连接可向负载提供电能。

(3)电池的另一端，氧气通过管道到达阴极；在阴极催化剂的作用下，氧与氢离子反应生成水。化学反应方程式如下

$$O_2 + 4H^+ + 4e = 2H_2O$$

总的反应方程式为

$$2H_2 + O_2 = 2H_2O$$

由上述可知，在质子交换膜燃料电池中，阳极和阴极之间有一层极薄的质子交换膜，氢离子从阳极通过这层膜到达阴极，并在阴极与氧气结合生成水分子 $H_2O$。

由上述原理可知，在质子交换膜燃料电池中，阳极和阴极之间有一层质子交换膜，是氢离子从阳极到达阴极与氧气发生化学反应的通道。因此质子交换膜的湿润状况决定了电池的内阻，进而影响电池的输出电压和带负载能力。由此可见，保持电池内部适当的湿度，并及时排除阴极多余的水，是确保质子交换膜电池稳定运行和延长使用寿命的重要手段。

电解池产生氢氧燃料的体积与输入的电流大小成正比，而氢氧燃料进入燃料电池后将产生电压和电流，若不考虑电解器的能量损失，燃料电池的效率可定义为

$$\eta=\frac{I_{\mathrm{FUC}}\cdot U_{\mathrm{FUC}}}{I_{\mathrm{WE}}\cdot 1.23}\times 100\% \tag{21-7}$$

式中，$I_{\mathrm{FUC}}$和$U_{\mathrm{FUC}}$分别为燃料电池的输出电流和输出电压，$I_{\mathrm{WE}}$为水电解器电解电流，电解水电压一般认定为1.23V。

电解池燃料电池系统的最大效率定义为

$$\eta=\frac{P_{\mathrm{m}}}{I_{\mathrm{WE}}\times 1.23}\times 100\% \tag{21-8}$$

**4. 质子交换膜电解池原理**

质子交换膜电解池是将水电解产生氢气和氧气，与燃料电池中氢气和氧气反应生成水互为逆过程。同燃料电池一样，水电解装置因电解质的不同而各异，碱性溶液和质子交换膜是最常见的电解质。

质子交换膜电解池的核心是一块涂覆了贵金属催化剂铂(Pt)质子交换膜和两块钛网电极，如图21-5所示。

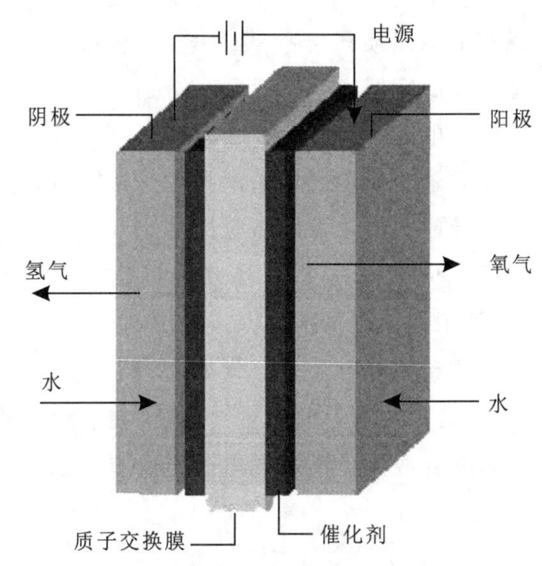

图21-5 质子交换膜电解池工作原理

质子交换膜电解池的工作流程如下：

(1)外加电源向电解池阳极施加直流电压，水在阳极发生电解，生成氢离子、电子和氧，氧从水分子中分离出来生成氧气，从氧气通道溢出。

$$2H_2O=O_2+4H^++4e$$

(2)电子通过外电路从电解池阳极流动到电解池阴极，氢离子透过聚合物膜从电解池的阳极转移到电解池阴极，在阴极还原成氢分子，从氢气通道溢出，完成整个电解过程。

$$2H^++2e=H_2$$

质子交换膜电解池总的反应方程式为：

$$2H_2O=2H_2+O_2$$

**5. 法拉第电解定律**

法拉第在研究水的电解规律时发现，电解生成的物质的量与输入的电量成正比，这就是法拉第电解定律。在标准状态下(一个标准大气压$p_0$，温度为0℃)，设电解电流为$I$，则经过时间$t$产生的氢气和氧气体积的理论值为

$$V_{H_2}=\frac{It}{2F}\times 22.4\mathrm{L} \tag{21-9}$$

$$V_{O_2} = \frac{1}{2} \cdot \frac{It}{2F} \times 22.4\text{L} \tag{21-10}$$

式中，$F$ 为法拉第常数，值为 $F=e\times N_A=9.648\times10^4\text{C/mol}$；$e$ 为元电荷，$e=1.602\times10^{-19}$ C；$N_A$ 为阿伏伽德曼常数，$N_A=6.022\times10^{23}\text{mol}^{-1}$；22.4L 为标准状态下气体的摩尔体积。

由于 1mol 水约为 18g，体积约为 18mL，则电解过程中消耗水的体积为

$$V_{H_2O} = \frac{It}{2F} \times 18\text{mL} = 9.328It \times 10^{-5}\text{mL} \tag{21-11}$$

由理想气体状态方程，可对式(21-9)、式(21-10)进行修正，得到实验室条件下电解水产生氢气和氧气体积的理论方程

$$V_{H_2} = \frac{273+T}{273} \cdot \frac{P_0}{P} \cdot \frac{It}{2F} \times 22.4\text{L} \tag{21-12}$$

$$V_{O_2} = \frac{1}{2} \cdot \frac{273+T}{273} \cdot \frac{P_0}{P} \cdot \frac{It}{2F} \times 22.4\text{L} \tag{21-13}$$

式中，$T$ 为实验室温度；$P$ 为实验室内的大气压强；$P_0$ 为标准大气压值。

## 实验内容

### 1. 太阳能电池的特性测量

(1)在一定的光照条件下，进行太阳能伏安特性测量，按照图 21-6 进行线路连接，保持光照条件不变，改变太阳能电池负载电阻 $R$ 的大小，记录太阳能电池的输出电压 $U$ 和输出电流 $I$，填入表 21-1，计算输出功率。

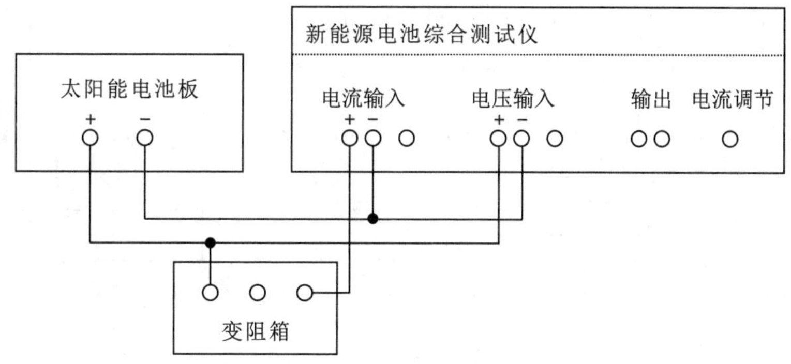


图 21-6　太阳能电池特性测试实验连接图

(2)太阳能电池的填充因子 $FF$ 的测定。

太阳能电池填充因子 $FF$ 的定义为

$$FF = \frac{P_m}{U_{oc}I_{sc}} = \frac{U_m I_m}{U_{oc}I_{sc}} \tag{21-14}$$

式中,$U_m$ 和 $I_m$ 分别为太阳能电池最大功率时输出的电压和电流。

填充因子是评价太阳能电池输出特性好坏的一个重要参数,它的值越高,表明太阳能电池输出特性越趋近于矩形,电池的光电转换效率就越高。

**2. 燃料电池的特性测量**

(1)把测试仪的恒流输出连接到电解池的供电输入端,断开燃料电池输出和风扇的连接,把电流调节电位器调到最小。

(2)开启电源,缓慢调节电流调节电位器,使恒流输出大概在 100mA,预热 5min 左右。

(3)把电解池电解电流调节到 350mA,使电解池快速产生氢气和氧气,排出储水储气管的空气,等待 10min 左右,确保电池中燃料的浓度达到平衡值,此时,用电压表测量燃料电池中的开路输出电压将会恒定不变。

(4)先把电阻箱的阻值打到最大,参照图 21-7,连接燃料电池、电压表、电流表以及电阻箱,测量燃料电池的输出特性。电压表量程选择 2V,电流表量程选择 200mA(若电流超过 200mA,可选择 2A 量程)。

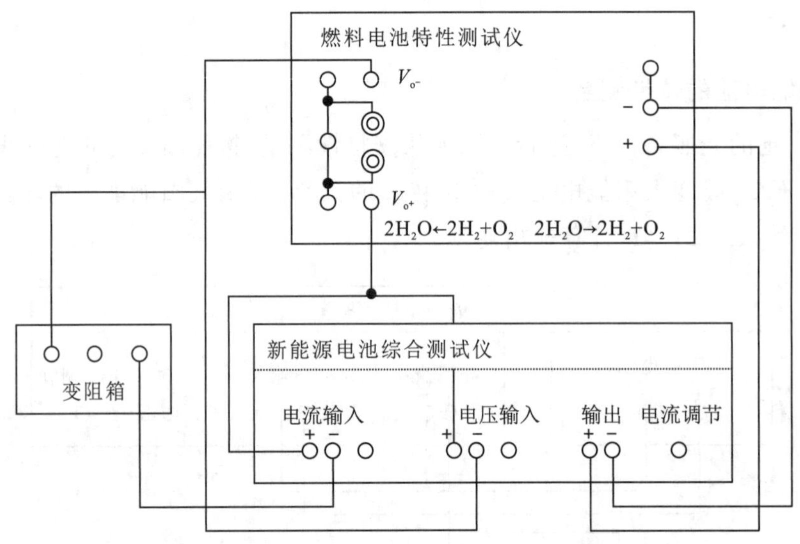


图 21-7 燃料电池特性测试实验连线图

(5)改变负载电阻箱的阻值,记录燃料电池的输出电压和输出电流。

**3. 质子交换膜电解池验证法拉第定律**

(1)实验前,确定储水储气罐水位在水位上限与下限之间,并确保电解池被水淹没,避免由于气泡原因电解池中无水进入。

(2)将测试仪的恒流源输出接到电解池上(注意正负极),将电压表并联到电解池两端,检测电解池上的电压。

(3)将恒流源输出调节到最大,让电解池迅速产生气体,等待约 10min,使储水储气罐中的空气充分排出。

(4)改变恒流源输出电流,待电解池输出气体稳定后(等待约 1min),用止水止气夹夹住氢气连接管,测量输入电流 I 以及氢气产生量(即氢气管内水位的变化值)为整毫升时对应的电解时间 $t$。

**4. 观察能量转化过程**

(1)确保储水储气罐中有足量的去离子水,燃料电池被水淹没。

(2)将太阳能电池,电流表以及电解池串联起来,确保正负连接正确,开启光源。

(3)电流表上将显示电解电流大小,电解池中将有气泡产生(电解电流的大小与太阳能电池的输出电流有关,太阳能电池板离光源越近,电解电流越大)。

(4)用电压表测量燃料电池输出电压,观察输出电压变化。

## 数据记录与处理

**1. 实验数据记录于数据记录表中**

**2. 太阳能电池特性测量**

(1)计算不同负载电阻下的输出功率。

(2)绘制太阳能电池伏安特性曲线,并求得太阳能电池的开路电压 $U_{oc}$、短路电流 $I_{sc}$、最大输出功率 $P_m$ 及其所对应的最大工作电压 $U_m$ 和最大工作电流 $I_m$。

(3)求得太阳能电池的填充因子 $FF$。

**3. 燃料电池输出特性数据**

(1)根据数据绘制燃料电池静态伏安特性曲线。

(2)截取曲线中的近似直线部分,并求得拟合方程。

(3)求得燃料电池的最大效率。

**4. 验证法拉第电解定律数据**

计算氢气产生量的理论值,并与氢气产生量的测量值比较,验证法拉第电解定律。

## 注意事项

(1)实验过程中,负载调节要依次减小电阻值(电阻箱的初始值调节为最大值),不可突变,比如在找最大输出功率过程中,首先以此改变电阻箱的千位值的时候不允许改变其他位,直至确定功率最大值所在的电阻区间。电阻较小时,要每 0.1Ω 测量一次,且在燃料电池特性测量实验中,每个负载电阻的测试时间要尽可能短。

(2)任何电流表都是有内阻的,在测试过程中应该考虑电流表内阻的影响,实际负载为电流表内阻与负载电阻箱值之和(200mA 电流表内阻为 1Ω,2A 电流表内阻为 2Ω)。

(3)电解实验过程中要注意控制电解时间，避免水柱溢出，电解实验完成后，要打开氢气连接管止水止气夹。

## 思考题

(1)何谓太阳能电池的短路电流、开路电压、填充因子以及最大输出功率？

(2)如何计算太阳能电池的填充因子？它与哪些物理量有关？填充因子的物理意义是什么？

(3)在燃料电池特性测量实验中，每个负载电阻的测试时间为什么要尽可能短？

(4)根据你的理解，说说在法拉第电解定律验证试验中，误差的主要来源有哪些？

# 实验 22　模拟静电场

## 实验目的

(1)学习用模拟方法来测绘具有相同数学形式的物理场。

(2)描绘出分布曲线及场量的分布特点。

(3)加深对各物理场概念的理解。

(4)初步学会用模拟法测量和研究二维静电场。

## 实验仪器

GVZ－3 型导电微晶静电场描绘仪(图 22－1)、静电场描绘仪专用电源型(图 22－2)、同步探针、磁铁条、导线。

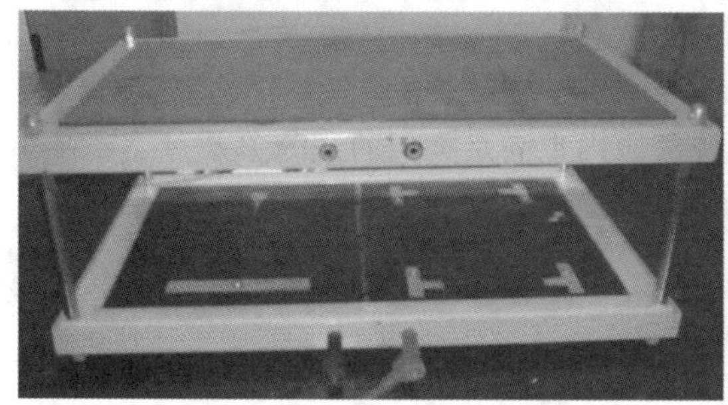
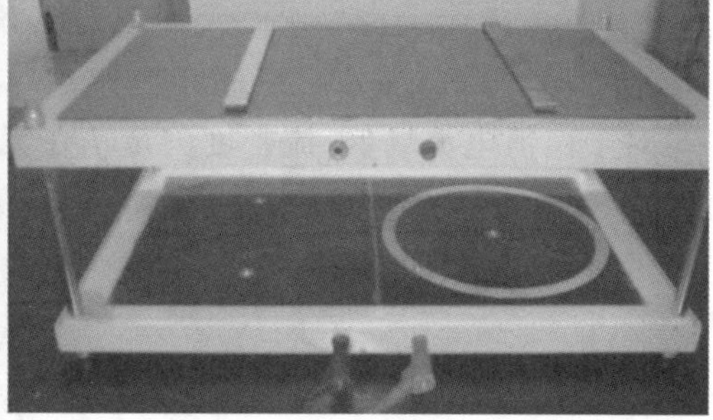

图 22－1　GVZ－3 型导电微晶静电场描绘仪

## 实验原理

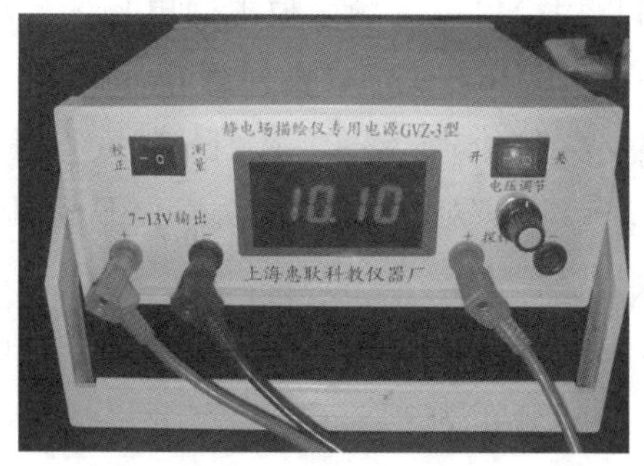


图 22－2　GVZ－3 型静电场描绘仪专用电源

模拟法本质上是用一种易于实现、便于测量的物理状态或过程模拟不易实现、不便测量的状态和过程,要求这两种状态或过程有一一对应的两组物理量,且满足相似的数学形式及边界条件。

一般情况,模拟可分为物理模拟和数学模拟,对一些物理场的研究主要采用物理模拟(物理模拟就是保持同一物理本质的模拟),例如用光测弹性模拟工件内部应力的分布等。数学模拟也是一种研究物理场的方法,它是把不同本质的物理现象或过程,用同一个数学方程来描绘。对一个稳定的物理场,若它的微分方程和边界条件一旦确定,其解是唯一的。两个不同本质的物理场如果描述它们的微分方程和边界条件相同,则它们的解是一一对应的,只要对其中一种易于测量的场进行测绘,并得到结果,那么与它对应的另一个物理场的结果也就知道了。由于稳恒电流场易于实现测量,所以就用稳恒电流场来模拟与其具有相同数学形式的其他物理场。

模拟法是在试验和测量难以直接进行,采用的一种理论类比方法,它在工程设计中有着广泛的应用。

**1. 模拟同轴圆柱形电缆的静电场**

稳恒电流场与静电场是两种不同性质的场,但是它们两者在一定条件下具有相似的空间分布,即两种场遵守规律在形式上相似,都可以引入电位 $U$,电场强度 $E=-\nabla U$,都遵守高斯定律。

对于静电场,电场强度在无源区内满足以下积分关系

$$\begin{cases} \oiint_S \boldsymbol{E} \cdot \mathrm{d}\boldsymbol{s} = 0 \\ \oint_L \boldsymbol{E} \cdot \mathrm{d}\boldsymbol{l} = 0 \end{cases} \tag{22-1}$$

对于稳恒电流场,电流密度矢量 $\boldsymbol{j}$ 在无源区域内也满足类似的积分关系

$$\begin{cases} \oiint_S \boldsymbol{j} \cdot \mathrm{d}\boldsymbol{s} = 0 \\ \oint_L \boldsymbol{j} \cdot \mathrm{d}\boldsymbol{l} = 0 \end{cases} \tag{22-2}$$

由此可见 $\boldsymbol{E}$ 和 $\boldsymbol{j}$ 在各自区域中满足同样的数学规律。在相同边界条件下,具有相同的解析解。因此,我们可以用稳恒电流场来模拟静电场。

在模拟的条件上,要保证电极形状一定,电极电位不变,空间介质均匀,在任何一个考察点,均应有“$U_{稳恒}=U_{静电}$”或“$E_{稳恒}=E_{静电}$”。下面具体来讨论这种等效性。

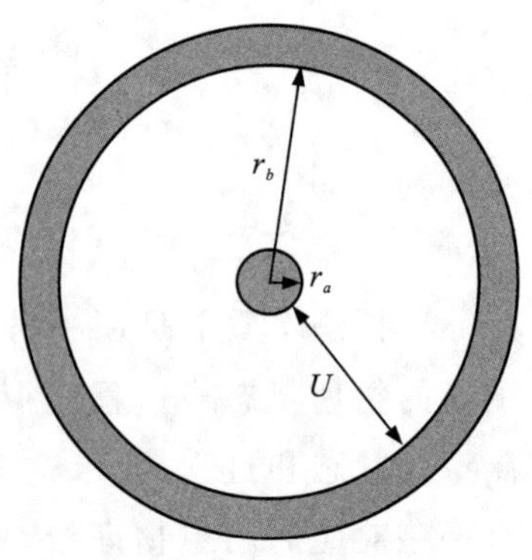


图 22-3 同轴电缆模拟

1)均匀带电同轴电缆的静电场分布(图 22-3)

电势分布为

$$U_r = U\frac{\ln(r_b/r)}{\ln(r_b/r_a)} \tag{22-3}$$

电场强度分布为

$$E_r = \frac{U}{\ln(r_b/r_a)} \cdot \frac{1}{r} \tag{22-4}$$

2)同轴圆形电极的电流分布

电势分布为

$$U'_r = U\frac{\ln(r_b/r)}{\ln(r_b/r_a)} \tag{22-5}$$

电场强度分布为

$$E'_r = \frac{U}{\ln(r_b/r_a)} \cdot \frac{1}{r} \tag{22-6}$$

由此可见,$U_r$ 与 $U'_r$、$E_r$ 与 $E'_r$ 的分布函数完全相同。完全可以用同柱圆形电极的电流分布模拟均匀带电同轴电缆的静电场分布。

**2. 模拟飞机机翼周围的速度场**

稳恒电流场和机翼周围的速度场具有相同的数学模拟,即它们可以由同一个微分方程来描述,并且具有相同的边界条件。

1)无旋稳恒电流场

设在导电微晶中有稳恒电流分布,即电流密度 $\boldsymbol{j}$ 不随时间而变化。按照散度的定义

$$\nabla \cdot \boldsymbol{j} = \lim_{\Omega\to 0}\left[\frac{\oint_S \boldsymbol{j} \cdot \mathrm{d}\boldsymbol{s}}{\Omega}\right] \tag{22-7}$$

式中,$s$ 是闭合曲面;$\Omega$ 是 $s$ 所围的体积。上式右边的曲面积分是单位时间里从 $\Omega$ 流出的总电量,从而上式右边的极限表示单位时间里从单位体积流出的电量。若我们考虑的区域无电流源,则此项为零,亦即

$$\nabla \cdot \boldsymbol{j} = 0 \tag{22-8}$$

既然电流密度是无旋的,必定存在势 $\varphi$

$$\boldsymbol{j} = -\nabla\varphi \tag{22-9}$$

由式(22-8)和式(22-9)得 $\nabla^2\varphi=0$,这就是拉普拉斯方程,在二维场中可记作

$$\frac{\partial^2\varphi}{\partial x^2} + \frac{\partial^2\varphi}{\partial y_2} = 0 \tag{22-10}$$

2)流体的二维无旋稳恒流场

飞机机翼周围的空气流动可以看作是无旋稳恒流场,我们来研究它的数学模拟。把流体的速度分布记作 $\mathbf{V}$,按照散度的定义

$$\nabla \cdot \mathbf{V} = \lim_{\Omega\to 0}\left[\frac{\oint_S \mathbf{V} \cdot \mathrm{d}\boldsymbol{s}}{\Omega}\right] \tag{22-11}$$

式(22-11)右边是从单位体积流出的流量,若我们考虑的区域里没有流体的源,则此项为

零，即

$$\nabla \cdot \boldsymbol{V} = 0 \tag{22-12}$$

既然流动是无旋的，必然存在速度势 $U$

$$\boldsymbol{V} = -\nabla u \tag{22-13}$$

由式(22－12)和式(22－13)，得到拉普拉斯方程

$$\nabla^2 u = 0 \tag{22-14}$$

在二维场中表示为

$$\frac{\partial^2 u}{\partial x^2} + \frac{\partial^2 u}{\partial y^2} = 0 \tag{22-15}$$

从上面分析可知，稳恒电流场和飞机机翼周围的速度场具有相同的数学模拟，所以我们可以用稳恒电流来模拟机翼周围的速度场。

**3. 模拟条件**

模拟方法的使用有一定的条件和范围，不能随意推广，否则将会得到荒谬的结论。用稳恒电流场模拟静电场的条件可以归纳为三个方面：

(1)稳恒电流场中的电极形状应与被模拟的静电场中的带电体几何形状相同；

(2)稳恒电流场中的导电介质是不良导体且电导率分布均匀，并满足 $\sigma_{电极} \gg \sigma_{导电质}$ 才能保证电流场中的电极(良导体)的表面也近似是一个等位面；

(3)模拟所用电极系统与被模拟电极系统的边界条件相同。

**4. 等势线与电场线测绘**

场强 $\boldsymbol{E}$ 在数值上等于电位梯度，方向指向电位降落的方向。考虑到 $\boldsymbol{E}$ 是矢量，而电位 $U$ 是标量，从实验测量来讲，测定电位比测定场强容易实现，所以可先测绘等位线，然后根据电场线与等位线正交的原理，画出电场线。这样就可由等位线的间距确定电场线的疏密和指向，将抽象的电场形象的反映出现。

## 实验内容

**1. 准备工作**

将专用电源电压校正至 10.00V，将导电微晶静电场描绘仪上对应模型的正负电极分别与专用电源的输出正负极相连接，将专用电源探针正极与同步探针相连接，将专用电源探针负极与专用电源的输出负极相连接。再将白纸平铺在导电微晶静电场描绘仪的平板上，用磁铁条压平。

**2. 描绘同轴电缆的静电场分布**

利用图 22－3 所示模拟模型，首先在纸上标出电极的位置和形状(圆形电极则标出圆心和边缘即可)，然后移动同步探针测绘同轴电缆的等位线簇，要求描绘 1V、3V、5V、7V

和 9V 的等位线，以每条等位线上各点到原点的平均距离 $r$ 为半径画出等位线的同心圆族。然后根据电场线与等位线正交原理，再画出电场线，并指出电场强度方向，得到一张完整的电场分布图。在坐标纸上作出相对电位 $\frac{U_r}{U}$ 和 $\ln r$ 的线性关系，并与理论结果比较，再根据曲线的性质说明等位线是以内电极中心为圆心的同心圆。

标出同轴圆柱形电流场中等位线的共同圆心，量出 $U_1=5.00\text{V}$ 的等位线半径 $r_{测}$，根据理论计算式 $r=r_b\left(\frac{r_a}{r_b}\right)^{U_1/U}$ 计算出 $r_{理}$，计算式中 $r_a$、$r_b$ 分别为内外电极半径，$U_1=5.00\text{V}$，$U$ 为电极加载电压，一般选为 10.00V，计算理论值与测量值的百分比误差。

**3. 描绘两个长直平行电极形成的静电场分布**

利用图 22－4 所示模拟模型，首先在纸上标出电极的位置和形状(圆形电极则标出圆心和边缘即可)，然后移动同步探针测绘同轴电缆的等位线簇，要求描绘 1V、3V、5V、7V 和 9V 的等位线，描绘两个长直平行电极形成的静电场分布。画出等位线，然后根据电场线与等位线正交原理，再画出电场线，并指出电场强度方向，得到一张完整的电场分布图。计算电极中心连线上各相邻等位线间的平均场强 $E=\left|\frac{\Delta U}{\Delta x}\right|$，式中 $\Delta U$ 为相邻 $\Delta x$ 的临近等位线的电位差，以负电极中心为原点，电极连线为 $x$ 轴，测出各相邻等位面间中心的坐标 $x$，作出 $E-x$ 关系曲线。

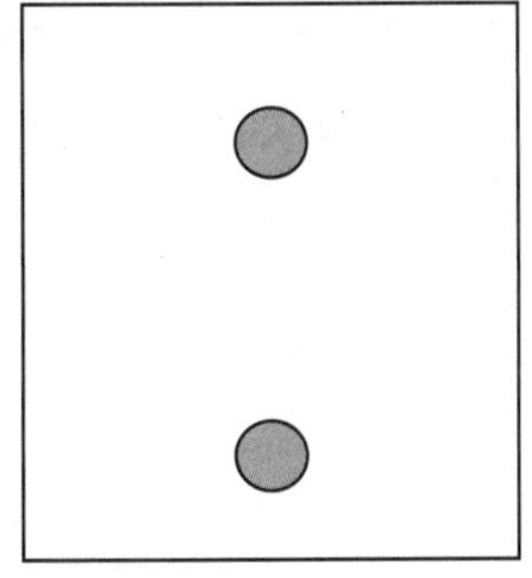

图 22－4　长直平行电级

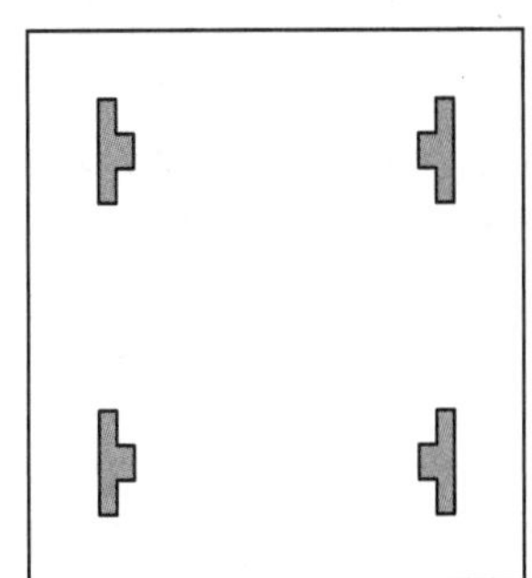

图 22－5　示波管聚焦电极

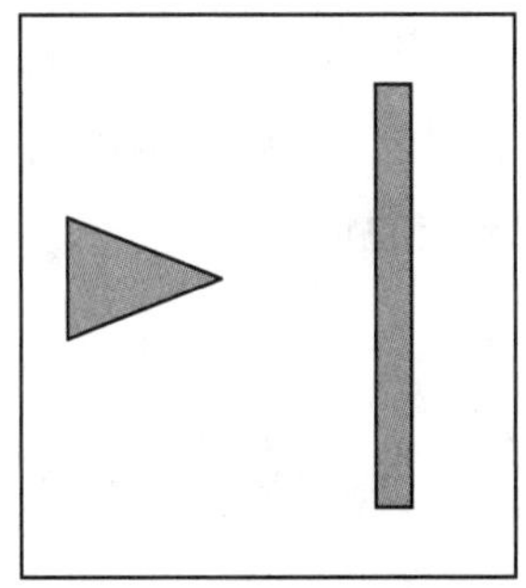

图 22－6　机翼周围速度场

**4. 描绘示波管聚焦电极形成的静电场分布为相邻**

利用图 22－5 所示模拟模型，首先在纸上标出电极的位置和形状(电极标出边缘即可)，然后移动同步探针测绘同轴电缆的等位线簇，要求描绘 1V、3V、5V、7V 和 9V 的等位线。从 1V 开始，平移同步探针，用导电微晶上方的探针找到等位点后，按一下记录纸上方的探针，测出一系列等位点，描绘两个长直平行电极形成的静电场分布。画出等位线，然后根据电场线与等位线正交原理，再画出电场线，并指出电场强度方向，得到一张完整的电场分布图。

**5. 描绘机翼周围的速度场**

利用图 22－6 所示模拟模型，首先在纸上标出电极的位置和形状（电极标出边缘即可，三角形电极可标出其 3 个顶点的位置），然后移动同步探针测绘同轴电缆的等位线簇，要求描绘 1V、3V、5V、7V 和 9V 的等位线。从 1V 开始，平移同步探针，用导电微晶上方的探针找到等位点后，按一下记录纸上方的探针，测出一系列等位点，共测 5 条等位线，在电极端点附近应多找几个等位点。根据等位线画出速度势等势线，再作出速度场线，作速度场线时要注意：速度线与等势线正交，电极表面是等势面，速度场线垂直于电极表面，速度场线发自正电极而中止于负电极，疏密要表示出速度场场强的大小，根据电极正、负描出速度场线的方向。

## 注意事项

（1）在实验开始后，请首先在纸上标出电极的位置和形状（如三角形电极可标出其 3 个顶点的位置，圆形电极则标出圆心和边缘即可）。

（2）等势线打点要疏密得当，平缓的地方可适当稀疏，越弯曲的地方则要越密集。总之，以能够通过所打的点清晰看出等势线形状为宜；同时，打点范围要尽可能大，一般与纸张垫板大小相当。

（3）在实验中，打点时不要用力过大，以免造成垫板损伤，应以纸张不被打透且打点清晰可辨为宜。

（4）当一种形状的电极打点完成以后，不要立即移动纸张，应检查电极位置、形状特征点是否已打出，要求测绘的等势线是否都已经完成，以免出现因纸张移动后再补打点造成定位不准的情况。

## 思考题

（1）根据测绘所得等位线和电场线的分布，分析哪些地方场强较强，哪些地方场强较弱。

（2）从实验结果能否说明电极的电导率远大于导电介质的电导率？如不满足这条件会出现什么现象？

（3）在描绘同轴电缆的等位线簇时，如何正确确定圆形等位线簇的圆心？如何正确描绘圆形等位线？

（4）由导电微晶与记录纸的同步测量记录，能否模拟出点电荷激发的电场或同心圆球壳型带电体激发的电场？为什么？

（5）能否用稳恒电流场模拟稳定的温度场？为什么？

# 实验 23　霍尔效应及其应用

霍尔效应是霍尔(Hall)于 1879 年在导师罗兰指导下发现的，这一效应在科学实验和工程技术中得到广泛的应用。由于霍尔元件的面积可以做得很小，所以可以用它测量某点的磁场，还可以基于这种效应来测量半导体中的载流子浓度及判别载流子极性等。近年来霍尔效应得到了重要发展，冯·克利青在极强磁场和极低温度下发现了量子霍尔效应，它的应用发展成为一种新的实用的电阻标准和测定精细结构常数的精确方法。因为此项成果冯·克利青获得 1985 年诺贝尔物理学奖。

## 实验目的

(1)掌握霍尔效应原理。

(2)学习应用霍尔效应进行简单测量的方法。

(3)学习消除霍尔效应副效应的实验方法——对称测量法。

## 实验仪器

DH4512 型霍尔效应实验仪，如图 23-1、图 23-2 所示。

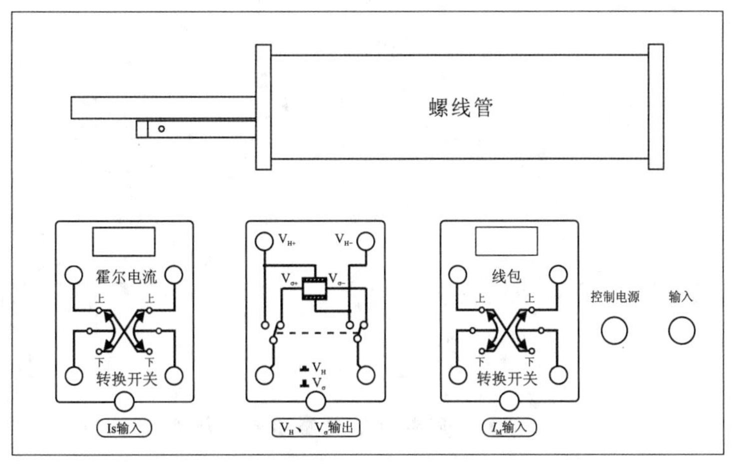


图 23-1　DH4512 型霍尔效应螺线管实验架平面图

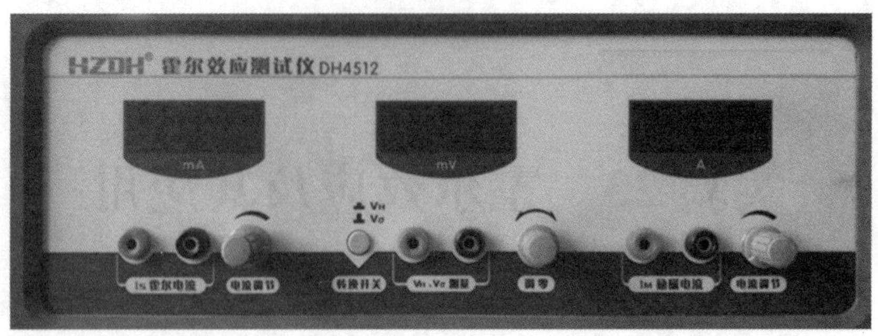


图 23－2　DH4512 型霍尔效应测试仪面板

## 实验原理

### 1. 霍尔效应

霍尔效应从本质上讲是运动的带电粒子在磁场中受洛仑兹力作用而引起的偏转。当带电粒子(电子或空穴)被约束在固体材料中,这种偏转就导致在垂直电流和磁场的方向上产生正负电荷的聚积,从而形成附加的横向电场,即霍尔电场。对于图 23－3(a)所示的 N 型半导体元件(载流子为电子),若在 $X$ 方向通过电流 $I_S$,在 $Z$ 方向加磁场 $B$,试样中载流子(电子)将受到大小为 $F_B=e\bar{v}B$ 洛仑兹力的作用,其中 $\bar{v}$ 是载流子在电流方向上的平均漂移速度。则在 $Y$ 方向即霍尔元件两侧 $AA'$ 电极就开始聚积异号电荷而产生相应的附加电场——霍尔电场。电场的方向取决于霍尔元件的导电类型。对 N 型元件,霍尔电场负 $Y$ 方向,P 型元件(载流子为空穴)则沿 $y$ 方向(图 23－3(b))。因此,可以通过霍尔电场的方向来判断霍尔元件中载流子的类型。

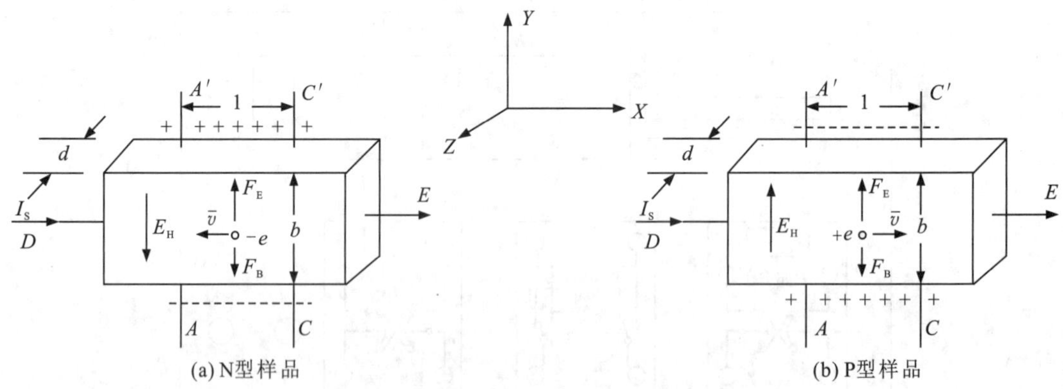


图 23－3　不同载流子的霍尔效应原理图

显然,该电场阻止载流子继续向侧面偏移,当载流子所受的横向电场力与洛仑兹力大小相等时,样品两侧电荷的积累就达到平衡,故有

$$eE_H = e\bar{v}B \tag{23-1}$$

式中，$E_H$ 为霍尔电场。设试样的宽为 $b$，厚度为 $d$，载流子浓度为 $n$，则

$$I_S = ne\bar{v}bd \tag{23-2}$$

由式(23－1)、式(23－2)可得

$$V_H = E_H b = \frac{1}{ne}\frac{I_S B}{d} = R_H\frac{I_S B}{d} \tag{23-3}$$

式中，$R_H=1/ne$ 称为霍尔系数，它是反映材料霍尔效应强弱的重要参数，根据 $R_H$ 可进一步确定以下参数。

1)由 $R_H$ 的符号(或霍尔电压的正负)判断样品的导电类型

判断的方法可按图 23－3 所示的 $I_S$ 和 $B$ 的方向，若霍尔电场负 $Y$ 方向，表现为测得的 $V_H=V'_{AA}<0$，(即点 A 的电位低于点 A′的电位)则 $R_H$ 为负，样品属 N 型；反之则为 P 型。

2)由 $R_H$ 求载流子浓度 $n$

利用公式 $R_H=1/ne$ 求浓度 $n$ 对于大多数金属是成立的，但对 $R_H$ 比金属高得多的半导体材料来说，是不准确的，如果考虑载流子速度的统计分布规律，并考虑到非低温条件下晶格对散射起主要作用的特点，有 $R_H=3\pi/8ne$。

3)由 $R_H$ 结合电导率的测量，求载流子的迁移率 $\mu$

电导率 $\sigma$ 与载流子浓度 $n$ 以及迁移率 $\mu$ 之间有如下关系

$$\sigma = ne\mu \tag{23-4}$$

即

$$\mu = |R_H|\sigma \tag{23-5}$$

通过实验测出 $\sigma$ 值即可求出 $\mu$。

电导率 $\sigma$ 可以通过图 23－3 所示的 $A$、$C$(或 $A'$、$C'$)电极进行测量，设 $A$、$C$ 间的距离为 $l$，样品的横截面积为 $S=bd$，流经样品的电流为 $I_S$，在零磁场下，若测 $A$、$C$($A'$、$C'$)间的电位差为 $V_\sigma(V_{AC})$，可由下式求得

$$\sigma = \frac{I_S l}{V_\sigma S} \tag{23-6}$$

式中，$I_S$ 是流过霍尔元件的工作电流，单位是 A；$V_\sigma$ 是霍尔片长度 $l$ 方向的电压降，单位是 V；长度 $l$、宽度 $b$ 和厚度 $d$ 的单位为 m；电位差 $\sigma$ 的单位为 $S\cdot m^{-1}(1S=1\Omega^{-1})$。电导率 $\sigma$ 和电阻率 $\rho$ 互为倒数。

因为霍尔元件的引线电阻相对于霍尔元件的体电阻来说很小，因此测量时引线电阻的影响可以忽略不计。

4)霍尔元件的灵敏度

根据上述可知，要得到大的霍尔电压，关键是要选择霍尔系数大(即迁移率 $\mu$ 高、电阻率 $\rho$ 亦较高)的材料。因 $|R_H|=\mu\rho$，就金属导体而言，$\mu$ 和 $\rho$ 均很低，而不良导体 $\rho$ 虽高，

但 $\mu$ 极小，因而上述两种材料的霍尔系数都很小，不能用来制造霍尔元件。半导体 $\mu$ 高，$\rho$ 适中，是制造霍尔器件较理想的材料。由于电子的迁移率比空穴的迁移率大，所以霍尔器件都采用 N 型材料，其次霍尔电压的大小与材料的厚度成反比，因此薄膜型的霍尔元件的输出电压较片状要高得多。就霍尔元件而言，其厚度是一定的，所以实际上采用

$$K_H = \frac{1}{ned} \tag{23-7}$$

来表示霍尔元件的灵敏度，$K_H$ 称为霍尔灵敏度，单位为 mV/(mA・T)或 mV/(mA・kGs)。

**2. 霍尔元件中的副效应及其消除方法**

在推导上列公式时我们从简化的理想情况出发，但实际情况要复杂得多。除霍尔效应外，还有其他一些副效应与霍尔效应混在一起，使霍尔电压的测量产生误差，因此必须尽量消除这些误差。下面简单介绍各种效应的特点。

(1)厄廷豪森(Etinghausen)效应所引起的电位差 $V_E$ 是指由于载流子实际上是以不同的速度在平行于 $X$ 轴的方向上运动着，因此在磁场作用下速度高的载流子与速度低的载流子得到不同大小的偏转，结果在 $A$ 和 $A'$ 两点间产生温差，从而出现温差电动势 $V_E$。$V_E \propto IB$，$V_E$ 的正负与 $I$ 及 $B$ 的方向有关。

(2)能斯特(Nernst)效应所引起的电位差 $V_N$ 是指由于元件两端电流引线的接触电阻可能不同，或由于电极、半导体材料不同而产生的其他效应，使得两端电流引线的接触点的温度不同，从而引起 $X$ 方向的热流，它在磁场作用下 $A$ 和 $A'$ 两点间产生电位差 $V_N$。当只考虑接触电阻差异而导致的能斯特效应时，$V_N$ 的符号只与磁场 $B$ 的方向有关。

(3)里纪-勒杜克(Righi - Leduc)效应所引起的电位差 $V_R$ 是指由于上述热流中的载流子的速度各不相同，在磁场作用下也会使 $A$ 和 $A'$ 两点间出现温差电动势 $V_R$，同样，若只考虑器件两端电流引线的接触电阻差异而产生的热流，则 $V_R$ 的方向只与 $B$ 的方向有关。

(4)不等位效应所引起的电位差 $V_o$。由于制作上的困难，$A$ 和 $A'$ 两点不可能恰好处在同一条等位线上。因而只要样品中有电流通过，即使磁场 $B$ 不存在，$A$ 和 $A'$ 两点间也会再现电位差 $V_o$，$V_o$ 的正负只与工作电流的方向有关，严格地说 $V_o$ 大小在磁场不同时也略有不同。

上述 4 种副效应中除了厄廷豪森效应外，都可以通过改变工作电流的方向和外加磁场 $B$ 的方向来消除或减小。一般 $V_E$、$V_N$、$V_R$、$V_o$ 等的大小都远小于 $V_H$，它们对霍尔系数的测量会带来附加误差，不过对用霍尔效应测磁场的影响却极小，因 $V_E$ 也和 $IB$ 成正比。根据副效应产生的机理可知，采用电流和磁场换向的对称测量法，基本上能够把副效应的影响从测量的结果中消除，具体的做法是 $I_S$ 和 $B$(即 $I_M$)的大小不变，并在设定电流和磁场的正、反方向后，依次测量由下列 4 组不同方向的 $I_S$ 和 $B$ 组合的 $A$、$A'$ 两点之间的电压 $V_1$、$V_2$、$V_3$、和 $V_4$，即

| | | |
|---|---|---|
| $+I_S$ | $+B$ | $V_1$ |
| $+I_S$ | $-B$ | $V_2$ |
| $-I_S$ | $-B$ | $V_3$ |
| $-I_S$ | $+B$ | $V_4$ |

然后求上述 4 组数据 $V_1$、$V_2$、$V_3$、和 $V_4$ 的代数平均值，可得

$$V_H = \frac{V_1 - V_2 + V_3 - V_4}{4} \quad 或 \quad V_H = \frac{|V_1| + |V_2| + |V_3| + |V_4|}{4} \tag{23-8}$$

通过对称测量法求得的 $V_H$，虽然还存在个别无法消除的副效应，但其引入的误差甚小，可以忽略不计。

## 实验内容

### 1. 接线与调零

(1)将 DH4512 型霍尔效应测试仪面板右下方的励磁电流 $I_M$ 的直流恒流源输出端(0～0.5A)，接 DH4512 型霍尔效应实验架上的 $I_M$ 磁场励磁电流的输入端(将红接线柱与红接线柱对应相连，黑接线柱与黑接线柱对应相连)。

(2)测试仪左下方供给霍尔元件工作电流 $I_S$ 的直流恒流源(0～3mA)输出端，接实验架上 $I_S$ 霍尔片工作电流输入端(将红接线柱与红接线柱对应相连，黑接线柱与黑接线柱对应相连)。

(3)测试仪 $V_H$、$V_\sigma$ 测量端，接实验架中部的 $V_H$、$V_\sigma$ 输出端。

**注意**：以上三组线千万不能接错，以免烧坏元件。

(4)用一端是分开的接线插头、另一端是双芯插头的控制连接线与测试仪背部的插孔相连接(红色插头与红色插座相联，黑色插头与黑色插座相联)。

### 2. 测量霍尔元件的 $R_H$

(1)测量前的准备工作：将霍尔元件移至直螺线管中部，将实验仪和测试架的转换开关切换至 $V_H$，将 $I_S$、$I_M$ 调零，打开电源，调节调零旋钮，使实验仪中间的 $V_H$ 显示为 0mV。

(2)测量霍尔电压 $V_H$ 与工作电流 $I_S$ 的线性关系。

①调节 $I_M$=500mA。②调节 $I_S$=0.5mA，按表中 $I_S$，$I_M$ 正负情况切换实验架上的方向，分别测量霍尔电压 $V_H$ 值($V_1$、$V_2$、$V_3$、$V_4$)。③$I_S$ 每次递增 0.50mA，测量相应 $V_1$、$V_2$、$V_3$、$V_4$ 值。④绘出 $V_H$ - $I_S$ 曲线。

(3)测量霍尔电压 $V_H$ 与励磁电流 $I_M$ 的线性关系。①将 $I_S$、$I_M$ 调零，调节调零旋钮，使 $V_H$ 显示为 0mV，再调节 $I_S$=3.00mA。②调节 $I_M$=50，100，150，…，500mA(间隔为 50mA)，分别测量霍尔电压 $V_H$ 值。③绘出 $V_H$ - $I_M$ 曲线。

(4)根据 $V_H$ - $I_S$ 曲线和 $V_H$ - $I_M$ 曲线和式(23-3)，由斜率求 $R_H$ 的值，取平均值，并根据式(23-7)计算霍尔灵敏度。

直螺线管中部磁场 $B$ 可近似为“无限长”直螺线管内部的磁感应强度 $B=\mu_0 nI$，其中 $\mu_0=4\pi\times10^{-7}\mathrm{N}\cdot\mathrm{A}^{-2}$，$n$ 为单位长度上的线圈匝数，$I$ 为励磁电流 $I_M$。直螺线管端口处的磁场近似为“半无限长”直螺线管端口处的磁感应强度 $B=\mu_0 nI/2$。

**3. 测量直螺线管轴线上磁感应强度 *B* 的分布**

将测试仪和实验架的转换开关切换至 $V_H$。

(1)将 $I_M$、$I_S$ 调零，调节调零旋钮，使 $V_H$ 显示为 0mV。调节 $I_S=3.00\mathrm{mA}$，螺线管励磁电流 $I_M$ 调至 500mA。

(2)将霍尔元件从直螺线管一端向另一端移动，根据 $V_H$ 的变化情况，每隔 5～10mm 测出相应的 $V_H$(测量点的间隔的选取原则是变化剧烈的区域测量点要密集，变化缓慢的区域测量点可以较稀疏)。

(3)由以上所测 $V_H$ 值，根据式(23-3)计算出各点的磁感应强度 $B$，并绘出 $B-x$ 图，说明直螺线管内部与外部磁感应强度 $B$ 的分布。

**4. 测量霍尔元件的电导率 $\sigma$**

将测试仪和实验架的转换开关切换至 $V_\sigma$。

(1)将 $I_M$、$I_S$ 调零，调节实验仪中间的电压表(此时为 $V_\sigma$)为零。

(2)保持 $I_M$ 为 0，或者断开 $I_M$ 连线。将工作电流 $I_S$ 从最小开始调节，测量相应 $V_\sigma$ 值。

(3)根据式(23-6)计算 $\sigma$ 值。

**附：**实验中所用霍尔元件的参数：厚度 $d$ 为 0.2mm，宽度 $b$ 为 1.5mm，长度 $l$ 为 1.5mm。实验中所用线圈匝数为 1800 匝，有效长度为 181mm，等效半径为 21mm。

## 数据记录

实验数据记录在数据记录单中。

## 注意事项

(1)严禁将测试仪的励磁电源“$I_M$ 输出”误接到实验仪的“$I_S$ 输入”或“$V_H$、$V_\sigma$ 输出”处，否则一旦通电，霍尔元件即遭损坏。

(2)开始测量前务必检查实验仪和测试架的 $V_H$、$V_\sigma$ 转换开关是否切换到正确位置。

(3)打开和关上测试仪和实验架之前，必须调零。

(1)列出霍尔系数 $R_H$、载流子浓度 $n$、电导率 $\sigma$、迁移率 $\mu$ 的计算式。

(2)如已知 $I_S$ 和 $B$ 的方向，如何判断霍尔元件的导电类型？

# 实验 24　RLC 电路稳态特性研究

## 实验目的

(1)了解电容 $C$ 和电感 $L$ 在交流电路中的阻抗的特性。

(2)测量 $CR$ 串联电路的幅频特性和相频特性。

(3)测量 $LR$ 串联电路的幅频特性和相频特性。

## 实验仪器

FB318 型 $RLC$ 电路实验仪、双踪示波器、数字存储示波器(选用)。

## 实验原理

### 1. 电容 C 的特性

如图 24 - 1 所示，由交流电源、电阻和电容组成串联电路。已知电容大小为 $C$，则电容两端的电压大小 $U_C$ 与电容的关系为

$$U_C = \frac{Q}{C} \tag{24-1}$$

式中，$Q$ 为电容所携带的电量。根据电流定义得到电流和电量的关系式

$$I = \frac{\mathrm{d}Q}{\mathrm{d}t} \rightarrow Q = \int I\mathrm{d}t \tag{24-2}$$

当交流电源为正弦波时，电路中的电流满足时谐函数关系 $I = I_0 e^{i\omega t}$，其中 $\omega$ 为电源的角频率。将式(24 - 2)代入式(24 - 1)得到

$$U_C = \frac{Q}{C} = \frac{\int I\mathrm{d}t}{C} = \frac{\int I_0 e^{i\omega t}\mathrm{d}t}{C} = \frac{I}{i\omega C} \tag{24-3}$$

对比欧姆定律 $U = IR$，根据电容两端的电压和经过电容的电流之间的比例关系，由式(24 - 3)得到电容的有效阻抗为

$$R_C = \frac{U_C}{I} = \frac{1}{i\omega C} \tag{24-4}$$

电容可以视为有效阻抗为 $1/i\omega C$ 的电阻。根据交流电路理论，如图 24 - 2 所示，电阻和电

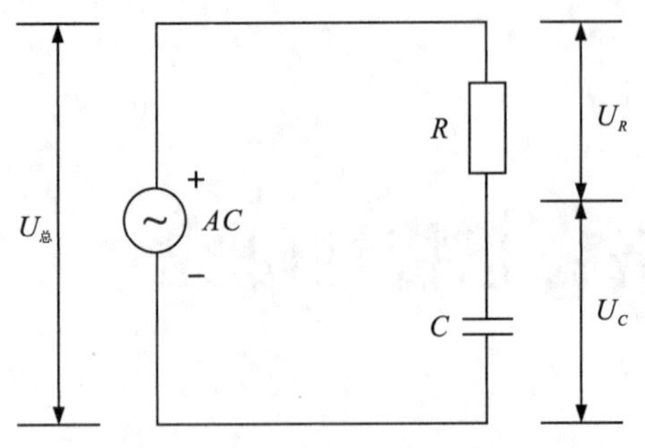


图 24－1 RC 串联电路图

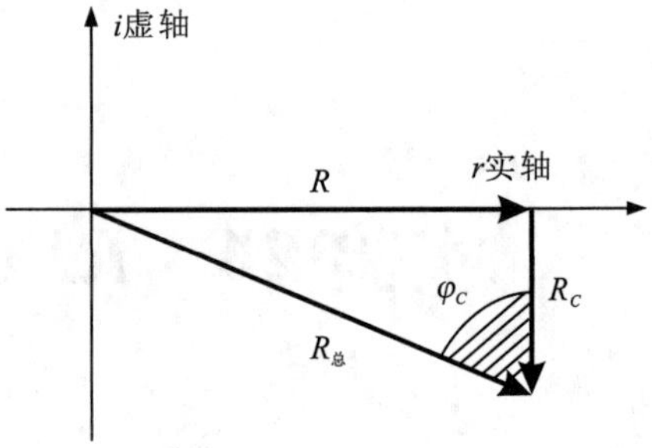

图 24－2 RC 串联电路的复阻抗关系

容的有效阻抗分别在复平面的实轴和负虚轴上。整个电路的总阻抗为 $R_{总}=R+R_C$，它们之间的大小满足平方和关系

$$|R_{总}|^2=|R|^2+|R_C|^2 \tag{24-5}$$

由于串联电路各个元件的电流相同，得到电源和各个电学元件电压之间的关系

$$|U_{总}|^2=|U_R|^2+|U_C|^2 \tag{24-6}$$

电容分得的电压的比例取决于电容的有效阻抗 $R_C$ 和电阻 $R$ 所占的相对权重，由式(24－4)和式(24－6)得到电容两端电压 $U_C$ 随角频率 $\omega$ 的变化关系为

$$\frac{|U_C|}{|U_{总}|}=\frac{|R_C|}{\sqrt{|R|^2+|R_C|^2}}=\frac{1}{\sqrt{|\omega CR|^2+1}} \tag{24-7}$$

从图 24－2 中还可以看出，电源电压和电容电压之间会存在位相差。它们之间的位相夹角 $\varphi_C$ 的大小为

$$|\varphi_C|=\arctan\left|\frac{R}{R_C}\right|=\arctan(\omega CR) \tag{24-8}$$

当角频率 $\omega$ 逐渐增大时，从式(24－4)和式(24－7)可知电容的阻抗从正无穷大减小到 0，电容分到的电压也和电源一样减小到 0 如图 24－3 所示。从式(24－8)可知电容和电源的位相角随着角频率 $\omega$ 的增大逐渐从 0 增大到 $\pi/2$ 如图 24－4 所示。

**2. 电感 $L$ 的特性**

图 24－5 为由交流电源、电阻和电感组成串联电路。已知电感大小为 $L$，则电感两端的电压大小 $U_L$ 与电感的关系为

$$U_L=L\frac{\mathrm{d}I}{\mathrm{d}t} \tag{24-9}$$

将电流的时谐函数关系 $I=I_0e^{i\omega t}$ 代入式(24－9)得到

$$U_L=L\frac{\mathrm{d}I}{\mathrm{d}t}=L\frac{\mathrm{d}(I_0e^{i\omega t})}{\mathrm{d}t}=i\omega LI \tag{24-10}$$

对比欧姆定律，得到电感的有效阻抗为

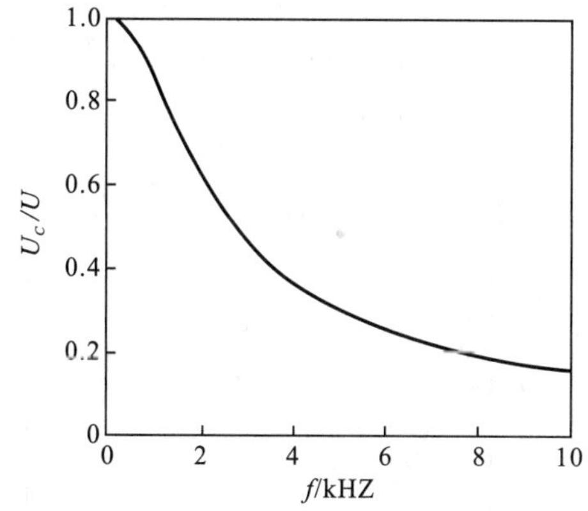


图 24-3　电容两端电压与电源电压之比随频率变化关系

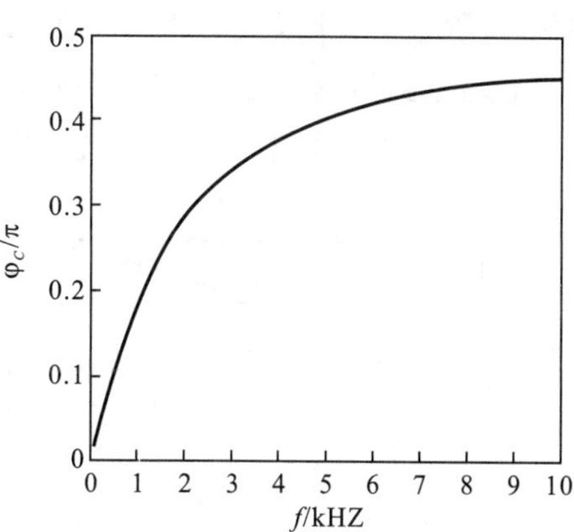


图 24-4　电源电压与电容电压之间的位相角随频率的变化关系

$$R_L=\frac{U_L}{I}=i\omega L \tag{24-11}$$

电感 $L$ 可以视为有效阻抗为 $i\omega L$ 的电阻。如图 24-6 所示，电感 $L$ 的有效阻抗也在复平面的虚轴上，但方向和电容的相反。整个电路的阻抗也满足平方和关系

$$|R_{总}|^2=|R|^2+|R_L|^2 \tag{24-12}$$

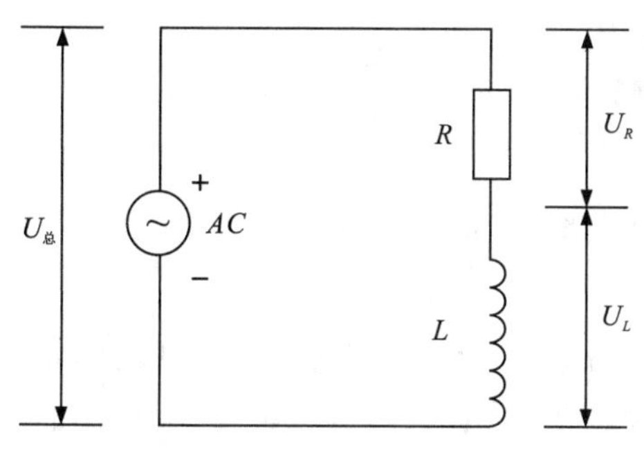


图 24-5　RL 串联电路图

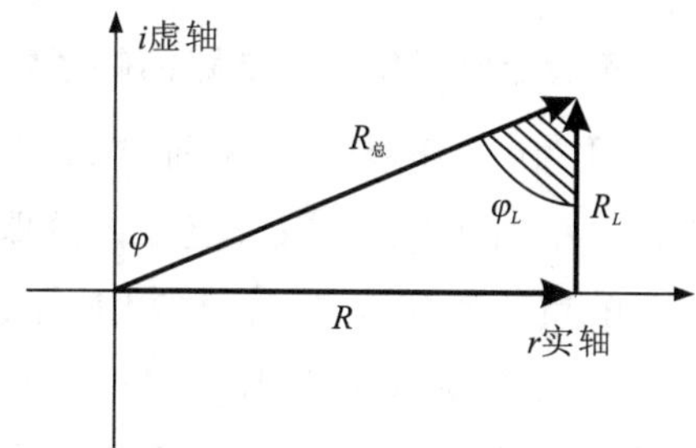


图 24-6　RL 串联电路的复阻抗关系

同样得到各个电学元件电压之间的关系

$$|U_{总}|^2=|U_R|^2+|U_L|^2 \tag{24-13}$$

电感分得的电压取决于电感的有效阻抗和电阻的相对权重，由式(24-11)和式(24-13)得到电感两端电压随角频率 ω 的变化关系

$$\frac{|U_L|}{|U_{总}|}=\frac{|R_L|}{\sqrt{|R|^2+|R_L|^2}}=\frac{1}{\sqrt{|R/\omega L|^2+1}} \tag{24-14}$$

如图 24-6 所示，容易得到电源电压和电感电压之间的位相角 $\varphi_L$ 为

$$|\varphi_L|=\operatorname{arccot}\left|\frac{R_L}{R}\right|=\operatorname{arccot}\left(\frac{\omega L}{R}\right) \tag{24-15}$$

当角频率 $\omega$ 逐渐增大时，从式(24－11)和式(24－14)可知电感的阻抗逐渐从0增大到正无穷大，电感分到的电压也从0增大到和电源一样(图24－7)。从式(24－15)可知电感和电源的位相角随着角频率 $\omega$ 的增大逐渐从 $\pi/2$ 减小到0(图24－8)。

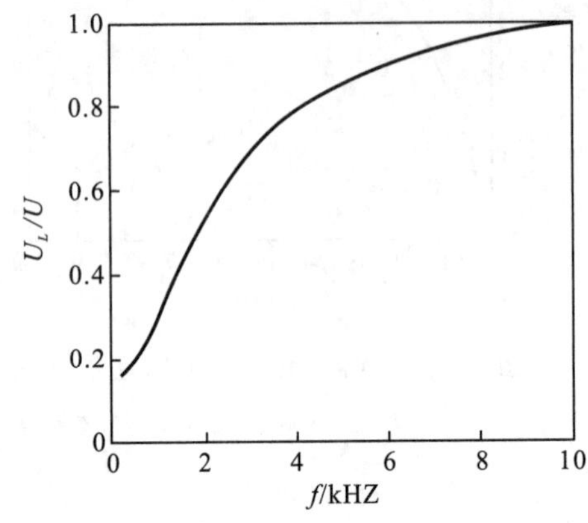


图24－7　电感两端电压与电源电压之比随频率变化关系

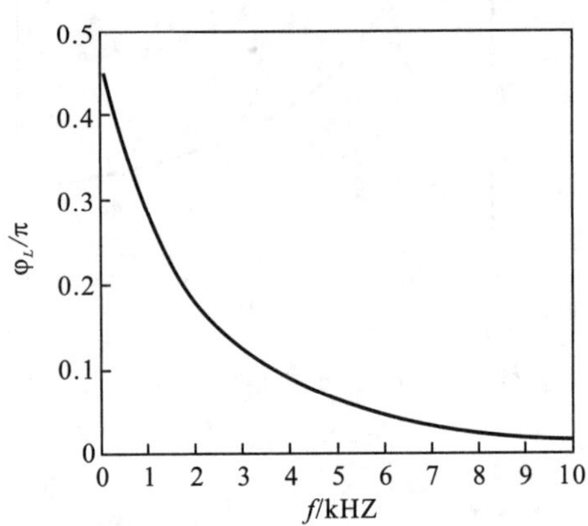


图24－8　电源电压与电感电压之间的位相角随频率的变化关系

## 实验内容

### 1. 实验验证 *CR* 串联电路的幅频特性和相频特性

按图24－1连接电路，验证式(24－7)和式(24－8)。设置参数 $C=0.1\mu\text{F}$，$R=1000\Omega$，电源频率在500～10000Hz范围内选取至少8个频率点，测量各个元件的电压大小，以及电源电压和电容电压之间的位相夹角随频率变化。

(1)将电源频率调至1592Hz附近，用示波器分别测量电容两端电压、电阻两端电压和电源电压，将测量结果和式(24－6)的理论结果相比较，观测三者是否满足平方和关系。以及当电源频率变化时，式(24－6)的平方和关系是否一直满足。

(2)用示波器测量电容两端电压随交流电源频率的变化，并与式(24－7)的理论结果比较。观察电容在低频下近似视为断路，高频下近似视为短路的特性。

(3)将电源电压信号接入示波器 $CH_1$ 通道，电容电压信号接入示波器 $CH_2$ 通道，用李萨如图形法测量电源电压和电容电压的位相差幅角随交流电源频率的变化，将测量结果和式(24－8)的理论结果比较。

### 2. 实验验证 *LR* 串联电路的幅频特性和相频特性

按图24－5连接电路，验证式(24－14)和式(24－15)。设置参数 $L=10\text{mH}$，$R=100\Omega$，电源频率在500～10000Hz范围内选取至少8个频率点，测量各个元件的电压大小，以及电源电压和电感电压之间的位相夹角随频率变化。

(1)将电源频率调至 1592Hz 附近,用示波器分别测量电感两端电压、电阻两端电压和电源电压,将测量结果和式(24-13)的理论结果比较,观测三者是否满足平方和关系。以及当电源频率变化时,式(24-13)的平方和关系是否一直满足。

(2)用示波器测量电感两端电压随交流电源频率的变化,和式(24-14)的理论结果比较。观察电感在低频下近似视为通路,高频下近似视为断路的特性。

(3)将电源电压信号接入示波器 $CH_1$ 通道,电感电压信号接入示波器 $CH_2$ 通道,用李萨如图形法测量电源电压和电感电压的位相差幅角随交流电源频率的变化,将测量结果和式(24-15)的理论结果比较。

## 数据处理

(1)在 *CR* 串联电路中,根据测量结果作电容电压 $U_C$ 随电源频率的变化关系图(参考图 24-3),以及位相差随频率的变化关系图(参考图 24-4)。将测量结果分别和理论预测的结果[式(24-7)和式(24-8)]进行比较。

(2)在 *LR* 串联电路中,根据测量结果作电感电压随电源频率的变化关系图(参考图 24-7),以及位相差随频率的变化关系图(参考图 24-8)。将测量结果分别和理论预测的结果[式(24-14)和式(24-15)]进行比较。

(1)哪些原因可能造成实验测量结果和理论预测值之间的差异?

(2)如何测量电阻电压和电源电压之间的位相差?

# 实验 25 RLC 电路特性及滤波器设计

## 实验目的

(1)测量 $RLC$ 串联电路的共振特征。

(2)观察 $RLC$ 串联电路放电的暂态特征。

(3)学习利用 $RLC$ 电学元件设计滤波器。

## 实验仪器

FB318 型 $RLC$ 电路实验仪、双踪示波器、数字存储示波器(选用)。

## 实验原理

### 1. RLC 串联电路的共振现象

图 25－1 为由交流电源、电容、电感和电阻组成的串联电路。整个电路的总阻抗为 $R_{总}=R_C+R_L+R$,代入式(24－4)和式(24－11)得到

$$R_{总}=\frac{1}{i\omega C}+i\omega L+R \tag{25-1}$$

数学上可以证明,当交流电源的角频率满足 $\omega_0=1/\sqrt{LC}$ 时,上式右边的前两项之和为 0,整个电路的电阻 $R_{总}$ 具有理论极小值

$$|R_{总}|_{\min}=R \tag{25-2}$$

这个特殊的频率 $\omega_0$ 也称为该电路的共振频率或本征频率。电路的复阻抗关系如图 25－2 所示,电容电阻和电感电阻分别在虚轴的负轴和正轴上,电阻在实轴上。电路的总电阻 $R_{总}$ 一般大于电阻 $R$。当且仅当 $|R_C|=|R_L|$ 时,存在 $R_{总}=R$。

随着频率的增加,$|R_C|$ 从无穷大开始单调减小,$|R_L|$ 则是从 0 开始单调增大。电路的总电阻从无穷大减小到 $R$ 然后又增加到无穷大。图 25－3 为由式(25－1)得到电路总电阻随频率的变化关系图。进一步将欧姆定律 $U=IR$ 代入式(25－1)得到该串联电路电流大小为

$$|I|=\left|\frac{U_{总}}{R_{总}}\right|=\left|\frac{U_{总}}{\frac{1}{i\omega C}+i\omega L+R}\right| \tag{25-3}$$

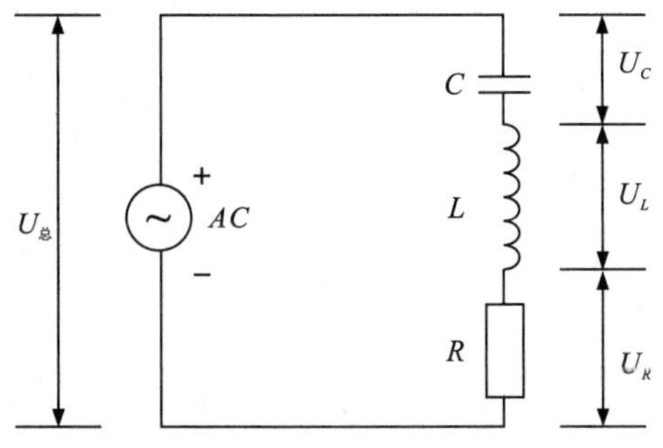


图 25－1　RLC 串联电路

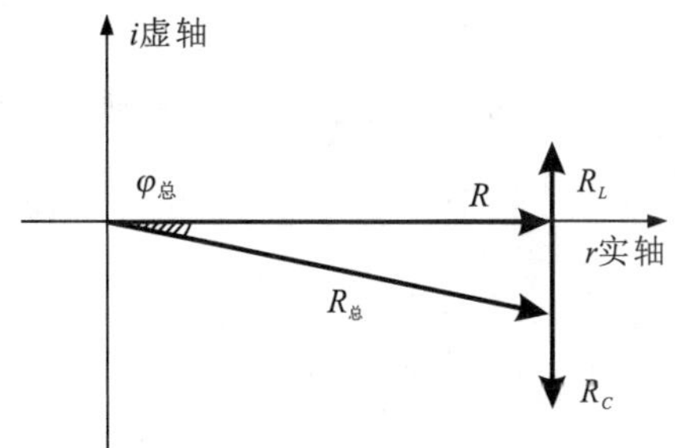


图 25－2　RLC 串联电路的复阻抗关系

由此得到电路的电流随频率的变化关系如图 25－4 所示。随着频率从 0 增加到共振频率 $\omega_0$，电流从 0 增大到最大值 $I_{max}=U_{总}/R$；当频率进一步增加时，电流继续从最大值减小到 0。

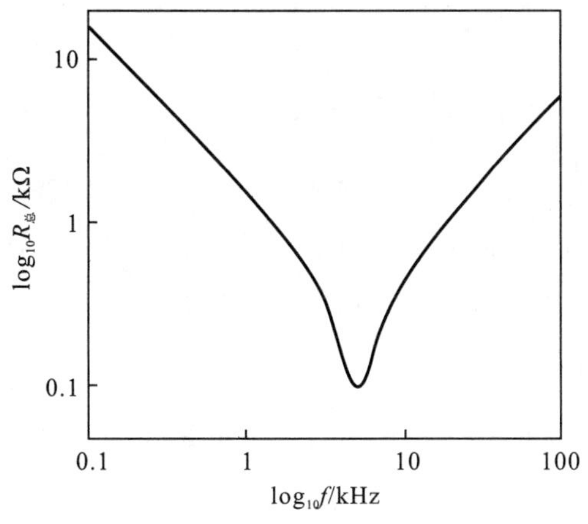


图 25－3　RLC 电路总电阻与频率的变化关系

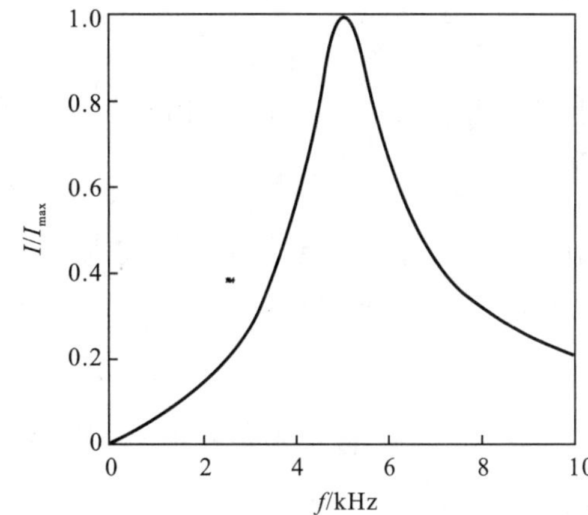


图 25－4　RLC 电路电流随频率的变化关系

电路的总电阻的幅角 $\varphi_{总}=\arg(R_{总})$也随频率变化。从图 25－2 可以看出，电源和电阻之间的位相夹角的大小为

$$\varphi_{总}=\arctan\left(\frac{R_L-R_C}{R}\right)=\arctan\left(\frac{\omega L-\frac{1}{\omega C}}{R}\right) \tag{25-4}$$

如图 25－5 所示，在电源频率逐渐增大的过程中，位相角逐渐从 $-\pi/2$ 增大到 $\pi/2$；中途在共振频率 $\omega_0$ 的位置位相角为 0。

**2. RLC 串联电路的电容放电过程**

如图 25－1 所示，串联电路的电压关系为 $U_C+U_L+U_R=U_{总}$，将式(24－3)和式(24－9)代入得到

$$\frac{1}{C}\int I\mathrm{d}t + L\frac{\mathrm{d}I}{\mathrm{d}t} + RI = U_{总} \quad (25-5)$$

当电源突然断电时 $U_{总}=0$，代入到上式得到

$$\frac{1}{C}\int I\mathrm{d}t + L\frac{\mathrm{d}I}{\mathrm{d}t} + RI = 0 \quad (25-6)$$

其中电流是时间相关的函数 $I(t)$，该常系数微分方程的解的形式为

$$I(t) = A_1 e^{\alpha_1 t} + A_2 e^{\alpha_2 t} \quad (25-7)$$

式中，$A_1$ 和 $A_2$ 是任意系数，取决于系统的初始状态；$\alpha_1$ 和 $\alpha_2$ 是和电容、电感及电阻有关的参数，它们分别是

$$\begin{cases} \alpha_1 = -\dfrac{R}{2L} + \sqrt{\dfrac{R^2}{4L^2} - \dfrac{1}{CL}} \\ \alpha_2 = -\dfrac{R}{2L} - \sqrt{\dfrac{R^2}{4L^2} - \dfrac{1}{CL}} \end{cases} \quad (25-8)$$

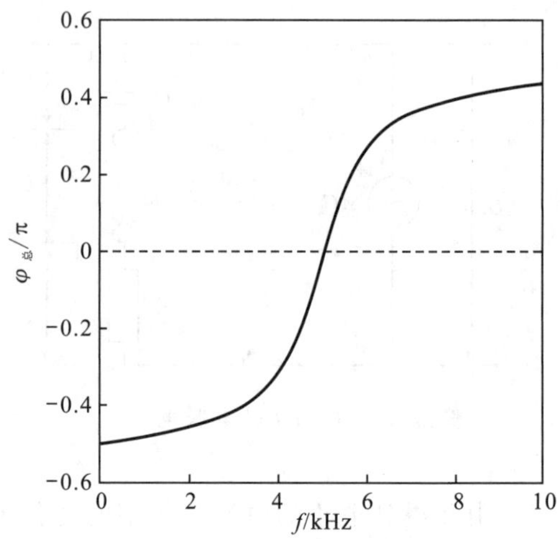


图 25-5 位相角与频率的关系

将上式代入式(25-7)，电流随时间的函数关系 $I(t)$ 可以进一步写成

$$I(t) = \mathrm{e}^{-\frac{R}{2L}t}\left(A_1 \mathrm{e}^{\sqrt{\frac{R^2}{4L^2} - \frac{1}{CL}}t} + A_2 \mathrm{e}^{-\sqrt{\frac{R^2}{4L^2} - \frac{1}{CL}}t}\right) \quad (25-9)$$

其中方程右边第一项系数 $\mathrm{e}^{-Rt/2L}$ 表示电流的大小随时间指数衰减。当电阻足够小的时候，上式方程右边根号内表达式小于 0，开根号后为虚数。将式(25-9)改写为

$$I(t) = \mathrm{e}^{-\frac{R}{2L}t}\left(A_1 \mathrm{e}^{i\sqrt{\frac{1}{CL} - \frac{R^2}{4L^2}}t} + A_2 \mathrm{e}^{-i\sqrt{\frac{1}{CL} - \frac{R^2}{4L^2}}t}\right) \quad (25-10)$$

方程右边括号内为两个虚指数项的线性叠加，通过欧拉公式并运用三角恒等式的变换，将上式进一步化简为如下形式

$$I(t) = A_3 \mathrm{e}^{-\frac{R}{2L}t} \sin\left(\sqrt{\frac{1}{CL} - \frac{R^2}{4L^2}}\,t + \psi\right) \quad (25-11)$$

其中 $\psi$ 由式(25-10)中的 $A_1$ 和 $A_2$ 决定。式(25-11)整体上描述了一个振幅指数衰减的三角函数(图 25-6)，称为欠阻尼响应。图中虚线为振幅的包络，实线为在 $t=0$ 时刻断电后电流随时间振荡衰减的图像。当式(25-9)中的根号内的表达式大于 0 时，式(25-9)为复杂的指数衰减形式，不会出现振荡现象，如图 25-7 虚线所示，称为过阻尼响应。当根号内的表达式等于 0 时得到 $R=2\sqrt{L/C}$，称为临界阻尼响应，如图 25-7 实线所示。

**3. 利用 *RLC* 电学元件设计滤波器(选做)**

图 25-1 中的电路可以视为一种带通电路，当电源频率太高或者太低(远离共振频率)时电阻 $R$ 两端的“输出”电压都很小，这些频率的信号相对被过滤掉了。运用 $RLC$ 这三种电学元件还可以设计其他功能的滤波器。如图 25-8 则是一种带阻电路，当频率很高或者很低时，电感 $L$ 和电容 $C$ 的组合的有效电阻都很小可以视为导线，电阻 $R$ 分得的

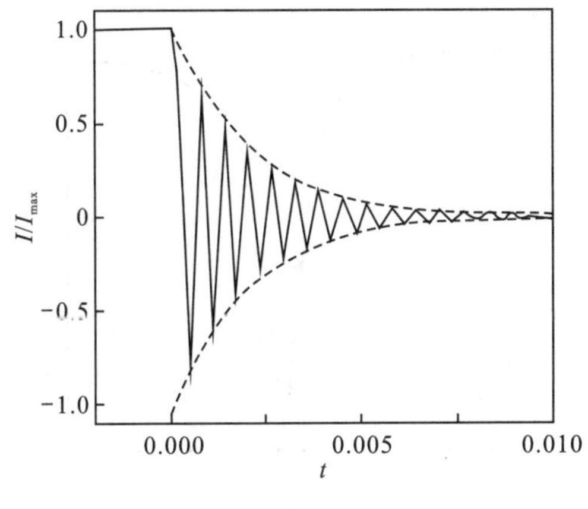


图 25－6 振幅指数衰减函数

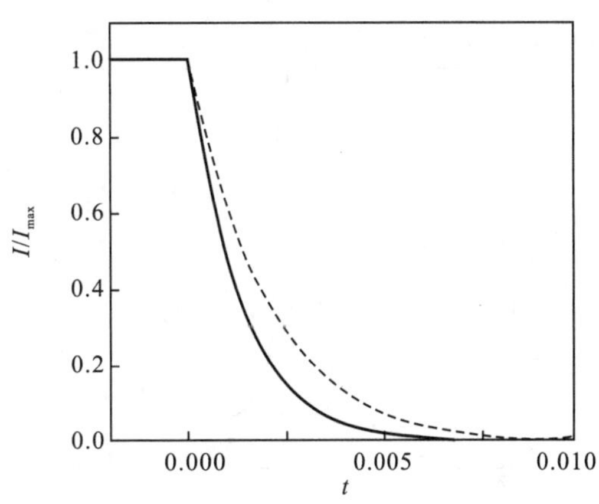


图 25－7 过阻尼响应(虚线)与临界阻尼响应(实线)

电压较大。当 $L$ 和 $C$ 的组合的有效电阻最大时，$R$ 两端为最小输出电压。

图 25－8 的等效电路图为图 25－9，容易得到该电路的总电阻为

$$R_{总} = \frac{1}{\dfrac{1}{R_L} + \dfrac{1}{R_C}} + R \tag{25-12}$$

将式(24－4)和式(24－11)式代入式(25－12)，得到总电阻为 $|R_{总}| \geqslant R$。当 $\frac{1}{\omega L} = \omega C$ 时总阻抗达到最大值，电阻 $R$ 两端分到的电压达到最小值。总电阻随频率的变化关系如图 25－10所示，在共振时 $LC$ 并联部分阻抗最大，总阻抗也最大，相应的电阻 $R$ 分得的电压最小(图 25－11)。

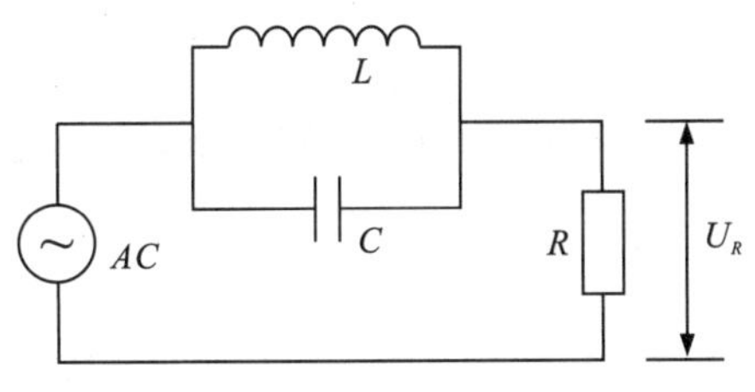


图 25－8 RLC 带阻电阻

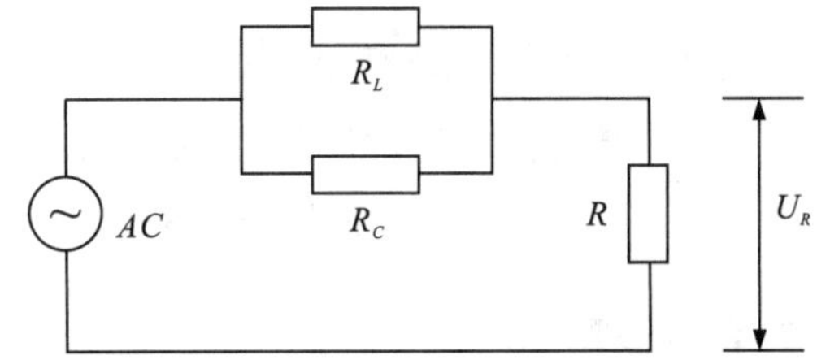


图 25－9 RLC 带阻电路等效电路图

## 实验内容

### 1. 实验验证 RLC 串联电路的幅频特性和相频特性

按图 25－1 连接电路，验证式(25－3)和式(25－4)。设置参数 $C=0.1\mu F$，$L=10mH$，$R=100\Omega$，电源频率在 500～10000Hz 范围内选取至少 8 个频率点，通过测量电阻两端的电压大小得到该电路的电流大小，及电源电压和电阻电压之间的位相夹角随频率变化。

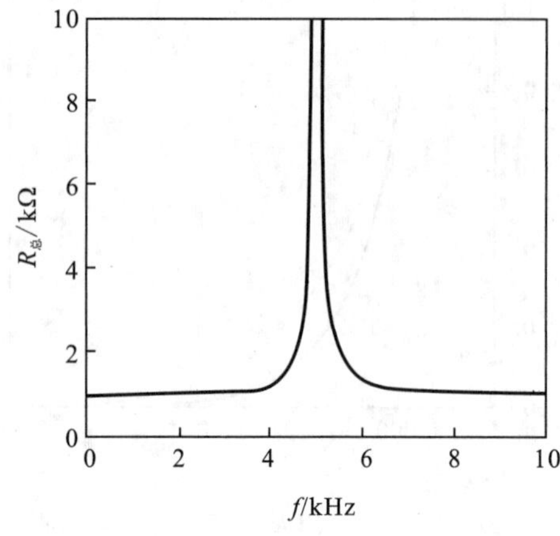


图 25－10 总电阻随频率的变化关系

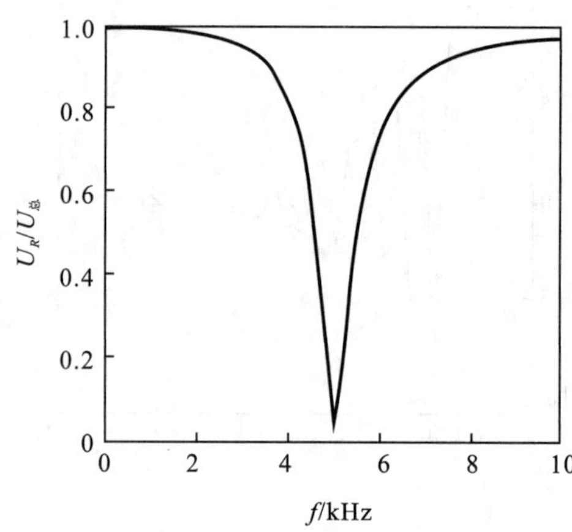


图 25－11 电阻分压随频率的变化关系

(1)用示波器测量不同频率下的电阻两端电压,并用 $I=U_R/R$ 得到电路电流,将测量结果和式(25－3)的理论结果比较。

(2)将电源电压信号接入示波器 $CH_1$ 通道,电阻电压信号接入示波器 $CH_2$ 通道,用李萨如图形法测量电源电压和电阻电压的位相角随交流电源频率的变化,将测量结果和式(25－4)的理论结果比较。

**2. 观察电容放电的欠阻尼响应和过阻尼响应**

按图 25－1 连接电路,设置参数 $C=0.1\mu F$,$L=10mH$,$R=10\Omega$,电源设为 50Hz 方波信号。将电容电压信号接入示波器 $CH_1$ 通道,观察欠阻尼响应并记录图像。将电阻改为 1000Ω,其他参数不变,观察过阻尼响应并记录图像。

**3. 测量带阻电路的特性(选做)**

按图 25－8 连接电路,设置参数 $C=0.1\mu F$,$L=10mH$,$R=1000\Omega$,测量电阻两端的电压随频率的变化,找到电路的共振频率。

## 数据处理

(1)在 *RLC* 串联电路中,根据测量结果作电流随电源频率的变化关系图(参考图 25－4),以及位相角随频率的变化关系图(参考图 25－5)。将测量结果分别和理论预测的结果[式(25－3)和式(25－4)]进行比较。

(2)记录观察到的欠阻尼图像和过阻尼图像。

利用 $RLC$ 这三种电学元件设计其他功能的滤波器，以图 25 - 12 电路图作为参考。

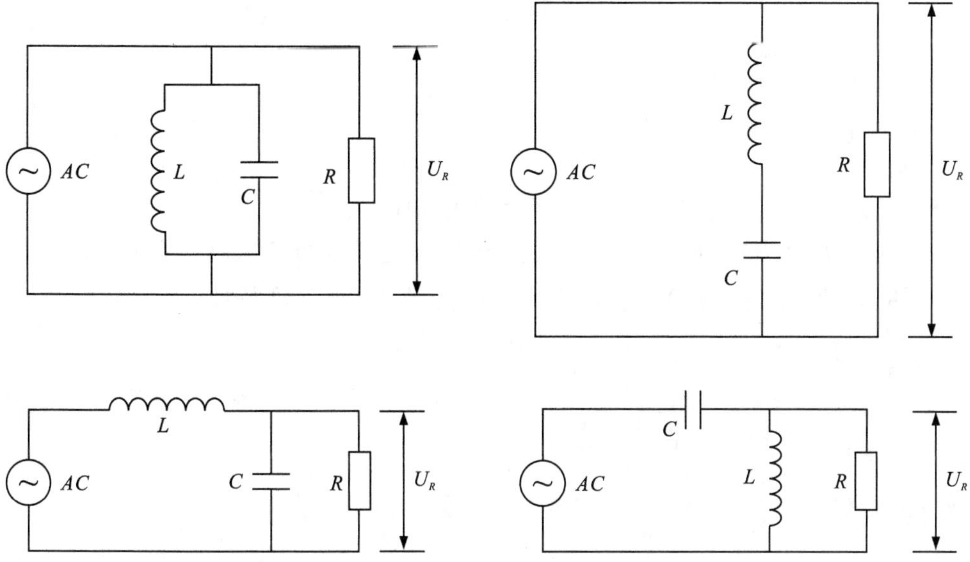


图 25 - 12　简易滤波器参考电路图

# 实验 26 大功率白光 LED 发光特性测量

## 实验目的

(1)了解大功率白光 LED 的工作原理与光电特性。

(2)掌握大功率白光 LED 发光强度、发光效率、光强分布等参数的测量方法。

(3)研究大功率白光 LED 在恒压驱动与恒流驱动下的温度特性。

## 实验仪器

FB2016 型 LED 特性测量实验仪。

## 实验原理

一般将功率大于 0.5W 的 LED 称为大功率 LED。大功率白光 LED 诞生于 20 世纪 90 年代末,具有发光效率高、启动快、显色性好、寿命长、节能、环保等优点,将取代白炽灯、荧光灯等传统光源而成为 21 世纪的绿色光源,目前广泛用于白光照明和液晶显示背光源等领域。测量和掌握 LED 的光电特性及温度对光电特性的影响,是正确使用大功率白光 LED 的基础。

### 1. 白光 LED 的发光原理

有三种方式获得白光 LED,目前比较成熟且已商业化的白光 LED 是利用 InGaN 蓝光 LED(460nm)照射 YAG 荧光粉产生 555nm 黄光,再用透镜将黄光与蓝光混合,得到白光,如图 26-1 所示。

### 2. 大功率白光 LED 特性测量原理

测量原理如图 26-2 所示,LED 数控电源输出恒压或恒流,用 LED 特性测试仪测出 LED 的电压、电流和光强,以及 LED 基板温度。

1)伏安曲线

白光 LED 的伏安曲线如图 26-3 所示,类似于 PN 结和红光 LED 的伏安曲线。由于发光晶片材料不同,不同 LED 的导通电压 $V_t$、反向击穿电压 $V_c$ 等参数不同。红光 LED 的导通电压 1.3V 左右,白光 LED 的导通电压 3V 左右。

白光 LED 是电流型控制器件,电流越大,发光强度越大,LED 越亮。如图 26-3 的

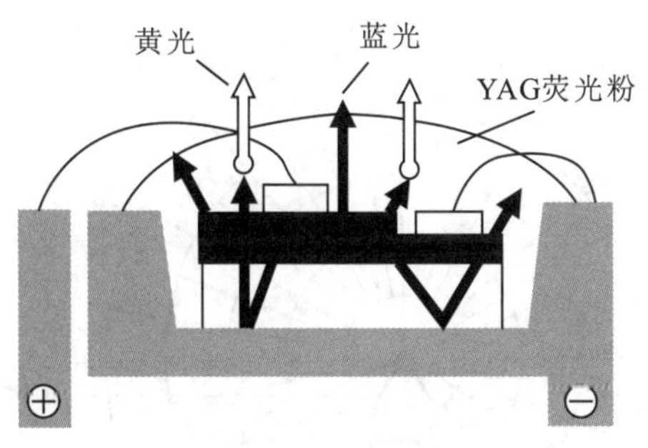


图 26－1　白光 LED 发光原理

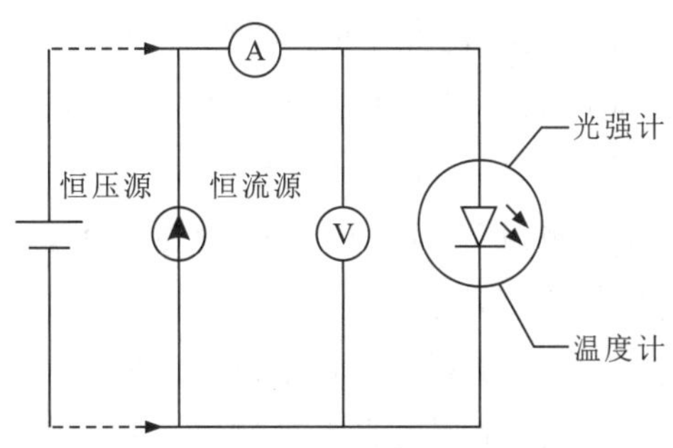


图 26－2　测量原理图

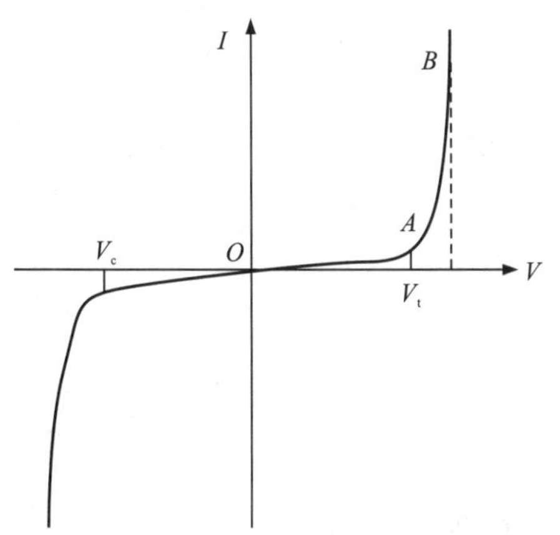


图 26－3　白光 LED 伏安曲线

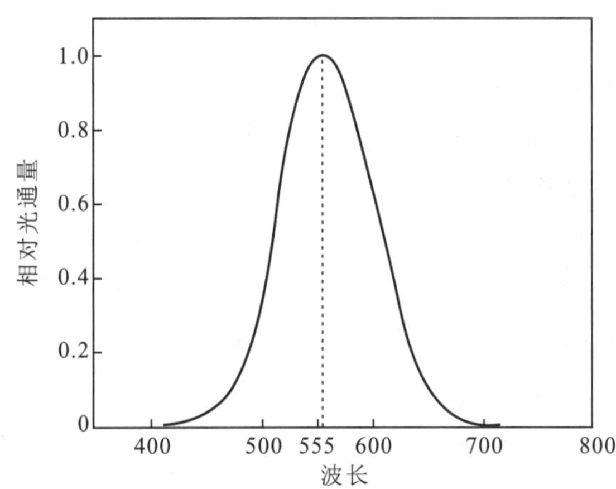


图 26－4　人眼的视觉曲线

AB 工作区，LED 电压的极小变化会引起电流较大变化，从而使发光强度变化很大。因此，为了亮度稳定，照明用的 LED 要用恒流源驱动。

2）光通量

光源在单位时间内发射并被人眼感知的能量总和，称为光通量，用 Φ 表示，单位为 lm（流明）。

光通量与光源的辐射功率相关，同类灯的功率越高，光通量越大。光通量是一个人为量，人眼对 1W 功率不同波长的光所感受的光通量不同。对于人眼最敏感的 555nm 的黄绿光，1W＝683lm（图 26－4）。光通量常用积分球测量，本实验不测量光通量。

3）发光强度

光源在给定方向单位立体角所发射的光通量，称为发光强度，用 $I_\Phi$ 表示，即

$$I_\Phi = \frac{\mathrm{d}\Phi}{\mathrm{d}\Omega} \tag{26-1}$$

$I_\Phi$ 单位为 cd（坎德拉），1cd＝1lm/sr。发光强度描述是光功率与光会聚能力的物理量。管芯完全一样的两个 LED，会聚能力好的 LED 发光强度大，看起来更亮。

在大功率白光 LED 照明中，光强分布曲线表示 LED 在空间各方向的分布状态，是衡量灯具性能的重要指标，因此测量光强比测光通量更有实际意义。LED 的发射角较小，方向性较强，一般呈橄榄状，如图 26－5 所示。

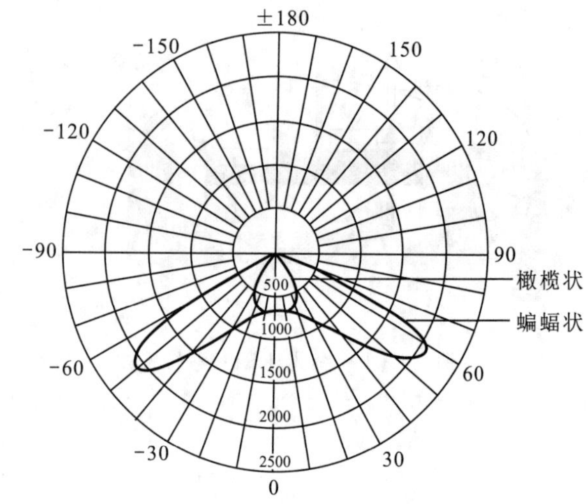

图 26－5　LED 光强分布曲线

LED 的光强用光强计测量。按照国际 CIE 规定，光强测量分远场（探测器距 LED 发光中心 316mm）和近场两种条件（探测器距 LED 发光中心 100mm）。由光强的定义可知，在电流和温度相同时，理论上 LED 的远场光强与近场光强是相等的。

4）发光效率

LED 光通量与消耗的电功率之比，称为发光效率，简称为光效，用 $\eta$ 表示。由于光强与光通量成正比，故发光效率可表示为

$$\eta = \frac{I_{\Phi}}{P} = \frac{I_{\Phi}}{IU} \tag{26-2}$$

式中，$U$ 和 $I$ 分别为 LED 的电压和电流，$P$ 为 LED 消耗的电功率。光效是衡量光源节能的重要指标，光效越高，表明光源将电能转化为光能的能力越强，节能性越好。

5）温度特性

由于 LED 发光晶片的折射率远高于空气，LED 发射的光 80％在发光晶片内部产生全反射或内反射变成热量，致使 LED 结温上升。大功率 LED 结温的上升，使 LED 的光谱红移、寿命缩短、发光效率降低（图 26－6），所以大功率 LED 必须配有很好散热性风扇。

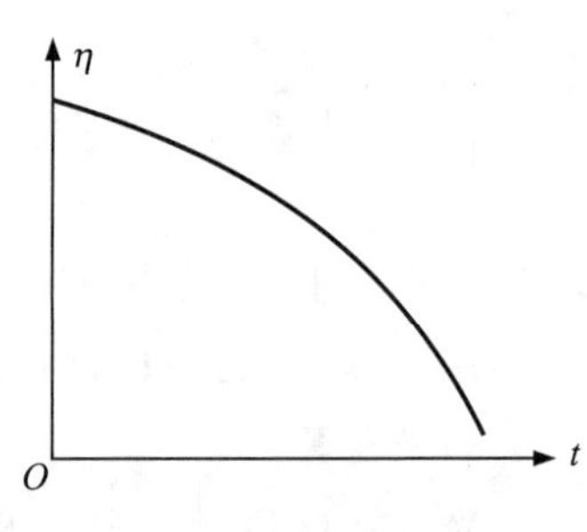

图 26－6　发光效率随温度变化关系

## 实验内容

本实验采用 1W 暖白 LED。FB2016 型 LED 特性测量实验仪（图 26－7），包括 LED 数控电源、特性测试仪和测试台三部分，其详细使用方法见附录。

LED 数控电源包括独立的 0～5V 恒压电源和 0～350mA 恒流电源，输出的恒压或恒流可通过“慢速上调”“快速上调”（10 倍速）或“慢速下调”“快速下调”键步进设定。

LED 特性测试仪用来测量 LED 电压、电流和光强，以及对 LED 进行恒温控制和通

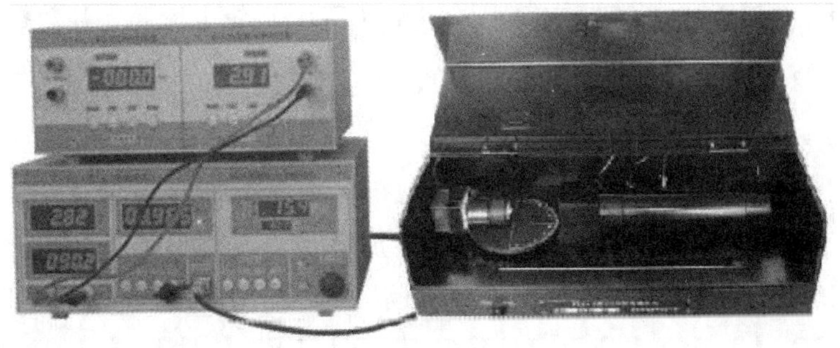

图 26－7　FB2016 型 LED 特性测量实验仪

过 PT100 测量 LED 基板温度(间接反映 LED 结温)。光强测量范围:0～400cd,分四挡,自动量程转换;恒温控制器设定范围:0～80℃。

LED 测试台包括 LED 固定架、LED 方位转盘(0～±90°)、光强探测器以及安装在 LED 基片后部的 LED 加温/降温装置。当测量高于室温的 LED 光电参数时,用半导体对 LED 进行加热;当测量低于室温的 LED 光电参数时,用半导体制冷和风扇辅助降温,以节省测量时间。

**1. 测 LED 伏安曲线(选做)**

(1)关闭 LED 实验仪所有电源,LED 特性测试仪的“加热/制冷温度控制”旋钮调至“关”(在室温下测量),LED 数控电源的恒压电源的输出电压调至零。

(2)从 LED 数控电源的恒压输出端为 LED 输出工作电压,按图 26－7 连接好 LED 特性测试仪与 LED 数控电源、LED 测试台之间的连线(电源正负极不要接反)。

(3)打开 LED 实验仪电源,调节恒压源的“慢速上调”等按键,从零开始改变电源的输出电压,直到 3.5V(不要超过 3.5V,否则会烧毁 LED)。用 LED 特性测试仪的电压表和电流表测量 LED 电压和电流,同时观察 LED 的发光亮度,并记录电压和电流数据。

**2. 测量 LED 光强与电流的关系**

(1)关闭 LED 实验仪所有电源,LED 特性测试仪的“加热/制冷温度控制”旋钮调至“关”(在室温下测量),LED 数控电源的恒流电源的输出电流调至零。

(2)将图 26－7 连接 LED 数控电源的恒压输出端的两根线改接到恒流输出端,用恒流对 LED 供电。

(3)LED 测试台的光强探测器放置远场位置(316mm),LED 方位转盘固定于 0°(LED 法线),合上盖板以屏蔽外界光影响;LED 特性测试仪的“光强测量”键调至“远场”(默认)。

(4)打开 LED 实验仪电源,调节恒流源的“快速上调”等按键,从零开始增大输出电流至 250mA,同时从 LED 测试台的观察窗察看 LED 的亮度,用 LED 特性测试仪测量 LED 的电流与光强。由于大功率 LED 工作时发热严重,LED 的温度变化引起光强变化,因此每改变一次 LED 电流值,要等光强读数基本稳定后才记录。然后,按一定步长(如 10mA)改变 LED

电流，直到 320mA(不要超过 350mA，否则会烧毁 LED)，记录电流和光强数据。

**3. 测量 LED 光强角分布**

(1)保持实验内容 2 接线不变。

(2)LED 设定为恒流恒温工作。LED 电源输出恒流调为 300mA，LED 特性测试仪的 LED 温度设定为高于环境温度的某个恒温(如 38℃)，“加热/制冷温度控制”旋钮调至“加热”。

(3)将 LED 方位转盘调为 $-40°$，合上盖板，同时从 LED 测试台的观察窗观察 LED 的亮度。当 LED 测量温度达到设定且稳定时，记下 LED 特性测试仪的温度和光强。然后，按一定步长(如 $10°$)改变 LED 的方位角，直到 $40°$，记录光强与 LED 方位角数据。

**4. 测量恒流下 LED 发光效率与温度的关系**

(1)保持实验内容 2 接线不变。

(2)LED 设定为恒流工作。LED 电源输出恒流调为 300mA，LED 方位转盘调为 $0°$，合上盖板，同时观察 LED 是否正常发光。

(3)LED 温度设定为 10℃，“加热/制冷温度控制”旋钮调至“制冷”。当 LED 测量温度达到设定温度且稳定时，记下 LED 特性测试仪的温度、电压和光强。

(4)按一定步长(如 10℃)改变 LED 设定温度，直到 60℃，当设定温度高于环境温度时，“加热/制冷温度控制”旋钮调至“加热”。当 LED 测量温度达到设定温度且稳定时，测量每个温度对应的光强、电压。

**5. 测量恒压下 LED 发光效率与温度的关系(选做)**

将实验内容 4 中 LED 的工作电源改为 3V 恒压供电，按照实验内容 4 的测量方法，测出 LED 在 10～70℃的 $\eta-t$ 曲线，并与恒流 LED 的 $\eta-t$ 曲线比较，分析原因。

## 数据记录与处理

将实验数据记录在数据记录单中，并按实验要求处理数据。

(1)画出 LED 室温下正向 $I-U$ 曲线，求出 LED 的导通电压 $V_t$。

(2)画出 LED 室温下 $I_\Phi-I$ 曲线，分析光强随电流的变化关系。

(3)画出 LED 室温下 $I_\Phi-\theta$ 曲线，分析 LED 光强分布特点。

(4)画出 LED 恒流下和恒压下 $\eta-t$ 曲线，并分析恒流下和恒压下 LED 发光效率随温度的变化规律的异同。

## 注意事项

在电源关闭之前，必需把输出的恒压通过“快速下调”键设定输出恒压为 0V，必需把输出的恒流通过“快速下调”键设定 LED 电流为 0mA，以免电源通电瞬间输出电压、电流太大使 LED 快速老化。

(1)1W 白光 LED 电压为 3V 时，其室温工作电流约为多少？

(2)照明用 LED 为什么要用恒流电源驱动？

(3)什么是发光效率？温度升高时，发光效率变大还是变小？

(4)在恒流驱动下，温度升高时，LED 消耗的电功率增大还是减小？请以实验数据举例说明。

# 附录　FL10 - Ⅰ型 LED 特性测量实验仪的使用方法

FB2016 型 LED 特性测量实验仪包括 LED 数控电源、特性测试仪和测试台三部分，主要部件及按键如图 26 - 8 所示。

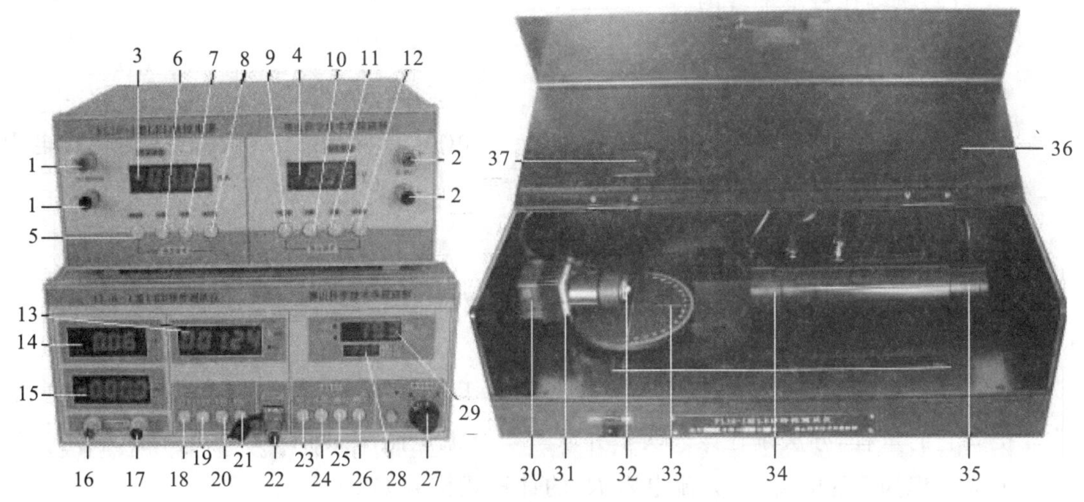


图 26 - 8　FB2016 型 LED 特性测量实验仪主要部件及按键图

编号部件说明：1. 0～350mA 恒流源输出端；2. 0～5V 直流稳压电源输出端；3. 恒流源输出电流表；4. 恒压电源输出电压表；5. 恒流源输出电流快速上调键(10 倍速)；6. 恒流源输出电流慢速上调键；7. 恒流源输出电流慢速下调键；8. 恒流源输出电流快速下调键(10 倍速)；9. 恒压电源输出电压快速上调键(10 倍速)；10. 恒压电源输出电压慢速上调键；11. 恒压电源输出电压慢速下调键；12. 恒压电源输出电压快速之下调键(10 倍速)；13. 光强显示，量程自动变换：399. 99mcd、3999. 9mcd、39999mcd、399. 99cd；14. LED 端电压显示；15. LED电流显示；16. LED 工作电源正极输入端；17. LED 工作电源负极输入端；18. LED 光强远场/近场切换键；19. 全黑条件下光强测定仪校零按钮；20. 近场光强测量按钮；21. 远场光强测量按钮；22. 光强探头信号输入插座；23. LED 温度设置按钮；24. LED 温度设置位选按钮；25. LED 温度设置下调按钮；26. LED 温度设置上调按钮；27. LED 温度加热/制冷选择开关；28. LED 温控设置显示表；29. LED 测量温度显示；30. 微型风扇；31. 加热/制冷半导体元件；32. 大功率白光 LED；33. LED 转动角度刻度盘；34. 光强探头近场位置(100mm)；35. 光强探头远场位置(316mm)；36. LED 测试台箱盖；37. LED 发光监视窗

# 实验 27 改装磁电式双量程电表

## 实验目的

(1)学会把表头改装为双量程毫安计和伏持计的原理和校准方法。

(2)学会测量表头数据的一种简便方法。

(3)熟练基本仪表的调节使用。

(4)熟练作校准曲线图。

## 实验仪器

直流稳压电源、表头($I_g=500\mu A$,$R_g=400\Omega$)、标准毫安表、伏特计、旋转式电阻箱(3个)、滑线变阻器、单刀双掷开关。

## 实验原理

### 1. 扩大直流电流表量程

一只量程为 $I_g$ 的微安表头,只能测量 $I_g$ 以内的电流,若要测量大于 $I_g$ 的电流,就要扩大它的量程,办法是在该表头上并联一个分流电阻 $R_s$,如图 27-1 所示,假定要把它扩大成量程为 I 的电流表,分流电阻 $R_s$ 的计算式推导如下:

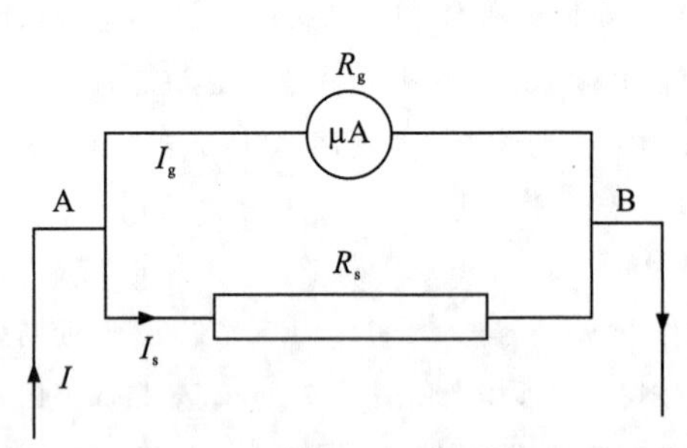


图 27-1 电流表的分流电路

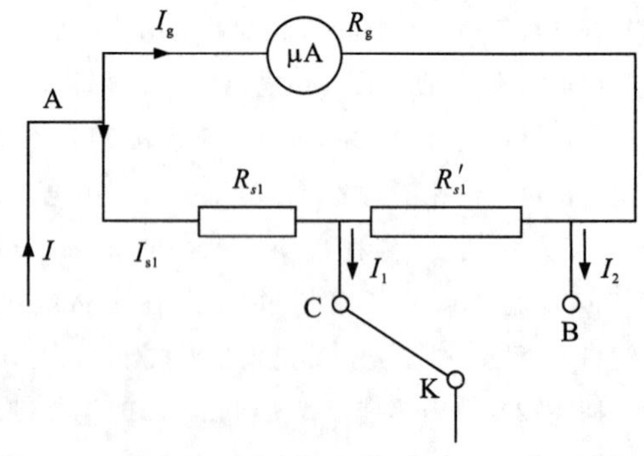


图 27-2 两个量程电流表的分流电路

图 27－1 中并联支路两端的电位差相等，总电流等于支路电流之和。即

$$\begin{cases} I_g R_g = I_s R_s \\ I_0 = I_g + I_s \end{cases}$$

或

$$I_g R_g = (I - I_g) R_s$$

所以有

$$R_S = \frac{R_g}{(I/I_g) - 1} \tag{27-1}$$

由式(27－1)可见，量程 $I$ 越大，分流电阻 $R_s$ 越小。如果把 $R_s$ 由几个有一定阻值的电阻串联组成，还可以把表头改装为多量程的直流电表，这是实用电流表最常采取的改装方法。如图 27－2 所示，为两个量程的电流表。当单刀双掷开关 K 接 B 时，分流电阻最大为 $R_s = R_{s1} + R'_{s1}$，对应较小量程 $I_2$；当 K 接 C 时，分流电阻 $R_{s1}$ 是 $R_s$ 的一部分，对应较大量程 $I_1$。由于此时 $R_{s1}$ 与 $(R_g + R'_{s1})$ 是并联的两个支路，得如下关系

$$\begin{cases} I_{s1} R_{s1} = I_g (R_g + R'_{s1}) \\ I_1 = I_{s1} + I_g \end{cases}$$

而 $R'_{s1} = R_s - R_{s1}$，代入上式化简可得

$$I_1 R_{s1} = I_g (R_s + R_g) \tag{27-2}$$

$R_s$ 一经确定，式(27－2)右边即为一常量，所以使式(27－2)有普遍意义，即任一挡的量程(如 $I_1$)与相应的分流电阻(如 $R_{s1}$)的乘积等于这个常量。根据式(27－2)可方便地算出各挡的分流电阻为 $R_{si} = I_g (R_s + R_g) / I_i$，式中 $I_i$ 为第 $i$ 挡的量程。

**2. 扩大直流电压表的量程**

一个内阻为 $R_g$、量程为 $I_g$ 的表头，本身就是一个伏特计，其电压量程为 $V_g = I_g R_g$(即表头指针偏转满度时，表头两端的电压为 $V_g$)，但这个量程太小，一般只有零点几伏。实用中，时常给表头串联一个阻值较大的电阻 $R_V$，使它的量程扩大，如图 27－3 所示。

这里组成的电压表量程为

$$V = I_g (R_v + R_g) \tag{27-3}$$

$V$ 的大小可以任意选定，$R_v$ 可以据(27－3)算出，但图 27－3 的改装办法只能确定一个量程。为了适用于较大范围的电压测量，往往把一个表头改装成多量程的电压表，两个量程的电压表如图 27－4 所示，它的两个量程 $V_1$、$V_2$ 分别为

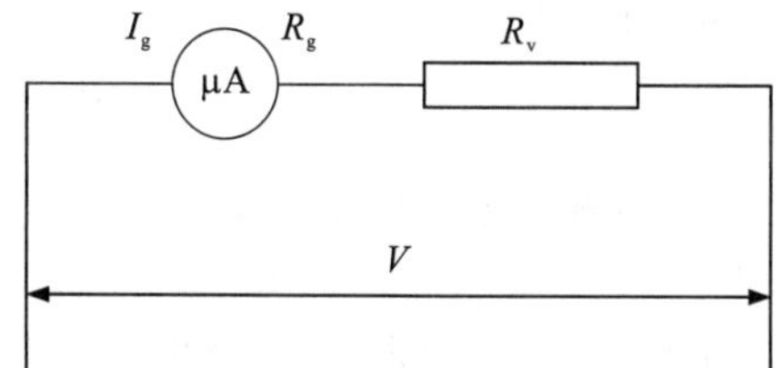

图 27－3　电压表中分压电路

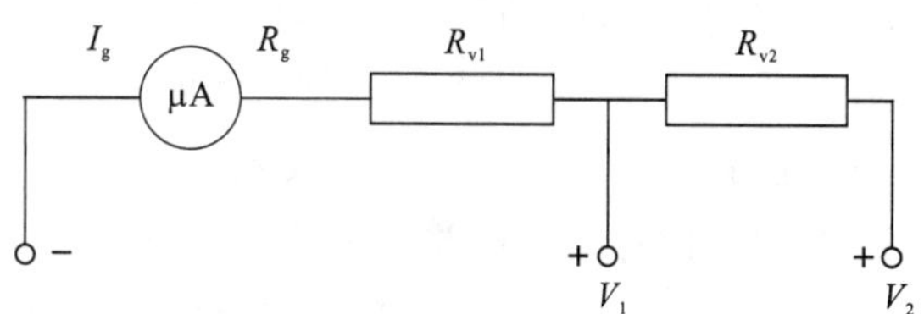

图 27－4　双量程电压表分压电路

$$\begin{cases} V_1 = I_g(R_{v1} + R_g) \\ V_2 = V_1 + I_g R_{v2} \end{cases} \tag{27-4}$$

所串联的两个电阻 $R_{v1}$、$R_{v2}$ 可以根据式(27-4)进行计算。

$$\begin{cases} R_{v1} = \dfrac{V_1}{I_g} - R_g \\ R_{v2} = \dfrac{V_2 - V_1}{I_g} \end{cases} \tag{27-5}$$

其他更多量程的电压表的安装、计算式可以类推,不再讨论。由图 27-4,$(R_{v1}+R_g)$ 和 $(R_{v1}+R_{v2}+R_g)$ 分别称为量程为 $V_1$ 和 $V_2$ 的伏特计内阻。显然,伏特计内阻越大,用它并联在电路中测电压时,对电路的影响越小。

## 实验内容

### 1. 表头改装为 2.50mA 及 10.00mA 的双量程毫安表并进行校准

(1)根据“仪器”提供的表头参数($I_g = 500\mu A, R_g = 400\Omega$)及拟改装表的量程为(2.50mA、10.00mA),计算出电阻 $R_{s1}$、$R'_{s1}$ 的大小并作记录。

当开关闭合至 C 端时,由并联电路的伏安特性曲线得到

$$(I - I_g)R_{s1} = I_g(R_g + R'_{s1}) \tag{27-6}$$

当开关闭合至 B 端时,由并联电路的伏安特性曲线得到

$$(I - I_g)(R_{s1} + R'_{s1}) = I_g R_g \tag{27-7}$$

联立以上两式可得到 $R_{s1}$、$R'_{s1}$ 的大小。

(2)用电阻箱作为 $R_{s1}$ 与 $R'_{s1}$,连好双量程电表。按图 27-5 连接校准电路。图中限流用的电阻箱 $R$ 取 500Ω,毫安表为 0.5 级多量程(标准)毫安表。$R'$ 为分压用的滑线变阻器,单刀双掷开关 K 可方便地接通待测表的不同量程。

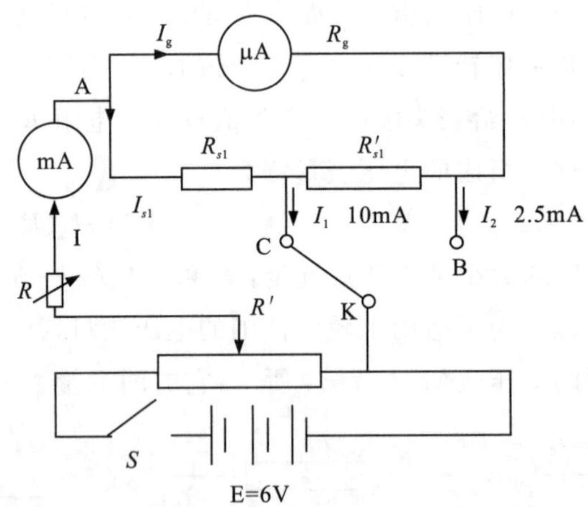


图 27-5 双量程电流表校准电路图

(3)使 K 掷向 2.50mA 量程,调节 $R'$ 使电流由 0 逐渐增大,当待测表指针对齐各个有标度值的刻度时,记录待校表读数 $I_g$ 及标准毫安表读数 $I_{标}$(注:合理选用标准表的量程)。

(4)将 K 掷向 10.00mA 量程,进行与步骤(3)同样的操作。对不同量程,分别列表记录 $I_X$、$I_{标}$ 及 $\Delta I = I_X - I_{标}$。

**2. 表头改装为 1.00V 和 5.00V 双量程电压表并进行校准**

(1)根据量程($V_1=1.00\text{V}$,$V_2=5.00\text{V}$)及表头的标准数据($I_g=500\mu\text{A}$,$R_g=400\Omega$),由式(27-5)算出改装电压表中所串联的两个电阻值 $R_{v1}$、$R_{v2}$,作出记录。

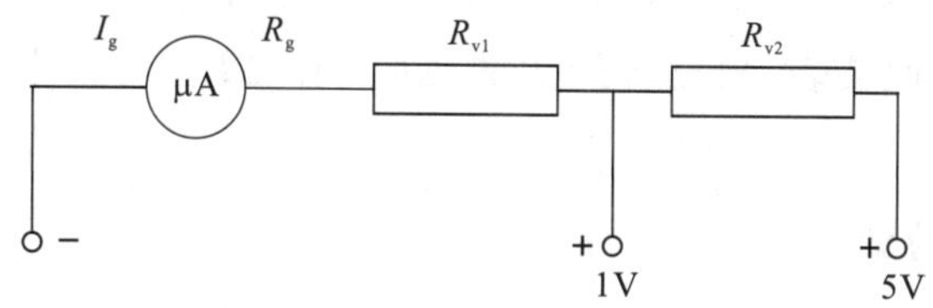


图 27-6　双量程电压表原理图

当开关闭合至"1V"端时,由串联电路的伏安特性得到

$$U=I_g(R_g+R_{v1}) \tag{27-8}$$

当开关闭合至"5V"端时,由串联电路的伏安特性得到

$$U=I_g(R_g+R_{v1}+R_{v2}) \tag{27-9}$$

通过以上两个公式可解得 $R_{v1}$、$R_{v2}$。

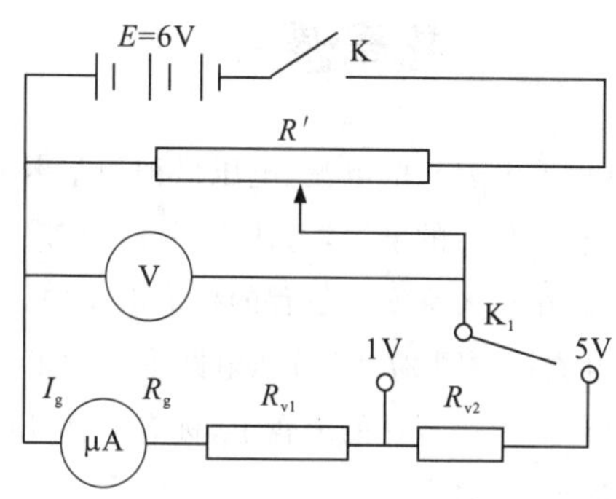


图 27-7　双量程电压表校准电路图

(2)按图 27-7 接好校准电路。V 为标准伏特计,$K_1$ 为量程换挡的单刀双掷开关。图 27-7 下部表示改装的双量程电压表,$R'$分压器输出的可调电压可由标准电压表和改装的电压表进行比较测量。

(3)通过 $K_1$ 分别校准两个量程的电压表,仿电流表校准的操作程序,调节 $R'$使改装表指示的电压值由 0 逐渐增大至满度,记录对应各校准点的两表的读数 $U_X$、$U_{标}$ 及 $\Delta U=U_X-U_{标}$。

## 注意事项

(1)实验前要检查各个电表的零点。

(2)本实验所用表头的度盘为万用表度盘,其第二排刻度为直流表所用。

(3)校准前务必使分压器置于输出电压为最小的位置。

(4)校准中,电表指针超过满刻度值时,不能估读,可取标准表附近偏度时待测表的读数作为一组校准数据。

## 数据记录与处理

**1. 改装双量程毫安表**

(1)以改装表读数 $I_X$ 为横坐标,$\Delta I=I_X-I_{标}$ 为纵坐标作 $\Delta I-I_X$ 校准曲线。

(2)对不同量程的改装表,根据各最大的 $\Delta I$ 计算 $\Delta I_M/I_{量程}$,取其中大者估计改装表的精确度等级。

**2. 改装双量程伏特计**

作 $\Delta U-U_X$ 校准曲线,估算改装表的精确度等级。

(1)扩大表头的电流、电压量程的基本方法是什么?已知表头数据怎样计算有关的电阻值?

(2)改装后的电表,为什么要进行校准?怎样校准?

(3)在扩大毫安计量程的校准电路中,为什么要采用分压电路来调节电流,而不是用更简单的限流电流?在图 27-5 分压电路中又加了一个限流电阻 $R$,有何作用?可否取消?

(4)一个伏特计的表盘上,标有字样 20kΩ/v。如果量程是 5V,它的总内阻是多少?表头的电流量程 $I_X$ 为多少?

(5)若表头数据是准确的,实际进行两种表改装后,附加部分电路有附加电阻 $\Delta R_s$、$\Delta R$,试问校准时两种电表的读数会偏大还是偏小?

# 实验 28　铁磁材料动态磁滞回线和磁化曲线的测量

## 实验目的

(1)了解磁性材料的磁滞回线和磁化曲线的概念，加深对铁磁材料的重要物理量矫顽力、剩磁和磁导率的理解。

(2)用示波器测量软磁材料(软磁铁氧体)的磁滞回线和基本磁化曲线，求该材料的饱和磁感应强度 $B_m$、剩磁 $B_r$ 和矫顽力 $Hc$。

(3)学习示波器的 $X$ 轴和 $Y$ 轴用于测量交流电压时，各自分度值的校准。

(4)用示波器显示硬铁磁材料(模具钢 Cr12)的交流磁滞回线，并与软磁材料进行比较。

## 实验仪器及装置

FD－BH－2 动态磁滞回线实验仪由可调正弦信号发生器(图 28－1)、交流数字电压表、示波器、待测样品(软磁铁氧体、硬磁 Cr12 模具钢)(图 28－2)、电阻、电容、导线等组成。

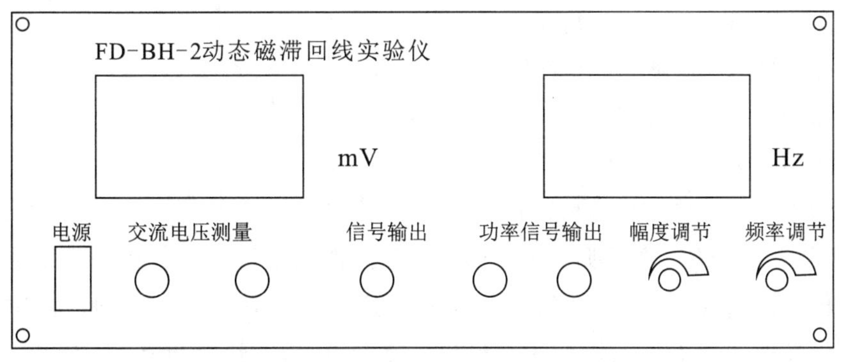


图 28－1　动态磁滞回线可调正弦信号发生器、交流数字电压表

## 实验原理

### 1. 铁磁物质的磁滞现象

铁磁性物质的磁化过程很复杂，这主要是由于它产生磁性的来源复杂，需要量子力学

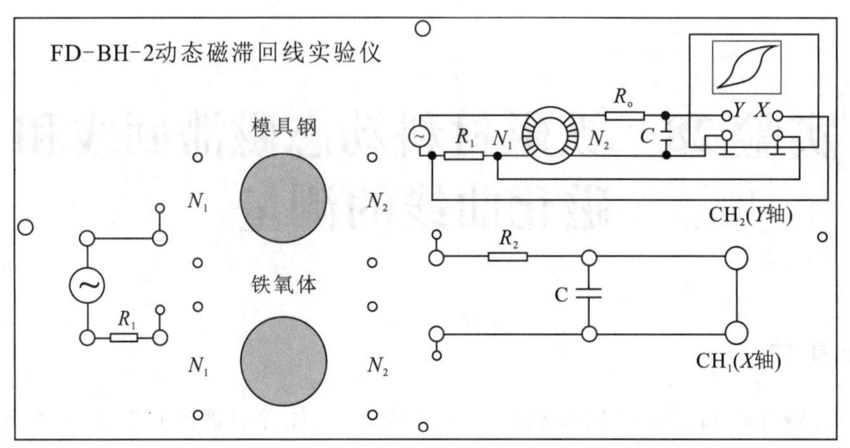


图 28－2 动态磁滞回线实验仪，含待测样品（软磁铁氧体、硬磁 Cr12 模具钢）

相变理论解释。一般都是通过测量磁化场的磁场强度 $H$ 和磁感应强度 $B$ 之间关系来研究铁磁物质的宏观磁化规律的。

如图 28－3 所示，当铁磁物质中不存在磁化场时，$H$ 和 $B$ 均为零，在 $B-H$ 图中则相当于坐标原点 $O$。随着磁化场 $H$ 的增加，$B$ 也随之增加，但两者之间不是线性关系。当 $H$ 增加到一定值时，$B$ 不再增加或增加得十分缓慢，这说明该物质的磁化已达到饱和状态。$H_m$ 和 $B_m$ 分别为饱和时的磁场强度和磁感应强度（对应于图中 $A$ 点）。如果再使 $H$ 逐步退到零，则与此同时 $B$ 也逐渐减小。然而，其轨迹并不沿原曲线 $AO$，而是沿另一曲线 $AR$ 下降到 $B_r$，这说明当 $H$ 下降为零时，铁磁物质中仍保留一定的磁性。将磁化场反向，再逐渐增加其强度，直到 $H=-H_m$，这时曲线达到 $A'$ 点（即反向饱和点），然后，先使磁化场退回到 $H=0$；再使正向磁化场逐渐增大，直到饱和值 $H_m$ 为止。如此就得到一条与 $ARA'$ 对称的曲线 $A'R'A$，而自 $A$ 点出发又回到 $A$ 点的轨迹为一闭合曲线，称为铁磁物质的磁滞回线，此属于饱和磁滞回线。其中，回线和 $H$ 轴的交点 $H_c$ 和 $H'_c$ 称为矫顽力，回线与 $B$ 轴的交点 $B_r$ 和 $B'_r$，称为剩余磁感应强度。

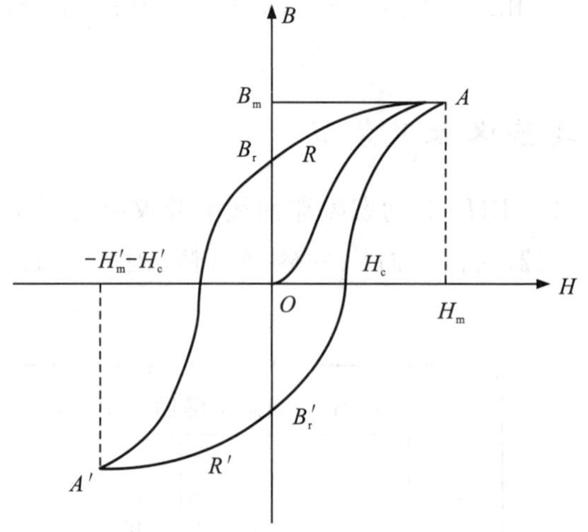


图 28－3 磁化曲线和磁滞回线

磁滞回线所围面积很小的材料称为软磁材料。这种材料的特点是磁导率较高，在交流下使用时磁滞损耗也较小，故常作电磁铁或永磁铁的磁轭以及交流导磁材料。如电工纯铁、坡莫合金、硅钢片、软磁铁氧体等都属于这一类。磁滞回线所围面积很大的材料称为硬磁材料，其特征常常用剩余磁感应强度 $B_r$ 和矫顽力 $H_c$ 这两个特定点数值表示。$B_r$ 和 $H_c$ 大的材料可作为永久磁铁使用。有时也用 $BH$ 乘积的最大值$(BH)_{max}$衡量硬磁材料的性能，称为最大磁能，硬磁材料典型例子是各种磁钢合金和永久钡铁氧体。

**2. 利用示波器观测铁磁材料动态磁滞回线**

电路原理图如图 28－4 所示。

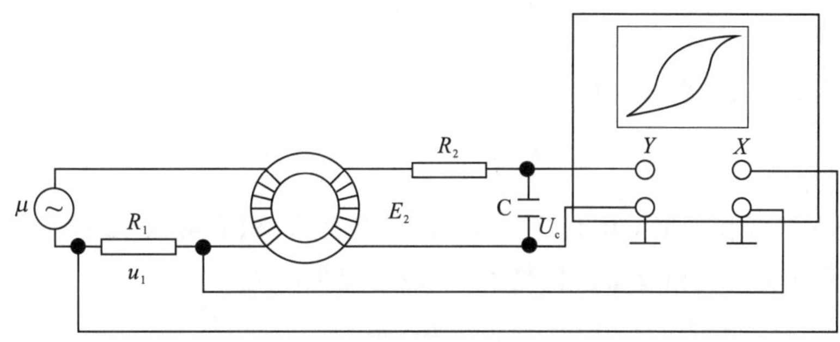


图 28－4 用示波器测动态磁滞回线的电路图

（图中正弦交流电源浮地）

将样品制成闭合环状，其上均匀地绕以磁化线圈 $N_1$ 及副线圈 $N_2$。交流电压 $u$ 加在磁化线圈上，线路中串联了一取样电阻 $R_1$，将 $R_1$ 两端的电压 $u_1$ 加到示波器的 $X$ 轴输入端上。副线圈 $N_2$ 与电阻 $R_2$ 和电容 C 串联成一回路，将电容 C 两端的电压 $u_C$ 加到示波器的 $Y$ 轴输入端，这样的电路，在示波器上可以显示和测量铁磁材料的磁滞回线。

1）磁场强度 $H$ 的测量

设环状样品的平均周长为 $l$，磁化线圈的匝数为 $N_1$，磁化电流为交流正弦波电流 $i_1$，由安培回路定律 $Hl=N_1 i_1$，而 $u_1=R_1 i_1$，所以可得

$$H=\frac{N_1 \cdot u_1}{l \cdot R_1} \tag{28-1}$$

式中，$u_1$ 为取样电阻 $R_1$ 上的电压。由式(28－1)可知，在已知 $R_1$、$l$、$N_1$ 的情况下，测得 $u_1$ 的值，即可用式(28－1)计算磁场强度 $H$ 的值。

2）磁感应强度 $B$ 的测量

设样品的截面积为 $S$，根据电磁感应定律，在匝数为 $N_2$ 的副线圈中感生电动势 $E_2$ 为

$$E_2=-N_2 S\frac{\mathrm{d}B}{\mathrm{d}t} \tag{28-2}$$

式中，$\frac{\mathrm{d}B}{\mathrm{d}t}$为磁感应强度 $B$ 对时间 $t$ 的导数。

若副线圈所接回路中的电流为 $i_2$，且电容 $C$ 上的电量为 $Q$，则有

$$E_2=R_2 i_2+\frac{Q}{C} \tag{28-3}$$

在式(28－3)中，考虑到副线圈匝数不太多，因此自感电动势可忽略不计。在选定线路参数时，将 $R_2$ 和 $C$ 都取较大值，使电容 $C$ 上电压降 $u_C=Q/C\ll R_2 i_2$，可忽略不计，于是式(28－3)可写为

$$E_2 = R_2 i_2 \tag{28-4}$$

把电流 $i_2 = \frac{\mathrm{d}Q}{\mathrm{d}t} = C\frac{\mathrm{d}u_C}{\mathrm{d}t}$ 代入式(28－4)得

$$E_2 = R_2 C\frac{\mathrm{d}u_C}{\mathrm{d}t} \tag{28-5}$$

把式(28－5)式代入式(28－2)得

$$-N_2 S\frac{\mathrm{d}B}{\mathrm{d}t} = R_2 C\frac{\mathrm{d}u_C}{\mathrm{d}t}$$

再将此式两边对时间积分时，由于 $B$ 和 $u_C$ 都是交变的，积分常数项为零。于是，在不考虑负号(在这里仅仅指位相差 $\pm\pi$)的情况下，磁感应强度为

$$B = \frac{R_2 C u_C}{N_2 S} \tag{28-6}$$

式中，$N_2$、$S$、$R_2$ 和 $C$ 皆为已知参数，通过测量电容两端电压幅值 $u_C$ 代入公式(28－6)，可以求得材料磁感应强度 $B$ 的值。

当磁化电流变化一个周期，示波器的光点将描绘出一条完整的磁滞回线，以后每个周期都重复此过程，形成一个稳定的磁滞回线。

3)$B$ 轴($Y$ 轴)和 $H$ 轴($X$ 轴)的校准

虽然示波器 $Y$ 轴和 $X$ 轴上有分度值可读数，但该分度值只是一个参考值，存在一定误差，且 $X$ 轴和 $Y$ 轴增益可微调会改变分度值。所以，用数字交流电压表测量正弦信号电压，并且将正弦波输入 $X$ 轴或 $Y$ 轴进行分度值校准是必要的。

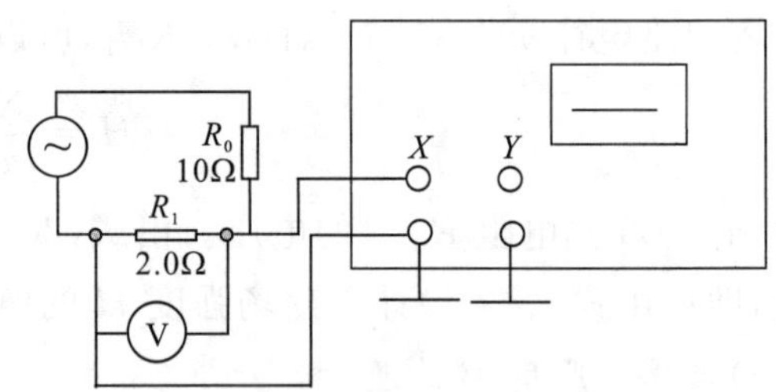

图 28－5　$X$ 轴校准电路

将被测样品(铁氧体)用电阻替代，从 $R_1$ 上将正弦信号输入 $X$ 轴，用交流数字电压表测量 $R_1$ 两端电压 $U_{有效}$，从而可以计算示波器该挡的分度值(单位 V/cm)，见图 28－5。须注意：①数字电压表测量交流正弦信号，测得值为有效值 $U_{有效}$。而示波器显示的该正弦信号值为正弦波电压峰-峰值 $U_{峰\text{-}峰}$。两者关系是

$$U_{峰\text{-}峰} = 2\sqrt{2}\,U_{有效} \tag{28-7}$$

②用于校准示波器 $X$ 轴挡和 $Y$ 轴挡分度值的波形必须为正弦波，不可用失真波形。用上述方法可以对示波器 $Y$ 轴和 $X$ 轴的分度值进行校准。

## 实验内容

### 1. 观察和测量软磁铁氧体的动态磁滞回线

(1)按图 28-6 要求接好电路图。

(2)把示波器光点调至荧光屏中心。磁化电流从零开始,逐渐增大磁化电流,直至磁滞回线上的磁感应强度 $B$ 达到饱和(即 $H$ 值达到足够高时,曲线有变平坦的趋势,这一状态属饱和)。磁化电流的频率 $f$ 取 50Hz 左右。示波器的 $X$ 轴和 $Y$ 轴分度值调整至适当位置,使磁滞回线的 $B_m$ 和 $H_m$ 值尽可能充满整个荧光屏,且图形为不失真的磁滞回线图形。

(3)记录磁滞回线的顶点 $B_m$ 和 $H_m$,剩磁 $B_r$ 和矫顽力 $H_c$ 三个读数值(以长度为单位),在作图纸上画出软磁铁氧体的近似磁滞回线。

(4)对 $X$ 轴和 $Y$ 轴进行校准。计算软磁铁氧体的饱和磁感应强度 $B_m$ 和相应的磁场强度 $H_m$、剩磁 $B_r$ 和矫顽力 $H_c$。磁感应强度以 T 为单位,磁场强度以 A/m 为单位。

(5)测量软磁铁氧体的基本磁化曲线。现将磁化电流慢慢从大至小,退磁至零。从零开始,由小到大测量不同磁滞回线顶点的读数值 $B_i$ 和 $H_i$,用作图纸作软磁铁氧体的基本磁化曲线($B-H$ 关系)及磁导率与磁感应强度关系曲线($\mu-H$ 曲线),其中 $\mu=B/H$。

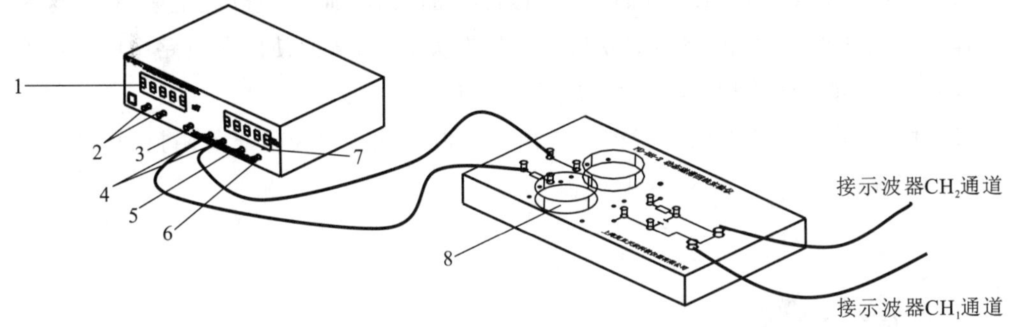


图 28-6　动态磁滞回线连线示意图

1. 交流数字电压表;2. 交流电压输入;3. 正弦信号输出;4. 功率信号输出;
5. 幅度调节;6. 频率调节;7. 频率计;8. 待测样品

### 2. 观测硬磁 Cr12 模具钢(铬钢)材料的动态磁滞回线

(1)将样品换成 Cr12 模具钢硬磁材料,经退磁后,从零开始电流由小到大增加磁化电流,直至磁滞回线达到磁感应强度饱和状态。磁化电流频率为 $f=50$Hz 左右。调节 $X$ 轴和 $Y$ 轴分度值使磁滞回线为不失真图形(注意硬磁材料交流磁滞回线与软磁材料有明显区别,硬磁材料在磁场强度较小时,交流磁滞回线为椭圆形回线,而达到饱和时为近似矩形图形,硬磁材料的直流磁滞回线和交流磁滞回线也有很大区别)。

(2)对 $X$ 轴和 $Y$ 轴进行校准,并记录相应的 $B_m$ 和 $H_m$,$B_r$ 和 $H_c$ 值,在作图纸上近似画出硬磁材料在达到饱和状态时的交流磁滞回线。

## 注意事项

(1)正弦波信号发生器:频率 15～115Hz,连续可调。输出信号交流 0～7V,可连续细调。输出端与电源线中的地线隔离(浮地)。

(2)交流数字电压表:量程 200mV,分辨率 0.1mV,浮地。

(3)待测磁性样品:软磁铁氧体 1 只(环状),初级 200 匝,次级 200 匝;硬磁模具钢(Cr12 合金钢)1 只(环状),初级 200 匝,次级 200 匝;两个样品内径 23.0mm,外径 38.0mm,高 10.0mm。

(4)初级线圈串联电阻 $R_1=2.0\Omega$,次级线圈电路串联电阻 $R_2=50.0\text{k}\Omega$,电容 $C=4.7\mu\text{F}$。

(5)正弦信号发生器的输出端的黑色接线柱和交流数字电压表输出端的黑色接线柱为公共端(仪器内用导线连在一起),实验时,须将公共端接在一起。

(6)示波器的 $X$ 轴和 $Y$ 轴显示正弦波信号的分度值为峰-峰值,而交流电压表测量的是正弦波的有效值。两者之间存在一定的关系,计算时必须注意。

(7)在校准 $X$ 轴和 $Y$ 轴灵敏度时,应将被测样品去掉,而代之以纯电阻 $R_0$。这主要是被测样品是铁磁材料,它的磁导率 $\mu$ 是与电流有关的量,从而使磁化电路中的电流产生非线性畸变。$R_0$ 起限流作用,操作时不应超过其允许功率。

(8)取 2.0Ω 上正弦波电压进行校准是由于示波器输入两端处于低阻抗,可减小环境杂散信号的影响。

## 思考题

(1)在式(28-3)中,$u_c \ll R_2 i_2$ 时可将 $u_c$ 忽略,$E_2=R_2 i_2$。考虑一下,由这项忽略引起的不确定度有多大?

(2)在测量 $B-H$ 曲线过程中,为何不能改变 $X$ 轴和 $Y$ 轴的分度值?

(3)示波器显示的正弦波电压值与交流电压表显示的电压值有何区别?两者之间如何换算?

(4)硬磁材料的交流磁滞回线与软磁材料的交流磁滞回线有何区别?

# 实验 29　地磁场测量

地球是一个磁性体，在地球表面及附近空间的磁力线的分布如图 29－1 所示，地理南北极与磁极的方向不重合，它们之间有微小的偏差。在北半球的地球表面，地磁场感应强度 $\boldsymbol{B}$ 的方向与地表水平面并不垂直(图 29－1)，它们之间有一定的夹角 $\alpha$，称为地磁倾角。因此，$\boldsymbol{B}$ 可分解为平行与水平面的分量 $\boldsymbol{B}_{\parallel}$ 和垂直于水平面的分量 $\boldsymbol{B}_{\perp}$。与水平面平行的分量 $\boldsymbol{B}_{\parallel}$ 与地理正北极的方向之间的夹角 $\delta$ 为地磁偏角(图 29－2)。

地磁场感应强度约为 $10^{-5}$ T(特斯拉)量级，对地球磁场分布的精确测量一直是科学研究的重要课题，其测量方法和测量结果广泛应用于工农业生产、国防与空间技术、矿产资源勘探等各领域。本实验采用线圈切割地磁场产生动生电动势的原理测量地磁场水平与竖直分量的大小和磁倾角。

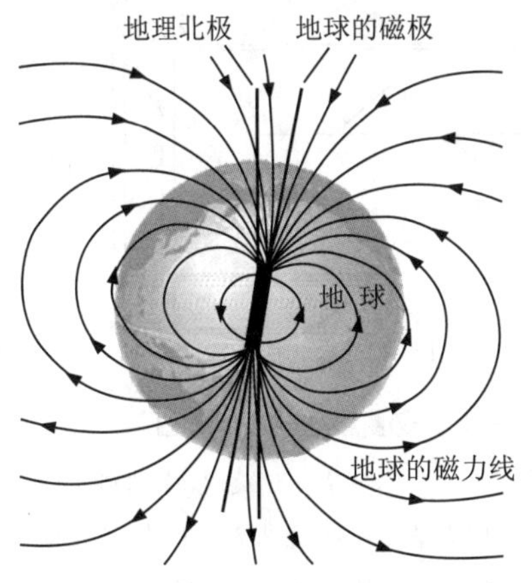


图 29－1　地球表面及附近空间的磁力线分布

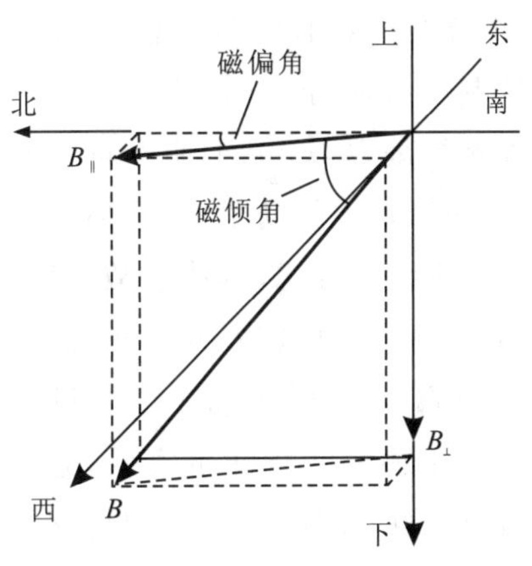


图 29－2　地磁偏角显示图

## 实验目的

(1)了解动生电动势的原理。

(2)学习用动生电动势测量磁场的实验过程。

(3)学习自感系数和互感系数的测量方法。

## 实验仪器

地磁场测量实验仪由地磁场感应装置和地磁场测试装置组成，如图 29－3 所示。

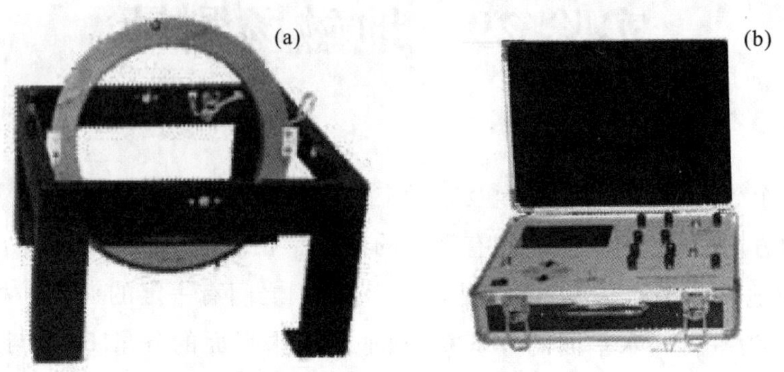


图 29－3 地磁场测量实验仪实物图

(a)地磁场感应装置；(b)地磁场测试装置组成

### 1. 地磁感应装置

如图 29－4 所示，线圈形状为圆形，缠绕在一圆形塑料环上，采用铜线绕制。线圈分为内外两层，内层线圈测量地磁场，由于地磁场很弱，为了获得较大的动生电动势，线圈采用多匝绕制方式，具体参数：直径为 10.8cm，总匝数为 1000 匝，总电阻为 167Ω。外层线圈用于自感电动势与互感电动势演示实验，总匝数为 100 匝。线圈框架上的传感器 4、10 将线圈转动过程中的起始与终止时的挡光信号转化成电脉冲信号，用于记录转动的时间间隔。

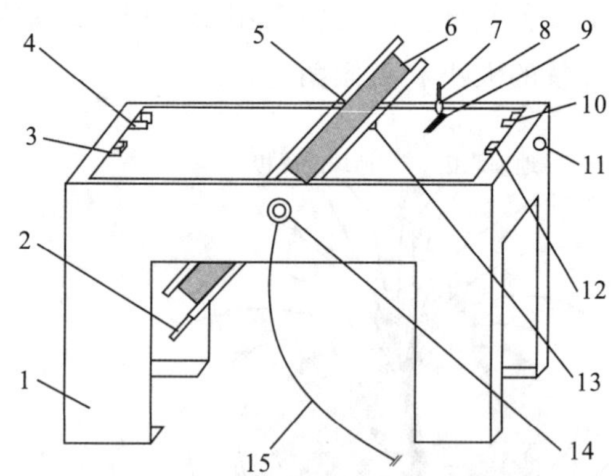


图 29－4 线圈及框架示意图

1. 地磁感应线圈支架；2. 挡光片；3. 终止转动弹簧制动器；4、10. 槽型光电耦合器；5. 线圈框架；6. 内层线圈 $C_1$ 和外层线圈 $C_2$；7. 簧片弹力调节螺杆；8. 锁紧螺母；9. 簧片；11. 光电耦合器信号输出口；12. 弹簧扣；13. 压簧铁杆；14. 线圈转轴；15. 线圈感应信号输出线

### 2. 地磁场测试仪机箱面板

正面板由显示器、键盘和功能切换开关组成(图 29－5)，测量时请根据具体的测量过程切换仪器工作方式，按照显示器的字幕提示进行按键操作。

接线时请仔细对照接线图进行接线，经实验指导老师确认无误后方能打开电源开关，按照实验讲义要求进行有关实验测量。

## 实验原理

### 1. 地磁场测量

根据法拉第电磁感应定律：当穿过回路中的磁通链数 $\Psi_m = N\Phi_m$ 发生了变化时，在回路中将会产生感应电动势：

$$\varepsilon = \frac{d\Psi_m}{dt} \tag{29-1}$$

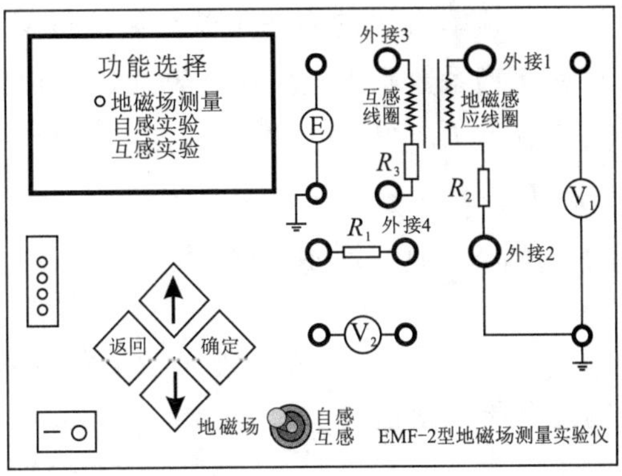

图 29－5　仪器正面板图

设测量地点附近地磁场感应强度 $\boldsymbol{B}$ 均匀分布，地磁感应线圈的半径 $r$ 已知，其面积为 $S=\pi r^2$，穿过一匝线圈的磁通量 $\Phi_m = \boldsymbol{B}\cdot\boldsymbol{S} = BS\cos\theta$，其中 $\theta$ 是地磁场 $\boldsymbol{B}$ 与线圈的法线 $\boldsymbol{n}$ 方向的夹角，因此，当地磁感应圈转动时，$\theta$ 的变化引起穿过线圈的磁通链数变化，从而在线圈中产生感应电动势 $\varepsilon$。将式(29－1)对时间积分，有

$$\Psi_{m2} - \Psi_{m1} = -\int_0^t \varepsilon dt \tag{29-2}$$

假设初始时刻($t=0$)感应线圈的法线方向 $\boldsymbol{n}$ 与地磁场 $\boldsymbol{B}$ 方向的夹角 $\theta=0$，穿过线圈的磁通链数为 $\Psi_{m1} = N\boldsymbol{BS}$；然后，让感应线圈反转 180°，使其法线方向 $\boldsymbol{n}$ 与地磁场 $\boldsymbol{B}$ 方向的夹角 $\theta=180°$，此时穿过线圈的磁通链数为 $\Psi_{m2} = -N\boldsymbol{BS}$；$r$ 是线圈的等效电阻，$R$ 是电压测量放大器的输入电阻，由于 $R \gg r$，有 $\varepsilon = \frac{R+r}{R}U \approx U$，由式(29－2)可得地磁场感应强度 $\boldsymbol{B}$ 的大小为

$$\begin{aligned} \Psi_{m2} - \Psi_{m1} &= -2N\boldsymbol{BS} = -\int_0^t \varepsilon dt = -\int_0^t U dt \\ B &= \frac{1}{2N\pi r^2}\int_0^t U dt \end{aligned} \tag{29-3}$$

通过测量电压 $U$ 并进行数值积分，由式(29－3)可计算出地磁场感应强度。由于地磁场感应强度 $B$ 的方向与地表的水平面并不垂直，它在水平面内和垂直水平面的分量分别为 $B_{\parallel}$ 和 $B_{\perp}$，$B$ 与 $B_{\parallel}$ 之间的夹角 $\alpha$ 就是地磁倾角。巧妙设计和适当安排线圈朝向与反转方向，通过实验可以分别测量 $B_{\parallel}$ 和 $B_{\perp}$ 的大小，地磁场感应强度 $B$ 的大小为

$$B = \sqrt{B_{\parallel}^2 + B_{\perp}^2} \tag{29-4}$$

地磁倾角为

$$\alpha = \arctan\frac{B_{\perp}}{B_{\parallel}} \tag{29-5}$$

### 2. 自感和互感实验

通过实验测量地磁感应线圈的自感系数以及它与外层辅助线圈之间的互感系数。

将一个频率为 $f$ 的稳态正弦交流信号 $\widetilde{V}_i$ 分别输入到图 29－6(a)和图 29－6(b)所示的自感和互感系数测量电路中，若输入交流信号的振幅为 $V_{im}$，设地磁感应内层主线圈 $C_1$ 的自感系数为 $L$，它与外层辅助线圈 $C_2$ 的互感系数为 $M$，电感线圈的交流复阻抗为 $Z_L=\omega L=2\pi f L$。

对于图 29－6(a)所示电路，有

$$\widetilde{V}_0=\frac{R_0+j\omega L}{R_1+R_0+j\omega L}\widetilde{V}_i \tag{29-6}$$

输出电压的幅值为

$$V_{0m}=\frac{\sqrt{[R_0(R_0+R_1)+\omega^2L^2]^2+\omega^2L^2R_1{}^2}}{(R_1+R_0)^2+\omega^2L^2}V_{im} \tag{29-7}$$

式中，$R_0$ 是地磁感应线圈的电阻($R_0=169\Omega$)，$R_1$ 是限流电阻($R_1=1000\Omega$)，已知 $V_{im}$ 和 $f$，测量地磁感应线圈两端的测量电压 $V_{0m}$。可由式(29－7)得到地磁感应线圈的自感系数 $L$。

对于图 29－6(b)所示电路，通过地磁感应线圈 $C_1$ 的正弦信号电流 $I_1$ 在辅助线圈 $C_2$ 中产生的感生电动势为

$$\varepsilon(t)=-M_{21}\frac{\mathrm{d}I_1(t)}{\mathrm{d}t} \tag{29-8}$$

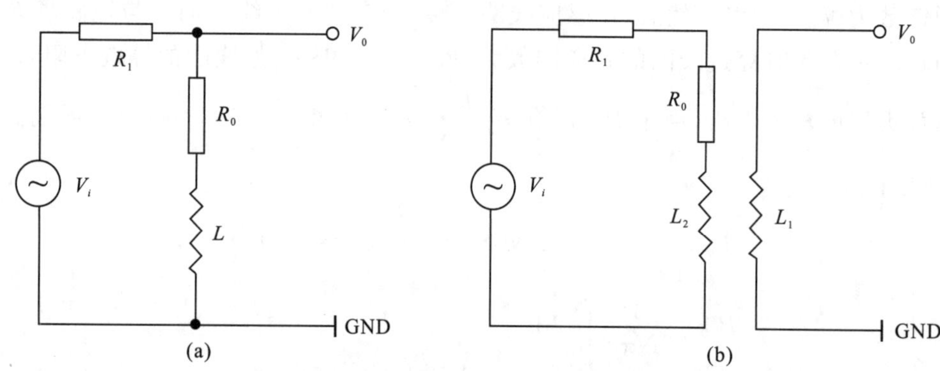


图 29－6　自感和互感系数测量电路图

由于输入信号是稳态正弦交流信号 $\widetilde{V}_i$，从式(29－8)可以得到感生电动势振幅 $\varepsilon_m$ 与输入电流振幅 $I_{1m}$之间的关系

$$\varepsilon_m=M\omega I_{1m}$$

因为测量辅助线圈 $C_2$ 两端电压 $V_{02}$ 电路的输入阻抗很高，有 $V_{0m}=\varepsilon_m$，所以，地磁感应线圈 $C_1$ 与辅助线圈 $C_2$ 之间的互感系数为

$$M=\frac{\varepsilon_m}{\omega I_{1m}}=\frac{V_{0m}}{\omega}\frac{|R_o+j\omega L|}{V_{im}}=\frac{V_{0m}}{\omega}\frac{\sqrt{R_o^2+\omega^2L^2}}{V_{im}} \tag{29-9}$$

已知 $V_{im}$ 和 $f$，测量地磁感应辅助线圈 $C_2$ 两端的测量电压 $V_{0m}$。可由式(29－9)得到地磁感应主线圈 $C_1$ 和辅助线圈 $C_2$ 之间的互感系数 $M$。

## 实验步骤

### 1. 地磁场分量测量

在测量地磁场水平和竖直分量时，仪器的放置方式有一定要求，具体操作步骤如下。

(1)如图 29－7 所示，将实验仪上的外接 1 接到传感器上的外接 1 上，将实验仪上的外接 2 接到传感器上的外接 2 上。实验仪尽量远离传感器。

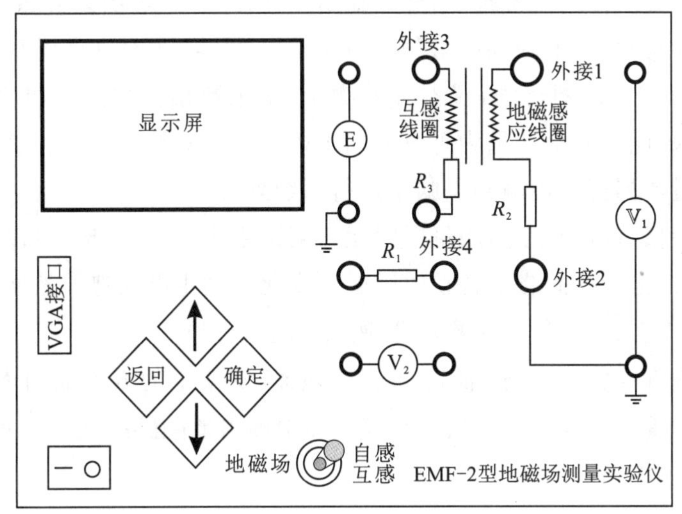


图 29－7　地磁场实验仪前端面接线端示意图

(2)在测量地磁场的垂直分量时，仪器水平放置，使空心转轴 14(如图 29－8 所示，即线圈绕组的转动轴)与南北方向平行(用罗盘进行校正)。

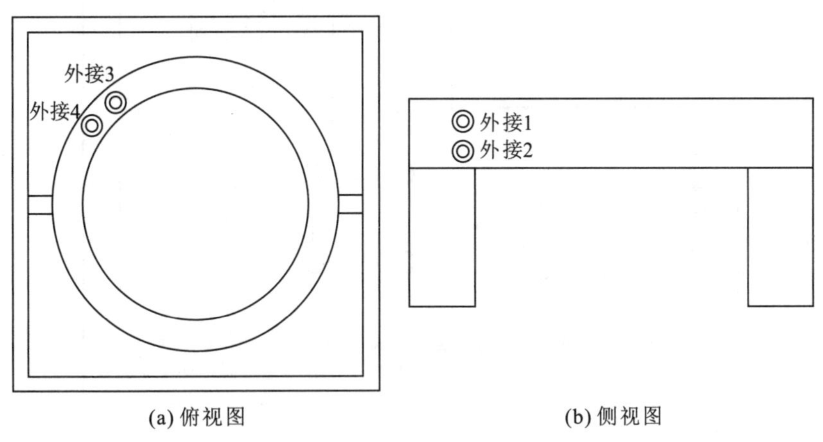


(a) 俯视图　　(b) 侧视图

图 29－8　传感器接线端示意图

(3)测量前将线圈框架 5 转到与支架 1 的上端面平行时,压簧铁杆 13 压住簧片 9,同时,线圈框架 5 被起始转动弹簧扣 12 扣住。测量时,板动弹簧扣 12,线圈框架 5 脱离线圈起始转动弹簧制动器 12,在簧片 9 的弹力作用下,绕空心转轴 14 转动 180°后,由线圈终止转动弹簧制动器 3 扣住。观察翻转速度,若速度过慢(大于 1s),调整簧片弹力,调节螺杆 7,加大簧片弹力。

(4)若弹力合适,重复步骤(2),重新扣住线圈,再次检查接线,确认无误后打开电源,此时测量仪机箱上的显示器显示启动界面,等待 3s 后,当工作界面出现在显示屏上时,可以开始测量。

(5)按照显示屏下方的字幕提示,屏幕显示工作方式在“磁场”“自感”“互感”三个菜单之间切换,当功能指示到“地磁场测量”时,点击“确定”键,进入地磁场测量模式。按下线圈起始转动弹簧扣 12,线圈转动,仪器开始测量,采集数据。数据采集完毕,仪器自动计算,显示测量结果,此时测量结果为垂直方向地磁场分量(测量过程中如果将仪器与电脑用串口连接,测量数据可以传输到电脑中进行后续处理)。

(6)如果实验仪与电脑相连,测量同时运行测试程序,测量完毕,可以进入中间数据观察过程。此时可以记下线圈绕组转动时随时间变化的动生电动势。按照测量原理计算出地磁感应强度的垂直分量 $\boldsymbol{B}_{\perp}$。多次测量取平均值。

(7)将仪器垂直放置,空心转轴 14 垂直于地面,支架 1 的方框面与南北方向垂直(用罗盘进行校正)。重复步骤(2)、(3)、(4)、(5),即中测出地磁感应强度的水平分量 $\boldsymbol{B}_{\parallel}$。多次测量取平均值。

**2. 线圈自感系数的测量**

(1)按图 29 - 9 连接电路图,将实验仪端面接线端外接 1 接到传感器接线端外接 1,将

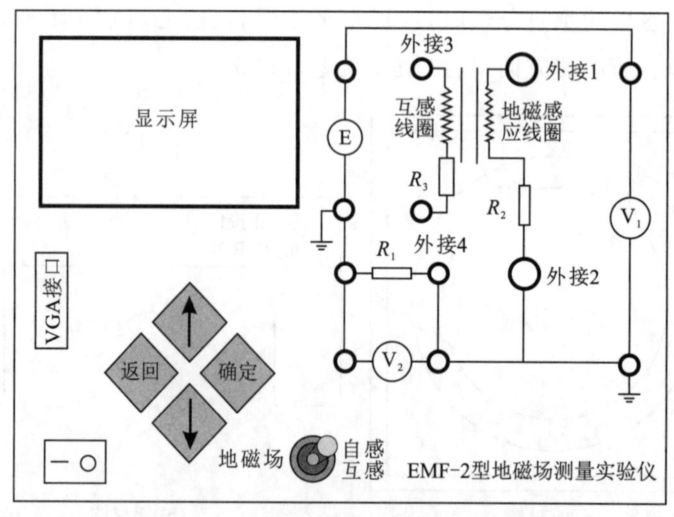


图 29 - 9 自感系数测量前端面接线示意图

实验仪端面接线端外接 2 接到传感器接线端外接 2，将实验仪端面接线端外接 3 接到传感器接线端外接 3，将实验仪端面接线端外接 4 接到传感器接线端外接 4。

（2）拨动功能切换开关，使其指向“自感/互感”处，打开仪器电源，按照显示屏下方的字幕提示，屏幕显示工作方式在“磁场”“自感”“互感”三个菜单之间切换，当功能指示到“自感”时，点击“确定”键，进入自感系数测量模式，仪器开始测量，采集数据。数据采集完毕，仪器自动计算，显示测量结果。

（3）点击“确定”键进行多次测量，求平均值得到线圈的自感系数。

**3. 线圈互感系数的测量**

（1）按图 29－10 连接电路图，将实验仪端面接线端外接 1 接到传感器接线端外接 1，将实验仪端面接线端外接 2 接到传感器接线端外接 2，将实验仪端面接线端外接 3 接到传感器接线端外接 3，将实验仪端面接线端外接 4 接到传感器接线端外接 4。

（2）拨动功能切换开关，使其指向“自感/互感”处，打开仪器电源，按照显示屏下方的字幕提示，屏幕显示工作方式在“磁场”“自感”“互感”三个菜单之间切换，当功能指示到“互感”时，点击“确定”键，进入互感系数测量模式，仪器开始测量，采集数据。数据采集完毕，仪器自动计算，显示测量结果。

（3）点击“确定”键进行多次测量，求平均值得到线圈的互感系数。

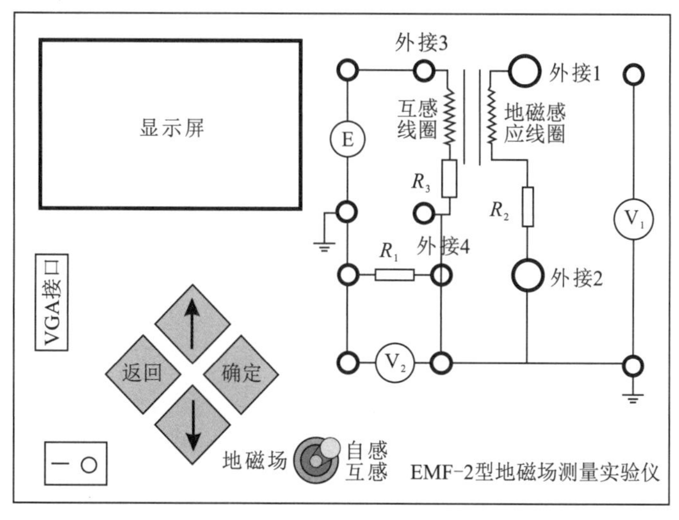


图 29－10　线圈互感系数测量前端面接线示意图

## 数据记录与处理

**1. 地磁场测量实验**

分别多次测量同一地点的地磁场竖直分量和水平分量，求出各分量的平均值，算出磁

倾角 $\alpha$ 和该处的地磁场强度 $\boldsymbol{B}$ 以及其不确定度，并和地磁场的理论值进行比较求百分比误差。

**2. 线圈自感系数和互感系数的测量实验**

分别多次测量线圈的自感系数 $L$ 和互感系数 $M$，分别求出自/互感系数的平均值及其不确定度。

**3. 分析造成测量误差的来源**

## 注意事项

(1)仪器开关机时间间隔不要小于 5s，以免损坏显示器。

(2)测量地磁场时请远离强电磁源。

(3)地磁场测量过程中尽量不要移动传感器。

# 第三部分　光学实验

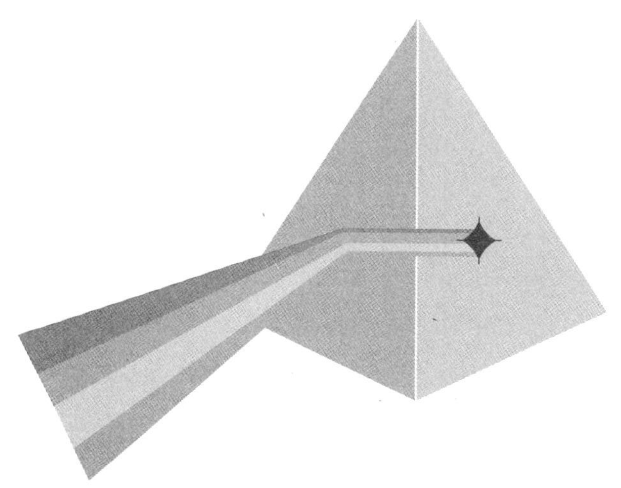

# 实验 30　分光计的调节

## 实验目的

掌握分光计的结构、调节和使用方法。

## 实验仪器

分光计、平面反射镜、照明小灯。

分光计是一种用来精密测量角度的精密光学仪器。要测入射光和出射光传播方向之间的角度，根据反射定律、折射定律及透射式光栅形成衍射条纹的条件，分光计必须满足下述两个条件：①入射光和出射光应当是平行光。②入射光线、出射光线及反射面(或折射面、光栅平面)的法线所构成的平面应当与分光计的刻度盘平行。

因此，任何一台分光计必须具备以下 4 个主要部件：平行光管(使入射光成为平行光)、望远镜(观测平行光线)、载物台(放置光学元件)和读数装置(精确测量角度)。图 30－1为实验所用分光计结构示意图。图中各调节装置的名称及作用见表 30－1。分光计的下部是一个三脚底座，其中心有竖轴，称为分光计的中心轴，轴上装有可绕轴转动的望远镜和载物台，在一个底脚的立柱上装有平行光管。

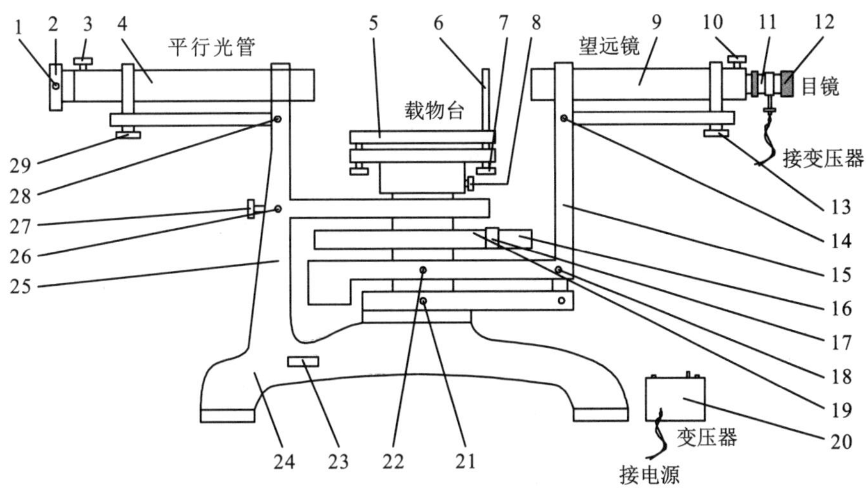


图 30－1　分光计的构造(各装置代号名称见表 30－1)

表 30 - 1 分光计各调节装置的名称和作用

| 代号 | 名称 | 作用 |
|---|---|---|
| 1 | 狭缝宽度调节螺丝 | 调节狭缝宽度,改变入射光宽度 |
| 2 | 狭缝装置 | 调节透过光的多少 |
| 3 | 狭缝装置锁紧螺丝 | 松开时,前后拉动狭缝装置,调节平行光。调好后锁紧,用来固定狭缝装置 |
| 4 | 平行光管 | 产生平行光 |
| 5 | 载物台 | 放置光学元件 |
| 6 | 夹持待测物簧片 | 夹持载物台上的光学元件 |
| 7 | 载物台调节螺丝(3 只) | 调节载物台台面水平 |
| 8 | 载物台锁紧螺丝 | 松开时,载物台可单独转动和升降;锁紧后,可使载物台与读数游标盘同步转动 |
| 9 | 望远镜 | 观测经光学元件作用后的光线 |
| 10 | 目镜装置锁紧螺丝 | 松开时,目镜装置可伸缩和转动(望远镜调焦);锁紧后,固定目镜装置 |
| 11 | 阿贝式自准目镜装置 | 可伸缩和转动(望远镜调焦) |
| 12 | 目镜调焦手轮 | 调节目镜焦距,使分划板、叉丝清晰 |
| 13 | 望远镜光轴仰角调节螺丝 | 调节望远镜的俯仰角度 |
| 14 | 望远镜光轴水平调节螺丝 | 调节该螺丝,可使望远镜在水平面内转动 |
| 15 | 望远镜支架 | |
| 16 | 游标盘 | 盘上对称设置两游标,用于计算转过角度 |
| 17 | 游标 | 分成 30 小格,每一小格对应角度 $1'$ |
| 18 | 望远镜微调螺丝 | 该螺丝位于望远镜支架的边,锁紧望远镜支架制动螺丝(21)后,调节螺丝(18),使望远镜支架作小幅度转动 |
| 19 | 刻度盘 | 分为 $360°$,最小刻度为半度($30'$),小于半度则利用游标读数 |
| 20 | 目镜照明电源 | 打开该电源(20),从目镜中可看到一绿斑及黑十字 |
| 21 | 望远镜支架制动螺丝 | 锁紧后,只能用望远镜微调螺丝(18)使望远镜支架作小幅度转动 |
| 22 | 望远镜支架与刻度盘锁紧螺丝 | 锁紧后,望远镜与刻度盘同步转动 |
| 23 | 分光计电源插座 | |
| 24 | 分光计底座 | |
| 25 | 平行光管支架 | |
| 26 | 游标盘微调螺丝 | 锁紧游标盘制动螺丝(27)后,调节螺丝(26)可使游标盘作小幅度转动 |
| 27 | 游标盘制动螺丝 | 锁紧后,只能用游标盘微调螺丝(26)使游标盘作小幅度转动 |
| 28 | 平行光管光轴水平调节螺丝 | 调节该螺丝,可使平行光管在水平面内转动 |
| 29 | 平行光管光轴仰角调节螺丝 | 调节平行光管的俯仰角 |

分光计的 4 个主要部件介绍如下：

(1)平行光管。平行光管的作用是产生平行光。在其圆柱形筒的一端装有一个可伸缩的套筒，套筒末端有一狭缝，筒的另一端装有消色差透镜组。伸缩狭缝装置，使其恰好位于透镜的焦平面上时，平行光管就出射平行光。可通过调节平行光管光轴水平调整螺丝(28)和平行光管光轴仰角调节螺丝(29)改变平行光管光轴的方向，通过调节狭缝宽度调节螺丝(1)改变狭缝宽度，改变入射光束宽度。

(2)望远镜。望远镜用于观察及定位被测光线。它是由物镜、自准目镜和测量用十字刻度线所组成的一个圆筒，本实验所使用的分光计带有阿贝式自准目镜，其结构如图 30-2 所示。照明小灯泡的光自筒侧进入，经小三棱镜反射后照亮分划板上的下半部十字刻度线。十字刻度线方向、目镜及物镜间的距离皆可调，当叉丝位于物镜焦平面上时，叉丝发出的光经物镜后成为平行光。该平行光经双面反射镜反射后，再经物镜聚焦在分划板平面上，形成十字叉丝的像。

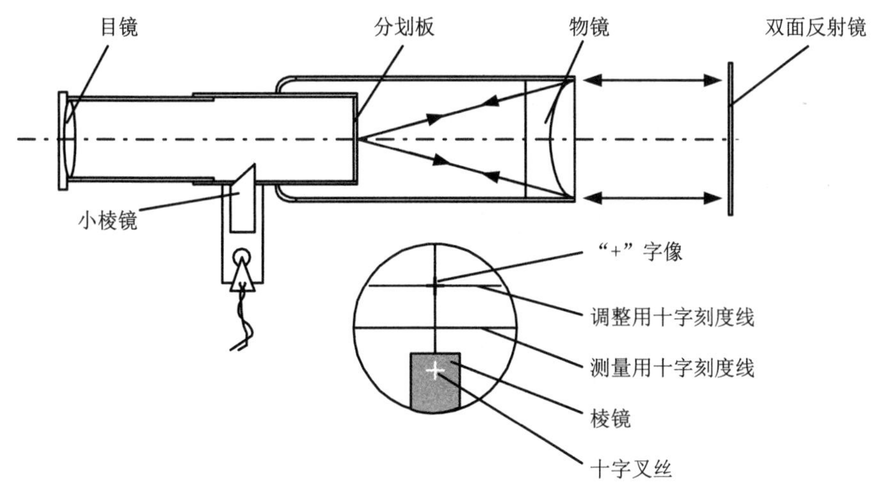


图 30-2 分光计上望远镜的构造

望远镜调好后，从目镜中可同时看清十字刻度线和叉丝的“+”字像，且两者间无视差。另外，可通过调节望远镜光轴仰角调节螺丝(13)和望远镜光轴水平调节螺丝(14)改变望远镜光轴的方向。

(3)载物台。用来放置待测件。台面下方装有 3 个细牙螺丝(7)，用来调整台面的倾斜度。松开螺丝(8)可升降、转动载物台。

(4)读数装置。读数装置由游标盘(16)及游标(17)和刻度盘(19)组成，其读数方法与游标卡尺的读数方法相似。为了消除刻度盘与分光计中心轴线之间的偏心差，在刻度盘同一直径的两端各装有一个游标。

测量时，两个游标都应读数，然后算出每个游标两次读数的差，再取平均值。这个平均值可作为望远镜(或载物台)转过的角度,并且消除了偏心差。例如望远镜(或载物台)由位置Ⅰ转到位置Ⅱ时(此时应锁紧望远镜支架与刻度盘联结螺丝),两游标的读数如表30-2所示。

**表30-2 望远镜位置**

| 望远镜位置 | Ⅰ | Ⅱ |
|---|---|---|
| 游标1 | $\varphi_1$ | $\varphi'_1$ |
| 游标2 | $\varphi_2$ | $\varphi'_2$ |

望远镜(或载物台)转过的角度为

$$\Delta\varphi = \frac{1}{2}\left|(\varphi_2 - \varphi'_2) + (\varphi_1 - \varphi'_1)\right| \tag{30-1}$$

另外在计算望远镜转过的角度时,要注意游标是否经过了刻度盘的零点。例如望远镜(或载物台)由位置Ⅰ转到位置Ⅱ时,两游标的读数如表30-3所示。

**表30-3 望远镜位置**

| 望远镜位置 | Ⅰ | Ⅱ |
|---|---|---|
| 游标1 | $\varphi_1=175°45'$ | $\varphi'_1=295°43'$ |
| 游标2 | $\varphi_2=355°45'$ | $\varphi'_2=115°43'$ |

游标1未经过零点,望远镜转过的角度为

$$\varphi = \varphi'_1 - \varphi_1 = 119°58' \tag{30-2}$$

游标2经过了零点,这时望远镜转过的角度应为

$$\varphi = (360° + \varphi'_2) - \varphi_2 = 119°58' \tag{30-3}$$

## 实验原理

一台好的分光计,必须达到三垂直:望远镜轴线严格垂直中心转轴;载物平台严格垂直中心转轴;平行光管的轴线正交中心转轴。

**1. 调望远镜轴线及平台平面目镜调焦**

(1)首先对望远镜的轴线及平台进行粗调:仔细目估望远镜是否平行其下梁,否则可调节仰角螺丝(13)。调节载物平台下的三个螺丝,使平台与其下的圆平面平行。

(2)调节望远镜的目镜:将望远镜的叉丝下面的小灯泡点亮,以照亮十字光标孔。调节目镜,直到看到绿色为底色的十字光标,并使其清晰,如图30-3(c)。此后不要再动目镜。

(3)将一平面反射镜紧贴望远镜,伸缩叉丝套筒,使反射的光斑形成清晰的绿色十字光标。达到这样的状态,是望远镜已经调焦了。已调焦的望远镜不能再动叉丝套筒。

(4)将平面反射镜竖立在平台任意两个螺丝 b 和 c 的连线上,转动平台,使镜面正对望远镜,并从望远镜中看光标的像。如果光标的位置偏左或偏右,只需微转平台,使光标像回到望远镜的视野中的中线位置。如果光标像在望远镜视野中偏上或者偏下,如图 30－3(b),表明反射镜面未平行中心转轴,或者望远镜轴线未与中心转轴垂直。即调节平台的后螺丝 a,使光标趋近于图 30－3(d)的一半,到图 30－3(c)的位置,然后再调节仰角螺丝(13),使光标完全就位到图 30－3(d)。此后令平台转 180°观察另一镜面的反射成像情况。如果光标像偏上或者偏下,仍然采用上述半趋近法调节。直至平面反射镜的两个反射面都可以使光标落在图 30－3(d)所示的位置,此后切勿再动望远镜的仰角螺丝(13)。

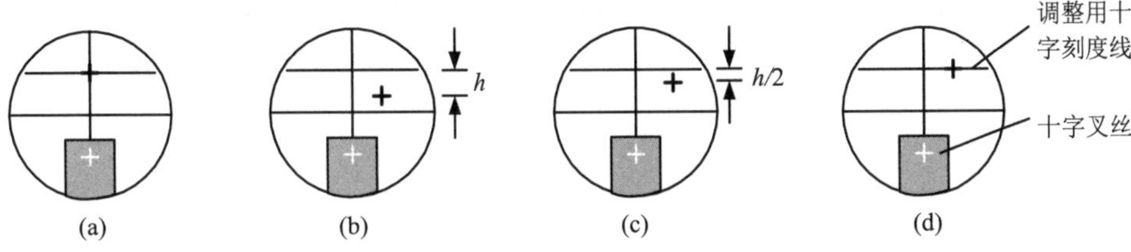


图 30－3　目测粗调(半趋近法)

(5)将平面反射镜换位 90°,即令其垂直于平台两个螺丝如图 30－4 中的 b、c 连线,并转动平台使镜面正对望远镜,如果望远镜中看到的光标像不就位,这时只能用半趋近法调节双面镜前后的两个平台螺丝 b 和 c。如此反复调节,直到两个反射面都满足要求,那么望远镜的轴线和平台平面就都与中心转轴垂直了。

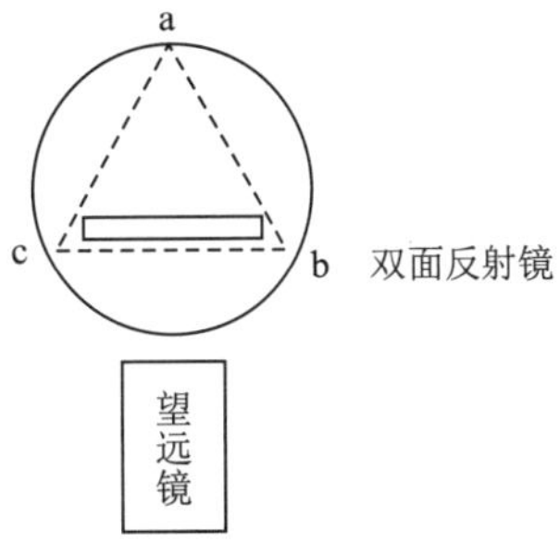

a

c　b　双面反射镜

望远镜

图 30－4　目测粗调

**2. 调平行光管的轴线与中心转轴垂直**

(1)粗调平行光管:观察平行光管是否平行其下的横梁,若不平行可调节螺丝(29)。

(2)令光源照亮平行光管的狭缝,并通过调焦的望远镜观察狭缝。若观察到的狭缝不清晰,可伸缩平行光管远端的狭缝套筒。调节狭缝的宽度直到观察到清晰的狭缝。

(3)把狭缝转成水平方向调节仰角螺丝(29),使水平狭缝的像与望远镜中心水平叉丝重合。此时平行光管的轴线也垂直中心轴了。最后,再把狭缝调回竖直方向。

## 实验要求

(1)望远镜聚焦平行光,且其光轴与分光计中心轴垂直。

(2)平行光管能发出平行光,且其光轴与分光计中心轴垂直。

(3)载物台平面与分光计中心轴垂直。

## 思考题

(1)分光计的主要部件有哪 4 个?分别起什么作用?

(2)调节望远镜光轴垂直于分光计中心轴时很重要的一项工作是什么?如何才能确保在望远镜中能看到由双面反射镜反射回来的绿十字叉丝像?

(3)半趋近法是指分别调节哪两个螺丝?如何使绿十字叉丝像与分划板上方十字线的高度差各减小一半?

# 实验 31　三棱镜顶角测量

## 实验目的

利用分光计测定三棱镜的顶角。

## 实验仪器

分光计、平面反射镜、三棱镜、照明小灯等。

## 实验原理

### 1. 待测件三棱镜的调整

如图 31－1(a)放置三棱镜。转动载物台，调节载物台调平螺丝(此时不能调望远镜)，使从棱镜的两个光学面反射的绿十字叉丝像均位于分划板上方的十字刻度线的水平横线上，达到自准。此时三棱镜两个光学表面的法线均与分光计中心轴相垂直。

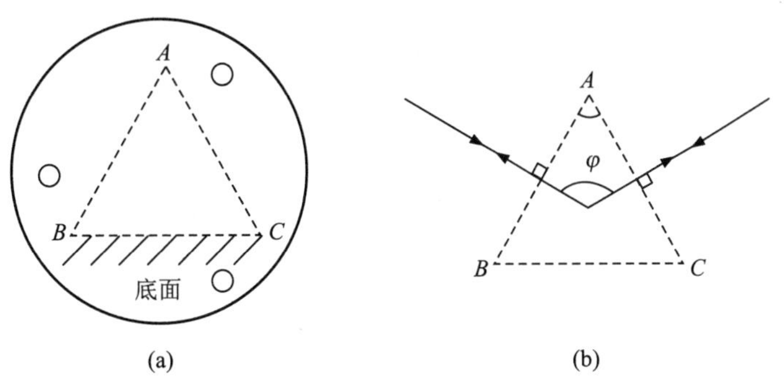


图 31－1　测三棱镜顶角示意图

(a)三棱镜的放法图；(b)自准直法测顶角光路

### 2. 测定三棱镜顶角：自准直法(法线法)

如图 31－1(b)所示为自准直法。将三棱镜置于载物台中央，锁紧望远镜支架与刻度盘联结螺丝(22)(见实验 30 中表 30－1，下同)及载物台锁紧螺丝(8)，转动望远镜支架(15)，或转动内游标盘(16)，使望远镜对准 $AB$ 面，即望远镜与 $AB$ 面垂直(叉丝纵线与十字光标像重合)，从两游标读出角度 $\varphi_1$ 和 $\varphi'_1$；同理转动望远镜对准 $AC$ 面，与 $AC$ 面垂直时，读角度 $\varphi_2$ 和 $\varphi'_2$，由图 31－1(b)中的光路和几何关系可知，三棱镜的顶角为

$$\alpha = 180° - \frac{1}{2}(|\varphi_2 - \varphi_1| + |\varphi'_2 - \varphi'_1|) \tag{31-1}$$

重复测量 8 次，求出顶角的平均值。

**注意**：计算望远镜转过的角度时，如果从 $\varphi_1$ 转到 $\varphi'_1$，游标越过 360°，则 $\varphi_1$ 或 $\varphi'_1$ 应为 360°＋读数。

## 实验内容

(1)调节分光计平行和待测件三棱镜。

(2)用自准直法测量三棱镜顶角

## 数据记录

实验数据记录在数据记录单中，并按实验要求处理实验数据。

## 注意事项

(1)三棱镜是精密贵重仪器，使用中严防摔坏。

(2)不要用手拿三棱镜两个抛光面，如有不清洁，要用镜头纸擦净。

(1)在测量三棱镜顶角 $A$ 时，如果测得的 $\varphi_1 = 34°25'$，$\varphi_2 = 214°24'$，$\varphi'_1 = 274°23'$，$\varphi'_2 = 94°22'$，那么$\angle A$ 应如何计算？

(2)想出一种不同的方法测量三棱镜的顶角。

(3)读数的精度是多少？

# 实验 32 色散曲线的测定

## 实验目的

(1)了解光的色散现象。

(2)熟悉用最小偏向角法测玻璃三棱镜的折射率,了解色散规律。

(3)掌握分光计的一种使用方法。

## 实验仪器

分光计、平面反射镜、汞灯光源、三棱镜、照明小灯等。

## 实验原理

### 1. 测玻璃三棱镜折射率

最小偏向角法是测定三棱镜折射率的基本方法之一,如图 32-1 所示,三角形 $ABC$ 表示一折射三棱镜的横截面,$AB$ 和 $AC$ 是透光的光学表面,又称折射面,其夹角 $\alpha$ 称为三棱镜的顶角;$BC$ 为毛玻璃面,称为三棱镜的底面。假设某一波长的光线 $LD$ 入射到棱镜的 $AB$ 面上,经过两次折射后沿 $ER$ 方向射出,则入射线 $LD$ 与出射线 $ER$ 的夹角 $\delta$ 称为偏向角。由图中的几何关系,可知偏向角为

$$\delta = \angle FDE + \angle FED = (i_1 - i_2) + (i_4 - i_3) \tag{32-1}$$

因为顶角 $\alpha$ 满足

$$\alpha = i_2 + i_3 \tag{32-2}$$

则

$$\delta = (i_1 + i_4) - \alpha \tag{32-3}$$

对于给定的三棱镜来说,夹角 $\alpha$ 是固定的,$\delta$ 随 $i_1$ 和 $i_4$ 而变化。其中 $i_4$ 与 $i_3$、$i_2$、$i_1$ 依次相关,因此 $i_4$ 实际上是 $i_1$ 的函数,偏向角 $\delta$ 也就仅随 $i_1$ 而变化。在实验中可观察到,当 $i_1$ 变化时,偏向角 $\delta$ 有一极小值,称为最小偏向角。理论上可以证明,当 $i_1 = i_4$ 时,$\delta$ 具有最小值。显然这时入射光和出射光的方向相对于三棱镜是对称的,如图 32-2 所示。

若用 $\delta_{\min}$ 表示最小偏向角,将 $i_1 = i_4$ 代入式(32-3)得

$$\delta_{\min} = 2i_1 - \alpha$$

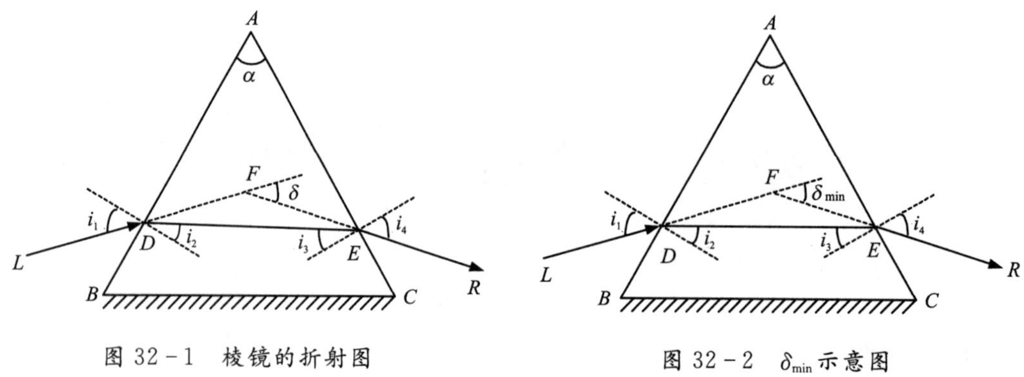


图 32-1 棱镜的折射图

图 32-2 $\delta_{min}$示意图

或

$$i_1 = \frac{1}{2}(\delta_{min} + \alpha) \tag{32-4}$$

因为 $i_1 = i_4$，所以 $i_2 = i_3$，又因为 $\alpha = i_2 + i_3 = 2i_2$，则

$$i_2 = \frac{\alpha}{2} \tag{32-5}$$

根据折射定律：$\sin i_1 = n\sin i_2$，得

$$n = \frac{\sin i_1}{\sin i_2} \tag{32-6}$$

将式(32-4)、式(32-5)代入式(32-6)得

$$n = \frac{\sin\frac{\delta_{min} + \alpha}{2}}{\sin\frac{\alpha}{2}} \tag{32-7}$$

由式(32-7)可知，只要测出某波长入射光线的最小偏向角 $\delta_{min}$及三棱镜的顶角 $\alpha$，即可求出该三棱镜对该波长光的折射率 $n$。

## 实验内容

### 1. 调节好分光计(待用)

### 2. 测量最小偏向角 $\delta_{min}$

(1)将三棱镜置于载物台上，并使三棱镜折射面的法线与平行光管轴线夹角约为60°。

(2)观察偏向角的变化。用光源照亮狭缝，根据折射定律判断折射光的出射方向。先用眼睛(不在望远镜内)在此方向观察，可看到几条平行的彩色谱线，然后慢慢转动载物台，同时注意谱线的移动情况，观察偏向角的变化。顺着偏向角减小的方向，缓慢转动载物台，使偏向角继续减小，直至看到谱线移至某一位置后将反向移动。这说明偏向角存在一个最小值(逆转点)。谱线移动方向发生逆转时的偏向角就是最小偏向角，如图 32-3

所示。

(3)用望远镜观察谱线。在细心转动载物台时，使望远镜一直跟踪谱线,并注意观察某一波长谱线的移动情况(各波长谱线的逆转点不同)。在该谱线逆转移动时,拧紧游标盘制动螺丝(27),调节游标盘微调螺丝(26),准确找到最小偏向角的位置。

(4)测量最小偏向角位置。转动望远镜支架(15),使谱线位于分划板的中央,旋紧望远镜支架制动螺丝(21),调节望远镜微调螺丝(18),使望远镜内的分划板十字刻度线的中央竖线对准该谱线中央,从游标 1 和游标 2 读出该谱线折射光线的角度 $\theta$ 和 $\theta'$。

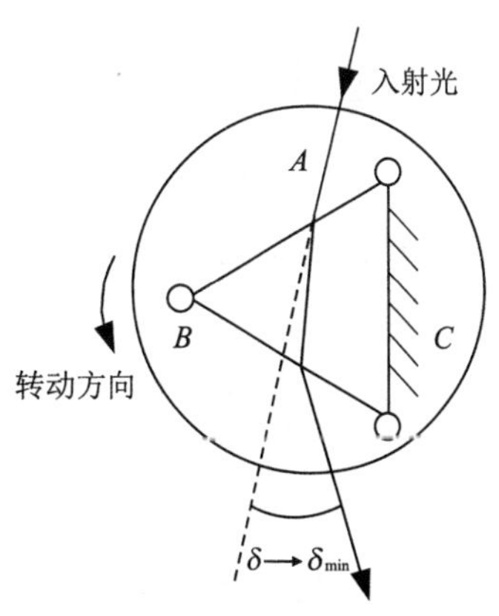


图 32-3　最小偏向角示意图

(5)测定入射光方向。移去三棱镜,松开望远镜制动螺丝(21),移动望远镜支架(15),将望远镜对准平行光管,微调望远镜,将狭缝像准确地位于分划板的中央竖直刻度线上,从两游标分别读出入射光线的角度 $\theta_0$ 和 $\theta'_0$。

(6)按 $\delta_{min}=\frac{1}{2}[(\theta-\theta_0)+(\theta'-\theta'_0)]$计算最小偏向角 $\delta_{min}$(取绝对值)。

(7)重复步骤(1)～(6),可分别测出汞灯光谱中各谱线的最小偏向角 $\delta_{min}$。各谱线的波长如表 32-1 所示。

(8)按式(32-7)计算出三棱镜对各波长谱线的折射率 $n$。

**表 32-1　汞灯光源各谱线的波长**　　(单位:nm)

| 颜色 | 橙 | 黄 | 黄 | 绿 | 绿蓝 | 蓝 | 蓝紫 | 蓝紫 |
|---|---|---|---|---|---|---|---|---|
| 波长 | 623.4 | 579.1 | 577.0 | 546.1 | 491.6 | 435.8 | 407.8 | 404.7 |

## 数据记录

三棱镜顶角 $A=60°00'\pm02'$。

(1)将实验数据记录在数据记录单中,并按实验要求处理实验数据。

(2)列表记录不同颜色光的波长 $\lambda$ 和$\frac{1}{\lambda^2}$。

(3)作三棱镜玻璃的 $n$-$\lambda$ 色散曲线。作出 $n$-$\frac{1}{\lambda^2}$曲线,从中求斜率 $B$ 和截距 $A$,写出色散函数 $n=f(\lambda)$的表示式。

## 注意事项

(1)三棱镜是精密贵重仪器,使用中严防摔坏。

(2)不能用手拿三棱镜两个抛光面,如有不清洁,要用镜头纸擦净。

(3)各条谱线不会同时出现最小偏向位置,因此,当测完一条谱线后,对另一条谱线进行最小偏向角测量时,均应再转动小平台,严格确定它的最小偏向方位。

(1)最小偏向状态如何判断?

(2)用最小二乘法解出本次实验色散函数中的正常数,并与图解法的结果比较。

(3)折射率的定义是什么?

(4)是否有最大偏向角?

# 实验 34　超声光栅及其应用

## 实验目的

(1)了解声光调制的一般原理和基本技术。

(2)掌握用声光法测量液体(非电解质溶液)中声速的方法。

## 实验仪器

超声信号源(WSG-Ⅰ超声光栅声速仪)、超声池(配置有 11MHz 左右共振频率的锆钛酸铅压电陶瓷片)、高频信号连接线、JJY 分光计(焦距为 170mm)、测微目镜、高压汞灯。

仪器放置示意图如图 34-1 所示,超声信号源面板示意图如图 34-2 所示。

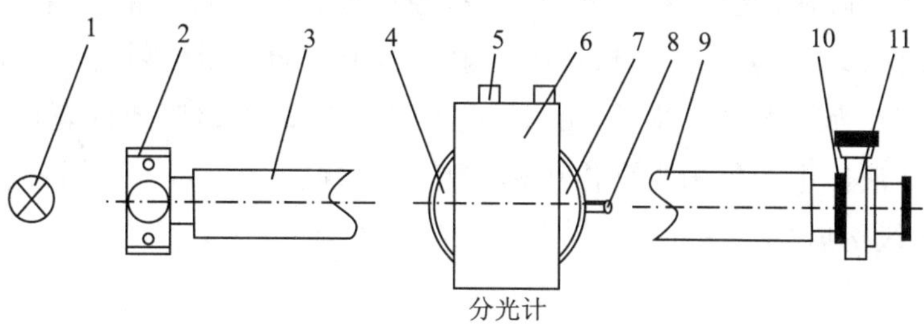


图 34-1　仪器放置示意图

1.汞灯;2.狭缝;3.平行光管;4.载物平台;5.超声池接线柱;6.超声池;
7.超声池座;8.锁紧螺钉;9.望远镜筒;10.接筒;11.测微目镜

## 实验原理

光波在介质中传播时被超声波衍射的现象称为超声致光衍射(亦称声光效应)。超声波可以利用晶体的压电效应产生,即按一定方向切出的石英晶片,两面镀银后,在其上加一交变电压,则晶片就会按电场的频率作机械振动产生超声波。让超声波进入由透明介

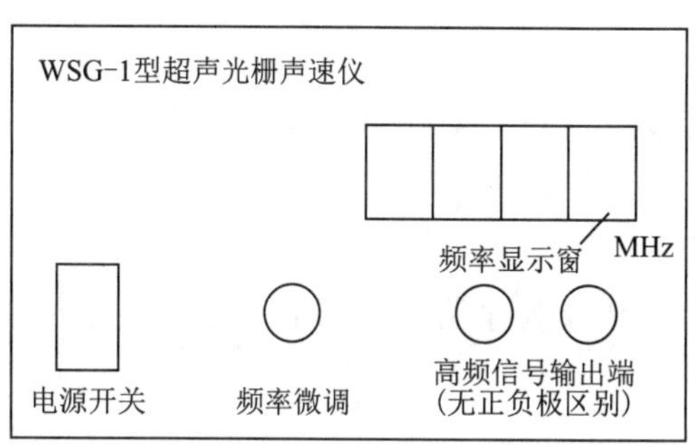


图 34-2　超声信号源面板示意图

质(玻璃或水等)构成的超声池中,便可建立起一个超声场。在这种装置中,压电晶体的作用是把电能转换成机械能,又称为换能器。

超声波作为一种纵波在液体中传播时,其声压使液体分子产生周期性的变化,促使液体的折射率也相应地作周期性的变化,形成疏密波。如前进波被一个平面反射,会反向传播。在一定条件下,前进波与反射波叠加而形成驻波。由于驻波的振幅可以达到单一行波的两倍,加剧了波源和反射面之间液体的疏密变化程度。某时刻,纵驻波的任一波节两边的质点都涌向这个节点,使该节点附近成为质点密集区,而相邻的波节处为质点稀疏区,如图 34-3 所示。

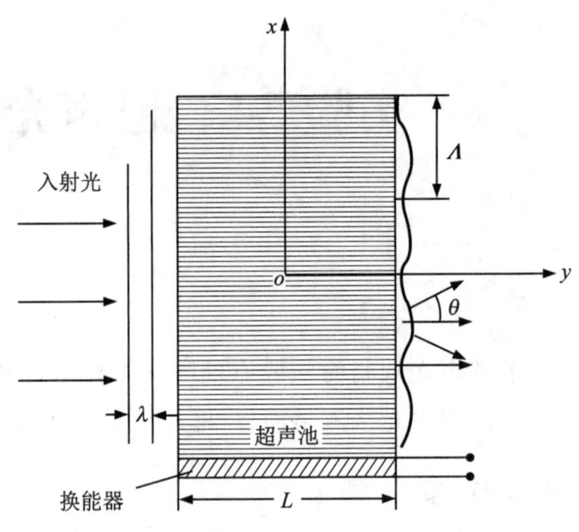


图 34-3 超声光栅示意图

波长为 $\lambda$ 的单色平行光沿着垂直于超声波传播方向通过上述液体时,因折射率的周期变化使光波的波阵面产生了相应的位相差,经透镜聚焦出现衍射条纹。当满足声光拉曼-奈斯衍射条件,即 $2\pi\lambda/L^2 \ll 1$ 时,这种衍射相当于平面光栅衍射,池中的液体就相当于一个衍射光栅。$\Lambda$ 为超声波的波长,相当于光栅常数。$L$ 为超声池的宽度,$\lambda$ 为入射光波长。由超声波在液体中产生的光栅作用称作超声光栅。可得如下光栅方程(式中 $k$ 为衍射级次,$\theta_k$ 为 $k$ 级衍射角):

$$\Lambda \sin\theta_k = k\lambda \tag{34-1}$$

当 $\theta_k$ 很小时,有

$$\sin\theta_k = \frac{l_k}{f} \tag{34-2}$$

式中,$l_k$ 为衍射光谱零级至 $k$ 级的距离;$f$ 为透镜的焦距。所以超声波波长为

$$\Lambda = \frac{k\lambda}{\sin\theta_k} = \frac{k\lambda f}{l_k} \tag{34-3}$$

超声波在液体中的传播速度为

$$V = \Lambda\gamma = \frac{\lambda f \gamma}{\Delta l_k} \tag{34-4}$$

式中,$\gamma$ 为振荡器和压电晶片的共振频率;$\Delta l_k$ 为同一色光衍射条纹间距。

## 实验内容

### 1. 分光计的调节

调节分光计使平行光管轴线和望远镜轴线垂直于分光计主轴，平行光管轴线与望远镜轴线重合，平行光管狭缝竖直，宽度适当。然后固定载物台、平行光管和望远镜，调节测微目镜使叉丝清晰。

### 2. 超声光栅衍射光谱的观察

打开高压汞灯，将待测液体（如蒸馏水）注入超声池内，液面高度以超声池侧面的液体高度刻线为准。将超声池槽座卡在分光计载物台上，并将超声池平稳地放置在槽座中，放置时，转动载物台使超声池两侧表面基本垂直于望远镜和平行光管的光轴。两支高频信号连接线的一端各插入超声池盖板上的接线柱，另一端接入超声信号源的高频信号输出端，然后将超声池盖板盖上。

开启超声信号源电源，从测微目镜中可观察到黄、绿、蓝三种颜色的衍射条纹，仔细调节超声信号源频率微调旋钮，使电振荡频率与压电陶瓷片固有频率相同（11MHz 左右），此时，衍射光谱的级次会显著增多且更为明亮。轻微转动超声池盖板，使压电陶瓷片与超声池侧壁平行，并左右转动超声池，使射入超声池的平行光束完全垂直于超声束，同时观察视场内的衍射光谱左右级次及对称性，直到从目镜中观察到稳定而清晰的左右各 3 级（至少 2 级）的衍射条纹为止。

## 数据记录与处理

（1）用测微目镜逐级测量各衍射条纹的位置读数（注意避免回程误差，可从左至右，对黄－3、绿－3、蓝－3，黄－2，…，0，…，蓝＋3、绿＋3、黄＋3 依次读数），用逐差法求出每一种单色光相邻条纹间距的平均值。

（2）根据式（34－4）计算液体中的超声声速，并求平均值。

（1）实验过程中的微小震动会对结果产生怎样的影响？

（2）如何保证出现衍射条纹级数最多、强度最大、间距最大？

（3）若想得到最理想的实验结果，关键实验步骤什么？

（4）实验中所用光源强度对实验结果是否有影响？为什么？

# 实验35 薄透镜焦距的测定

## 实验目的

(1)学会用多种方法测量薄凸透镜的焦距,并比较各种方法的优缺点。

(2)学会测量薄凹透镜焦距的方法。

(3)掌握简单光路的分析和调整方法,掌握透镜成像的规律。

## 实验器材

光源、光具座、凸透镜、凹透镜、平面镜、像屏。

## 实验原理

透镜是光学仪器中最基本的元件,反映透镜特性的一个主要参量是焦距,它决定了透镜成像的位置和性质(大小、虚实、倒立)。对于薄透镜焦距测量的准确度,主要取决于透镜光心及焦点(像点)定位的准确度。本实验在光具座上采用几种不同方法分别测定凸、凹两种薄透镜的焦距,以便了解透镜成像的规律,掌握光路调节技术,比较各种测量方法的优缺点,为今后正确使用光学仪器打下良好的基础。

### 1. 自准直法测薄凸透镜焦距

如图35-1所示,移动凸透镜,使物体在凸透镜的焦平面上,物体上的任意一点经过透镜成为平行光,再经过平面镜反射后成倒立等大的像在焦平面上。

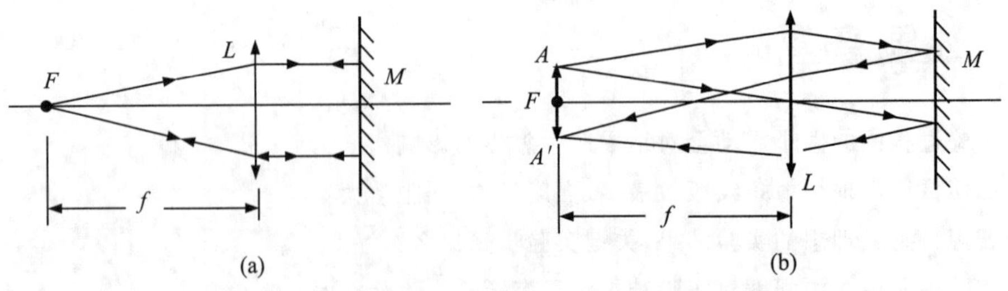


图35-1 自准直法测薄凸透镜焦距原理图

**2. 物距像距法测薄凸透镜焦距**

在凸透镜一侧的物体经过凸透镜成一实像，在光具座上记录物距 $U$ 和像距 $V$，再将物距 $U$ 和像距 $V$ 代入以下的成像公式

$$\frac{1}{f}=\frac{1}{U}+\frac{1}{V} \tag{35-1}$$

即可算出透镜的焦距。如图 35-2 所示。

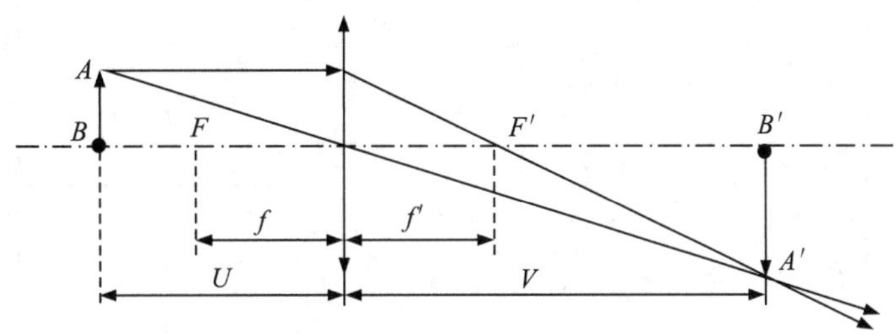


图 35-2　物距像距法测薄凸透镜焦距原理图

**3. 二次成像法(共轭法、贝塞尔法)**

固定物体和接收屏的距离为 $D$，其中 $D>4f$。移动透镜的位置，将在接收屏上观察到两次成像，一次放大、一次缩小的实像(图 35-3)。根据以下公式可以算出透镜的焦距

$$f=\frac{D^2-d^2}{4D} \tag{35-2}$$

式中，$d$ 为两次成像的透镜位置之间的距离。

**4. 凹凸透镜成像法**

借助于凸透镜实现凹透镜的成像。物 $P$ 经过凸透镜直接成像在 $B$ 点，再放上凹透镜后成像在 $D$。这个过程对于凹透镜而言，$B$ 为凹透镜的虚物经过凹透镜成像实物 $D$。$S$ 为物距，$S'$为像距(图 35-4)。则待测凹透镜焦距为

$$f=\frac{SS'}{S-S'} \tag{35-3}$$

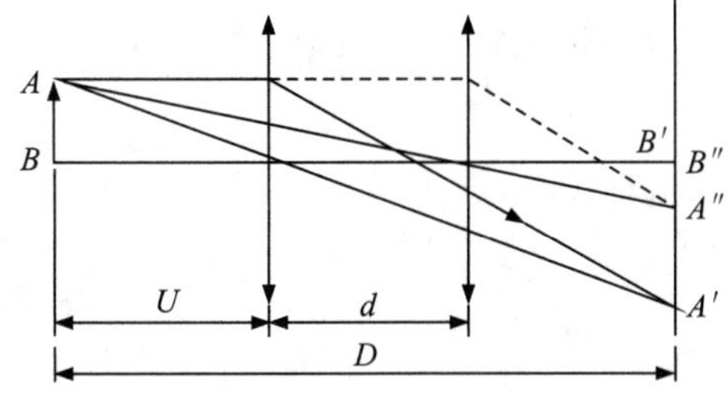


图 35-3　共轭法测凸透镜焦距原理图

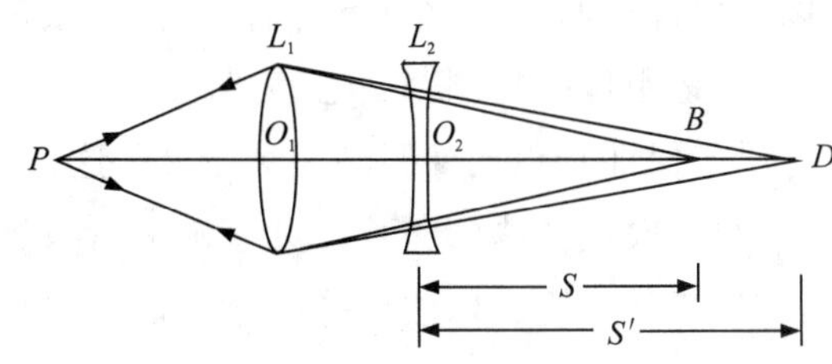


图 35-4　凹凸透镜成像法测凹透镜焦距原理图

**5. 自准直法测薄凹透镜焦距**

借助于凸透镜实现该方法：物体 $AB$ 经过凸透镜成像在 $A'B'$，将凹透镜放在恰当的位置，也就是当 $A'B'$ 到凹透镜的位置为凹透镜焦距时，最右侧的光为平行光，最后经过平面镜成像于实物的位置，即 $A''B''$，如图 35－5 所示。则其焦距为

$$f=\bar{x}-L_v \tag{35-4}$$

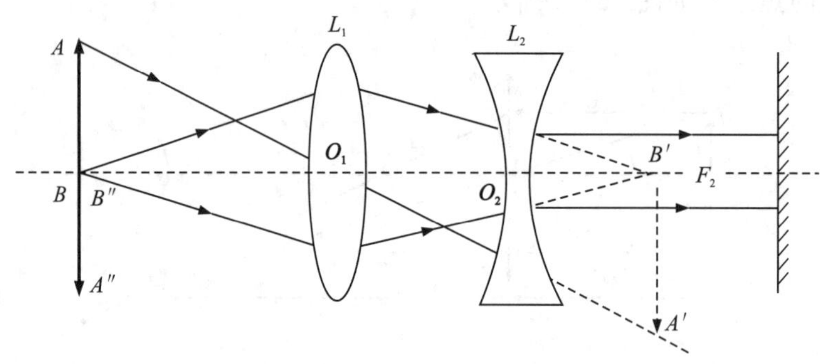


图 35－5　自准直法测薄凹透镜焦距原理图

## 实验内容

**1. 光路的布置与调节**

（1）粗调：先将物体、透镜、像屏等用光具座固定好以后，再将它们靠拢，用眼睛观察调节高低、左右，使它们的中心大致在一条和导轨平行的直线上，并使它们本身的平面互相平行且与光轴垂直。

（2）细调：如物体不在透镜的光轴上，而发生偏离，那么其像的中心在屏上的位置将会随屏的移动而变化，这时可以根据偏离的方向判断物中心究竟是偏左还是偏右、偏上还是偏下，然后加以调整，直到像的中心在屏上的位置不随屏的移动而变化时即可。

**2. 测量相应的物理量**

（1）自准直法测薄凸透镜焦距。

凸透镜旋转 180°时，可以不改变平面镜的位置，但是平面镜的位置会影响像的强弱，所以平面镜离凸透镜比较近的时候，像比较清晰，数据填入数据记录单。

（2）物距像距法测薄凸透镜焦距。

尽量保证物距或像距略为大于 $2f$，这样误差相对较小，数据填入数据记录单。

（3）二次成像法（共轭法、贝塞尔法），数据填入数据记录单。

（4）凹凸透镜成像法测薄凹透镜焦距，数据填入数据记录单。

（5）自准直法测薄凹透镜焦距，数据填入数据记录单。

## 注意事项

(1)必须先调节好光路,然后再开始测量。

(2)注意爱护实验仪器,要正确地拿透镜,防止摔坏。

(1)怎么粗测凸透镜的焦距?

(2)为什么在用成像法测量凸透镜焦距的时候,让物距和像距略大于 $2f$?

(3)在自准直法测量凸透镜焦距时,反射镜的远近对成像有何影响?

# 实验36　双棱镜干涉测量光波波长

## 实验目的

(1)观察光的干涉现象,并掌握干涉测量光波波长的方法。

(2)掌握光具组的光路同轴等高调节方法,熟练掌握测量目镜的使用方法。

## 实验仪器

图36-1是双棱镜干涉实验仪器装置图,包括光具座、钠灯、聚光透镜、狭缝、双棱镜、测微目镜以及成像透镜。图中除光源外,所有光学元件都在光具座上。单色光束(钠光)经聚光镜照亮狭缝后,狭缝便成了双棱镜的光源S,干涉条纹的间隔 $\Delta x$ 由测微目镜测定。虚光源到屏E的距离 $D$ 可以用光具座上的标尺来测量。

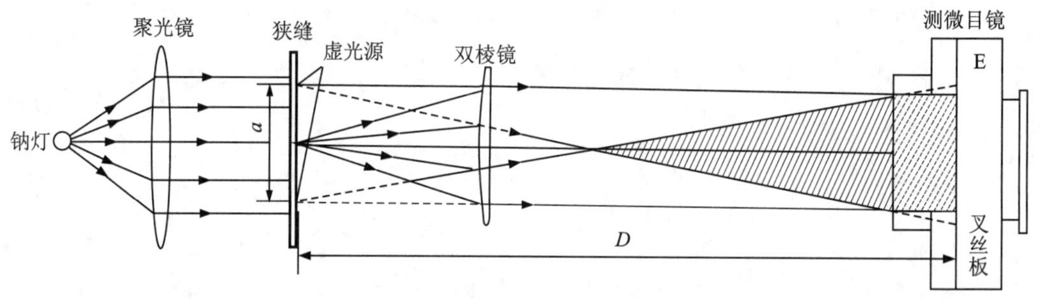


图36-1　实验装置及光路图

双棱镜是一个分割波前的分束器,形状如图36-2所示,其端面与棱脊垂直,楔角很小(一般小于1°)。

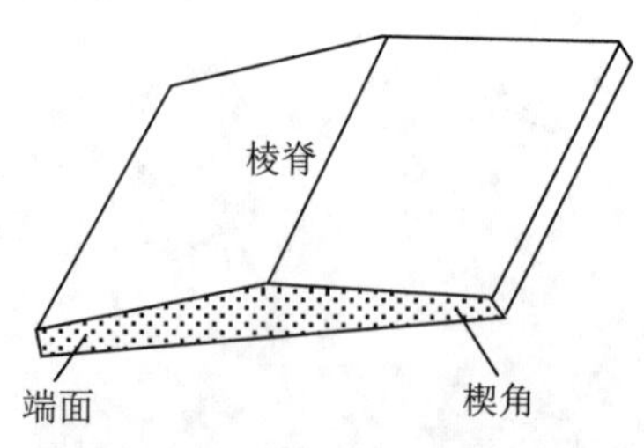


图36-2　双棱镜示意图

测微目镜的基本结构剖视图如图36-3所示。目镜镜头通过调焦螺纹固定在目镜外壳中部。外壳内有一块刻有十字丝的透明叉丝板,外壳右侧装有测距螺旋(即千分尺)系统,转动测距手轮,其螺杆将带动叉丝板移动。叉丝板的移动量可通过手轮上的千分尺测出。如果用测微目镜测两点之间的距离，应转动手轮，使叉丝交点从其中一点的外侧移至与第一个点相重合，记下千分尺上的读数，再按相同的移动方向将叉丝交点移至与第二个点重合，再记下千分尺上的读数，这两个读数之差的绝对值就是所测两点的距离。

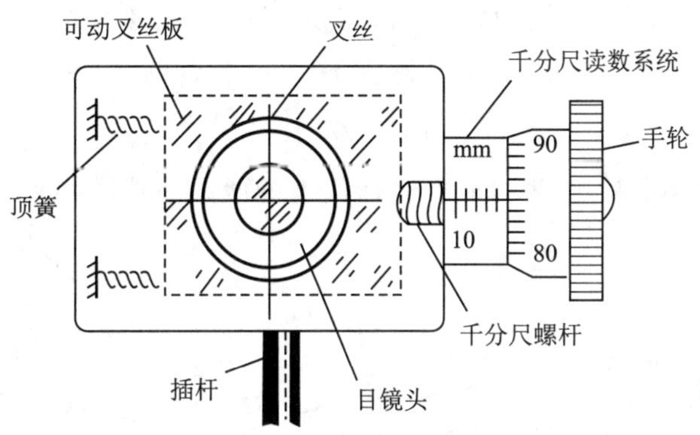


图 36－3　测微目镜正面剖视图

## 实验原理

双棱镜干涉的原理如图 36－4 所示，狭缝光源 S 发射的光束，经双棱镜折射后变为两束相干光，在它们的重叠区内，将产生明、暗相间的干涉条纹，这两束相干光可认为是由实际光源 S 的两个虚像 $S_1$、$S_2$ 发出的，称 $S_1$、$S_2$ 为虚光源（均为条状）。

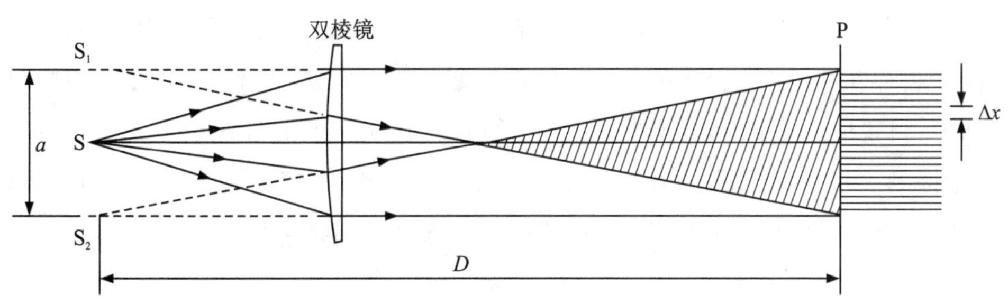


图 36－4　双棱镜干涉示意图

设虚光源 $S_1$、$S_2$ 相距为 $a$，$S_1$、$S_2$ 到观测屏幕 P 的距离为 $D$，根据光波干涉理论，在屏幕 P 上相邻干涉亮条纹（或暗条纹）的间隔 $\Delta x$ 与波长 $\lambda$ 及 $a$、$D$ 之间的关系式为

$$\lambda = a\Delta x/D \tag{36-1}$$

如果测出 $D$、$a$、$\Delta x$ 三个量值，就可以确定出光波波长。

**1. $a$ 的测量**

$a$ 的测量需借助透镜将两条虚光源成像在测微目镜叉丝板上进行。测量光路见图 36－5。当虚光源平面（物平面）与测微目镜的叉丝板（像平面）相距大于 4 倍透镜焦距值时，透镜在物、像平面之间有两个共轭成像点 $A$ 和 $A'$，透镜在这两点分别将虚光源成放大实像(见光路图中实线)和缩小实像(见光路图中虚线)。虚光源所成的实像为两条亮线。假设成放大像时，两条亮线之间的距离为 $a_1$，成缩像时，两条亮线之间的距离为 $a_2$。若透镜在 $A$ 点成像时物距为 $u_1$，像距为 $v_1$；透镜在 $A'$ 点成像时物距为 $u_2$，像距为 $v_2$。由共轭成像关系 $u_1=v_2$、$u_2=v_1$，以及几何关系 $a/a_1=u_1/v_1$、$a/a_2=u_2/v_2$，则有

$$a = \sqrt{a_1 a_2} \tag{36-2}$$

用测微目镜分别测量在这两次成像时像面上的两条亮线的距离 $a_1$、$a_2$，则可以求得虚光源之间的相距 $a$。

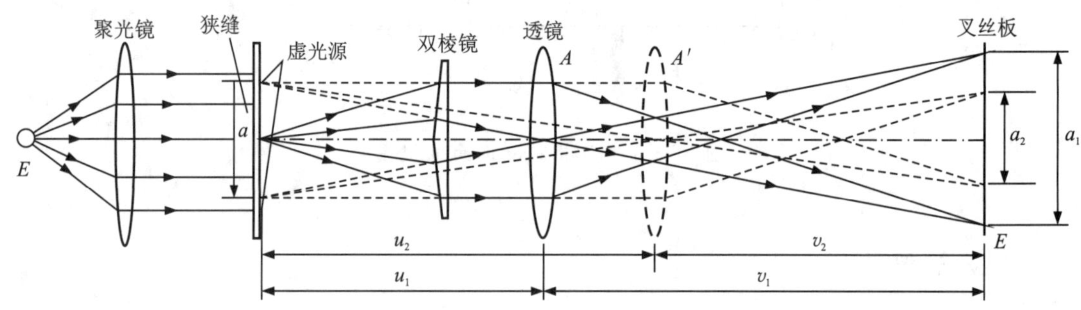


图 36-5 虚光源间距 $a$ 的测量光路示意图

**2. $D$ 的测量**

$D$ 的最简单测法是以狭缝平面代替虚光源平面，用狭缝平面与叉丝板的距离代替 $D$。这种近似方法存在狭缝与虚光源并不共面的系统误差，另外，叉丝板平面在测微目镜内部，该平面与目镜底座上的标线不共面，同样狭缝与其底座上的标线也不共面。为此做如下改进：先将测微目镜置于距狭缝平面 $D_1$ 处测量干涉条纹的间隔 $\Delta x_1$，然后将测微目镜置于距狭缝平面 $D_2$ 处测量干涉条纹的间隔 $\Delta x_2$，测微目镜的移动量 $D_2-D_1$ 可在光具座上精确测量。改进后的光波波长的测量公式为

$$\lambda = \frac{\Delta x_2 - \Delta x_1}{D_2 - D_1}\sqrt{a_1 a_2} \tag{36-3}$$

利用式(36-3)进行测量时，由于虚光源平面与狭缝平面的距离为一固定值，$D_2$ 和 $D_1$ 相减后将完全消除虚光源平面与狭缝平面不共面的误差。同样的道理，$D_2$ 和 $D_1$ 相减后也将完全消除光具与底座上的标线不共面的误差。

## 实验内容

**1. 光路的布置与调节**

(1)将光源放在光具座导轨一端附近，接通电源，打开光源开关，取下导轨上的各种

光具。

(2)将聚光透镜安装在靠近光源的一端,透镜的高矮应与光源窗口等高,透镜光轴应大致与光具座轴线平行。测微目镜座放在导轨的另一端,将目镜从底座上卸下,换为一块白屏插在底座上,待光源发光稳定后,仔细调节光源或聚光透镜的位置,使光源窗口射出的光经聚光透镜后对称地投射在白屏中部。

(3)将狭缝装在聚光透镜后面,将双棱镜放置在狭缝后面,且这两个光具均安置在可横向调节的光具座上。两个光具座相距 12~16cm。狭缝和双棱镜安装高度应与聚光透镜的高度相当,狭缝和双棱镜棱边沿竖直方向,狭缝平面和双棱镜端面垂直于导轨轴线。对狭缝和双棱镜进行左右横移调节,使狭缝和双棱镜棱边位于导轨正上方,使光束沿轴线通过狭缝和双棱镜的棱边。检测办法是分别将白屏紧贴狭缝和双棱镜棱边,看通光的位置是否是同一位置。刚开始,可以略微将狭缝宽度调大一点(0.1~0.2mm),便于对准光路。

(4)取下白屏,将测微目镜装在底座上,注意使目镜轴线与光具座轴线平行,目镜高度与前面的各光具等高。观察一下目镜内的叉丝是否清晰,如不清晰或看不见叉丝,则适当转动目镜头,直至可看清叉丝为止。

(5)将目镜移至距双棱镜 20cm 左右的地方,将白屏紧贴测微目镜前方,观察屏上是否在较弱的黄色背景光带中有一条竖直方向的狭窄的亮光带。若没有,调节狭缝方向,直至出现。去掉白屏,横向调节棱镜(需要时还要调节测微目镜高度),使这个狭窄的亮光带从光瞳正中间进入测微目镜。在此状态下,将狭缝调小(至头发丝两倍左右),观察目镜内是否有干涉条纹或者竖直方向的亮光带。若都没有,一边用眼睛在测微目镜中观察,一边横向微移双棱镜,直至出现上面现象之一。若只能看到竖直方向的亮光带,则微调狭缝方向,直至出现条纹。若虽有条纹,但不够清晰,则可通过微调狭缝长度的方向并辅助微调减小狭缝的宽度来使之清晰。如干涉条纹分布不对称,明显偏在视场的一边,则可通过横移双棱镜来使干涉条纹分布对称。

**2. 测量 $\Delta x_2$**

固定各光具位置不变,将测微目镜向后移动(远离棱镜),由于光束方向和光具座轴线可能不平行,移动过程中条纹可能偏向一方或完全偏出光瞳,应边移动边观察,随着条纹的移动横向移动双棱镜,使条纹始终在测微目镜视场中心。条纹清晰度会随着后移测微目镜而降低,将测微目镜后移到对条纹间距难以测量为止。此时的条纹间距为 $\Delta x_2$。松开目镜固定螺钉,调节目镜叉丝方向,使纵叉丝与条纹平行。由于明、暗条纹都具有一定的宽度,因此,为减小对准误差,均以所有暗(或明)条纹左侧边(或右侧边)作为测量的起、止点。为了减少误差,应采用组合放大测量法,即一次测量 $n$(取 $n=10$)个相邻条纹间隔的总长度 $L$,则相邻干涉条纹间隔为

$$\Delta x_2 = L/n = |K_n - K_0|/n \tag{36-4}$$

式中，$K_0$ 为叉丝对齐起点时测量目镜读数，$K_n$ 为叉丝移动 $n$ 个条纹间隔后测微目镜的读数。重复测量 5 次。

**3. 测量 $\Delta x_1$**

保持各光具位置不变，将测微目镜向前移动(靠近棱镜)50cm，记录该移动量 $D_2-D_1$，按步骤 2 的方法确保条纹始终在测微目镜视场中心。用与步骤 2 相同的方法测量此时的条纹间距 $\Delta x_1$

$$\Delta x_1 = L/n = |K_n - K_0|/n \tag{36-5}$$

重复测量 5 次。

**4. 测量虚光源间距 $a$**

保持各光具位置不变。将狭缝略微调宽一点，提高通过狭缝的光照度。根据成像透镜上标出的焦距参考值 $f$，将目镜底座移到距狭缝底座略大于 $4f$ 的位置，并固定。将成像透镜装在双棱镜和测微目镜之间，调节好透镜高度和各光具座等高，透镜通光轴与光具座轴线平行。先将测微目镜换成白板观察，前后移动成像透镜，看白板上是否有放大像和缩小像。若无论如何移动成像透镜只能找到一个像，则是因为目镜底座距狭缝底座太近或太远，此时应改变目镜底座的位置。若放大像和缩小像都能看到，但两条亮线宽度不相等，一个宽一个细，可横向移动双棱镜。若像不在光具座轴上，偏向一侧，则横向移动狭缝。在此状态下将白板换成测微目镜，由于测微目镜成像在叉丝平面，而叉丝平面与底座标尺不共面，即与刚才放置的白板不共面，故为了在目镜中看到像，应前后移动成像透镜，在目镜中重新找像。在确认透镜可在两个特定位置上分别将虚光源放大和缩小成像在目镜叉丝板上后，目镜底座位置不可再改变。分别用测微目镜测量这两个成像像面上的两条亮线间的距离 $a_1$、$a_2$，为减小对准误差，均以亮线左(或右)侧边作为测量的起、止点。

$$a_i = |K_{i,1} - K_{i,0}|, \quad i = 1,2 \tag{36-6}$$

式中，$K_{i,0}$ 是叉丝对齐其中一条亮线左边沿(或右边沿)时测量目镜读数，$K_{i,1}$ 为叉丝对齐另一条亮线左边沿(或右边沿)时测量目镜读数($i=1$ 对应放大像，$i=2$ 对应缩小像)。要求 $a_1$ 和 $a_2$ 在各自的成像状态下重复测量 5 次。

## 注意事项

(1)使用测微目镜测量 $\Delta x$ 以及 $a_1$、$a_2$ 时，均要防止回程误差，即：必须保证在测量同一组 $K_0$ 与 $K_n$，以及同一组 $K_{i,0}$ 与 $K_{i,0}$ 的过程中，每读一个数之前，横移手轮保持同一转向。旋转读数鼓轮时动作要平稳、缓慢，测量装置要保持稳定。测量前还应检查测微目镜读数系统是否匹配，即：读数对准线对准某一刻度时，螺尺上是否对准零。若读数系统严重不匹配，利用实验 15 注意事项(4)的方法进行正确读数。

(2)在整个测量过程中，狭缝和双棱镜的底座切不可沿光轴移动。否则会改变虚光源的位置和它们的间距 $a$。

(3)目镜底座距狭缝底座距离略大于 $4f$ 即可,距离太小(小于 $4f$)将无法得到两组像。而若距离太大,成放大像时,成像透镜的理论位置应该位于狭缝与双棱镜之间。但虚光源不是实物是虚物,是狭缝光源经双棱镜折射形成的,成像透镜若放在狭缝与双棱镜之间,将会彻底改变形成虚光源 $S_1$、$S_2$ 的光路,因而成像透镜是不能放在狭缝与双棱镜之间的。也就是说在目镜距狭缝太远时,得不到放大像。另外,目镜与狭缝距离较大时,即使找到两组像,缩小像的两条亮线将过于接近,即 $a_2$ 过小,增加了对准误差。而放大像的两条亮线距离又过远,不能同时进入测微目镜的光瞳,即无法用测微目镜对 $a_1$ 进行测量。

(4)不论成像透镜在何处,无论是否在叉丝板上成像,目镜中都会看到两条亮线(有可能部分重合),一般来说它们都不是像。透镜只有在两个特定位置时叉丝板上才会真正得到像。判断目镜中的亮线是否为像的方法是:当透镜移到某个位置处,在此位置前后移动透镜,从目镜中看,移动前两条亮线宽度是不是最窄,边界轮廓是不是最清晰,如果是,则为缘;反之则不是。

(5)在利用共轭成像法测量虚光源间距时,在确认透镜可在两个特定位置上分别将虚光源放大和缩小成像在目镜叉丝板上后,在测量 $a_1$、$a_2$ 过程中目镜底座位置切不可改变。

(1)若观察到的干涉条纹模糊不清,应从什么方面找原因?

(2)在测量过程中,狭缝与双棱镜的间距能否改变?

(3)在测虚光源的像间距时,如果从目镜中只观察到一条亮线,应调节哪个光学元件?

(4)在测虚光源的像间距时,为什么让狭缝到目镜叉丝板的距离略大于 $4f$ 而不是远大于 $4f$?

# 实验37 等厚干涉及应用

## 实验目的

(1)观察光波的两种等厚干涉现象——牛顿环、劈尖干涉,测量凸透镜曲率半径和薄纸厚度。通过实验加深对等厚干涉原理的理解。

(2)学习使用读数显微镜。

## 实验仪器

本实验两种等厚干涉的观测仪器如图37-1(a)、(b)所示。

牛顿环的直径$D$、劈尖总长$L$、$N_0$条干涉条纹的长度$L_0$,都是用读数显微镜测量的,如图37-2所示。读数显微镜的主要部分是显微镜和螺旋测微计。调焦手轮用于调节显微镜的高低,使图像清晰;横移手轮可以使显微镜左右平移,其位置可由标尺和横移手轮上的刻度读出(原理和螺旋测微器相同,横移手轮的螺距为1mm,轮上有100个等分刻度,精度是0.01mm)。光源为钠光灯,透明反射镜是一块普通的平板玻璃,对入射光线有半透半反的作用。借助它的反射把单色光铅直地入射到平凸透镜上(或入射到劈尖上),如图37-2所示,

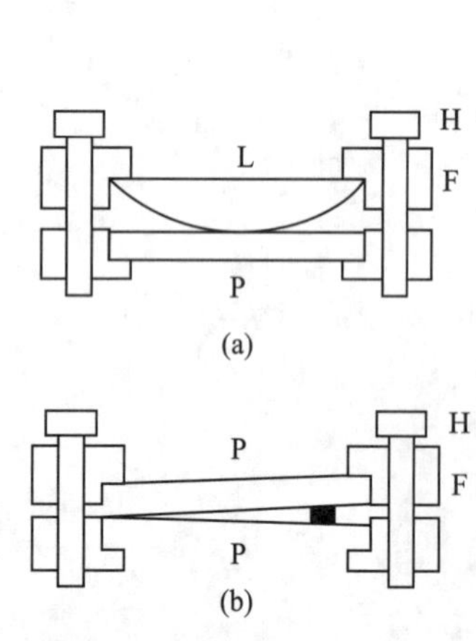


图37-1 牛顿环与劈尖装置
(a)牛顿环;(b)劈尖

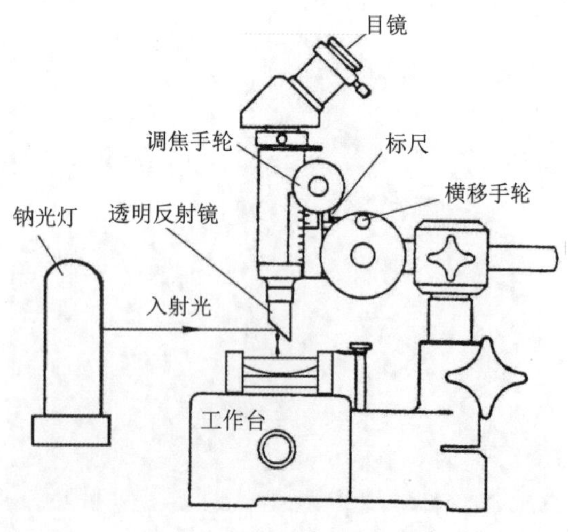


图37-2 用读数显微镜测量等厚干涉的装置

形成的干涉条纹可用读数显微镜透过透明反射镜观测。

## 实验原理

### 1. 牛顿环

如图 37-3 所示，把一个曲率很小的平凸透镜的曲面 $ABC$ 放置在光滑的平面玻璃 $DBE$ 上，二者之间，除了接触点 $B$，将构成一层缓慢变厚的空气隙。若以单色光自正上方垂直入射在凸透镜上，则由空气隙上界面 $ABC$ 和下界面 $DBE$ 所反射的两束光线，将在 $ABC$ 曲面处产生干涉(图 37-4)。由于空气隙厚度相等的地方是以 $B$ 点为圆心，以 $r$ 为半径的圆环，所以，整个等厚干涉条纹是一组以 $B$ 点为中心的明暗相间的同心环，这种干涉图像叫做牛顿环，如图 37-5 所示。

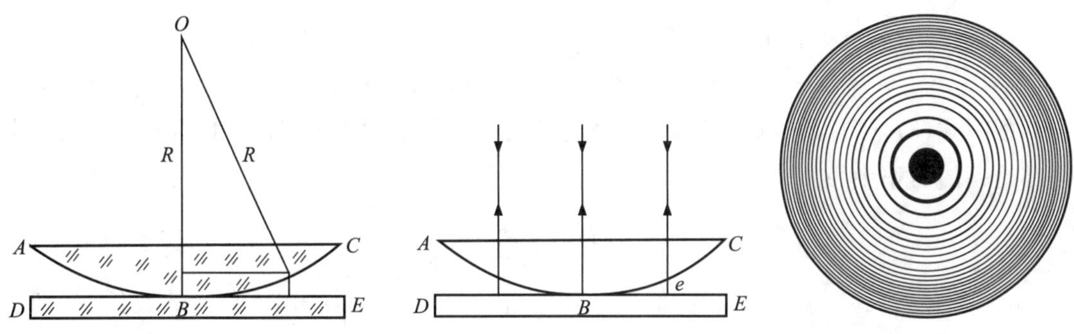


图 37-3 牛顿环结构示意图　　图 37-4 等厚干涉的产生示意图　　图 37-5 牛顿环干涉图样

设入射的单色光的波长为 $\lambda$，距离接触点 $B$ 为 $r$ 处的空气隙厚度为 $e$，则光束在 $r$ 处上下两界面所反射的光程差为

$$\delta = 2ne + \frac{\lambda}{2} \tag{37-1}$$

式中，$n$ 为介质的折射率(如为空气，$n=1$)；$\lambda/2$ 为光束从光疏介质到光密介质表面反射时存在的半波损失造成的附加光程差。因为干涉环半径 $r \ll R$，所以，在空气隙中的往返光束可以认为是垂直 $DBE$ 平面的。可以从图的几何关系求得

$$R^2 = r^2 + (R-e)^2 = r^2 + R^2 + e^2 - 2eR \tag{37-2}$$

即

$$r^2 = 2eR - e^2 \tag{37-3}$$

当 $R \gg e$ 时，$e^2 \ll 2eR$，可将 $e^2$ 略去，有

$$e = \frac{r^2}{2R} \tag{37-4}$$

把式(37-4)代入式(37-1)，取空气折射率 $n=1$，可得

$$\delta = 2e + \frac{\lambda}{2} = \frac{r^2}{R} + \frac{\lambda}{2} \tag{37-5}$$

按照光的干涉条件，明条纹对应的光程差为

$$\delta = \frac{r^2}{R} + \frac{\lambda}{2} = K\lambda \tag{37-6}$$

暗条纹对应的光程差为

$$\delta = \frac{r^2}{R} + \frac{\lambda}{2} = (2K+1)\frac{\lambda}{2} \tag{37-7}$$

所以，暗环的半径可写为(实验室中通常用暗环)

$$r_K = \sqrt{KR\lambda} \quad (K = 0,1,2,3,\cdots) \tag{37-8}$$

可见，$r$ 与 $K$ 的平方根成正比。当干涉条纹基数增大时，$r$ 增加得缓慢，所以，随着 $r$ 增加，干涉条纹(圆环)越来越密，如图 37-5 所示。

由式(37-8)可得到干涉环直径公式为

$$D_k^2 = 4kR\lambda \quad (k = 0,1,2,3,\cdots) \tag{37-9}$$

根据式(37-9)可知，如果测出 $K$ 级暗环的直径 $D_K$，并且已知入射的波长 $\lambda$，就可求得凸透镜的曲率半径

$$R = \frac{D_K^2}{4K\lambda} \tag{37-10}$$

反之，如果 $R$ 是已知的，测量了 $K$ 级牛顿环的直径 $D_K$，就可以得出入射光的波长 $\lambda$。利用此测量关系式只对理想点接触的情况不产生测量误差，在实际应用时往往误差很大，原因在于凸面和平面不可能是理想的点接触，接触压力会引起局部形变，使接触处成为一个圆形平面，干涉环中心为一暗斑。另外，若空气间隙层中有了尘埃，附加了光程差，干涉环中心还可能为一亮斑，因此造成干涉级数与环纹序数不一致。例如，在接触面为一圆面时出现第 1 级暗纹的位置，可能对应于在理想点接触时出现第 5 级暗纹的位置。在这种情况下，在理想点接触时干涉级数将比按面接触测得的环纹序数多出 4。在用式(37-10)进行计算时，$K$ 应取环纹序数加上 4。但实际上我们并不知道干涉级数与环纹序数之间的差值具体是多少，只知道对一个确定的牛顿环装置，二者相差一个常数。采用下面的处理可以避免由于干涉级数与环纹序数不等造成的误差。

设干涉级数为 $m$ 的条纹对应环纹序数为 $M$，干涉级数为 $s$ 的条纹对应环纹序数为 $S$，根据式(37-10)得

$$D_m^2 - D_s^2 = (m-s)R\lambda \tag{37-11}$$

透镜的曲率半径的计算可写成

$$R = \frac{D_m^2 - D_s^2}{4(m-s)\lambda} \tag{37-12}$$

利用式(37-12)进行测量，不需要知道与各个环对应的干涉级数，只要测得第 $M$ 个环的直径(对应 $D_m$)和第 $S$ 个环的直径(对应 $D_s$)，虽然干涉级数与环纹序数并不对应，而且无

法知道 $m$ 和 $s$ 的值，但由于 $m-s=M-S$，只要知道环纹序数的差 $M-S$，即可求出正确的 $R$。

测量时，若测得的不是暗环的直径而是弦长，如图 37－6 所示，并不会造成测量误差。下面利用式(37－13)进行证明。

$$\begin{aligned} D_m^2 - D_s^2 &= 4(r_m^2 - r_s^2) \\ &= 4\left[\left(\frac{l_m^2}{4} + h^2\right) - \left(\frac{l_s^2}{4} + h^2\right)\right] \\ &= l_m^2 - l_s^2 \end{aligned} \tag{37-13}$$

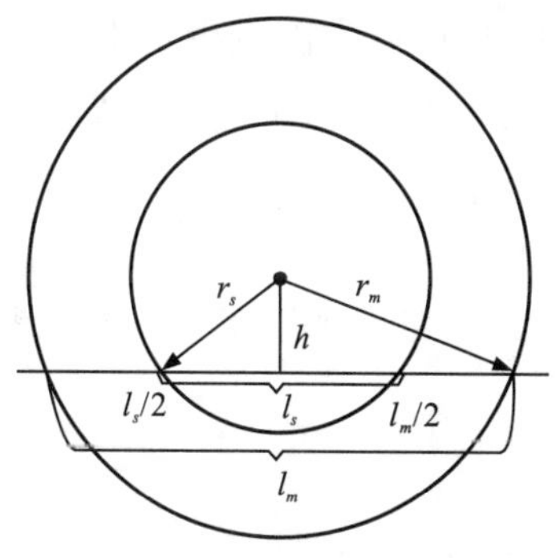


图 37－6 牛顿环弦长计算示意图

**2. 劈尖干涉**

劈尖干涉的产生机构如图 37-7(a)所示：两块平面玻璃一端接触，另一端被厚度为 $d$ 的薄片垫起(也可以是直径为 $d$ 的金属丝等)，于是两平面玻璃之间就形成一个空气劈尖。当平行单色光垂直入射到玻璃板上，自空气劈尖上界面反射的光与下界面反射的光之间存在着光程差，两光在劈尖的上界面相遇时，就会产生干涉，劈尖厚度相等之处，形成同级的干涉条纹。从接触端起始，劈尖的厚度沿着长度方向正比的增大，所以，呈现了一种等间隔的明暗相间的平行直条纹。

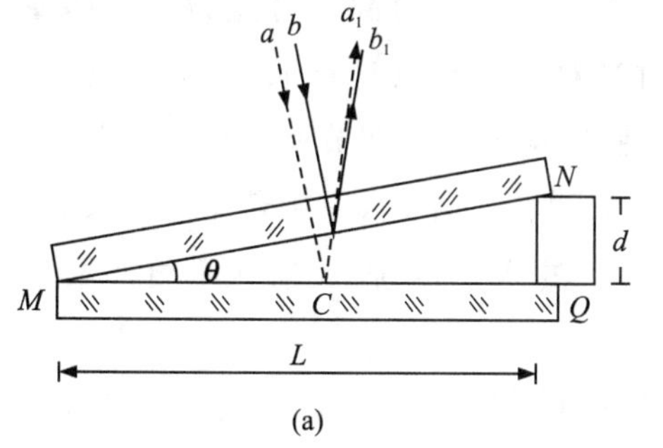


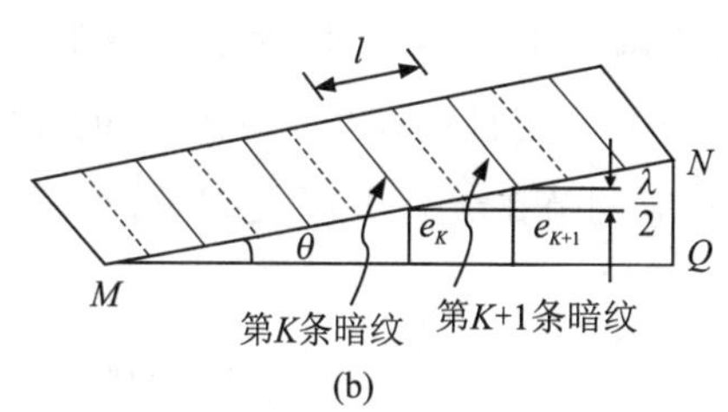


图 37－7 劈尖结构示意图(a)和劈尖干涉图样(b)

假定第 $K$ 级干涉条纹所在处的劈尖厚度为 $e_K$，劈尖干涉条件为

$$\delta = 2ne_K + \frac{1}{2}\begin{cases} = K\lambda & (K=1,2,3,\cdots,\text{明纹}) \\ = (2K+1)\dfrac{1}{2} & (K=1,2,3,\cdots,\text{暗纹}) \end{cases} \tag{37-14}$$

对于空气劈尖，折射率 $n=1$，所以，$K$ 级暗纹相对的空气厚度

$$e_K = \frac{K}{2}\lambda \quad (K=0,1,2,3,\cdots) \tag{37-15}$$

实验中，为了测量薄片厚度或金属丝的直径 $d$，根据式(37－15)，只要数出垫起物所在处的干涉级 $N$，就可求得 $d=e_N$，但在几厘米长的劈尖上，干涉条纹的数量很大，不易全部数

出，所以，可以先测量少量干涉条纹 $N_0$（10 条或 20 条）的总宽度 $L_0$，求得单位长度上的条纹数 $n_0=N_0/L_0$，再测出劈尖总长度 $L$，则可推算劈尖总干涉条纹数

$$N = n_0 L = \frac{N_0}{L_0} L \tag{37-16}$$

由式(37－15)和式(37－16)可得薄片的厚度为

$$d = e_N = \frac{\lambda}{2} \cdot \frac{N_0}{L_0} L \tag{37-17}$$

## 实验内容

### 1. 牛顿环测平凸透镜曲率半径

(1)在自然光下用肉眼观察牛顿环仪，可看到干涉条纹，如果干涉条纹的中心光斑不在金属框的几何中心，可通过调节位于金属边框上的三个螺钉，使其大致位于边框中心。螺钉适当旋紧即可，切不可过紧，以免损坏牛顿环仪；也不可太松，太松时在测量过程中如果装置晃动，会使中心光斑发生移动，无法进行准确测量。

(2)将调节好的牛顿环仪放在显微镜载物台上，显微镜镜筒大致移动到标尺的中间部位，牛顿环仪的中心暗斑放于物镜下方。

(3)点燃钠光灯，调节升降支架，使其大致与半透半反镜等高。将显微镜底座窗口内的反射镜背向光源，仅仅利用半透半反镜的反射光对牛顿环仪进行照亮。在显微镜下边观察边调节半透半反镜，使显微镜的视野明亮并照度均匀。其调节要点是：①调节倾斜角度约为45°，使目镜视场中观察到的光线亮度最大。②左右不均，应旋转半透半反镜；上下不均，应调节钠光灯升降支架，改变光线在反光镜上的入射点，使反射光垂直照射到牛顿环仪上。

(4)显微镜调节。显微镜的调节分为目镜聚焦和物镜聚焦。调节目镜，使目镜视场中能够清晰地看到十字叉丝，松开目镜，锁紧螺钉，转动目镜，使十字叉丝中的一条叉丝与标尺平行，另一条叉丝用来测定位置。因反射光干涉条纹产生在空气薄膜的上表面，显微镜应对上表面调焦才能找到清晰的干涉图像。调节调焦手轮，先让套在物镜上的半透半反镜靠近但不要接触牛顿环仪，然后缓缓升起镜筒，直至看到清晰的干涉条纹并不出现视差为止。

(5)调节牛顿环的位置，使环中心落在显微镜视野的中央。平移读数显微镜，观察待测的各环左右是否都在读数显微镜的读数范围之内。

(6)测量暗条纹的直径 $D_K$：先选定两个暗条纹的环纹序数 $M$、$S$ 值（如取 $M=25$，$S=15$)，调节横移手轮，使显微镜左移，并同时数暗条纹的环纹序数（中心暗斑序数为0）。直到 $K=27$ 环，然后反转横移手轮，使得显微镜的纵向叉丝与 $K=25$ 环左侧相切，记下此时标尺上的位置读数 $x_{M左}$，然后，保持横移手轮的转向，同时倒着数数，使纵向叉丝与 $K=15$

环左侧相切，记下此时的读数 $x_{S左}$，如图 37－8 所示。继续保持横移手轮的转向，使显微镜越过牛顿环中心右移。当越过中心后，同时数暗条纹级数 $K$，记下右边第 $S$ 环和 $M$ 环位置的读数 $x_{S右}$、$x_{M右}$，则 $M$ 环与 $S$ 环的直径为

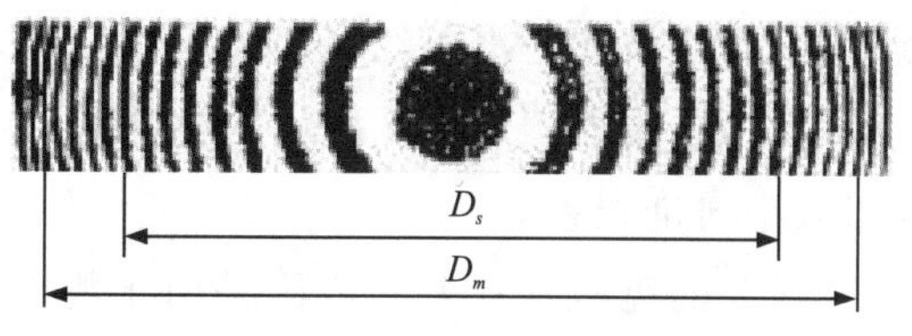


图 37－8 牛顿环直径的测量

$$D_m = x_{M右} - x_{M左}, \quad D_s = x_{S右} - x_{S左}$$

为减小环形不规整带来的误差，将牛顿环旋转若干角度，重复以上测量 6 次。将数据填入数据记录表格中。

**2. 劈尖干涉测量薄纸的厚度 $d$**

(1)用劈尖装置[如图 37－1(b)所示，装置已固定，不要调]取代牛顿环仪放入显微镜下。

(2)调整劈尖装置的方向，使干涉条纹与目镜中的纵叉丝平行。左右移动显微镜观察，看干涉条纹、纸条边沿、两玻璃片的接触端(此处应可看见破玻璃碴口)三者是否大体上相互平行，若斜交较严重，可能是纸条厚度不均匀，则应重新安装劈尖装置。

(3)仿照牛顿环的测量，读出两玻璃片的接触端和纸条边沿的位置 $x_{触}$、$x_{纸}$，则劈尖长度 $L=|x_{纸}-x_{触}|$，重复测量 6 次(应克服回程差)。

(4)任选起始条纹，测量 21 根暗条纹($N_0=20$)的起始位置和终止位置 $x_0$、$x_{20}$，首尾之间的距离 $L_0=|x_0-x_{20}|$(注意：起始条纹数为 0)。重复 6 次(应克服回程差)。将实验数据填入数据记录表格中。

## 数据记录与计算

入射光波长

$$\lambda=(5.893\pm0.001)\times10^{-7}\,\mathrm{m}$$

**1. 牛顿环测平凸透镜曲率半径 $R$**

取 $M=25$，$S=15$，将 6 次测量的结果记入数据记录单。计算 6 次测量的 $D_m$、$D_s$ 值，取其平均值。根据式(37－12)计算曲率半径 $R$。

**2. 劈尖干涉测量 $d$**

取 $N_0$ 等于 20，将 6 次测量的结果记入数据记录单。计算 6 次测量的 $L_0$、$L$ 值，取平均值。根据式(37－17)计算纸条厚度 $d$。

## 注意事项

(1)对准误差的克服。牛顿环条纹以及劈尖干涉产生的平行条纹均有一定的宽度，理

想测量时,应将叉丝对准条纹最暗处即条纹中心,但很难判断中心位置,由此造成对准误差。测量时,采用如图 37-9 所示的方法可以减小对准误差。另外,取较大的环序数来测量可以减小对准误差。

(2)视差的克服。视差的成因是由于物像平面与叉丝平面不共面,如图 37-10(b)所示。当眼睛移动时,显微镜视野中看到的牛顿环的像相对于叉丝发生了移动。为了准确测量,必须保证在一组数据的测量过程中眼睛不晃动,这是难以做到的。所以必须消除视差,使物像平面与叉丝平面共面,如图 37-10(a)所示。方法是仔细调节调焦手轮。

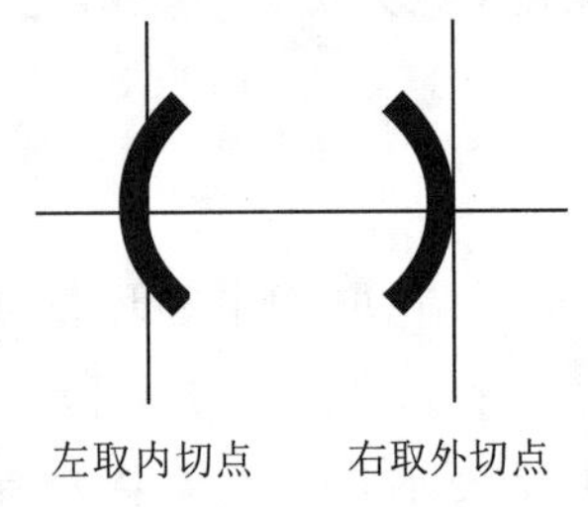


图 37-9 牛顿环直径的测量

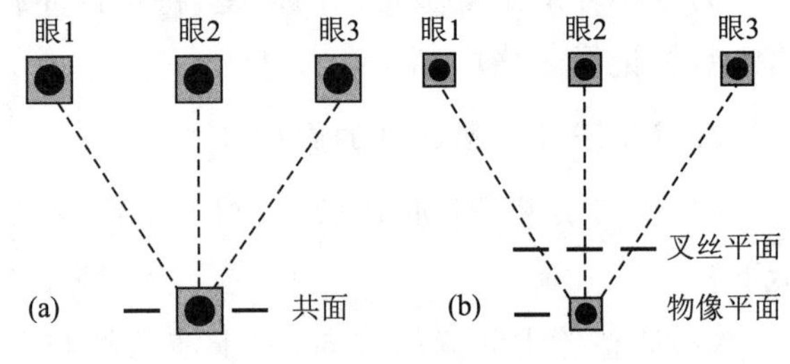


图 37-10 视差成因示意图

(a)无视差;(b)有视差

(3)回差的克服。回差是由于螺母齿轮和螺杆齿轮之间的间隙造成,如图 37-11 所示。当想改变显微镜镜组的移动方向时,需要反向旋转横移手轮,带动螺杆反方向移动,但由于螺母和螺杆之间的间隙,刚开始时,螺母并不移动。即螺尺上读数准线对准的刻度值在改变,但显微镜镜组以及叉丝的位置并没有改变。为了克服回差,必须保证在测量同一组 $x_{M左}$、$x_{S左}$、$x_{S右}$、$x_{M右}$ 的过程中,每读一个数之前,横移手轮保持同一转向。

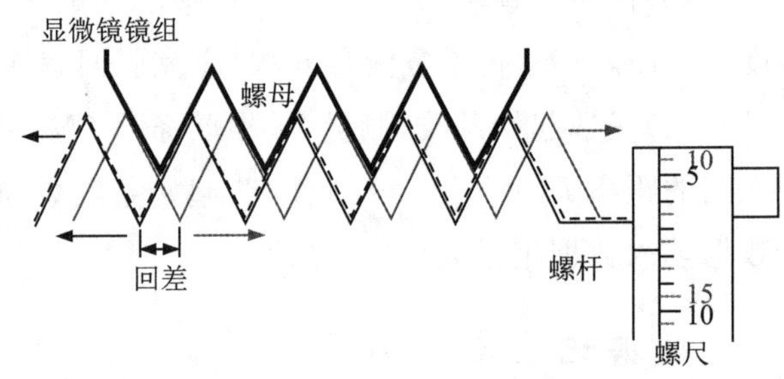


图 37-11 回差成因示意图

(4)显微镜手轮刻度与标尺刻度不匹配。正常情况,显微镜的横移手轮螺尺上的读数准线对准 0 时,标尺上的读数对准线应对准某一刻度。但由于很多显微镜的度数系统未校准,存在显微镜手轮刻度与标尺刻度不匹配的系统误差。当此系统误差较小时,不影响最后的计算,因为只需要求出 $x_{K右}$ 和 $x_{K左}$ 的差值,二者相减将消除系统误差。但当系统误差接近 0.5mm 时,会影响读数,容易出现读数错误。比如:标尺上的读数对准线对准某一刻度时,横移手轮螺尺上的读数准线对准 48。在一次读数时,标尺上的读数对准线非常靠近 20,螺尺上的读数准线对准 51。读数应读 19.51 还是 20.51 呢?在这种情况下,解决方法是,每次读数时,确保读得的值比根据标尺上的读数对准线看到的值要大一些。那么对于例中的情况，应读 20.51，因为20.51比标尺上的读数对准线对准的 20 要大。还是这一个读数系统，标尺上的读数对准线非常接近 20.7，螺尺上的读数准线对准 28。这时读数应读 21.28 而不是 20.28。因为 21.28 比标尺上的读数对准线对准的 20.7 要大。

(5)避免叉丝垂直移动距离与显微镜镜组横向移动距离不等。测量前应使十字叉丝中的横叉丝与标尺平行，纵叉丝用来测定位置。当横叉丝与标尺不平行时，在横向移动显微镜镜组时，其移动距离 $\Delta l$ 将与叉丝垂直移动距离 $\Delta l'$ 不等，如图 37－12 所示。而 $\Delta l$ 为利用读数系统测得的暗环直径，$\Delta l'$ 为实际的暗环直径。横叉丝与标尺夹角越大，产生的误差越大。

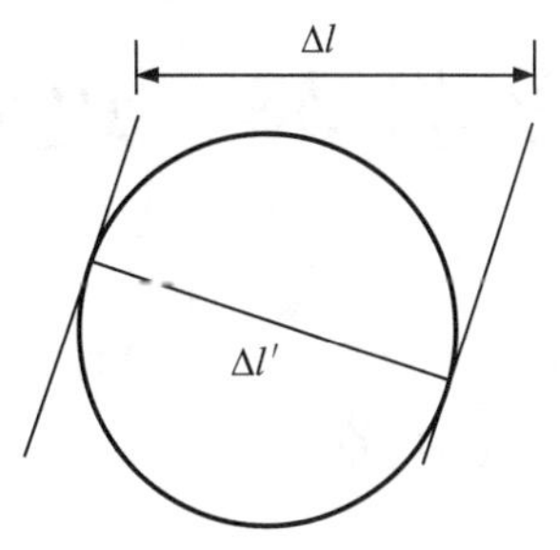


图 37－12　叉丝垂直移动距离与显微镜移动距离

(6)在测量同一组数据时，不可移动或转动牛顿环仪和劈尖，否则会造成读数错误。

(7)在进行劈尖干涉实验中，应注意劈尖装置有上下面，不能上下面颠倒放置，否则会由于边框挡住入射光造成劈尖总长 $L$ 的测量错误。

应正确定位纸边和两玻璃片的接触端的位置。在显微镜目镜里看清楚纸边和两玻璃片的接触端时的物镜焦距与看清楚干涉条纹时略有不同，应重新调焦。若难以确定这两个边沿位置时，可用小纸条搓成细卷，放到这两个边沿位置，然后在目镜中寻找细纸卷，借助细纸卷来进行定位。

## 思考题

(1)牛顿环测曲率半径实验，在读数显微镜的调节中，目镜中的纵向叉丝应处在什么状态？

(2)为什么不考虑入射光在平凸透镜上表面反射光和下表面反射光之间的干涉？

(3)在读数显微镜的目镜中，看到的是左边明亮、右边很暗，是什么原因造成的？如何调整？

(4)如何用牛顿环装置来测透明液体的折射率？

# 实验 38　迈克尔逊干涉仪的调节和使用

## 实验目的

(1)了解迈克尔逊干涉仪的结构、原理和调节方法。
(2)利用迈克尔逊干涉仪测量 He－Ne 激光器的波长。
(3)了解空气折射率与压强的关系,并测量标准气压下空气的折射率。

## 实验仪器

迈克尔逊干涉仪、He－Ne 激光器、升降台、扩束镜、压力测定仪、空气室($L$＝95mm);气囊(1个)、橡胶管(导气管2根)。

## 实验原理

### 1. 迈克尔逊干涉仪的光路

图 38－1 为迈克尔逊干涉仪实物图。迈克尔逊干涉仪的光路图如图 38－2 所示。$M_1$、$M_2$ 是一对精密磨光的平面反射镜,$M_1$ 的位置是固定的,$M_2$ 可沿导轨前后移动。$G_1$、$G_2$ 是厚度和折射率都完全相同的一对平行玻璃板,与 $M_1$、$M_2$ 均成 45°角。$G_1$ 的一个表面镀有半反射、半透射膜,使射到其上的光线分为光强度差不多相等的反射光和透射光,

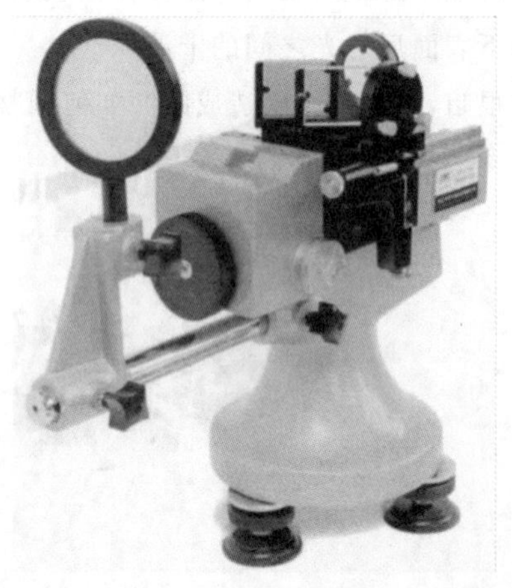

图 38－1　迈克尔逊干涉仪示意图

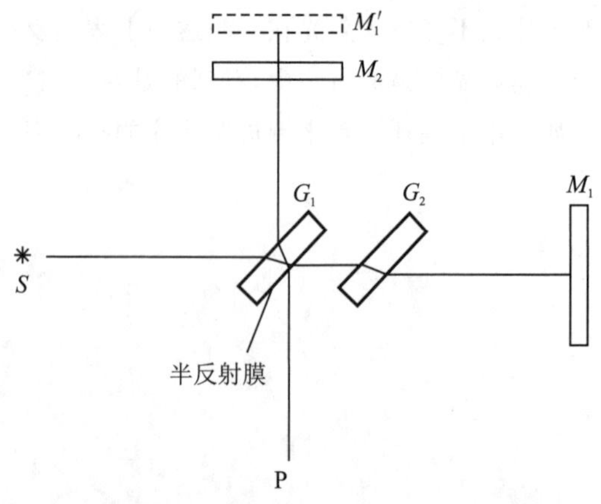


图 38－2　万克尔逊干涉仪光路图

故 $G_1$ 称为分光板。从光源 $S$ 发出的一束光射在分光板 $G_1$ 上，将光束分为两部分：一部分从 $G_1$ 半反射膜处反射，射向平面镜 $M_2$；另一部分从 $G_1$ 透射，射向平面镜 $M_1$。因 $G_1$ 和全反射平面镜 $M_1$、$M_2$ 均成 45°角，所以两束光均垂直射到 $M_1$、$M_2$ 上。从 $M_2$ 反射回来的光，透过半反射膜；从 $M_1$ 反射回来的光，为半反射膜反射。二者汇集成一束光，在 P 处即可观察到干涉条纹。光路中另一平行平板 $G_2$ 与 $G_1$ 平行，其材料厚度与 $G_1$ 完全相同，以补偿两束光的光程差，称为补偿板。在光路中，$M_1'$是 $M_1$ 被 $G_1$ 半反射膜反射所形成的虚像，两束相干光相当于从 $M_1'$和 $M_2$ 反射而来，迈克尔逊干涉仪产生的干涉条纹如同 $M_2$ 和 $M_1'$之间的空气膜所产生的干涉条纹一样。

**2. 单色光波长的测定**

本实验用 He－Ne 激光器作为光源(图 38－3)，激光通过短焦距透镜 L 汇聚成一个强度很高的点光源 $S$，射向迈克尔逊干涉仪，点光源经平面镜 $M_1$、$M_2$ 反射后，相当于由两个点光源 $S_1'$和 $S_2'$发出的相干光束。$S'$是 $S$ 的等效光源，是经半反射面 $A$ 所成的虚像。$S_1'$是 $S'$经 $M_1'$所成的虚像。$S_2'$是 $S'$经 $M_2$ 所成的虚像。由图 38－3 可知，只要观察屏放在两点光源发出光波的重叠区域内，都能看到干涉现象，故这种干涉称为非定域干涉。

如果 $M_2$ 与 $M_1'$严格平行，且把观察屏放在垂直于 $S_1'$和 $S_2'$的连线上，就能看到一组明暗相间的同心圆干涉环，其圆心位于 $S_1'S_2'$轴线与屏的交点 $P_0$ 处，从图 38－4 可以看出 $P_0$ 处的光程差 $\Delta L=2d$，屏上其他任意点 $P'$或 $P''$的光程差近似为

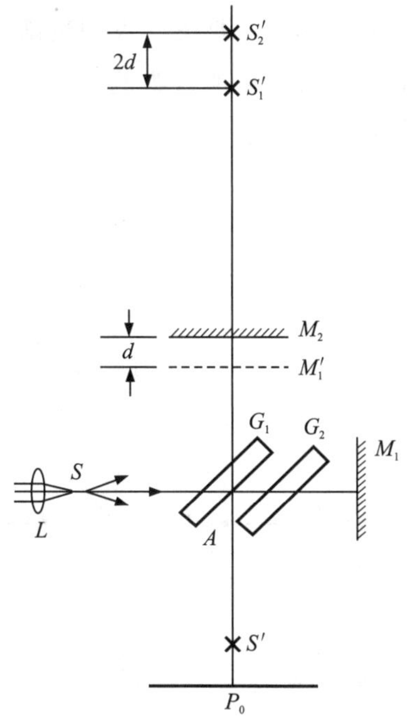


图 38－3　点光源干涉光路图

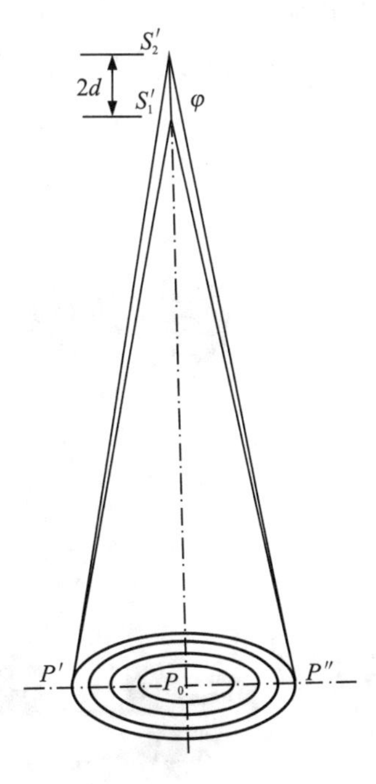


图 38－4　点光源非定域干涉

$$\Delta L = 2d\cos\varphi \tag{38-1}$$

式中，$\varphi$ 为 $S_2'$射到 $P''$点的光线与 $M_2$ 法线之间的夹角。所以亮纹条件为

$$2d \cdot \cos\varphi = k\lambda \quad (k = 0,1,2,\cdots) \tag{38-2}$$

由此式可知，当 $k$、$\varphi$ 一定时，如果 $d$ 逐渐减小，则 $\cos\varphi$ 将增大，即 $\varphi$ 角逐渐减小。也就是说，同一 $k$ 级条纹，当 $d$ 减小时，该圆环半径减小，看到的现象是干涉圆环内缩；如果 $d$ 逐渐增大，同理看到的现象是干涉条纹外扩。对于中央条纹，若内缩或外扩 $N$ 次，则光程差变化为

$$2\Delta d = N\lambda$$

式中，$\Delta d$ 为 $d$ 的变化量，所以有

$$\lambda = 2\Delta d/N \tag{38-3}$$

通过此式则能用变化的条纹数目求出光源的波长。

**3. 空气折射率的测定**

若在迈克尔逊干涉仪 $L_2$ 臂上加一个长为 $L$ 的气室，如图 38－5、图 38－6 所示，则两束光到达 $O$ 点形成的光程差为

$$\delta = 2(L_2 - L) + 2nL - 2L_1$$

整理得

$$\delta = 2(L_2 - L_1) + 2(n-1)L \tag{38-4}$$

保持空间距离 $L_2$、$L_1$、$L$ 不变，折射率 $n$ 变化时，则 $\delta$ 随之变化，即条纹级别也随之变化。根据光的干涉明暗条纹形成条件，当光程差 $\delta = k\lambda$ 时为明纹。以明纹为例有

$$\delta_1 = 2(L_2 - L_1) + 2(n_1 - 1)L = k_1\lambda$$

$$\delta_2 = 2(L_2 - L_1) + 2(n_2 - 1)L = k_2\lambda$$

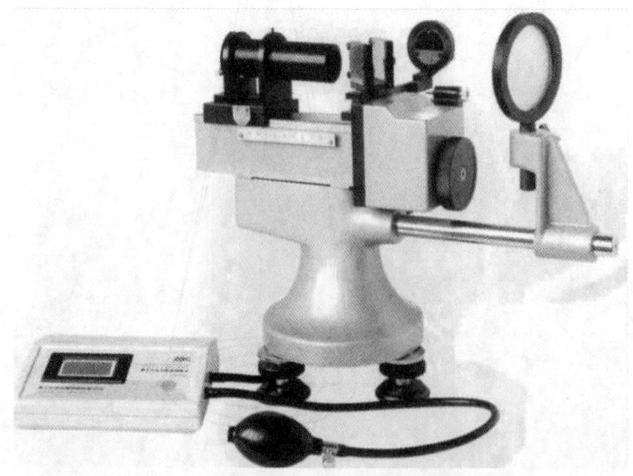

图 38－5 迈克尔逊干涉仪(带空气室、压力测定仪)

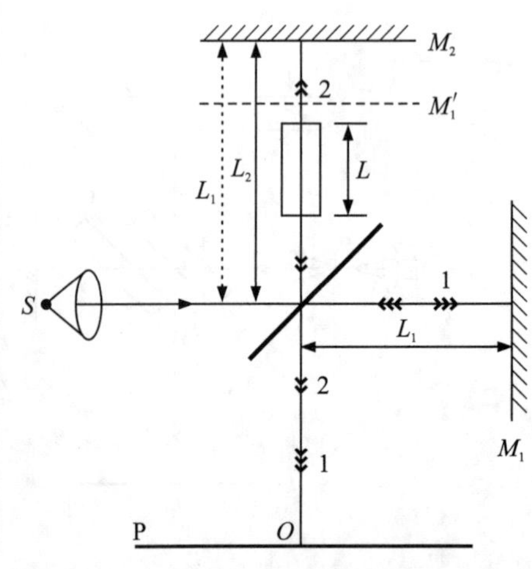


图 38－6 加入气室的光路图

令 $\Delta n = n_2 - n_1$，$m = k_2 - k_1$，将上两式相减得折射率变化与条纹数目变化关系式

$$2\Delta nL = m\lambda \tag{38-5}$$

若气室内压强由大气压 $p_b$ 变到 0 时，折射率由 $n$ 变化到 1，屏上某点（观察屏的中心 $O$ 点）条纹变化数为 $m_b$，即

$$n - 1 = m_b\lambda/2L \tag{38-6}$$

通常在温度处于 15～30℃范围内，空气折射率可用下式求得

$$(n-1)_{t,p} = \frac{2.8793 \times p}{1 + 0.003671 \times t} \times 10^{-9}$$

式中，$t$ 为温度（℃），$p$ 为压强（Pa）。在室温下，温度变化不大时，$(n-1)$可以看成是压强的线性函数。

设从压强 $p_b$ 变成真空时，条纹变化数为 $m_b$；从压强 $p_1$ 变成真空时，条纹变化数为 $m_1$；从压强 $p_2$ 变成真空时，条纹变化数为 $m_2$；则有

$$\frac{p_b}{m_b} = \frac{p_1}{m_1} = \frac{p_2}{m_2}$$

根据等比性质，整理得

$$m_b = \frac{m_1 - m_2}{p_1 - p_2} p_b \tag{38-7}$$

将式(38-6)、式(38-7)整理得

$$n - 1 = \frac{\lambda}{2L} \frac{m_1 - m_2}{p_1 - p_2} p_b$$

式中，$p_b$ 为标准状态下大气压强，将 $p_2 \to p_1$ 时，压强变化记为 $\Delta p(= p_1 - p_2)$，条纹变化记为 $m(= m_1 - m_2)$，则有

$$n - 1 = \frac{\lambda}{2L} \frac{m}{\Delta p_b} p_b \tag{38-8}$$

因此，可得空气折射率计算公式

$$n = 1 + \frac{\lambda}{2L} \frac{m}{\Delta p_b} p_b \tag{38-9}$$

其中，$\lambda = 632.8\text{nm}$，$L = 95.0\text{mm}$，$p_b = 1.01325 \times 10^5\,\text{Pa}$；$m$、$\Delta p$ 是两个相关联的物理量，是本实验要求测量的两个物理量。

## 实验内容

### 1. 观察激光的非定域干涉现象

调节干涉仪使导轨大致水平；调节粗调手轮，使活动镜大致移至导轨 110～120mm 刻度处；调节倾度微调螺丝，使其拉簧松紧适中。然后适当调节升降台的高度和激光器的角度，使得激光管发射的激光束从分光板中央穿过，并垂直射向反射镜 $M_1$（此时应能看到有一束光沿原路退回）。

装上观察屏，从屏上可以看到由 $M_1$、$M_2$ 反射过来的两排光点。调节 $M_1$、$M_2$ 背面的 3 个螺丝，使两排光点靠近，并使两个最亮的光点重合。这时 $M_1$ 与 $M_2$ 大致垂直（$M_1'$ 与 $M_2$ 大致平行）。然后在激光管与分光板间加上扩束镜，同时调节 $M_1$ 附近的倾度微调螺丝，即能从屏上看到一组弧形干涉条纹，再仔细调节倾度微调螺丝，当 $M_1'$ 与 $M_2$ 严格平行时，弧形条纹变成圆形条纹。

转动微调手轮，使 $M_2$ 前后移动，可看到干涉条纹的冒出或缩进。仔细观察，当 $M_2$ 位置改变时，干涉条纹的粗细、疏密与 $d$ 的关系。

**2. 测量激光波长**

（1）测量前，先按以下方法校准手轮刻度的零位：先以逆时针方向转动微调手轮，使读数准线对准零刻度线；再以逆时针方向转动粗调手轮，使读数准线对准某条刻度线。

当然也可以都以顺时针方向转动手轮来校准零位。但应注意：测量过程中的手轮转向应与校准过程中的转向一致。

（2）按原方向转动微调手轮（改变 $d$ 值）数圈以消除 $M_2$ 空程，直到可以看到一个个干涉环从环心冒出（或缩进）。当干涉环中心最亮时，记下活动镜 $M_2$ 位置读数 $d_0$，然后继续缓慢转动微调手轮，当冒出（或缩进）的条纹数 $N=50$ 时，再记下活动镜 $M_2$ 位置读数 $d_1$，如此连续测量 8 次，分别记下 $d_2, d_3, \cdots, d_7$。采用逐差法求出 $M_2$ 对应 50 个条纹移动的距离 $\Delta d$，代入式（38-3）算出波长，并与标准值（$\lambda_0=632.8$nm）比较，计算其百分比误差。

**3. 空气折射率的测定**

（1）将空气室放在迈克尔逊干涉仪导轨上，观察干涉条纹（观察到条纹即可进行下面测量）。

（2）接通压力测定仪的电源，旋转调零旋钮，使液晶屏上显示“.000”。

（3）关闭气囊上阀门，向气室充气，使气压值大于 0.040MPa，读出压力仪表数值，记为 $p_2$；打开气囊阀门，慢慢放气，使条纹慢慢变化，当改变 $m$ 条时（实验要求 $m>40$），读出压力仪表数值，记为 $p_1$。

（4）重复第（3）步，共取 6 组数据。

## 注意事项

干涉仪是精密光学仪器，使用中一定要小心爱护，要认真做到：

（1）切勿用手触摸光学表面，防止唾液溅到光学表面上。

（2）调整反射镜背后粗调螺钉时，先要把微调螺钉调在中间位置，以便能在两个方向上作微调。

（3）测量中，转动手轮只能缓慢地沿一个方向前进（或后退），否则会引起较大的空回误差。

(4)测量时动作要轻缓,尽量不要触碰实验台面,以免引起震动,造成干涉条纹不清楚。

(1)调节迈克尔逊干涉仪时看到的亮点为什么是两排而不是两个?两排亮点是怎样形成的?

(2)为什么在观察激光非定域干涉时,通常看到的是弧形条纹?怎样才能看到圆形条纹?

# 实验39 偏振光的观测与研究

## 实验目的

(1)观察光的偏振现象,加深对偏振的概念理解。

(2)了解偏振光的产生和检验方法。

(3)观测布儒斯特角及测定玻璃的折射率。

(4)观测椭圆偏振光和圆偏振光。

## 实验仪器

光具座、激光器、光电检流计、偏振片、半波片、1/4 波片、光电转换装置、观测布儒斯特角装置、钠光灯。

## 实验原理

根据光的电磁理论,光波就是电磁波,电磁波是横波,所以光波也是横波。因为在大多数情况下,电磁辐射同物质相互作用时,起主要作用的是电场,所以常以电矢量作为光波的振动矢量,其振动方向相对于传播方向的一种空间取向称为偏振,光的这种偏振现象是横波的特征。

根据偏振的概念,如果电矢量的振动只限于某一确定方向的光,称为平面偏振光,亦称线偏振光;如果电矢量随时间作有规律的变化,其末端在垂直于传播方向的平面上的轨迹呈椭圆(或圆),这样的光称为椭圆偏振光(或圆偏振光);若电矢量的取向与大小都随时间作无规则变化,各个方向的取向率相同,称为自然光;若电矢量在某一确定方向上最强,且各向的电振动无固定位相关系,称为部分偏振光。

偏振光的应用遍及工农业、医学、国防等部门,利用偏振光装置的各种精密仪器,已为科研、工程设计、生产技术的检验等提供了极有价值的方法。

### 1. 获得偏振光的方法

(1)非金属镜面的反射。当自然光从空气照射在折射率为 $n$ 的非金属镜面(如玻璃、水等)上,反射光与折射光都将称为部分偏振光。当入射角增大到某一特定值 $\varphi_0$ 时,镜面反射光成为完全偏振光,其振动面垂直于入射面,这时入射角 $\varphi_0$ 称为布儒斯特角,也称起

偏振角。由布儒斯特定律得

$$\tan\varphi_0 = n \tag{39-1}$$

(2)多层玻璃片的折射。当自然光以布儒斯特角入射到叠在一起的多层平行玻璃片上时,经过多次反射后透过的光就近似于线偏振光,其振动在入射面内。

(3)晶体双折射产生的寻常光(o 光)和非常光(e 光),均为线偏振光。

(4)用偏振片可以得到一定程度的线偏振光。

**2. 偏振片、波长片及其应用**

(1)偏振片。

偏振片是利用某些有机化合物晶体的二向色性,将其渗入透明塑料薄膜中,经定向拉制而成。它能吸收某一方向的振动的光,而透过与此垂直方向振动的光,由于在应用时起的作用不同而叫法不同,用来产生偏振光的偏振片叫做起偏器,用来检验偏振光的偏振片叫做检偏器。

根据马吕斯定律,强度为 $I_0$ 的线偏振光通过检偏器后,透射光的强度为

$$I = I_0\cos^2\theta \tag{39-2}$$

式中,$\theta$ 为入射偏振光偏振方向与检偏器偏振轴之间的夹角,显然当以光线传播方向为轴转动检偏器时,透射光强度 $I$ 发生周期性变化。当 $\theta=0°$时,透射光强最大;当 $\theta=90°$时,透射光强为极小值(消光状态);当 $0°<\theta<90°$时,透射光强介于最大值和最小值之间。图 39－1 表示自然光透过起偏器和检偏器后的变化。

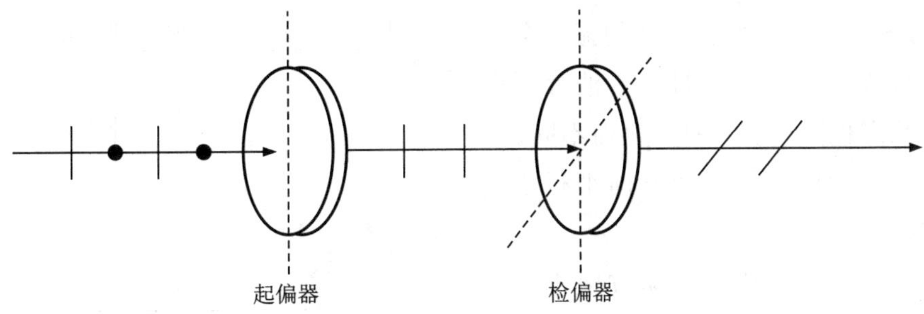


图 39－1　自然光透过起偏器和检偏器后的变化

(2)波长片。

当线偏振光垂直射到光轴平行于表面的单轴晶片时,寻常光(o 光)和非常光(e 光)沿同一方向前进,但传播的速度不同。这两种偏振光通过晶片后,其相位差为

$$\varphi = \frac{2\pi}{\lambda}(n_o - n_e)L \tag{39-3}$$

式中,$\lambda$ 为入射偏振光在真空中的波长,$n_o$ 和 $n_e$ 分别为晶片对 o 光和 e 光的折射率,$L$ 为晶片的厚度。

我们知道，两个相互垂直的、同频率且有固定相位差的简谐振动，可用下列方程表示（如通过晶片后 o 光和 e 光的振动）

$$\begin{cases} X = A_e \sin\omega t \\ Y = A_o \sin(\omega t + \varphi) \end{cases}$$

从两式中消去时间 $t$，经三角运算后得到合成振动的方程式为

$$\frac{X^2}{A_e^2} + \frac{Y^2}{A_o^2} + \frac{2XY}{A_o A_e}\cos\varphi = \sin^2\varphi \tag{39-4}$$

由上式可知：

①当 $\varphi = K\pi(K=0,1,2,\cdots)$ 时，为线偏振光。

②当 $\varphi = (K+\frac{1}{2})\pi(K=0,1,2,\cdots)$ 时，为正椭圆偏振光。在 $A_o = A_e$ 时，为圆偏振光。

③当 $\varphi$ 为其他值时，为椭圆偏振光。

在某一波长的线偏振光垂直入射于晶片的情况下，能使 o 光和 e 光产生相位差 $\varphi = (2K+1)\pi$（相当于光程差为 $\lambda/2$ 的奇数倍）的晶片，称为对应于该单色光的二分之一波片（$\lambda/2$ 波片）；与此相似，能使 o 光和 e 光产生相位 $\varphi = (2K+\frac{1}{2})\pi$（相当于光程差为 $\lambda/4$ 的奇数倍）的晶片，称为对应于该单色光的四分之一波片（$\lambda/4$ 波片）。本实验中所用 $\lambda/4$ 波片是对 632.8nm（He－Ne 激光）而言的。

如图 39－2 所示，当振幅为 $A$ 的线偏振光垂直入射到 $\lambda/4$ 波片上，振动方向与波片光轴成 $\theta$ 角时，由于 o 光和 e 光的振幅分别为 $A\sin\theta$ 和 $A\cos\theta$，所以通过 $\lambda/4$ 波片后合成的偏振状态也随角度 $\theta$ 的变化而不同。

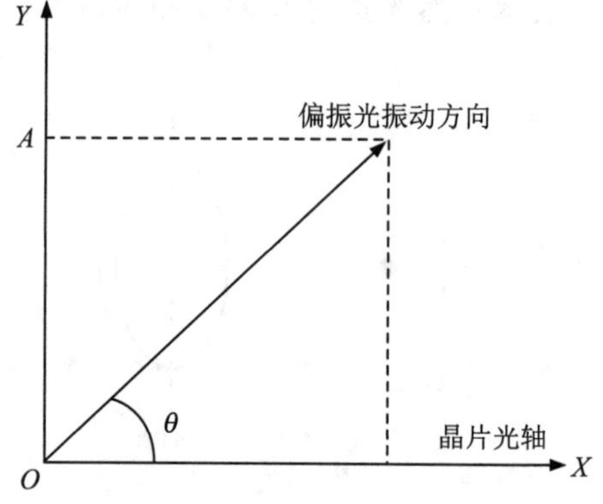


图 39－2 线偏振光的分解图

①当 $\theta = 0°$ 时，获得振动方向平行于光轴的线偏振光；

②当 $\theta = \pi/2$ 时，获得振动方向垂直于光轴的线偏振光；

③当 $\theta = \pi/4$ 时，$A_e = A_o$ 获得圆偏振光；

④当 $\theta$ 为其他值时，经过 $\lambda/4$ 波片后为椭圆偏振光。

**3. 椭圆偏振光的测量**

椭圆偏振光的测量包括长、短轴之比及长、短轴方位的测定。如图 39－3 所示，当检偏器方位与椭圆长轴的夹角为 $\varphi$ 时，透射光强为 $I = A_1^2\cos^2\varphi + A_2^2\sin^2\varphi$。

当 $\varphi = K\pi(K=0,1,2,\cdots)$ 时，$I = I_{max} = A_1^2$。

当 $\varphi=(2K+1)\dfrac{\pi}{2}(K=0,1,2,\cdots)$ 时，$I=I_{\min}=A_2^2$。

则椭圆长短轴之比为

$$\frac{A_1}{A_2}=\sqrt{\frac{I_{\max}}{I_{\min}}} \qquad (39-5)$$

椭圆长轴的方位即为 $I_{\max}$ 的方位。

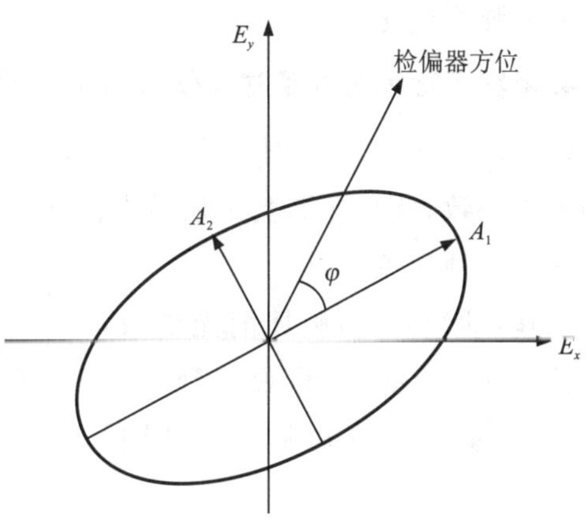


图 39-3 椭圆偏振光的分解

## 实验内容

### 1. 验证马吕斯定律，测 $I-\cos^2\theta$ 曲线

(1)将起偏器 $P_1$ 和检偏器 $P_2$ 的角度盘均转至 0°。

(2)将起偏器 $P_1$ 从角度盘上顶出一部分，使其可以自由旋转。

(3)转动起偏片 $P_1$(角度盘不转动)，观察电流表读数使其最大，记下最大值。此时，起偏器 $P_1$ 和检偏器 $P_2$ 的通光方向(偏振轴)平行。将起偏片 $P_1$ 顶入角度盘。

(4)连同角度盘一起转动检偏器 $P_2$，每隔 10°记录一个数值，直至检偏器角度盘转至 180°，在坐标纸上做出 $I-\cos^2\theta$ 关系曲线。

### 2. 观察布儒斯特角及测定玻璃折射率

(1)调整激光器高度、方向，使之正入射玻璃片并入射光电探头(目测)。

(2)转动玻璃片，使反射光斑进入激光器出射光孔或与出射光孔在一条竖直线上，此时，激光器垂直玻璃入射，记下此时刻度盘标线对应的角度 $\beta_0$。

(3)转动玻璃片，改变入射角。此时，玻璃片带动刻度盘转过的角度即为入射角，如：刻度盘标线对应的角度为 $\beta$，则入射角为 $\beta-\beta_0$。使入射角从 0°增加到 60°，在此过程中，转动探测臂，使光束进入探头，转动检偏器，观察电流表示数，找到完全消光时对应的大致角度范围。

(4)在步骤(3)对应的角度范围内，将电流表更换到较小的量程，重复步骤(3)，最终确定布儒斯特角，代入布儒斯特角公式，求出玻璃折射率。

### 3. 观察椭圆偏振光和圆偏振光

(1)先使起偏器 $P_1$ 和检偏器 $P_2$ 的偏振轴垂直，在起偏器 $P_1$ 和检偏器 $P_2$ 之间插入 $\lambda/4$ 波片，使起偏器 P1 的偏振方向和 $\lambda/4$ 波片光轴平行($\theta$ 为 0)，此时，从波片出射的光只有 e 光，且振动方向与此时起偏器 $P_2$ 的偏振方向垂直。通过 $P_2$ 后的光屏上处于消光状态。

(2)转动 $P_1$，使 $P_1$ 偏振方向与 $\lambda/4$ 波片光轴夹角 $\theta$ 依次为 30°，45°，60°，75°，90°值，从而改变 e 光和 o 光的强度。在取上述每一个角度时，都将检偏器 $P_2$ 转动一周，观察从 $P_2$

透出光的强度变化。

**4. 考察平面偏振光通过 1/2 波片时的现象**

(1)按图 39－4 在光具座上放置各元件(先不放波片),使起偏器 $P_1$ 的和检偏器 $P_2$ 的偏振方向一致,此时光屏上光强最大。在放入 1/2 波片 $C$,使其转动一周,能看到几次消光?解释这种现象。

(2)转动波片 $C$,破坏消光现象,把检偏器 $P_2$ 转动一周,观察到什么现象?通过 1/2 波片后的光叫什么光?

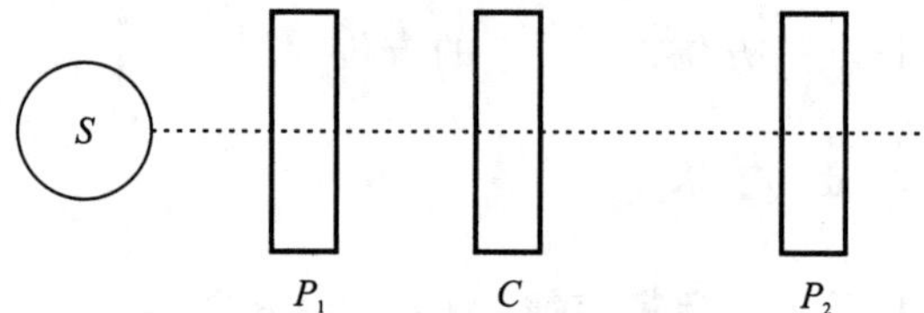

图 39－4 偏振实验装置图

S. 光源;$P_1$. 起偏器;$P_2$. 检偏器;C. 1/2 波片

(3)重新摆放光学元件,先摆放起偏器 $P_1$ 和检偏器 $P_2$,使 $P_1 /\!/ P_2$,插入 1/2 波片 $C$ 并使出射消光,将波片 $C$ 旋转 15°破坏消光,转检偏器 $P_2$ 至消光,记录 $P_2$ 所转过的角度。

(4)继续将 1/2 波片 $C$ 转 15°(即总转动角为 30°),记录检偏器 $P_2$ 达到消光所转动总角度,依次使 1/2 波片 $C$ 总转角为 45°、60°、75°、90°,记录检偏器 $P_2$ 消光时所转的总角度,数据填入数据记录单。

## 数据记录与处理

(1)实验数据填入数据记录单。

(2)在坐标纸上描绘出 $I_0-\cos^2\theta$ 关系曲线。

(3)求出布儒斯特角 $\varphi_0=\varphi_2-\varphi_1$,并由式(39－1)求出平板玻璃的相对折射率 $n$。

(4)由式(39－5)求出 20°时椭圆偏振光的长、短轴之比。并以理论值为准求出相对误差。

(1)通过起偏和检偏的观测,应当怎样鉴别自然光和偏振光?

(2)玻璃平板在布儒斯特角的位置上时,反射光束是什么偏振光?它的振动是在平行于入射面内还是在垂直于入射面内?

(3)当 λ/4 波片与 $P_1$ 的夹角为何值时产生圆偏振光?为什么?

# 实验 40　单缝单丝衍射

光的衍射现象是光的波动性的基本特性之一。衍射系统一般是由光源、衍射屏（狭缝、小圆孔、细丝等）和接收屏三部分组成。按它们相互间距离的不同，通常将衍射分为两类：一类是衍射屏离光源或接收屏的距离为有限远时的衍射，称为菲涅尔衍射；另一类是衍射屏与光源和接收屏的距离都是无穷远的衍射，也就是照射到衍射屏上的入射光和离开衍射屏的衍射光都是平行光的衍射，称为夫琅禾费衍射。本实验研究的是单缝和细丝的夫琅禾费衍射。

## 实验目的

（1）观察单缝和细丝的夫琅禾费衍射现象，了解缝宽和线径对衍射条纹的影响，加深对光的衍射理论的理解。

（2）利用衍射图样测量单缝的宽度和细丝的直径。

## 实验仪器

光具座、激光器（波长 650nm）及专用电源、单缝单丝装置、滑块、支架、白屏、直尺。

## 实验原理

让一束单色平行光通过宽度可调的缝隙，射到其后的接收屏上，若缝隙的宽度 $d$ 足够大，接收屏上将出现亮度均匀的光斑。随着缝隙宽度 $d$ 变小，光斑的宽度也相应变小。但当缝隙宽度小到一定程度时，光斑的区域将变大，并且原来亮度均匀的光斑变成了一系列明暗相间的条纹。根据惠更斯・菲涅耳原理，接收屏上的这些明暗条纹，是由于从同一个波前上发出的子波产生干涉的结果。为满足夫琅禾费衍射的条件，实验中一般将衍射屏放置在两个透镜之间，实验光路图如图 40－1 所示。位于透镜 $L_1$ 的前焦平面上的光源 $S_1$，经过透镜 $L_1$ 后变成平行光，垂直照射在单缝 $S_2$ 上，通过单缝衍射在透镜 $L_2$ 的后焦平面上，呈现出单缝的衍射图样，它是一组平行于狭缝的明暗相间的条纹。

与狭缝垂直的衍射光束会聚于屏上 $O'$ 处，是中央明纹的中心，光强最大，设为 $I_0$。与光轴方向成 $\theta$ 角的衍射光束会聚于屏上 $P_\theta$ 处，由惠更斯・菲涅耳原理可得 $P_\theta$ 处的光强 $I_\theta$ 为：

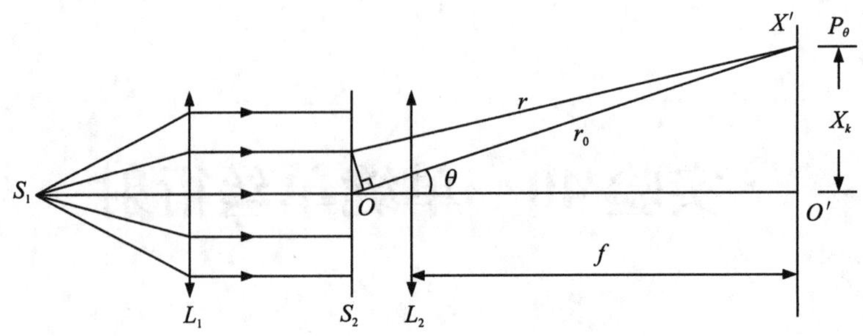


图 40-1　夫琅禾费单缝衍射光路图

$S_1$. 光源；$S_2$. 单缝；$O'$. 衍射中心；$X_k$. 第 $k$ 级衍射条纹边缘；$P_\theta$. 除对应的衍射角度；$L_1$. 透镜；$L_2$. 透镜

$$I_\theta = I_0 \frac{\sin^2 u}{u^2},\quad u = \frac{\pi d \sin\theta}{\lambda} \tag{40-1}$$

式(40-1)中，$d$ 为狭缝的宽度，$\lambda$ 为单色光的波长，当 $\theta=0$ 时，光强最大，称为主极大，主极大的强度取决于光的强度和缝的宽度。当 $\sin\theta = K\dfrac{\lambda}{d}$ 时，出现暗条纹，其中 $K=\pm1$，$\pm2$，$\pm3$，…，在暗条纹处，光强为 0。

除了主极大之外，两相邻暗纹之间都有一个次极大，由数学计算可得出现这些次极大的位置在 $u=\pm1.43\pi$，$\pm2.46\pi$，$\pm3.47\pi$，…，这些次极大的相对光强 $I/I_0$ 依次为 0.047，0.017，0.008，…，夫琅禾费衍射的光强分布如图 40-2 所示。

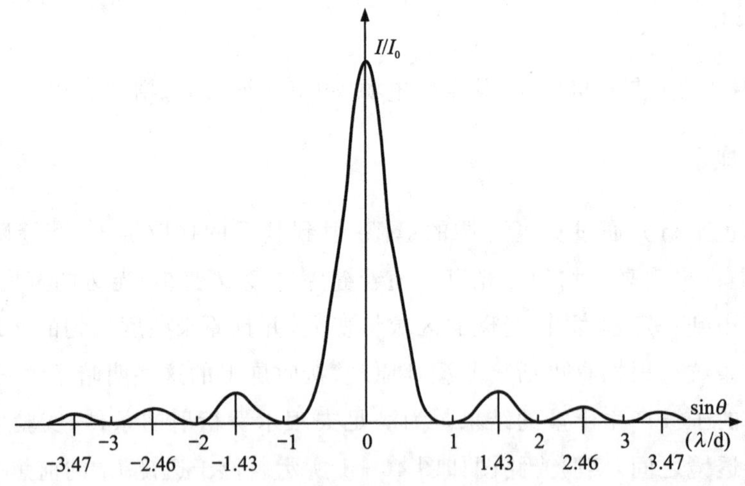


图 40-2　夫琅禾费单缝衍射光强分布曲线

用激光器作光源，由于激光束的方向性好，能量集中，且缝的宽度 $d$ 一般很小，这样就可以不用透镜 $L_1$，若观察屏(接收器)距离狭缝也较远(即 $D$ 远大于 $d$)，则透镜 $L_2$ 也可以不用，这样夫琅禾费单缝衍射装置就简化为图 40-3 所示。由于 $\theta$ 很小，各级暗条纹衍射

角为

$$\sin\theta \approx \tan\theta = X_k/D \tag{40-2}$$

则单缝的宽度为

$$d = K\lambda D/X_k \tag{40-3}$$

式中，$K$ 为暗条纹级数，$D$ 为单缝与屏之间的距离，$X_k$ 为第 $K$ 级暗条纹距中央主极大的中心距离。若已知波长 $\lambda=650.0\text{nm}$，测出单缝至光屏距离 $D$、第 $K$ 级暗纹距中央亮纹中心的距离 $X_k$，便可用式(40－3)求出缝宽。

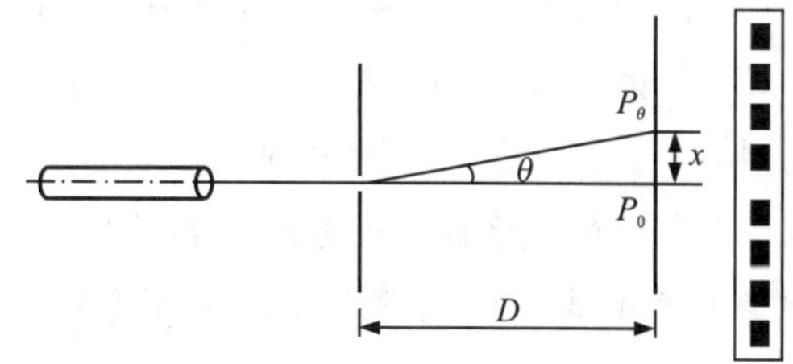


图 40－3　夫琅禾费单缝衍射的简化装置

$D$. 单缝距光屏距离；$x$. 不同级次衍射条纹之间距离；$P_\theta$、$P_0$. 衍射角为 $\theta$ 和 0 时的位置

将单丝代替单缝，在接收屏上得到单丝的夫琅禾费衍射图样，其图样及分布规律和同样宽度的单缝衍射是完全一样的，式(40－2)和式(40－3)也同样成立，只需将单缝宽度 $d$ 代以单丝直径 $a$。

## 实验内容

### 1. 观察单缝衍射和单丝衍射现象

将半导体激光器、单缝和屏通过滑块和支架放置于光具座上，屏与单缝的间距尽量大，屏与缝的距离可以从光具座自带米尺读出。观察不同缝宽时，屏上衍射图样的变化，试解释其变化的原因；再用不同直径的单丝替代单缝观察，解释衍射图样变化的原因。

### 2. 测量单缝宽度 $d$

在测量 $X_k$ 和 $D$ 时，可以不具体测量 $D$ 的数值，而是改变屏的位置，用直尺测出当屏位于位置 $D_1$ 时屏上衍射图样中心两边分别第 $K$ 级暗条纹中心之间的距离 $2X_k$，求出条纹平均间距 $X_1$($X_1=2X_k/2K$)，以及用同样的方法得到当屏位于位置 $D_2$ 时的条纹平均间距 $X_2$，其移动量 $D_2-D_1$ 可在光具座上准确测出。已知激光器波长 $\lambda=650.0\text{nm}$，用此方法，单缝宽度的计算公式为

$$d = \frac{\lambda(D_2 - D_1)}{X_2 - X_1} \tag{40-4}$$

### 3. 将单缝换成单丝，用上述相似的方法，测量单丝的直径

## 数据记录与处理

(1)测量单缝宽度 $d$，数据填入数据记录单。

(2)测量单丝直径 $a$，数据记录及处理同上。

## 注意事项

(1)不要正对着激光束观察,以免损伤眼睛。

(2)测量第 $K$ 级暗条纹中心距中央主极大光斑的距离,可以在屏上贴一张作图纸画点测量,也可用白色纸用铅笔画点。

(3)半导体激光器工作电压为直流电压 3V,应用专用 220/3V 直流电源工作(该电源可避免接通电源瞬间电感效应产生高电压),以延长半导体激光器的工作寿命。

## 思考题

(1)夫琅禾费衍射应满足什么条件?本实验如何满足这一条件?

(2)单缝衍射条纹分布规律如何?狭缝宽窄、屏的远近对衍射图样有何影响?

(3)若在单缝到观察屏的空间区域内,充满着折射率为 $n$ 的某种透明媒质,此时单缝衍射图样与不充媒质时有何区别?

(4)用白光光源作光源观察单缝的夫琅禾费衍射,衍射图样将如何?

(5)如果激光器输出的单色光照射在一根头发丝上,将会产生怎样的衍射图案?可用本实验的哪种方法测量头发丝的直径?

(6)本实验中采用了激光衍射测径法测量细丝直径,它与普通物理实验中的其他测量细丝直径方法相比较有何优点?试举例说明。

# 实验 41　自组显微镜实验

## 实验目的

(1)了解显微镜的基本原理和结构,并掌握其调节、使用和测量放大率的一种方法。

(2)了解视觉放大率的概念并掌握其测量方法。

(3)进一步熟悉透镜的成像规律。

## 实验仪器

光学平台、带有毛玻璃的白炽灯光源 S、1/10mm 分划板 F、显微物镜 Lo、显微目镜 Le(去掉物镜头的读数显微镜,焦距 $f_e=1.25$cm)、读数显微镜架。

## 实验原理

显微镜是由一个透镜或几个透镜的组合构成的一种光学仪器,用来放大微小物体的像,是放大虚像的透镜系统。当把待观察物体放在物镜焦点外侧靠近焦点处时,在物镜后所成的实像恰在目镜焦点内侧靠近焦点处,经目镜再次放大成一虚像,观察到的是经两次放大后的倒立虚像。

仪器增大视角的能力用视角放大率来描述。若人眼通过光学仪器观察物体时(实际是物体的像)的张角为 $\varphi$,不通过光学仪器直接观察物体的张角为 $\psi$,则视角放大率 $M$ 定义为

$$M=\frac{\varphi}{\psi}\approx\frac{\tan\varphi}{\tan\psi} \qquad (41-1)$$

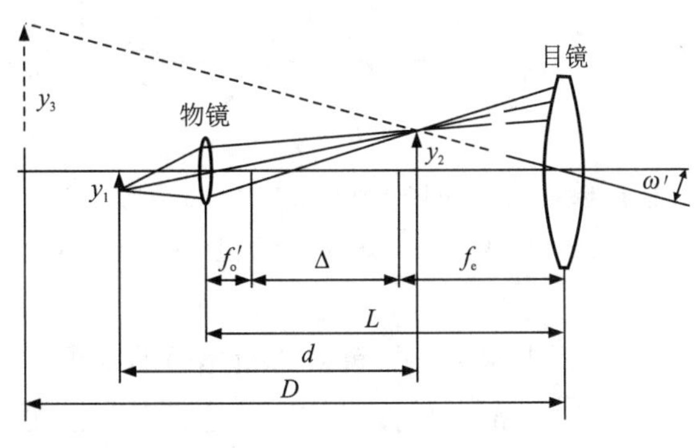


图 41-1　显微镜工作原理

显微镜的光学系统如图 41-1 所示,它的物镜 Lo 和目镜 Le 都是会聚透镜。被观察的物体 $y_1$ 位于物镜前面一倍焦距 $f_0$ 和两倍焦距之间,经物镜 $L_0$ 后成倒立放大实像 $y_2$,$y_2$ 应成像在 Le 的第一焦点 $f_e$ 之内,经过目镜 Le 后成一放大的虚像 $y_3$。$y_3$ 应该位于人的明视距离处。为了适合观

察近处的小物体，显微镜物镜 Lo 的焦距 $f_0$ 应该选取比较小，一般在 12.5～30.0mm。目镜主要作为放大镜，观察中间像 $y_2$。

显微镜的视角放大率 $M$ 定义为最后的虚像和物体在明视距离处对人眼的张角之比。

$$M=\frac{\Delta}{f_0}\cdot\frac{D}{f_e}=M_0\cdot M_e \tag{41-2}$$

由上式可知，显微镜的视角放大率等于它的物镜的垂轴放大率和目镜的视角放大率的乘积。其中，$D=250$mm 为明视距离，Δ 为显微镜的物镜与目镜焦点之间的距离，称为光学间隔。

## 实验内容

(1)用已知焦距的透镜组组装显微镜。

(2)计算显微镜的放大倍数。

## 实验步骤

实验光路图如图 41－2 所示。

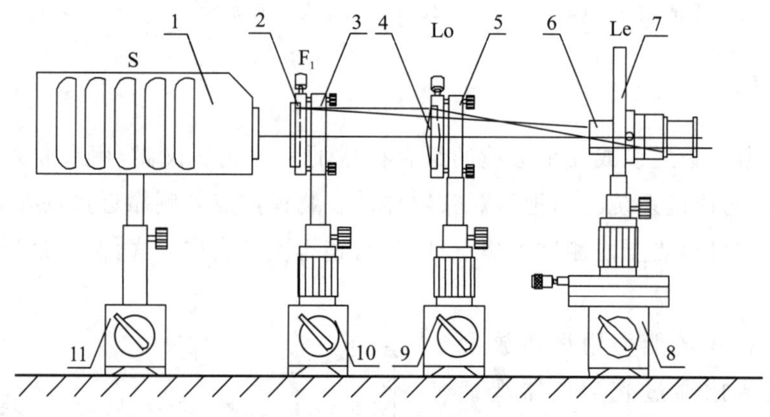


图 41－2　实验光路图

1. 带有毛玻璃的白炽灯光源 S；2. 1/10mm 分划板 $F_1$；3. 二维调整架 SZ－07；4. 物镜 Lo；5. 二维调整架；6. 测微目镜 Le；7. 读数显微镜架；8. 三维底座；9. 一维底座；10. 一维底座 SZ－03；11. 通用底座 SZ－04

(1)根据组装显微镜对透镜焦距的要求，按图 41－2 组装相应的器件。

(2)把全部器件按图 41－2 的顺序摆放在平台上，靠拢后目测调至共轴。

(3)固定透镜 Lo 的位置，调节分划板 $F_1$，位于透镜 Lo 的焦距外侧。

(4)将光源紧挨 F 装置。

(5)沿标尺导轨前后移动 Le，直至在显微镜系统中看清分划板 $F_1$ 的刻线。

(6)记录 $F_1$、Lo、Le 的位置。

(7)从显微镜中读出分划板的刻度。

## 注意事项

(1)由于物镜的焦距 $f_0$ 较小,分划板尽量靠近物镜 Lo。

(2)首先用白屏找到第一次成像的位置,再用目镜 Le 替换,前后移动就可在显微镜系统中看清分划板 $F_1$ 的刻线。

(1)为什么不能仅用移动放大镜将微小物体的尺寸放大?

(2)为什么显微镜的物镜对像差的要求较高?为什么显微镜的焦距要做得很短,相应的口径也要做得较小?

(3)若显微镜的出瞳位置与眼瞳不重合,将会出现什么现象?

# 第四部分 近代实验

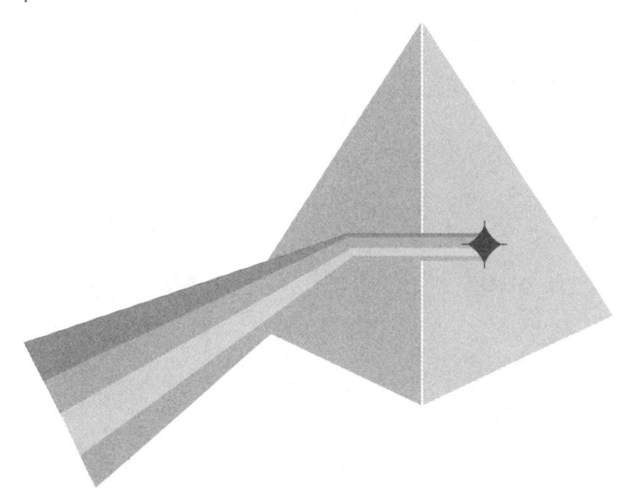

# 实验 42　光电效应及普朗克常数的测定

## 实验目的

(1)通过光电效应加深对光的量子性的理解。

(2)验证爱因斯坦方程,并测定普朗克常数。

(3)学习用作图法和最小二乘法处理实验数据。

## 实验仪器

本实验采用 DH - GD - 3 型普朗克实验仪,主要包括高压汞灯(可用 5 条谱线为 365.0nm、404.7nm、435.8nm、546.1nm、577.0nm)、滤光片、光电管暗盒、微电流测量仪、光电管工作电源(－4V～＋30V)。

## 实验原理

当一定频率的光照射到某些金属表面时,可以使电子从金属表面逸出,这种现象称为光电效应,所逸出的电子称为光电子。光电效应是光的经典电磁理论所不能解释的。1905 年,爱因斯坦依据普朗克的能量子假说提出了光子的概念,使光电效应所有的实验结果得以圆满解释。他认为光是一种粒子(即光子),频率为 $\nu$ 的光子具有能量 $E=h\nu$,当金属中的电子吸收一个频率为 $\nu$ 的光子时,便获得能量 $h\nu$,如果该能量大于电子摆脱金属表面约束所需要的逸出功 $A$,电子就会从金属中逸出。根据能量守恒定律有

$$\frac{1}{2}mv_{\max}^{2}=h\nu-A \tag{42-1}$$

上式称为爱因斯坦方程,其中 $m$、$v_{\max}$分别为光电子的质量和最大速度,$\frac{1}{2}mv_{\max}^{2}$为光电子逸出表面后所具有的最大功能。如果光子能量$\frac{1}{2}mv_{\max}^{2}$小于 $A$ 时,电子不能逸出金属表面,从而没有光电效应产生;产生光电效应的最低频率 $\nu_0=A/h$,称为光电效应的截止频率(又称红限)。不同金属有不同的截止频率,因为它们的逸出功各不相同。

对于爱因斯坦的假说,R. A. 密立根从 1905 年爱因斯坦的论文问世后经过十年左右艰苦卓绝的工作,1916 年发表详细的实验论文,证实了爱因斯坦方程,并精确测出了普朗

克常数。爱因斯坦和密立根都因光电效应等方面的贡献，分别于 1921 年和 1923 年获得诺贝尔奖。

按照 R. A. 密立根实验思路，要求精确测定光电子最大动能和入射光频率之间的关系。实验采用图 42－1 所示的原理。用不同频率的单色光照射光电管阴极 K，用“减速电位法”测定阴极发射光电子的最大动能：当阳极 A 的负电位较小时，光电子损失一部分功能后，仍然可以达到阳极，形成的光电流由微电流测试仪 G 测出。阳极的负电位逐渐增大，光电流会随之变小；当阳极 A 的负电位增大到某一值时，使动能最大的光电子刚好不能克服减速电场到达阳极，光电流降为零(图 42－2)，这时有关系式

$$\frac{1}{2}mv_{\max}^{2}=eU_{c}$$

这个使光电流刚刚降为零的电压 $U_c$ 称为截止电压。由此，式(42－1)可改写成

$$eU_{c}=h\nu-A$$

即

$$U_{c}=\frac{h}{e}\nu-\frac{A}{e} \tag{42-2}$$

它表示 $U_c$ 与 $v$ 间存在线性关系，其斜率等于 $h/e$，因而可以从对 $U_c$ 与 $\nu$ 的数据分析中求出普朗克常数。

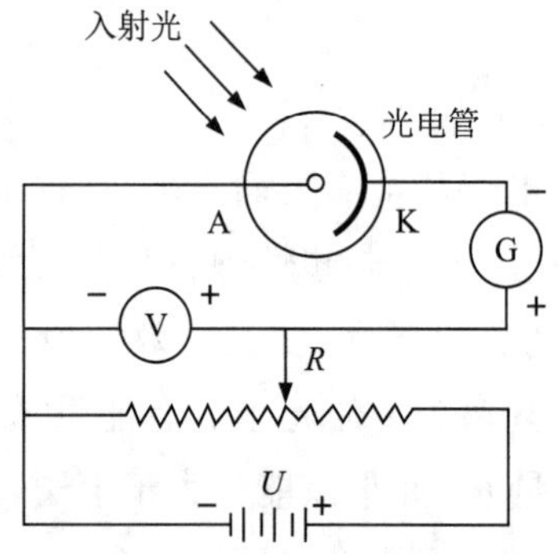

图 42－1　光电效应实验原理图

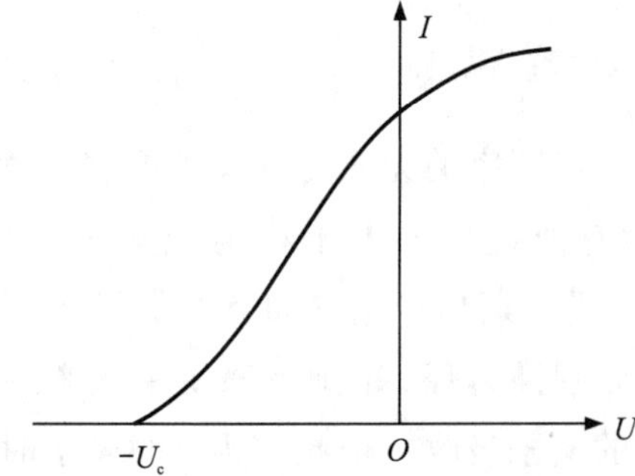

图 42－2　一定频率光照下 $I-U$ 曲线

光电效应实验验证爱因斯坦方程，测定普朗克常数，原理比较简单，但实际工作需要排除一些干扰，才能获得具有一定精度并且可以重复的结果。主要的影响因素有：

(1)暗电流。光电管在没有受到光照时也会产生电流，称为暗电流，主要来自光电管极的热电子发射。

(2)反向电流。光电管的两极材料不同，在工业制作过程时，阳极 A 往往溅有阴极材料。当光射到 A 上时，阳极 A 往往也有电子发射；此外来自阴极的电子也有被阳极表面反射的可能。当对阴极电子加负压使之减速时，对来自阳极的电子却起了加速的作用，从而使之到达阳极，形成反向电流。

由于上述因素的干扰，实测光电效应为阴极电流、暗电流和反射电流之和（图 42－3）。由于反向电流和暗电流的存在，使得截止电压的测定变得困难。对于不同的光电管，应根据 $I-U$ 曲线的特点，选用不同的方法确定截止电压。

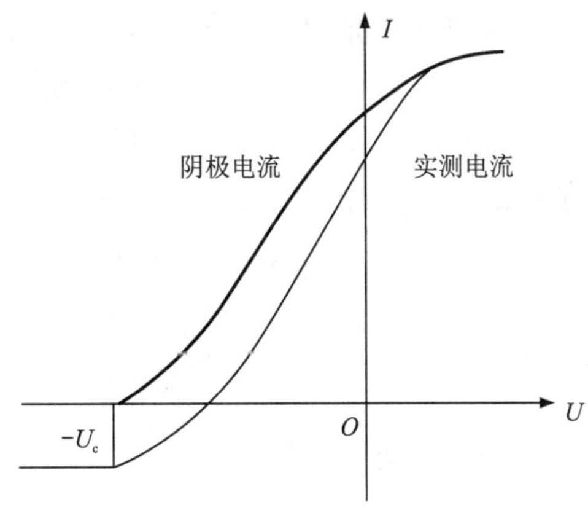


图 42－3　实测 $I-U$ 曲线

通常旧式的实验仪可以用拐点法来确定截止电压 $U_c$。光电管阳极反向光电流虽然较大，但在结构设计上，若使反向光电流能较快地饱和，则伏安特性曲线在反向电流进入饱和段后有着明显的拐点，如图 42－3 所示的实测 $I-U$ 曲线，拐点（或称抬头点）的电压的绝对值即为截止电压 $U_c$。

本实验采用 DH－GD－3 型普朗克实验仪，该仪器采用了新型结构的光电管，使光不能直接照射到阳极，由阴极反射到阳极的光也很少；加上采用新型的阴，阳极材料及制造工艺，使得阳极反向电流大大降低，暗电流也很小。因此在测量各谱线的截止电压 $U_c$ 时，可直接用零电流法。零电流法是直接将各谱线照射下测得的电流为零时对应的电压的绝对值作为截止电压 $U_c$。

## 实验步骤

（1）测量前的准备。把汞灯及光电管的暗箱遮光盖盖上，打开汞灯电源。将汞灯暗箱光输出口对准光电管暗箱光输入口，调整光电管与汞灯距离约 40cm 并保持不变。用专用连接线将光电管暗箱电压输入端与实验仪电压输出端（后面板上）连接起来。打开实验仪的电源，预热 20～30min。仪器在充分预热后，再进行测量前的校准调零。

在电流调零时，必须首先断开光电管暗箱微电流输出端与实验仪微电流输入端（后面板上）的高频匹配电缆的连接。电流量程有 $10^{-8}$～$10^{-13}$ A 六个挡位，选择某个挡位进行测量时，就将“电流量程”选择开关置于所选挡位，旋转“电流调零”旋钮使电流指示为“000.0”。如果测量电流超过量程需要换挡时，必须重新进行电流调零。电流正向超量程时，电流表头会在最高位显示“1.”；反向超量程时，电流表头会在最高位显示“－1.”。一般 $10^{-8}$～$10^{-11}$ A 挡可以一起调零，在用到 $10^{-12}$ A 挡或 $10^{-13}$ A 挡进行普朗克常数的测定和伏安特性高精度测量时，需要分别调零；从 $10^{-12}$ A 挡或 $10^{-13}$ A 挡切换到 $10^{-8}$～$10^{-11}$ A 挡时也需要再次调零。电流调零完毕后，再用高频匹配电缆将光电管暗箱微电流输出端与实验仪微电流输入端（后面板上）连接起来。

（2）手动测绘光电管的伏安特性曲线。先将功能按键“手动/自动”挡置于“手动”挡（开机默认为“手动”）。选择一个光阑直径（实验仪的光阑直径从 2mm 到 8mm），调整滤波片得五条谱线中的一条。将“电流量程”选择开关置于 $10^{-8}\sim10^{-11}$ A 挡中某一挡(根据光电流的大小而定),按电压增加按钮或减小按钮,在 $-4\sim+30$V 间连续任意可设,记录同一光阑直径同一波长的伏安特性曲线。

调整滤波片,测出其他谱线的伏安特性曲线。

(3)在坐标纸上画出第(2)步得到的各谱线的伏安特性曲线,利用零点法确定各谱线对应的截止电压 $U_c$。作 $U_c-\nu$ 图,利用最小二乘法求出其斜率,并进一步求出普朗克常数。

## 数据记录与处理

(1)将每种波长的光对应的数据填入数据记录表中。

(2)根据所得实验数据,在大小合适的方格纸(如 25cm×20cm,画 $I-U$ 曲线时频率轴不要过宽)上,仔细作出不同波长的 $I-U$ 曲线。利用零点法来确定各波长光的截止电压 $U_c$,并列表记下不同波长(频率)下的 $U_c$ 值。

(3)用最小二乘法求出普朗克常数。

## 注意事项

(1)对于每种波长的光,其 $I-U$ 数据点要满足作图要求,并不要求所有数据均匀取值,可在电流变化的抬头点周围多取数据点,而在其他偏离抬头点的位置取代表性的几个点即可。

(2)各种光的截止电压 $U_c$ 是随着光波波长的增加而变小的。如果在实验中发现例外,则要重新实验测量,以免数据处理时出现问题。

(3)本仪器是精密测量仪器,使用时应小心轻放,不要在靠近仪器的地方走动,以免影响入射到光电管的光强有变化。

(4)仪器不用时,调节光阑转盘,使光不能入射到光电管,以免光电管长期受光照而老化。

(1)改变暗盒与光源间的距离,使光电管的照度发生变化,对 $I-U$ 曲线有何影响?

(2)光电管的阴极上均涂有逸出功小的光敏材料,而阳极则选用逸出功大的金属制造,为什么?

# 实验 43　弗兰克-赫兹实验

## 实验目的

(1)通过对相应电压和微电流的测量,得出氩原子的第一激发电位,验证原子能级的存在。

(2)学习原子激发的基本过程,加深对原子能级结构的理解。

(3)加深对电子与原子间碰撞的微观过程和实验宏观现象的相互关系的理解。

(4)体会设计新实验的物理构思和设计技巧。

## 实验仪器

本实验采用智能型夫兰克-赫兹管实验仪,主要包括夫兰克-赫兹管、测试仪(图 43-1)、示波器(可选)和计算机等组成(可选)。

## 实验原理

20 世纪初,在原子光谱的研究中确定了原子能级的存在。原子光谱中的每根谱线就是原子从某个较高能级向较低能级跃迁时的辐射形成的。原子能级的存在,除了可由光谱研究证实外,还可利用慢电子轰击稀薄气体原子的方法来证明。1914 年弗兰克-赫兹采用这种方法研究了电子与原子碰撞前后电子能量改变的情况,测定了汞原子的第一激发电位,从而证明了原子分立态的存在。后来他们又观测了实验中被激发的原子回到正常态时所辐射的光,测出的辐射光的频率很好地满足了玻尔假设中的频率定则。弗兰克-赫兹实验的结果为玻尔的原子模型理论提供了直接证据,他们获得了 1925 年度的诺贝尔物理学奖。

弗兰克-赫兹实验至今仍是探索原子结构的重要手段之一,实验中用的“拒斥电压”筛去小能量电子的方法,已成为广泛应用的实验技术。

根据玻尔理论,原子只能较长久地停留在一些稳定状态(即定态),其中每一状态对应于一定的能量值,各定态的能量是分立的,原子只能吸收或辐射相当于两定态间能量差的能量。如果处于基态的原子要发生状态改变,所具备的能量不能少于原子从基态跃迁到第一激发态时所需要的能量。弗兰克-赫兹实验是通过具有一定能量的电子与原子碰撞,

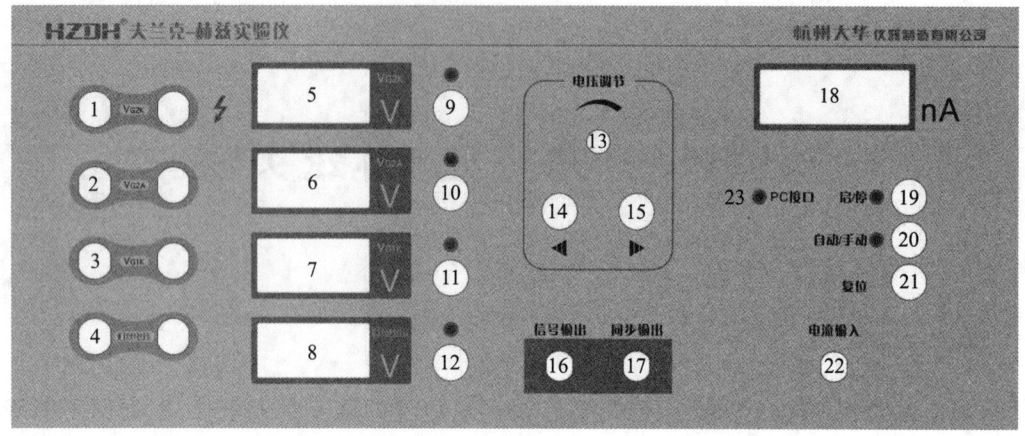


图 43-1　夫兰克-赫兹测试仪正面板示意图

1. $V_{G2K}$电压输出，与夫兰克-赫兹管对应插座相连；2. $V_{G2A}$电压输出，与夫兰克-赫兹管对应插座相连；3. $V_{G1K}$电压输出，与夫兰克-赫兹管对应插座相连；4. 灯丝电压输出，与夫兰克-赫兹管对应插座相连；5. $V_{G2K}$电压显示窗；6. $V_{G2A}$电压显示窗；7. $V_{G1K}$电压显示窗；8. 灯丝电压显示窗；9,10,11,12. 四路电压设置切换按钮；13. 调节电压值大小；14,15. 移位键，改变电压调节步进值大小；16. 波形信号输出；17. 同步输出，与示波器触发通道相连；18. 微电流显示窗；19. 启停键，自动模式下控制采集的开始或暂停，开启时，指示灯亮；20. 自动/手动模式选择，按下自动后，功能指示灯亮，自动模式下按 19 键可以开启自动测量，仪器按照固定的最小电压步进(0.2V)输出 $V_{G2K}$，并采集微电流信号，同时把采集的数据信号输出到示波器上，手动模式下需手动调节 $V_{G2K}$开展实验，信号输出接口将同步输出采集的数据波形，增加或减小 $V_{G2K}$，波形输出将同步变化，实时动态显示，便于寻找极点；21. 复位功能，当系统出现意外死机后，按此键复位系统；22. 微电流输入接口，与夫兰克-赫兹管微电流输出接口相连；23. PC 接口指示，当测试仪与计算机连接通讯成功后，该指示灯亮(微机型适用)；另 13,14 两健具有组合功能，在手动模式 $V_{G2K}$设定时，按住 14 键不放，顺时针旋转 13 设定 $V_{G2K}$最小步进值，可以设定为 0.1V，0.2V 和 0.5V 步进，默认为 0.1V

进行能量交换而实现原子从基态到高能态的跃迁。

设 $E_1$ 和 $E_0$ 分别为原子的第一激发态和基态能量。初动能为零的电子在电位差 $V_1$ 的电场作用下获得能量 $eV_1$，如果

$$eV_1 = \frac{1}{2}m_e v^2 = E_1 - E_0$$

那么当电子与原子发生碰撞时，原子将从电子获取能量而从基态跃迁到第一激发态。相应的电位差就称为原子的第一激发电位。

弗兰克-赫兹实验原理如图43-2所示。充氩气的弗兰克-赫兹管中，电子由热阴极发出，阴极 K 和栅极 $G_1$ 之间的加速电压 $V_{G1K}$ 使电子加速，在板极 P 和栅极 $G_2$ 之间有减速电压 $V_{G2A}$。当电子通过栅极 $G_2$ 进入 $G_2P$ 空间时，如果能量大于 $eV_{G2A}$，就能到达板极形成电流 $I_P$。电子在 $G_1G_2$ 空间与氩原子发生非弹性碰撞，电子本身剩余的能量小于 $eV_{G2A}$，则电子不能到达板极。

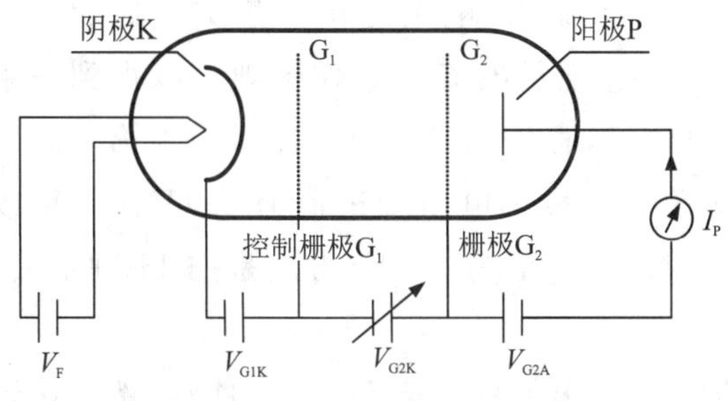

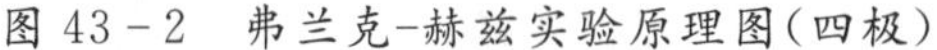

图 43-2 弗兰克-赫兹实验原理图(四极)

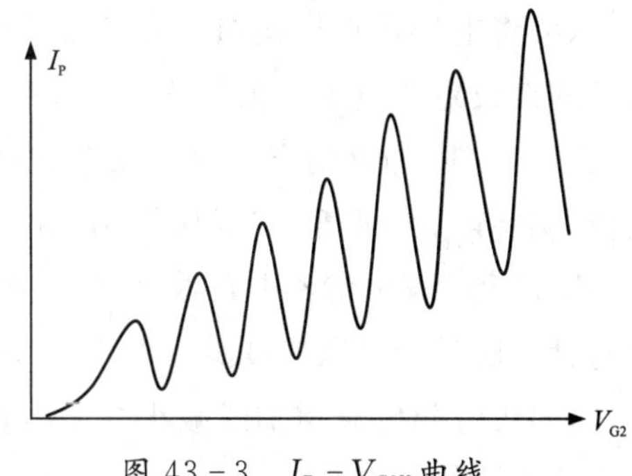


图 43-3 $I_P-V_{G2K}$ 曲线

随着 $V_{G2K}$ 的继续增加,电子的能量增加,当电子与氩原子碰撞后仍留下足够的能量,可以克服 $G_2P$ 空间的减速电场而到达板极时,板极电流又开始上升。如果电子在加速电场得到的能量等于 $2\Delta E$ 时,电子在 $G_1G_2$ 空间会因二次非弹性碰撞而失去能量,结果板极电流第二次下降。

在加速电压较高的情况下,电子在运动过程中,将与氩原子发生多次非弹性碰撞,在 $I_P-V_{G2K}$ 关系曲线上就表现为多次下降,如图 43-3 所示。对氩来说,曲线上相邻两峰(或谷)之间的 $V_{G2K}$ 之差,即为氩原子的第一激发电位。曲线的波峰、波谷呈现明显的规律性,它是量子化能量被吸收的结果。原子只吸收特定能量而不是任意能量,这就证明了氩原子能量状态的不连续性。

## 实验内容与步骤

### 1. 手动方式测量

(1)将夫兰克-赫兹实验仪前面板上的四组电压输出(第二栅压 $V_{G2K}$,拒斥电压 $V_{G2A}$,第一栅压 $V_{G1K}$,灯丝电压)与电子管测试架上的插座分别对应连接;将电流输入接口与电子管测试架上的微电流输出口相连;仔细检查,避免接错损坏夫兰克-赫兹管。

(2)开启电源,默认工作方式为"手动"模式。

(3)将电压设置切换按钮选择为"灯丝电压"设定,调节"电压调节",使与出厂参考值一致(详见夫兰克-赫兹管测试架标示),灯丝电压调整好后,中途不再变动;灯丝电压不要超过出厂参考值 0.5V,否则会加快灯管老化,连续工作不要超过 2h。

(4)将电压设置切换按钮选择为第一栅压"$V_{G1K}$"设定,调节"电压调节",使与出厂参考值一致(详见夫兰克-赫兹管测试架标示),一般设定在 2~3V 之间。

(5)将电压设置切换按钮选择为拒斥电压"$V_{G2A}$"设定,调节"电压调节",使与出厂参考值一致(详见夫兰克-赫兹管测试架标示),一般设定在 5~9V 之间。

(6)将电压设置切换选择为第二栅压"$V_{G2K}$"设定,调节"电压调节"使输出为零。

(7)预热仪器 10~15min,待上述电压都稳定后,即可开始实验。

(8)将电压设置切换选择为第二栅压“$V_{G2K}$”设定，调节“电压调节”，使第二栅压从0～90V间按设定步进电压值依次增加，一边调节，一边记录电流 $I_P$。作图则可以得到一条 $I_P-V_{G2K}$ 曲线，通常情况下该曲线要包括6个电流峰，相邻两峰的电压差可视为第一激发电位；实验前，可以通过“电压调节”组合键设置 $V_{G2K}$ 最小电压步进值为0.1V、0.2V或0.5V(实验过程中请不要再改变最小步进值)，建议步进值为0.1V(方法是按14键不放，顺时针旋转编码开关13)。

(9)将灯丝电压增加或减小0.2V，重复步骤8，作出另外一条 $I_P-V_{G2K}$ 曲线，然后比较上述两条曲线特点。

(10)求出各峰值所对应的电压值，用逐差法求出氩原子第一激发电位，并与公认值相比较，求出百分比误差。

(11)将拒斥电压 $V_{G2A}$ 增加或减小0.5V，重复步骤8，作出 $I_P-V_{G2K}$ 曲线，比较与上述两曲线的差异；此内容选做。

**2. 自动方式测量**

(1)前几个步骤与手动方式测量步骤(1)～(7)一致。

(2)将夫兰克-赫兹实验仪前面板上“信号输出”接口与示波器CH1通道相连，“同步输出”与示波器触发端接口相连。

(3)将电压设置切换选择为第二栅压“$V_{G2K}$”设定。

(4)按下测试仪“自动/手动”模式按钮，选择“自动”模式，指示灯亮。

(5)按下测试仪“启/停”按钮，指示灯亮，自动测试开始，测试仪将按默认的最小步进值(0.2V)输出 $V_{G2K}$，并实时采集微电流值，将采集的数据值动态输出到示波器上；通过调整示波器的电压幅度、扫描时间和触发设置，使其能在屏幕上实时显示波形。

## 注意事项

(1)仪器应该检查无误后才能接通电源。开启电源前应先将各电位器逆时针旋转至最小值位置。

(2)灯丝电压不宜过大，一般在2V左右，如电流偏小再适当增加。

(3)调节 $V_{G2K}$ 和 $V_F$ 时注意，$V_{G2K}$ 和 $V_F$ 过大会导致管子电离，此时管内电流会自发增大至烧毁管子，所以实验过程中严禁 $I_P$ 超出量程。

(4)实验完毕，应将电位器逆时针旋转至最小值位置。

(1)$I_P - V_{G2K}$曲线形成的物理过程是什么？为什么 $I_P - V_{G2K}$曲线峰值越来越高？

(2)$I_P - V_{G2K}$曲线中的第一个峰值对应的横坐标电压值，是否就是氩原子的第一激发电位？请说明原因。

(3)为什么弗兰克-赫兹管的栅极和板极之间要加反向拒斥电压？拒斥电压 $V_{G2A}$对 $I_P$ 如何影响？

(4)为什么 $I_P - V_{G2K}$呈周期性的变化？

(5)灯丝电压的改变对弗兰克-赫兹实验有何影响？对第一激发电位有何影响？

(6)弗兰克-赫兹实验是如何观测到原子能级变化的？

# 实验 44　测定金属钨的电子逸出功

## 实验目的

(1)了解热电子发射的基本原理。

(2)用里查逊(Richardson)直线法测定金属钨的逸出功。

## 实验仪器

LW-1 型钨的逸出功综合实验仪,如图 44-1 所示。

本实验仪可以方便地用于研究真空二极管内电子运动规律,研究热电子发射的有关物理现象。利用里查逊直线法处理数据,测定金属钨的逸出功。图 44-1 中的真空二极管的基本结构:在抽成高真空($10^{-6}$ mmHg 以上),密封着阴极和阳极两个工作电极,阴极被加热到很高的温度(一般高达 2500K),从而有热电子发出。

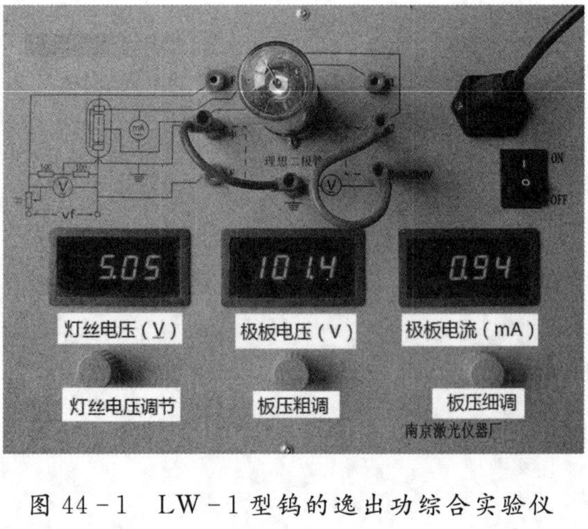

图 44-1　LW-1 型钨的逸出功综合实验仪

## 实验原理

金属中存在大量的自由电子。电子是费米子,遵守泡利不相容原理,即一个量子态上只能有一个电子。按照能量最低原理,电子应首先占据能量最低的量子态,再进入能量较高的量子态。如图 44-2 所示,如果金属中有 $N$ 个自由电子,绝对零度时 $N$ 个电子占据的量子态中最高能量为 $E_f$,称为费米能,也是金属中的电子所具有的最大能量。温度高于绝对零度时,少数电子可以具有比 $E_f$ 更高的能量,而其数量随能量的增加而呈指数减少。

在通常温度下由于金属表面和外界之间存在一个势垒 $E_b$,所以电子要从金属中逸出必须至少具有能量 $E_b$,在绝对零度时电子逸出金属至少需要从外界得到的能量为

$$E_b - E_f = eU \tag{44-1}$$

式中，$U$ 称为逸出电压；$eU$ 即为金属电子的逸出功，单位为电子伏特(eV)，它表征要使处于绝对零度下的金属中具有最大能量的电子逸出金属表面所需要给予的能量。

增加电子能量有多种方法，如光照，利用光电效应使电子逸出，或用加热方法使金属中的电子热运动加剧，也能使电子逸出。热电子发射就是用加热金属的办法提高电子的能量，使其中一部分电子的能量大于 $E_b$，使电子能够从金属中发射出来。如图 44－3 所示，若真空二极管的阴极(用金属钨制成)，加上灯丝电，加热到一定温度就会有热电子逸出，如果在阳极上加一正电压，对热电子起到加速作用，在连接这两个电极的外电路中将有热电子发射电流 $I$ 通过。

研究电子逸出功是一项很有意义的工作，很多电子器件都与电子发射有关，如电视机的电子枪，它的发射效果会影电视机的质量。

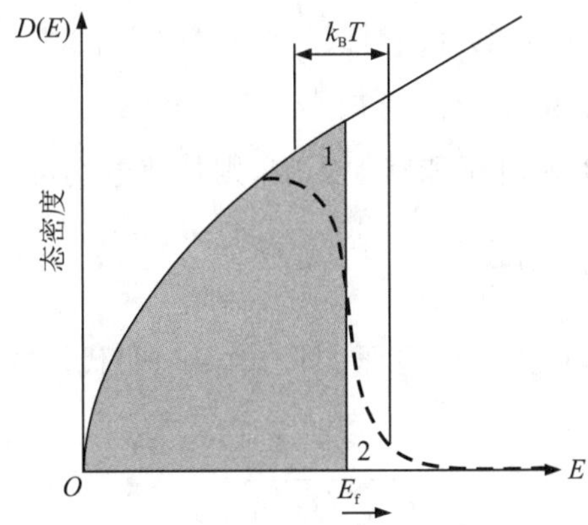


图 44－2　金属中的电子占据示意图

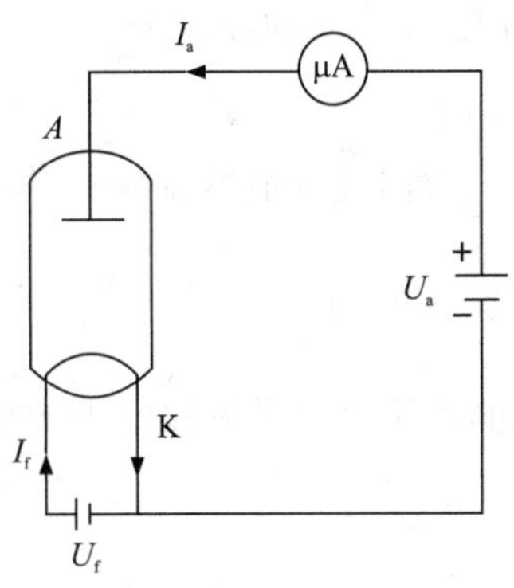


图 44－3　热电子发射示意电路图

**1. 热电子发射公式**

根据费米－狄拉克能量分布公式，可以导出热电子发射的里查逊－杜什曼(Richardson－Dushman)公式：

$$I_0 = BST^2 e^{(-eU/k_B T)} \tag{44-2}$$

式中，$I_0$ 为无外加电场时阴极金属热电子发射的电流强度(A)；$B$ 为和阴极金属表面化学纯度有关的系数($A \cdot cm^{-2} \cdot K^{-2}$)；$S$ 为阴极金属的有效面积($cm^2$)；$k_B$ 为玻尔兹曼常数($k_B = 1.38 \times 10^{-23} J \cdot K^{-1}$)；$T$ 为阴极金属温度(K)；$U$ 为阴极金属逸出电压(V)。

原则上只要测定了 $I_0$、$B$、$S$ 和 $T$，就可以根据式(44－2)计算出阴极材料的逸出功，但困难在于 $B$ 和 $S$ 这两个量是很难测定的，所以在实际测量中常用里查逊直线法，以避免 $B$ 和 $S$ 的测量。

**2. 里查逊直线法**

将式(44－2)两边除以 $T^2$，再取对数得

$$\lg(I_0/T^2) = \lg(BS) - eU/(2.3k_B T) = \lg(BS) - 5.04 \times 10^3 U/T \tag{44-3}$$

从式(44－3)可以看出，$\lg(I_0/T^2)$与$1/T$成线性关系。如果以$\lg(I_0/T^2)$为纵坐标，$1/T$为横坐标作图，从所得直线的斜率即可求出逸出功$eU$，$B$和$S$的具体数值只是使$\lg(I_0/T^2)-1/T$的直线平行移动而对逸出功$eU$的值没有影响，下面来看无外加电场时阴极金属热电子发射电流$I_0$(零场电流)的测定。

**3. 利用加速场外延法求零场电流**

为了维持阴极发射的热电子能连续不断地飞向阳极，必须在阴极和阳极之间外加一个电场$E_a$，然而由于$E_a$的存在使阴极表面的势垒$E_b$降低，因而逸出功减小，发射电流增大，这一现象称为肖脱基效应。可以证明，在加速电场$E_a$的作用下，阴极发射电流$I$和$E_a$有如下关系

$$I = I_0 e^{0.439\sqrt{E_a}/T} \tag{44-4}$$

式中，$I$和$I_0$分别为加速电场为$E_a$和0时的发射电流。对式(44－4)两边取对数，得

$$\lg I = \lg I_0 + 0.439\sqrt{E_a}/(2.3T) \tag{44-5}$$

如果把阴极和阳极做成共轴圆柱形，并忽略接触电压和其他影响，则加速电场可表示为

$$E_a = V\bigg/\left[r_1 \ln\left(\frac{r_2}{r_1}\right)\right] \tag{44-6}$$

式中，$r_1$和$r_2$分别为阴极和阳极的极板半径，$V$为加速电压。将式(44－6)代入式(44－5)可得

$$\lg I = \lg I_0 + 0.439\sqrt{V}\bigg/\left[2.3T\sqrt{r_1 \ln\left(\frac{r_2}{r_1}\right)}\right] \tag{44-7}$$

由式(44－7)可见，对于一定的温度$T$和二极管结构，$\lg I$和$\sqrt{V}$满足线性关系。如果以$\lg I$为纵坐标，以$\sqrt{V}$为横坐标作图，此直线的延长线与纵坐标的交点为$\lg I_0$。由此即可求出在一定温度下，加速电场为0时的发射电流$I_0$(图44－4)。

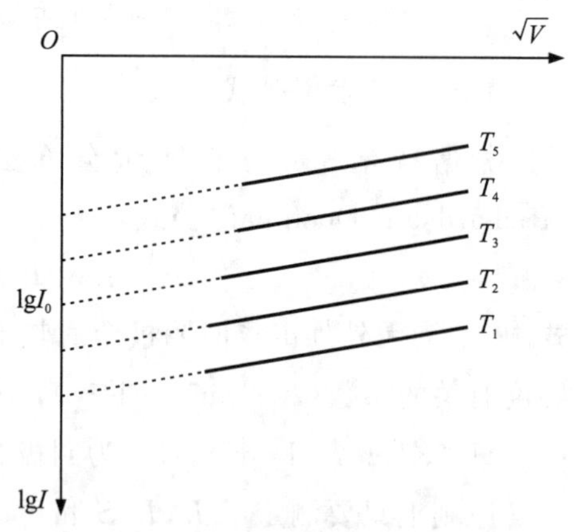


图44－4　$\lg I_0-\sqrt{V}$曲线示意图

综上所述，要测定金属材料的电子逸出功，首先应该把被测材料做成二极管的阴极，阴极和阳极为共轴圆柱形结构。当测定了钨丝温度$T$(K)、极板电压$V$(V)和发射电流$I$(mA)后，先通过加速场外延得到零场电流$I_0$，然后由里查逊直线法即可求出逸出电压$U$。

## 实验内容

(1)将LW－1型钨的逸出功综合实验仪面板上的电压调节旋钮逆时针旋到底(调零)，仔细检查连线是否正确(图44－1)，接通主机电源开关。

(2)灯丝的温度可以通过一个含有灯丝两端电压 $V'$ 的经验公式 $T=2000+182.92(V'-1.9)$(式中温度的单位为 K,电压单位为 V),间接推导出来。由于钨的熔点约 3000K,灯丝温度不宜加得过高(灯丝电压小于 6.5V)。分别测灯丝电压($V'$)为 3.8V、4.2V、4.7V、5.2V、5.6V、6.0V 和 6.4V 时极板电流 $I$ 随 $V$ 的变化数据。

(3)在不同的灯丝电压(温度)下,调节极板电压 $V$ 的大小依次为 25V、36V、49V、64V、81V、100V、121V、144V(极板电压调节技巧:先调节极板电压粗调旋钮,再调节极板电压细调旋钮),读取相应的极板电流(mA),记录于表格中,进行数据处理。

(4)实验结束后,将面板上的灯丝电压、极板粗调和极板细调旋钮逆时针旋到底(调零),关闭电源。

## 数据记录与处理

(1)对每一参考灯丝电压(3.8V、4.2V、4.7V、5.2V、5.6V、6.0V 和 6.4V)在极板上加 25V、36V、49V、64V、81V、100V、121V、144V 的极板电压,各测得一组阳极电流。

(2)根据上一步测出的数据,换算成 $\lg I$ 与 $\sqrt{V}$,作出 $\lg I-\sqrt{V}$ 图形,求出截距 $\lg I_0$,得到不同灯丝温度时的零场电流 $I_0$。

(3)根据图形法得到的零场电流 $I_0$ 的数据,再根据灯丝电压($V'$)和温度的关系 $T=2000+182.92(V'-1.9)$(式中温度的单位为 K,电压单位为 V),求出温度的值,换算成 $\lg\left(\frac{I_0}{T^2}\right)$ 和 $1/T$ 的数据,拟合 $\lg\left(\frac{I_0}{T^2}\right)-1/T$ 的直线,从直线的斜率求出钨的逸出功的值 $eU_{钨}$。

## 注意事项

数据处理的时候注意单位,如温度单位为 K,mA 在计算过程要化为 A。

真空管曾经过 15h 2300K 左右高温老化处理,因此灯丝比较脆弱,尽可能轻拿轻放,加温与降温以缓慢为宜。尤其在灯丝炽热后更应避免强烈震动,未经许可,不要取下真空管。另外,钨的熔点约 3000K,灯丝温度不宜加得过高(灯丝电压小于 6.5V),灯丝温度高时实验应迅速完成,因为过高的灯丝温度会影响真空管寿命。中部阳极电流的大小应控制在 3mA 以内。

(1)什么是金属逸出功?

(2)本实验对真空二极管的结构有什么要求?

(3)本实验灯丝电压起什么作用?

(4)里查逊直线法求金属逸出功的优点是什么?

# 实验45 密立根油滴实验

美国物理学家密立根(R. A. Millikan)从1909年到1917年所做的测量微小油滴上所带电荷的工作,即所谓油滴实验,在全世界久负盛名,堪称实验物理的典范。密立根油滴实验精确地测定了电子电荷的值,直接证实了电荷的不连续性,在物理学发展史上具有重要的意义。由于这一实验的原理清晰易懂,设备和方法简单、直观而有效,所得结果富有说服力,因此它又是一个富有启发性的实验,其设计思想是值得学习的。密立根由于测定了电子电荷和借助光电效应测量出普朗克常数等数项成就,荣获1923年诺贝尔物理学奖。

在传统的油滴实验中,用眼睛在显微镜中观测油滴,时间一长,眼睛感到疲劳、酸痛。本实验采用CCD摄像显微镜和监视器,对实验加以改进,制成电视显微密立根油滴仪,从监视器上观察油滴的运动,视野宽广,图像鲜明,观测方便,克服了上述传统油滴实验的缺点。

## 实验目的

(1)观察带电油滴在电场中的运动。

(2)验证电荷的不连续性。

(3)测量电子电荷。

## 实验仪器

MOD-5型CCD微机密立根油滴仪(图45-1)、显示器(图45-2)、喷雾器(图45-3)。

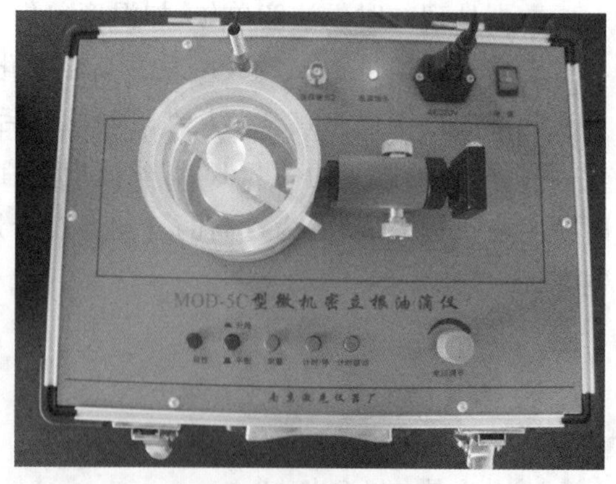

图45-1 密立根油滴仪

油滴由喷雾器从喷雾口喷入到油雾室,从油雾孔进入到油雾盒中,油雾盒上下端为上下平行极板,极板电压可调。

油滴仪面板开关从左到右依次为:

(1)电压极性开关 $K_1$:控制油滴盒中极板电压的极性。

(2)工作电压选择开关 $K_2$:开关处于“平衡”挡时,可用最右端的“电压调节”旋钮调节

图 45-2 显示器

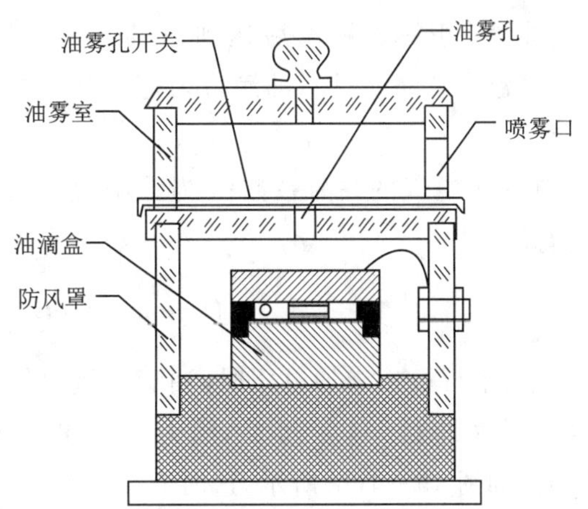

图 45-3 油雾室和油滴盒结构图

极板电压(平衡电压);开关处于“升降”挡时,自动在平衡电压基础上增加 200V 提升电压。

(3)测量开关 $K_3$:按下时极板间电压为零,处于测量阶段。

(4)计时开关 $K_4$:按下“计时”开始清零并计时;按下“停”计时停止。

(5)计时联动开关 $K_5$:此开关与测量开关 $K_3$ 同步,按下计时联动开关后,若按下 $K_3$,可实现测量同步计时,显示器上将显示极板电压为零时油滴实际运动的时间。

显示器与油滴仪接通后,屏幕上将出现标准分划板,垂直线视场为 8 格,水平视场为 3 格,其中竖直方向上每格宽度为 0.25mm,可通过油滴在竖直方向上运动通过的格数来判断油滴的实际运动距离。

## 实验原理

用喷雾器将油喷入两块相距为 $d$ 的水平放置的平行极板之间,油在喷射撕裂成油滴时,一般都是带电的。用油滴法测量电子的电荷,可以用动态(非平衡)测量法或静态(平衡)测量法,下面将分别对两种方法的测量原理进行说明。

### 1. 动态(非平衡)测量法

考虑某个质量为 $m$,带电量为 $q$ 的油滴,当在极板间加上电压 $V$ 时,油滴处在场强为 $E$ 的静电场中,设电场力与重力相反,如图 45-4(a)所示,油滴受电场力作用加速上升,由于空气阻力的作

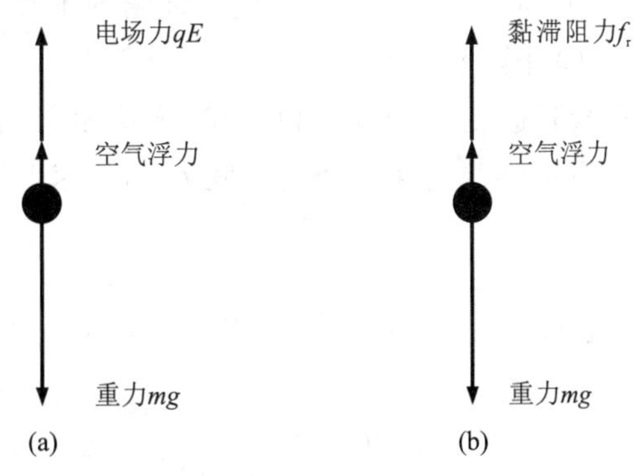

图 45-4 油滴的受力情况

(a)油滴在静电场中的受力;

(b)未加电压,油滴下降过程中受力

用，油滴上升一段距离后达到速度 $v_e$，此时其所受空气阻力、重力以及电场力达到平衡（空气浮力忽略不计），油滴将匀速上升。根据斯托克斯定律，黏滞助力为

$$f_r = 6\pi a\eta v_e \tag{45-1}$$

式中，$\eta$ 为空气的黏滞系数；$a$ 为油滴的半径（由于表面张力的原因，油滴总是呈小球状），则有

$$6\pi a\eta v_e = qE - mg = \frac{qV}{d} - mg \tag{45-2}$$

当平行极板未加电压时，油滴受重力作用而加速下降。由于空气阻力的作用，下降一段时间达到某一速度 $v_g$ 后，阻力 $f_r$ 与重力 $mg$ 平衡（空气浮力忽略不计），油滴将作匀速运动，如图 45-4(b)所示，这时有

$$f_r = 6\pi a\eta v_g = mg \tag{45-3}$$

联合式(45-1)和式(45-2)式得

$$q = mg\frac{d}{V}\left(\frac{v_g + v_e}{v_g}\right) \tag{45-4}$$

为了测出油滴所带的电量 $q$，除了需测定 $V$、$d$ 和速度 $v_e$、$v_g$ 外，还需要知道油滴质量 $m$。由于油滴可看作球形，其质量可用下式表示

$$m = 4\pi a^3\rho/3 \tag{45-5}$$

式中，$\rho$ 为油滴的密度。由式(45-3)和式(45-5)可得油滴的半径

$$a = \sqrt{\frac{9\eta v_g}{2\rho g}} \tag{45-6}$$

由于油滴非常小，空气的黏滞系数应作如下修正

$$\eta' = \frac{\eta}{1+\dfrac{b}{pa}} \tag{45-7}$$

式中，$b$ 为修正常数，$b=6.17\times10^{-6}\,\mathrm{m\cdot cm\cdot Hg}$，$p$ 为大气压强，单位用 cmHg（$1\,\mathrm{cmHg}=1.33\times10^3\,\mathrm{Pa}$）。式(45-7)还包含油滴的半径 $a$，但因它处于修正项中，不需十分精确，由式(45-6)计算就够了。

实验时速度 $v_e$ 和 $v_g$ 可用下述方法测出：取油滴匀速下降和匀速上升的距离相等，设为 $l$，可测出油滴匀速下降的时间 $t_g$ 和匀速上升的时间 $t_e$，则

$$v_e = \frac{1}{t_e} \qquad v_g = \frac{l}{t_g} \tag{45-8}$$

将式(45-5)～式(45-8)代入式(45-4)可得

$$q = \frac{18\pi}{\sqrt{2\rho g}}\left[\frac{\eta l}{\left(1+\dfrac{b}{pa}\right)}\right]^{3/2}\frac{d}{V}\left(\frac{1}{t_e}+\frac{1}{t_g}\right)\left(\frac{1}{t_g}\right)^{1/2}$$

令 $K = \dfrac{18\pi}{\sqrt{2\rho g}}\left[\dfrac{\eta l}{\left(1+\dfrac{b}{pa}\right)}\right]^{3/2} d$，得

$$q=\frac{K}{V}\left(\frac{1}{t_e}+\frac{1}{t_g}\right)\left(\frac{1}{t_g}\right)^{1/2} \tag{45-9}$$

此式是动态(非平衡)法测油滴电荷的理论公式。

**2. 静态(平衡)测量法**

同样考虑质量为 $m$,带电量为 $q$ 的油滴,调节平行极板间的电压 $V$,使得油滴静止,此时 $v_e=0$,可等同于油滴上升时间 $t_e\to\infty$,由式(45-9)得

$$q=\frac{K}{V}\left(\frac{1}{t_g}\right)^{3/2} \tag{45-10}$$

或

$$q=\frac{18\pi}{\sqrt{2\rho g}}\left[\frac{\eta l}{t_g\left(1+\frac{b}{pa}\right)}\right]^{3/2}\frac{d}{V} \tag{45-11}$$

其中 $a$ 由式(45-6)可求得。式(45-11)即为静态法测油滴电荷的公式。

由于静态法测量的原理、实验操作和数据处理都较简单,本实验将采用静态法对油滴电荷进行测量。

## 实验步骤

**1. 油滴仪的调整**

插上电源插头,将油滴仪面板上方最左边的插头用电缆线接好,连接到显示器背后"IN"的插口上,一定要保证接触良好,否则显示器上的图像会出现混乱。

将油雾室扣在油滴盒的上方,打开油雾室的油雾孔开关以便喷油。

调整箱底的调平螺丝,使水准仪气泡处在中心位置,这时油滴盒处于水平状态,这样保证了重力和电场力的方向在一条直线上。

打开电源开关和显示器开关,显示器上首先出现"CCD 微机密立根油滴仪"字样,5s 后自动显示标准分划板刻度及电压值和时间值。将面板上工作电压选择开关 $K_2$ 置于"平衡"挡,旋动电压调节旋钮,使电压指示为零,这样可以保证油雾容易喷入。如果屏上有跳帧现象,则可调节显示器左下方的"帧频"旋钮使屏幕稳定下来。建议通过旋转"对比度"旋钮将屏幕亮度调到较暗,这样更容易观察油滴。

**2. 油滴观察与运动控制**

拿起喷雾器,将喷雾器的玻璃管水平地插入油雾室的喷雾口(喷雾器要正立着拿以防止里面的油滴出,另外为了防止油滴出,喷雾器中一般只需几滴油即可),对准油雾室的喷雾口轻轻喷入少许油滴(注意喷一下即可,不要对着油雾室的油雾孔喷),微调测量显微镜的调焦手轮(在小范围内调节即可,如果向后调节过度,向前调不回来,用手向前推着显微镜,再调节即可),使显示器上油滴清晰,此时视场中的油滴如夜空繁星。

将极性开关 $K_1$ 调至"+"或"−"均可，转动电压调节旋钮至 200～300V，多数油滴立即以各种不同的速度向上或向下动而消失，当视场中剩下几个因加电压而运动缓慢的油滴时，从中选择一个大小合适，带电量适中的油滴，通常选择平衡电压为 200～300V 时，匀速下落 1.5mm(6 格)所用时间为 8～20s 的油滴作为待测对象较好。

仔细调节平衡电压的大小，使它不动。将选择开关 $K_2$ 按到"升降"位置，把选中的油滴提升到视场上方，再将 $K_2$ 按至"平衡"，油滴再次静止，按下测量开关 $K_3$，去掉极板电压再让油滴下降，下降一格的距离后将计时开关 $K_4$ 按到"计时"挡开始计时，再下落一段距离后将 $K_4$ 按至"停止"挡，计时结束。对一颗油滴反复进行"平衡""提升""下落""计时"等操作，以便能熟练控制油滴。

**3. 测量**

在待测对象中选择一滴缓慢运动的明亮油滴，通过调节平衡电压使油滴平衡后，记录此时的平衡电压 $V_{平}$，通过将 $K_2$ 按至"升降"挡调节电压将油滴提升到分划板第一条水平刻线处，然后将 $K_2$ 按至"平衡"挡。此时按下测量开关 $K_3$ 让油滴下落至第二条水平刻线(第二格上线)时按下计时开关 $K_4$，当油滴下落到第八条刻线(第七格下线)时停止计时，同时松开测量开关，极板电压恢复为平衡电压，油滴静止。记录油滴匀速运动 1.5mm(对应分划板 6 格)所用的时间 $t$。

对一颗油滴进行多次反复测量(要求测量 4 次)，对时间取平均值。用同样的方法测量 5 颗油滴。

## 数据记录及处理

(1)实验数据记录数据记录单中。

(2)根据 $t_1$、$t_2$、$t_3$、$t_3$ 求平均值，算出 $\bar{t}$。

(3)用 $V_{平}$ 和 $\bar{t}$ 根据式(45-11)算出各油滴所带电量 $q$。

(4)用各油滴所带电量 $q$ 除以标准电子电荷 $e_0$(1.602×10$^{-19}$C)，将所得的倍数值四舍五入填入相应的各栏对应的 $N$ 中，之后用相应的 $q$ 除以 $N$ 得 $e_i$。对 $e_i$ 取平均值 $\bar{e}$，并求出其相对误差 $E=\frac{|e_i-e_0|}{e_0}\times 100\%$。

## 注意事项

(1)喷雾时切勿将喷雾器对着油雾室的油雾孔喷，更不应该将油雾室拿掉后对准上电极板中央小孔喷油，否则会将油滴盒周围弄脏，甚至把落油孔堵塞。

(2)选择一个大小合适，带电量适中的油滴，是做好本实验的关键。选的油滴不能太大，否则下降速度也比较快，时间不容易测准确。油滴也不能选得太小，油滴太小受布朗运动或气流的影响太大，时间也不容易测准确。

(1)对实验结果造成影响的主要因素有哪些?

(2)油滴盒内两极板不水平对测量有什么影响?

(3)油滴下落极快,说明了什么?若平衡电压太小又说明了什么?

## 相应数据

| | |
|---|---|
| 油的密度: | $\rho=981\text{kg}\cdot\text{m}^{-3}$ |
| 重力加速度: | $g=9.80\text{m}\cdot\text{s}^{-2}$ |
| 空气的黏滞系数: | $\eta=1.83\times10^{-5}\text{kg}\cdot\text{m}^{-1}\cdot\text{s}^{-1}$ |
| 修正常数: | $b=6.17\times10^{-6}\text{m}\cdot\text{cm}\cdot\text{Hg}$ |
| 大气压强: | $p=76.0\text{cm}\cdot\text{Hg}$ |
| 平行板电极间隔: | $d=5.00\times10^{-3}\text{m}$ |

# 附　　表

附表 1　基本单位、辅助单位和具有专门名称的导出单位

| 物理量名称 | 单位名称 | 英文 | 单位符号 | 用其他单位表示的关系式 |
|---|---|---|---|---|
| 基本单位 | | | | |
| 长度 | 米 | meter | m | |
| 质量 | 千克(公斤) | kilogram | kg | |
| 时间 | 秒 | second | s | |
| 电流强度 | 安[培] | Ampere | A | |
| 热力学温度 | 开[尔文] | Kelvin | K | |
| 物质的量 | 摩[尔] | mole | mol | |
| 发光强度 | 坎[德拉] | candela | cd | |
| 辅助单位 | | | | |
| 平面角 | 弧度 | radian | rad | |
| 立体角 | 球面度 | steradian | sr | |
| 具有专门名称的导出单位 | | | | |
| 频率 | 赫[兹] | Hertz | Hz | 1/s |
| 力 | 牛[顿] | Newton | N | $kg \cdot m/s^2$ |
| 压强;应力 | 帕[斯卡] | Pascal | Pa | $N/m^2$ |
| 功;能量;热量;焓 | 焦[耳] | Joule | J | $N \cdot m$ |
| 功率;辐射通量 | 瓦[特] | Watt | W | J/s |
| 电荷量 | 库[仑] | Coulomb | C | $A \cdot s$ |
| 电位;电压;电动势 | 伏[特] | Volt | V | W/A |
| 电容 | 法[拉] | Farad | F | C/V |
| 电阻 | 欧[姆] | Ohm | Ω | V/A |

**续附表 1**

| 物理量名称 | 单位名称 | 英文 | 单位符号 | 用其他单位表示的关系式 |
|---|---|---|---|---|
| 电导 | 西[门子] | Siemens | S | A/V |
| 磁通量 | 韦[伯] | Weber | Wb | V · s |
| 磁通量密度;磁感应强度 | 特[斯拉] | Tesla | T | $Wb/m^2$ |
| 电感 | 亨[利] | Henry | H | Wb/A |
| 摄氏温度 | 摄氏度 | Degree Celcius | ℃ | |
| 光通量 | 流[明] | Lumen | lm | cd · sr |
| 光照度 | 勒[克斯] | Lux | lx | $Lm/m^2$ |
| 放射性活度 | 贝克[勒尔] | Becquerel | Bq | 1/s |
| 吸收剂量 | 戈[瑞] | Gray | Gy | J/kg |
| 剂量当量 | 希[沃特] | Sievert | Sv | J/kg |

## 附表 2 用于构成十进制倍数和分数单位的词头

| 因数 | 词头名称 | 英文 | 词头符号 | 因数 | 词头名称 | 英文 | 词头符号 |
|---|---|---|---|---|---|---|---|
| $10^{18}$ | 艾[可萨] | exa | E | $10^{-1}$ | 分 | deci | d |
| $10^{15}$ | 拍[它] | peta | P | $10^{-2}$ | 厘 | centi | c |
| $10^{12}$ | 太[拉] | tera | T | $10^{-3}$ | 毫 | milli | m |
| $10^{9}$ | 吉[咖] | gita | G | $10^{-6}$ | 微 | micro | $\mu$ |
| $10^{6}$ | 兆 | mega | M | $10^{-9}$ | 纳[诺] | nano | n |
| $10^{3}$ | 千 | kilo | k | $10^{-12}$ | 皮[可] | pico | p |
| $10^{2}$ | 百 | hecto | h | $10^{-15}$ | 飞[母托] | femto | f |
| $10^{1}$ | 十 | deca | da | $10^{-18}$ | 阿[托] | atto | a |

## 附表 3 常用基本物理常量

| 基本物理常数 | 符号 | 数值 | 单位 | 相对不确定度/$10^{-6}$ |
|---|---|---|---|---|
| 真空中光速 | $c$ | 299792458 | m/s | (精确) |
| 真空磁导率 | $\mu_0$ | $4\pi\times10^{-7}$ | $N/A^2$ | (精确) |
| 真空介电常数($1/\mu_0 c^2$) | $\varepsilon_0$ | 8.854187817… | $10^{-12}$ F/m | (精确) |
| 牛顿引力常量 | $G$ | 6.67259(85) | $10^{-11}\ m^3/(kg\cdot s^2)$ | 128 |
| 普朗克常量 | $h$ | 6.6260755(40) | $10^{-34}$ J · s | 0.60 |

**续附表 3**

| 基本物理常数 | 符号 | 数值 | 单位 | 相对不确定度/$10^{-6}$ |
|---|---|---|---|---|
| 基本电荷 | $e$ | 1.60217733(49) | $10^{-19}$C | 0.30 |
| 玻尔磁子($eh/2m_e$) | $\mu_b$ | 9.2740154(31) | $10^{-24}$J/T | 0.34 |
| 里德伯常量 | $R_\infty$ | 1.0973731572(4) | $10^{7}$/m | 0.0012 |
| 玻尔半径 | $a_0$ | 0.529177249(24) | $10^{-10}$m | 0.045 |
| 电子质量 | $m_e$ | 0.91093897(54) | $10^{-30}$kg | 0.59 |
| 电子荷质比 | $-e/m$ | −1.75881962(53) | $10^{11}$C/kg | 0.30 |
| 质子质量 | $m_p$ | 1.6726231(10) | $10^{-27}$kg | 0.59 |
| 中子质量 | $m_n$ | 1.6749286(10) | $10^{-27}$kg | 0.59 |
| 阿伏伽德罗常量 | $N_A L$ | 6.0221367(36) | $10^{23}$/mol | 0.59 |
| 原子(统一)质量单位,原子质量常量 | $m_u$ | 1.6605402(10) | $10^{-27}$kg | 0.59 |
| 摩尔气体常量 | $R$ | 8.314510(70) | J/(mol·K) | 8.4 |
| 玻尔兹曼常量 | $k$ | 1.380658(12) | $10^{-23}$J/K | 8.4 |
| 摩尔体积(理想气体,$T=273.15$K,$p=101325$Pa) | $V_m$ | 22.41410(19) | $10^{-3}$m$^3$/mol | 8.4 |

**附表 4　在海平面上不同纬度处的重力加速度**

| 纬度 $\varphi$/° | $g$/(m/s$^2$) | 纬度 $\varphi$/° | $g$/(m/s$^2$) | 纬度 $\varphi$/° | $g$/(m/s$^2$) | 纬度 $\varphi$/° | $g$/(m/s$^2$) |
|---|---|---|---|---|---|---|---|
| 0 | 9.78049 | 25 | 9.78969 | 50 | 9.81079 | 75 | 9.82873 |
| 5 | 9.78088 | 30 | 9.79338 | 55 | 9.81515 | 80 | 9.83065 |
| 10 | 9.78204 | 35 | 9.79746 | 60 | 9.81924 | 85 | 9.83182 |
| 15 | 9.78394 | 40 | 9.80180 | 65 | 9.82294 | 90 | 9.83221 |
| 20 | 9.78652 | 45 | 9.80629 | 70 | 9.82614 | | |

注:表中所列的数值是根据公式:$g=9.78049(1+0.005288\sin^2\varphi-0.000006\sin^2 2\varphi)$算出,其中 $\varphi$ 为纬度。例如,武汉纬度 30°36′,其 $g$ 为 9.79385m/s$^2$)。

## 附表 5　在 20℃ 常用固体和液体的密度

| 物质 | 密度 $\rho$/(kg/m$^3$) | 物质 | 密度 $\rho$/(kg/m$^3$) | 物质 | 密度 $\rho$/(kg/m$^3$) |
| --- | --- | --- | --- | --- | --- |
| 铝 | 2698.9 | 水银 | 13546.2 | 乙醚 | 714 |
| 铜 | 8960 | 钢 | 7600～7900 | 丙酮 | 791 |
| 铁 | 7874 | 石英 | 2500～2800 | 汽车用汽油 | 710～720 |
| 银 | 10500 | 水晶玻璃 | 2900～3000 | 氟里昂-12 | 1329 |
| 金 | 19320 | 窗玻璃 | 2400～2700 | (氟氯烷-12) | |
| 钨 | 19300 | 冰(0℃) | 880～920 | 变压器油 | 840～890 |
| 铂 | 21450 | 甲醇 | 792 | 甘油 | 1260 |
| 铅 | 11350 | 甲苯 | 866.8 | 蜂蜜 | 1435 |
| 锡 | 7298 | 乙醇 | 789.4 | 重水 | 1105 |

## 附表 6　在标准状态下气体的密度

| 物质 | 密度/(kg/m$^3$) | 物质 | 密度/(kg/m$^3$) |
| --- | --- | --- | --- |
| Ar | 1.7837 | $Cl_2$ | 3.214 |
| $H_2$ | 0.0899 | $NH_3$ | 0.7710 |
| He | 0.1785 | 乙炔 | 1.173 |
| Ne | 0.9003 | 乙烷 | 1.356 |
| $N_2$ | 1.2505 | 甲烷 | 0.7168 |
| $O_2$ | 1.4290 | 丙烷 | 2.009 |
| $CO_2$ | 1.977 | | |

注:1 个大气压,0℃条件下。

## 附表 7　在标准大气压下不同温度的水密度

| 温度/℃ | 0 | 1 | 2 | 3 | 4 | 5 | 6 | 7 | 8 | 9 |
| --- | --- | --- | --- | --- | --- | --- | --- | --- | --- | --- |
| 0 | 999.84 | 999.90 | 999.94 | 999.96 | 999.97 | 999.96 | 999.94 | 999.91 | 999.88 | 999.81 |
| 10 | 999.73 | 999.63 | 999.52 | 999.40 | 999.27 | 999.13 | 998.97 | 998.80 | 998.62 | 998.43 |
| 20 | 998.23 | 998.02 | 997.80 | 997.57 | 997.33 | 997.06 | 996.81 | 996.54 | 996.26 | 995.97 |
| 30 | 995.68 | 995.37 | 995.05 | 994.73 | 994.40 | 994.06 | 993.71 | 993.36 | 992.99 | 992.62 |
| 40 | 992.2 | 991.9 | 991.5 | 991.1 | 990.7 | 990.2 | 989.8 | 989.4 | 989.0 | 988.5 |

续附表 7

| 温度/℃ | 0 | 1 | 2 | 3 | 4 | 5 | 6 | 7 | 8 | 9 |
|---|---|---|---|---|---|---|---|---|---|---|
| 50 | 988.1 | 987.6 | 987.2 | 986.7 | 986.2 | 985.7 | 985.3 | 984.8 | 984.3 | 983.8 |
| 60 | 983.2 | 982.7 | 982.2 | 981.7 | 981.1 | 980.6 | 980.1 | 979.5 | 979.8 | 972.5 |
| 70 | 977.8 | 977.2 | 976.7 | 976.1 | 975.5 | 974.9 | 974.3 | 973.7 | 973.1 | 972.5 |
| 80 | 971.8 | 971.2 | 970.6 | 969.9 | 969.3 | 968.7 | 968.0 | 967.3 | 966.7 | 966.0 |
| 90 | 965.3 | 964.7 | 964.0 | 963.3 | 962.6 | 961.9 | 961.2 | 960.5 | 959.8 | 959.1 |
| 100 | 958.4 | 957.7 | 956.9 | | | | | | | |

注：表中密度单位 kg/m³，其密度在 3.98℃最大，为 1000.00。

附表 8　不同压强和不同温度下的干燥空气密度(表中密度单位 kg/m³)

| 温度/℃ | 压强/mmHg | | | | | | |
|---|---|---|---|---|---|---|---|
| | 720 | 730 | 740 | 750 | 760 | 770 | 780 |
| 0 | 1.225 | 1.242 | 1.259 | 1.276 | 1.293 | 1.310 | 1.327 |
| 4 | 1.207 | 1.224 | 1.241 | 1.258 | 1.274 | 1.291 | 1.308 |
| 8 | 1.190 | 1.207 | 1.223 | 1.240 | 1.256 | 1.273 | 1.289 |
| 12 | 1.173 | 1.190 | 1.206 | 1.222 | 1.238 | 1.255 | 1.271 |
| 16 | 1.157 | 1.173 | 1.189 | 1.205 | 1.221 | 1.237 | 1.253 |
| 20 | 1.141 | 1.157 | 1.173 | 1.189 | 1.205 | 1.220 | 1.236 |
| 24 | 1.126 | 1.141 | 1.157 | 1.173 | 1.188 | 1.204 | 1.220 |
| 28 | 1.111 | 1.126 | 1.142 | 1.157 | 1.173 | 1.188 | 1.203 |

附表 9　不同温度下的水银密度

| 温度/℃ | 密度/(kg/m³) | 温度/℃ | 密度/(kg/m³) |
|---|---|---|---|
| 0 | 13595.1 | 60 | 13448.4 |
| 10 | 13570.5 | 70 | 13424.1 |
| 20 | 13546.0 | 80 | 13399.9 |
| 30 | 13521.6 | 90 | 13375.7 |
| 40 | 13497.1 | 100 | 13351.7 |
| 50 | 13472.7 | | |

## 附表 10　在 20℃ 时某些金属的弹性模量(杨氏弹性模量)

| 金属 | 杨氏模量 $E$/GPa | 金属 | 杨氏弹性模量 $E$/GPa |
|---|---|---|---|
| 铝 | 70～71 | 锌 | 80 |
| 钨 | 415 | 镍 | 205 |
| 铁 | 190～210 | 铬 | 240～250 |
| 铜 | 105～130 | 合金钢 | 210～220 |
| 金 | 79 | 碳钢 | 200～210 |
| 银 | 70～82 | 康钢 | 163 |

注:杨氏弹性模量的值跟材料的结构、化学成分及加工制造方法有关。因此,在某些情形下,$E$ 的值可能跟表中所列的平均值不同。

## 附表 11　固体的线胀系数

| 物质 | 温度范围/℃ | $\alpha/(\times10^{-6}℃^{-1})$ | 物质 | 温度范围/℃ | $\alpha/(\times10^{-6}℃^{-1})$ |
|---|---|---|---|---|---|
| 铝 | 0～100 | 23.8 | 锌 | 0～100 | 32 |
| 铜 | 0～100 | 171 | 铂 | 0～100 | 9.1 |
| 铁 | 0～100 | 12.2 | 钨 | 0～100 | 4.5 |
| 金 | 0～100 | 14.3 | 石英玻璃 | 20～200 | 0.56 |
| 银 | 0～100 | 19.6 | 窗玻璃 | 20～200 | 9.5 |
| 钢(0.05%碳) | 0～100 | 12.0 | 瓷器 | 20～200 | 3.4～4.1 |

## 附表 12　常用光源的谱线波长

单位:nm,1nm=$10^{-9}$m

(一)H(氢)
656.28　红　强
486.13　绿蓝　中
434.05　蓝　弱
410.17　蓝紫　弱
397.01　蓝紫　弱

(二)He(氦)
706.52　红
667.82　红　中
587.56　黄　强
501.57　绿　弱
492.19　绿蓝　中
471.31　蓝　中
447.15　蓝　强
402.62　蓝紫

(三)Ne(氖)
650.65　红
640.23　橙
638.30　橙
626.65　橙
621.73　橙
614.31　橙
588.19　黄
585.25　黄

(四)Na(钠)
589.592　黄　强
588.995　黄　强

(五)Hg(汞)
623.44　橙　强
579.07　黄　强
576.96　黄　强
546.07　绿　强
491.60　绿蓝　中
435.83　蓝紫　强
407.78　蓝紫　弱
404.66　蓝紫　弱

(六)He-Ne 激光
632.8　橙

# 主要参考文献


陈巧玲.大学物理实验[M].北京:清华大学出版社,2012.

何开华,汤型正.大学物理实验[M].北京:清华大学出版社,2016.

霍剑清,吴沛华,刘鸿图,等.大学物理实验[M].北京:高等教育出版社,2005.

李化平.物理测量的误差评定[M].北京:高等教育出版社,1993.

李林.大学物理实验[M].北京:清华大学出版社,2012.

刘子臣.大学基础物理实验[M].天津:南开大学出版社,2005.

吕斯骅,段家忯.基础物理实验[M].北京:北京大学出版社,2002.

浦天舒,郭英,李博,等.大学物理实验[M].北京:清华大学出版社,2011.

朱鹤年.基础物理实验教程——物理测量的数据处理与实验设计[M].北京:高等教育出版社,2003.

# 实验 1、2 数据记录单

班号：__________日　　期：__________实验地点：________________________

姓名：__________指导老师：__________实验情况：________________________

## 实验 1　拉伸法测量金属的弹性模量

**1. 测量 $L$、$H$、$D$、$d$**

$L=$________ cm，$H=$(________$-2.8$)cm$=$________ cm，$D=$________ cm

螺旋测微器的零差 $d_0=$________________________ cm

| 测量次数 | 1 | 2 | 3 | 4 | 5 | 平均值 $\overline{d_{视}}=\sum\frac{d_{视i}}{5}$ |
|---|---|---|---|---|---|---|
| $d_{视i}$/cm | | | | | | |

$\overline{d}=\overline{d_{视}}-d_0=$________________ cm

**2. 记录拉力计上显示的质量 $m$ 和对应的标尺刻度 $x$**

| $m$ | | | | | | |
|---|---|---|---|---|---|---|
| 增大拉力时 $x_i^+$/cm | | | | | | |
| 减小拉力时 $x_i^-$/cm | | | | | | |
| 平均读数 $\overline{x_i}=\frac{x_i^+ + x_i^-}{2}$/cm | | | | | | |

## 实验 2　固体线胀系数

**1. 不同温度下千分尺读数**

| 温度 $T$/℃ | 35 | 40 | 45 | 50 | 55 | 60 | 65 | 70 |
|---|---|---|---|---|---|---|---|---|
| 千分表读数 $L$ | | | | | | | | |

# 实验3数据记录单

班号：__________ 日　期：__________ 实验地点：____________________

姓名：__________ 指导老师：__________ 实验情况：____________________

**1. 测量并记录标准件、待测件直径质量数据**

(1)标准件(圆环)：$m=$________________ g

| | 1 | 2 | 3 | 4 | 5 | 平均值 |
|---|---|---|---|---|---|---|
| 内径 $D_1$/cm | | | | | | |
| 外径 $D_2$/cm | | | | | | |

(2)待测件(圆盘)：$m=$________________ g，$J_2=mD^2/8$

| | 1 | 2 | 3 | 4 | 5 | 平均值 | $J_2/g\cdot cm^2$ |
|---|---|---|---|---|---|---|---|
| 直径 $D$/cm | | | | | | | |

(3)待测件(圆柱)：$m_1=$____________ g，$m_2=$____________ g，$J_C=mD^2/8$

| | 1 | 2 | 3 | 4 | 5 | 平均值 | $J_C/g\cdot cm^2$ |
|---|---|---|---|---|---|---|---|
| 圆柱1　$D_1$/cm | | | | | | | |
| 圆柱2　$D_2$/cm | | | | | | | |

**2. 测量结果**

(1)圆盘：

| | 1 | 2 | 3 | 4 | 5 | 平均值 | 百分比误差 |
|---|---|---|---|---|---|---|---|
| $J_2$ | | | | | | | |

(2)圆柱：平行轴定理验证　理论值 $J_2=J_{C1}+J_{C2}+m_1d^2+m_2d^2$

| $d$/cm | $J_2/g\cdot cm^2$ | | | | | |
|---|---|---|---|---|---|---|
| | 1 | 2 | 3 | 平均值 | 理论值 | 百分比误差 |
| 2 | | | | | | |
| 3 | | | | | | |
| 4 | | | | | | |
| 5 | | | | | | |
| 6 | | | | | | |
| 7 | | | | | | |

# 实验 4 数据记录单

班号:__________ 日　　期:__________ 实验地点:____________________

姓名:__________ 指导老师:__________ 实验情况:____________________

**1. 测量各金属棒的长度 $l$、直径 $d$ 和质量 $m$ 及其不确定度**

| 次数 | 铜棒 | | | 钢棒 | | | 铝棒 | | |
|---|---|---|---|---|---|---|---|---|---|
| | $m_1$/g | $l_1$/mm | $d_1$/mm | $m_2$/g | $l_2$/mm | $d_2$/mm | $m_3$/g | $l_3$/mm | $d_3$/mm |
| 1 | | | | | | | | | |
| 2 | | | | | | | | | |
| 3 | | | | | | | | | |
| 4 | | | | | | | | | |
| 5 | | | | | | | | | |
| 平均值 | | | | | | | | | |

$\Delta l=$__________ mm　　$\Delta d=$__________ mm　　$\Delta m=$__________ g

**2. 将两悬丝以每间隔 0.02$l$ 向里靠拢,分别测量并记下各位置的共振频率 $f_1$,$f_2$,$f_3$,…**

| 共振频率位置 | 0.10$l$ | 0.12$l$ | 0.14$l$ | 0.16$l$ | 0.18$l$ | 0.20$l$ | 0.22$l$ |
|---|---|---|---|---|---|---|---|
| 钢棒 | | | | | | | |
| 铜棒 | | | | | | | |
| 铝棒 | | | | | | | |

# 实验4数据记录纸

# 实验 5 数据记录单

班号：__________日　　期：__________实验地点：____________________

姓名：__________指导老师：__________实验情况：____________________

**1. 共振频率的测量**

| 弦长/cm | 张力/N | 信号源频率/Hz | 共振幅值/mV | 共振频率/Hz | 波腹数 |
|---|---|---|---|---|---|
| 60 | 3mg | | | | 1 |
| | | | | | 2 |
| | | | | | 3 |
| | | | | | 4 |
| | 4mg | | | | 1 |
| | | | | | 2 |
| | | | | | 3 |
| | | | | | 4 |
| | 5mg | | | | 1 |
| | | | | | 2 |
| | | | | | 3 |
| | | | | | 4 |

弦的线密度：$\rho=$______________

**2. 测不同弦长及不同张力下的共振频率**

| 弦长/cm | 张力/N | 信号源频率/Hz | 共振频率/Hz | 波腹数 |
|---|---|---|---|---|
| 30 | 3mg | | | |
| | 4mg | | | |
| | 5mg | | | |
| 36 | 3mg | | | |
| | 4mg | | | |
| | 5mg | | | |
| 40 | 3mg | | | |
| | 4mg | | | |
| | 5mg | | | |
| 50 | 3mg | | | |
| | 4mg | | | |
| | 5mg | | | |
| 60 | 3mg | | | |
| | 4mg | | | |
| | 5mg | | | |

**3. 求弦线上横波的波速**

| 张力 $T$/N | 线密度 $\rho/(\mathrm{g\cdot m^{-1}})$ | 波速/(m/s) |
|---|---|---|
| | | |
| | | |

# 实验 6 数据记录单

班号:__________日　　期:__________实验地点:____________________

姓名:__________指导老师:__________实验情况:____________________

**1. 匀变速直线运动的研究**

| $i$ | $s_i=P_i-P_0$/cm | $\Delta t_0$/ms | $v_0$/(cm/s) | $\Delta t_i$/ms | $v_i$/(cm/s) | $t_i$/ms |
|---|---|---|---|---|---|---|
| 1 | | | | | | |
| 2 | | | | | | |
| 3 | | | | | | |
| 4 | | | | | | |
| 5 | | | | | | |
| 6 | | | | | | |

$\Delta x=3.00$cm，$\theta=$__________

**2. 测量重力加速度 $g$**

| $i$ | $\theta_i$ | $a_i$/(cm/s$^2$) | $\sin\theta_i$ | $g_i$/(cm/s$^2$) |
|---|---|---|---|---|
| 1 | | | | |
| 3 | | | | |
| 4 | | | | |
| 5 | | | | |

**3. 加速度 $a$ 和外力 $F$ 的关系(利用上一内容的实验数据)**

| $i$ | $\theta_i$ | $\sin\theta_i$ | $F_i=m_{标}\ g\sin\theta_i$ | $a_i$/(cm/s$^2$) |
|---|---|---|---|---|
| 1 | | | | |
| 2 | | | | |
| 3 | | | | |
| 4 | | | | |
| 5 | | | | |

$m_{标}=$______________ g

# 实验 7 数据记录单

班号：__________ 日　　期：__________ 实验地点：______________________

姓名：__________ 指导老师：__________ 实验情况：______________________

**1. 空气介质声速的测量　$T=$ __________℃**

谐振频率的调节(单位：Hz)

| $f$ | 1 | 2 | 3 | 平均值 |
|---|---|---|---|---|
| | | | | |

①共振干涉法(单位：cm)

| $x_1$ | $x_2$ | $x_3$ | $x_4$ | $x_5$ | $x_6$ | $x_7$ | $x_8$ | $x_9$ | $x_{10}$ |
|---|---|---|---|---|---|---|---|---|---|
| | | | | | | | | | |
| | | | | | | | | | |

②相位比较法(单位：cm)

| $x_1$ | $x_2$ | $x_3$ | $x_4$ | $x_5$ | $x_6$ | $x_7$ | $x_8$ | $x_9$ | $x_{10}$ |
|---|---|---|---|---|---|---|---|---|---|
| | | | | | | | | | |
| | | | | | | | | | |

③时差法

| $i$ | 1 | 2 | 3 | 4 | 5 | 6 |
|---|---|---|---|---|---|---|
| $L_i$/cm | | | | | | |
| $t_i$/$10^{-6}$ s | | | | | | |

**2. 液体介质声速的测量　$T=$ __________℃**

谐振频率的调节(单位：Hz)

| $f$ | 1 | 2 | 3 | 平均值 |
|---|---|---|---|---|
| | | | | |

①共振干涉法(单位：cm)

| $x_1$ | $x_2$ | $x_3$ | $x_4$ | $x_5$ | $x_6$ | $x_7$ | $x_8$ | $x_9$ | $x_{10}$ |
|---|---|---|---|---|---|---|---|---|---|
| | | | | | | | | | |
| | | | | | | | | | |

②相位比较法(单位:cm)

| $x_1$ | $x_2$ | $x_3$ | $x_4$ | $x_5$ | $x_6$ | $x_7$ | $x_8$ | $x_9$ | $x_{10}$ |
|---|---|---|---|---|---|---|---|---|---|
| | | | | | | | | | |
| | | | | | | | | | |

③时差法

| $i$ | 1 | 2 | 3 | 4 | 5 | 6 |
|---|---|---|---|---|---|---|
| $L_i/\text{cm}$ | | | | | | |
| $t_i/10^{-6}\,\text{s}$ | | | | | | |

**3. 固体介质声速的测量(选做)　$T=$＿＿＿＿＿＿℃**

①玻璃

| $i$ | 1 | 2 | 3 |
|---|---|---|---|
| $L_i/\text{cm}$ | | | |
| $t_i/10^{-6}\,\text{s}$ | | | |

②金属

| $i$ | 1 | 2 | 3 |
|---|---|---|---|
| $L_i/\text{cm}$ | | | |
| $t_i/10^{-6}\,\text{s}$ | | | |

# 实验 8 数据记录单

班号：__________日　　期：__________实验地点：________________________

姓名：__________指导老师：__________实验情况：________________________

**1. 多普勒效应实验数据记录**

| 次数 | 小车运动速度 $v$/(m/s) | 接收头频率 $f$/Hz | 多普勒频移 $\Delta f$/Hz | 多普勒频移理论值/Hz | 相对百分比误差/% |
|---|---|---|---|---|---|
| 1 | | | | | |
| 2 | | | | | |
| 3 | | | | | |
| 4 | | | | | |
| 5 | | | | | |
| 6 | | | | | |
| 7 | | | | | |
| 8 | | | | | |
| 9 | | | | | |
| 10 | | | | | |

实验环境温度：$T$=____________________℃

**2. 用“时差法测量声速”(自动)实验数据记录及处理**

| 测量次数 | 小车位置 $X_i$/cm | 时差读数值 $t_i$/μs | $X_{i+1}-X_i$/cm | $t_{i+1}-t_i$/μs | 空气中的声速 $u_i$/(m/s) |
|---|---|---|---|---|---|
| 1 | | | | | |
| 2 | | | | | |
| 3 | | | | | |
| 4 | | | | | |
| 5 | | | | | |
| 6 | | | | | |
| 7 | | | | | |
| 8 | | | | | |
| 9 | | | | | |
| 10 | | | | | |

**3. 用“时差法测量声速”(手动)实验数据记录及处理**

| 测量次数 | 小车位置 $X_i$/cm | 时差读数值 $t_i$/μs | $X_{i+1}-X_i$/cm | $t_{i+1}-t_i$/μs | 空气中的声速 $u_i$/(m/s) |
|---|---|---|---|---|---|
| 1 | | | | | |
| 2 | | | | | |
| 3 | | | | | |
| 4 | | | | | |
| 5 | | | | | |
| 6 | | | | | |
| 7 | | | | | |
| 8 | | | | | |
| 9 | | | | | |
| 10 | | | | | |

# 实验 9 数据记录单

班号：________日　　期：________实验地点：________________

姓名：________指导老师：________实验情况：________________

## 扭摆

**1. 测载物盘的转动周期及载物盘与圆环一起的转动周期(单位:s)**

| 名称 | 测量周期 20*T* 次数 | | | | | | 平均值 |
|---|---|---|---|---|---|---|---|
| | 1 | 2 | 3 | 4 | 5 | 6 | |
| 载物盘 | | | | | | | |
| 圆环 | | | | | | | |

$m_1$ = ____________

**2. 测圆环的内外直径,求圆环的转动惯量**

| 次数 | 1 | 2 | 3 | 4 | 5 | 6 | 平均值 | $J_1$ |
|---|---|---|---|---|---|---|---|---|
| 内直径 $2R_1$/cm | | | | | | | | |
| 外直径 $2R_2$/cm | | | | | | | | |

扭摆圆盘的转动惯量　$J_0$ = ____________　$g \cdot cm^2$

## 三线摆

**1. 测圆盘的转动周期及圆盘与圆环一起的转动周期(单位:s)**

| 次数 | 1 | 2 | 3 | 4 | 5 | 6 | 平均值 |
|---|---|---|---|---|---|---|---|
| 圆盘 | | | | | | | |
| 圆盘与圆环 | | | | | | | |

**2. 用游标卡尺和米尺测得以下数据**

| 项目<br>次数 | 下圆盘直径<br>$2R_0$/cm | 上圆盘悬线接线点间距离 $a$/cm | 下圆盘悬线接线点间距离 $a'$/cm | 圆环(米尺) | | 圆柱体直径<br>$2R_x$/cm |
|---|---|---|---|---|---|---|
| | | | | 外直径<br>$2R_i$/cm | 内直径<br>$2R_e$/cm | |
| 1 | | | | | | |
| 2 | | | | | | |
| 3 | | | | | | |
| 平均 | $\bar{R}_0$ = | $\bar{a}$ = | $\bar{a}'$ = | $\overline{R_i}$ = | $\overline{R_e}$ = | $\overline{R_x}$ = |

上下两圆盘垂直距离 $H$=______________ m，悬盘 $m_0$=______________ kg，

上悬盘 $r$=__________ m，下悬盘 $R$=__________ m，圆环 $m_1$=__________ kg

下圆盘转动惯量的实验值　$J_0$=______ g·cm²，理论值　$J'_0$=______ g·cm²

圆环转动惯量的实验值　　$J_1$=______ g·cm²，理论值　$J'_1$=______ g·cm²

**3. 用多功能微秒计测得表中的数据，验证平行轴定理**

圆柱体质量 $m_2$=____________________ kg

| 两圆柱体之间的距离 $2x$/cm | 次数 | | | | | | 平均值 | $J_2$/(g·cm²) | $J'_2$/(g·cm²) | 相对百分比误差 |
|---|---|---|---|---|---|---|---|---|---|---|
| | 1 | 2 | 3 | 4 | 5 | 6 | | | | |
| | | | | | | | | | | |
| | | | | | | | | | | |
| | | | | | | | | | | |
| | | | | | | | | | | |

# 实验 10 数据记录单

班号:__________ 日　期:__________ 实验地点:____________________

姓名:__________ 指导老师:__________ 实验情况:____________________

**1. 测待测件的物理量,求待测件的转动惯量**

| 次数 | 1 | 2 | 3 | 平均值 |
|---|---|---|---|---|
| $L$/cm | | | | |
| $m_x$/g | | | | |
| $T_0$/s | | | | |
| $T$/s | | | | |

$m_0 =$ ________________ g

**2. 用游标卡尺测得圆环的物理量**

| 次数 | 1 | 2 | 3 | 平均值 |
|---|---|---|---|---|
| $R_i$/cm | | | | |
| $R_e$/cm | | | | |
| $h$/cm | | | | |

$m_{环} =$ ________________ g

**3. 用多功能微秒计测得圆环的数据,求圆环的转动惯量,验证平行轴定理**

| 两圆环之间的距离 $2x$/cm | 1 | 2 | 3 | $\overline{T}$/s | $J_{实}/(\mathrm{g\cdot cm^2})$ | $J_{理}/(\mathrm{g\cdot cm^2})$ | 相对百分比误差 |
|---|---|---|---|---|---|---|---|
| $d_1$ | | | | | | | |
| $d_2$ | | | | | | | |
| $d_3$ | | | | | | | |
| $d_4$ | | | | | | | |
| $d_5$ | | | | | | | |

# 实验 11 数据记录单

班号：__________日　　期：__________实验地点：____________________

姓名：__________指导老师：__________实验情况：____________________

**1. 用游标卡尺测量摆球的直径**

| 测量次数 | 1 | 2 | 3 | 平均值 |
|---|---|---|---|---|
| $d$/cm | | | | |

**2. 改变摆长** $l=l'+\dfrac{d}{2}$，$\theta<5^\circ$，$n=40$

| 摆长 $l$/cm | 60.00 | 70.00 | 80.00 | 90.00 | 100.00 | 110.00 |
|---|---|---|---|---|---|---|
| 周期 $T_{20}$/s | | | | | | |
| 周期 $T_{20}$/s | | | | | | |
| 周期 $T_{20}$/s | | | | | | |
| 周期 $T$/s | | | | | | |
| $T^2/s^2$ | | | | | | |

**3. 测量同一摆长不同摆角下的周期 *T*，比较摆角对 *T* 的影响**

$l=$____________________cm，$n=20$

| 摆角 $\theta$/(°) | 2 | 5 | 10 | 15 | 20 | 25 | 30 | 35 | 40 | 45 | 50 | 55 |
|---|---|---|---|---|---|---|---|---|---|---|---|---|
| 周期 $T_{10}$/s | | | | | | | | | | | | |

# 实验 12 数据记录单

班号：__________日　　期：__________实验地点：__________________________

姓名：__________指导老师：__________实验情况：__________________________

**1. 测空秤及依次增加片状砝码的周期　$n=40$**

| | $m_0$ | 1 | 2 | 3 | 4 | 5 | 6 | 7 | 8 | 9 | 10 |
|---|---|---|---|---|---|---|---|---|---|---|---|
| 周期 $T_{20}$/s | | | | | | | | | | | |
| 周期 $T_{20}$/s | | | | | | | | | | | |
| 周期 $T_{20}$/s | | | | | | | | | | | |
| 周期 $T$/s | | | | | | | | | | | |

**2. 测量待测圆柱的周期　$n=40$**

| | 小圆柱 | 大圆柱 |
|---|---|---|
| 周期 $T_{20}$/s | | |
| 周期 $T_{20}$/s | | |
| 周期 $T_{20}$/s | | |
| 周期 $T$/s | | |

**3. 研究重力对惯性秤的影响　$n=40$**

| | 大圆柱悬吊 | $m_0$（秤垂直） | 1（秤垂直） | 3（秤垂直） | 5（秤垂直） |
|---|---|---|---|---|---|
| 周期 $T_{20}$/s | | | | | |
| 周期 $T_{20}$/s | | | | | |
| 周期 $T_{20}$/s | | | | | |
| 周期 $T$/s | | | | | |

# 实验 13 数据记录单

班号：__________日　　期：__________实验地点：________________________

姓名：__________指导老师：__________实验情况：________________________

**1. 测量振动周期 $T$**

预置测量钢球振动　$N=$__________个周期的总时间

| 次数 | 1 | 2 | 3 | 4 | 5 | 周期平均值 $\overline{T}=\frac{\sum t_i}{5\times 50}$ |
|---|---|---|---|---|---|---|
| 振动 $N$ 个周期的总时间 $t_i$/s | | | | | | |

**2. 测量钢球直径 $d$**

| 次数 | 1 | 2 | 3 | 4 | 5 | 平均值 $\overline{d}=\frac{\sum d_i}{5}$ |
|---|---|---|---|---|---|---|
| 直径 $d_i/\times 10^{-3}$ m | | | | | | |

**3. 记录储气瓶 B 的体积 $V=$______________ L，钢球质量 $m=$____________ g，大气压强 $P_L=$____________ Pa**

# 实验 14 数据记录单

班号：__________日　　期：__________实验地点：____________________

姓名：__________指导老师：__________实验情况：____________________

**1. 记录加热电压 $V_h$＝____________________ V**

**2. 测量升温过程中"加热面与中心面的温差热电势"$V_t$ 和"中心面热电势"V**

| 时间<br>$\tau$/min | 1 | 2 | 3 | 4 | 5 | 6 | 7 | 8 | 9 | 10 | 11 | 12 | 13 | 14 | 15 |
|---|---|---|---|---|---|---|---|---|---|---|---|---|---|---|---|
| 温差热电势<br>$V_t$/mV | | | | | | | | | | | | | | | |
| 中心面热电势<br>$V$/mV | | | | | | | | | | | | | | | |
| 中心面每分钟<br>上升的热电势<br>$\Delta V=V_{n+1}-V_n$ | | | | | | | | | | | | | | | |

经观察，加热面与中心面之间的温差热电势 $V_t$ 在第__________分钟到第__________分钟较稳定，选取此时间段内的 5 个数据为对象，计算平均值可得：$\bar{V}_t$ ＝__________ mV；中心面上每分钟上升的热电势 $\Delta V$ 在第__________分钟到第__________分钟时间段较稳定，选取此时间段内的 5 个数据为对象，计算平均值可得：$\Delta\bar{V}$＝______________ mV。

# 实验 15 数据记录单

班号：__________日　　期：__________实验地点：____________________

姓名：__________指导老师：__________实验情况：____________________

**1. 测量吊环的内外直径 $D_{内}$、$D_{外}$**

| | 1 | 2 | 3 | 4 | 5 | 平均值 |
|---|---|---|---|---|---|---|
| $D_{内}$/cm | | | | | | |
| $D_{外}$/cm | | | | | | |

**2. 力敏传感器定标**

| 砝码质量 $m$/g | 0.5 | 1.0 | 1.5 | 2.0 | 2.5 | 3.0 | 3.5 |
|---|---|---|---|---|---|---|---|
| 电压值 $U$/mV | | | | | | | |
| 传感器所受拉力 $F$/N | | | | | | | |

**3. 测量圆环即将拉脱液面时电压表显示的电压值 $U_1$ 和圆环刚刚拉脱液面瞬间电压表显示的电压值 $U_2$**

| | 1 | 2 | 3 | 4 | 5 | 6 |
|---|---|---|---|---|---|---|
| $U_1$/mV | | | | | | |
| $U_2$/mV | | | | | | |
| $\Delta U=U_1-U_2$ | | | | | | |

计算电压差的平均值 $\overline{\Delta U}=$ ____________________ mV

# 实验 16 数据记录单

班号：__________日　　期：__________实验地点：____________________

姓名：__________指导老师：__________实验情况：____________________

**1. 小电阻伏安特性测定**

| 测量序数 | 1 | 2 | 3 | 4 | 5 | 6 | 7 | 8 | 9 | 10 |
|---|---|---|---|---|---|---|---|---|---|---|
| $U$/V | | | | | | | | | | |
| $I$/mA | | | | | | | | | | |

**2. 大电阻伏安特性测定**

| 测量序数 | 1 | 2 | 3 | 4 | 5 | 6 | 7 | 8 | 9 | 10 |
|---|---|---|---|---|---|---|---|---|---|---|
| $U$/V | | | | | | | | | | |
| $I$/mA | | | | | | | | | | |

**3. 二极管正反向伏安特性曲线测定表**

| 测量序数 | 1 | 2 | 3 | 4 | 5 | 6 | 7 | 8 | 9 | 10 |
|---|---|---|---|---|---|---|---|---|---|---|
| $U$/V | | | | | | | | | | |
| $I$/mA | | | | | | | | | | |
| 测量序数 | 1 | 2 | 3 | 4 | 5 | 6 | 7 | 8 | 9 | 10 |
| $U$/V | | | | | | | | | | |
| $I$/mA | | | | | | | | | | |

**4. 稳压管正反向伏安特性曲线测定表**

| 测量序数 | 1 | 2 | 3 | 4 | 5 | 6 | 7 | 8 | 9 | 10 |
|---|---|---|---|---|---|---|---|---|---|---|
| $U$/V | | | | | | | | | | |
| $I$/mA | | | | | | | | | | |
| 测量序数 | 1 | 2 | 3 | 4 | 5 | 6 | 7 | 8 | 9 | 10 |
| $U$/V | | | | | | | | | | |
| $I$/mA | | | | | | | | | | |

**5. 灯泡伏安特性**

| 测量序数 | 1 | 2 | 3 | 4 | 5 | 6 | 7 | 8 | 9 | 10 |
|---|---|---|---|---|---|---|---|---|---|---|
| $U$/V | | | | | | | | | | |
| $I$/mA | | | | | | | | | | |

# 实验 17 数据记录单

班号：__________日　　期：__________实验地点：____________________

姓名：__________指导老师：__________实验情况：____________________

**1. 热电偶型号 T 型**

| $T$/℃ | 35 | 40 | 45 | 50 | 60 | 70 | 80 | 90 | 100 |
|---|---|---|---|---|---|---|---|---|---|
| ε/mV | | | | | | | | | |

**2. 热电偶型号 E 型**

| $T$/℃ | 35 | 40 | 45 | 50 | 60 | 70 | 80 | 90 | 100 |
|---|---|---|---|---|---|---|---|---|---|
| ε/mV | | | | | | | | | |

**3. 热电偶型号 T 型**

| $T$/℃ | 35 | 40 | 45 | 50 | 60 | 70 | 80 | 90 | 100 |
|---|---|---|---|---|---|---|---|---|---|
| ε/mV | | | | | | | | | |
| 反查温度/℃ | | | | | | | | | |

**4. 热电偶型号 E 型**

| $T$/℃ | 35 | 40 | 45 | 50 | 60 | 70 | 80 | 90 | 100 |
|---|---|---|---|---|---|---|---|---|---|
| ε/mV | | | | | | | | | |
| 反查温度/℃ | | | | | | | | | |

# 实验 18 数据记录单

班号：__________ 日　期：__________ 实验地点：________________________

姓名：__________ 指导老师：__________ 实验情况：________________________

**1. 三个待测电阻测量**

| 待测电阻 | 调换前，$R_x$ 在左边 | | | | 调换后，$R_x$ 在右边 | | | | 待测电阻平均值/Ω | 百分比误差 |
|---|---|---|---|---|---|---|---|---|---|---|
| | $l_1$/cm | $l_2$/cm | $R_3$/Ω | $R_x$/Ω | $l_1$/cm | $l_2$/cm | $R_3$/Ω | $R_x$/Ω | | |
| 电阻 1/Ω | | | | | | | | | | |
| 电阻 2/Ω | | | | | | | | | | |
| 电阻 3/Ω | | | | | | | | | | |

**2. 检流计内阻测量**

| $R_g$ | $R_g$ 在左边 | | | | $R_g$ 在右边 | | | | 检流计内阻平均值 |
|---|---|---|---|---|---|---|---|---|---|
| | $l_1$/cm | $l_2$/cm | $R_3$/Ω | $R_g$/Ω | $l_1$/cm | $l_2$/cm | $R_3$/Ω | $R_g$/Ω | |
| $G_0$ 挡/Ω | | | | | | | | | |
| $G_1$ 挡/Ω | | | | | | | | | |

# 实验 19 数据记录单

班号：＿＿＿＿＿＿日　　期：＿＿＿＿＿＿实验地点：＿＿＿＿＿＿＿＿＿＿＿＿

姓名：＿＿＿＿＿＿指导老师：＿＿＿＿＿＿实验情况：＿＿＿＿＿＿＿＿＿＿＿＿

**1. 金属棒直径测量**

| 次数 | 1 | 2 | 3 | 4 | 5 | $\overline{d}$ |
|---|---|---|---|---|---|---|
| 铜棒直径/cm | | | | | | |
| 铝棒直径/cm | | | | | | |
| 钢棒直径/cm | | | | | | |

**2. 金属棒电阻测量**

| $l$/mm | 金属棒 | 电源正接测量盘 R 的读数/Ω | 电源反接测量盘 R 的读数/Ω | 金属棒电阻值/Ω | 电阻率/($\times 10^{-8}\Omega\cdot m$) |
|---|---|---|---|---|---|
| 230 | 铜棒 | | | | |
| | 铝棒 | | | | |
| | 钢棒 | | | | |
| 460 | 铜棒 | | | | |
| | 铝棒 | | | | |
| | 钢棒 | | | | |

# 实验 20 数据记录单

班号：__________日　　期：__________实验地点：____________________

姓名：__________指导老师：__________实验情况：____________________

**1. 李萨如图形测频率**

| $f_y:f_x$ | 1∶1 | 1∶2 | 2∶1 | 2∶3 |
|---|---|---|---|---|
| 李萨如图形 | | | | |
| $N_x$ | | | | |
| $N_y$ | | | | |
| $F_x/F_y$ | | | | |
| $f_y:f_x$ | 3∶2 | 3∶1 | 1∶3 | 3∶4 |
| 李萨如图形 | | | | |
| $N_x$ | | | | |
| $N_y$ | | | | |
| $F_x/F_y$ | | | | |

**2. 相位差测量**

$f=1000\text{Hz}$， $R=$____________，$C=$____________，$\varphi=$____________

| 序号 | $C$ | $\Delta\varphi$ 理论值 | 波形比较法 | | | 百分比误差 | 椭圆法(李萨如图形法) | | | 百分比误差 |
|---|---|---|---|---|---|---|---|---|---|---|
| | | | $\Delta t$ | $T$ | $\Delta\varphi$ | | $Y_0$ | $Y_m$ | $\Delta\varphi$ | |
| 1 | | | | | | | | | | |
| 2 | | | | | | | | | | |
| 3 | | | | | | | | | | |
| 4 | | | | | | | | | | |
| 5 | | | | | | | | | | |

# 实验21数据记录单

班号：＿＿＿＿＿＿日　　期：＿＿＿＿＿＿实验地点：＿＿＿＿＿＿＿＿＿＿＿

姓名：＿＿＿＿＿＿指导老师：＿＿＿＿＿＿实验情况：＿＿＿＿＿＿＿＿＿＿＿

**1. 不同负载电阻下太阳能电池输出电压和输出电流记录表**

| 电压/V | | | | | | | | | | | | | | | |
|---|---|---|---|---|---|---|---|---|---|---|---|---|---|---|---|
| 电流/mA | | | | | | | | | | | | | | | |
| 功率/mW | | | | | | | | | | | | | | | |

**2. 燃料电池不同负载电阻下输出电压和输出电流数据表**

| 电压/V | | | | | | | | | | | |
|---|---|---|---|---|---|---|---|---|---|---|---|
| 电流/mA | | | | | | | | | | | |
| 功率/mW | | | | | | | | | | | |

**电解池特性测量数据记录表**

| 输入电流/A | 计时一/s | 计时二/s | 平均时间/s | 电量 $It$/C | 氢气产生量测量值/mL | 氢气产生量理论值/mL |
|---|---|---|---|---|---|---|
| 0.1 | | | | | | |
| 0.2 | | | | | | |
| 0.3 | | | | | | |

# 实验 22 数据记录单

班号：__________日　　期：__________实验地点：____________________

姓名：__________指导老师：__________实验情况：____________________

**1. 同轴电缆静电场的测量**

| $U$/V | 1 | 2 | 3 | 4 | 5 |
|---|---|---|---|---|---|
| $r$/cm | | | | | |
| $U$/V | 6 | 7 | 8 | 9 | |
| $r$/cm | | | | | |

**2. 实测等势面与理想情况差异**

| $r_a$/cm | $r_b$/cm | $U_1$/V | $U$/V | 理论值 $r$/cm | 测量值 $r$/cm | 百分比误差 |
|---|---|---|---|---|---|---|
| | | | | | | |

**3. 长直平行电极静电场测量**

| $U$/V | 1～2 | 2～3 | 3～4 | 4～5 | 5～6 |
|---|---|---|---|---|---|
| 中心坐标 $x$/cm | | | | | |
| $\Delta x$ | | | | | |
| $E$ | | | | | |
| $U$/V | 6～7 | 7～8 | 8～9 | | |
| 中心坐标 $x$/cm | | | | | |
| $\Delta x$ | | | | | |
| $E$ | | | | | |

**4. 聚焦电极静电场分布（画出等势面与电力线分布）**

**5. 速度场的分布（画出等势面与速度场线分布）**

# 实验 23 数据记录单

班号：__________ 日　　期：__________ 实验地点：____________________

姓名：__________ 指导老师：__________ 实验情况：____________________

**1. 用于测量 $V_H - I_S$ 曲线时的实验数据表格如下表**　　设定参数：($I_M$=500mA)

| $I_s$/mA | $V_1$/mV | $V_2$/mV | $V_3$/mV | $V_4$/mV | $V_H=\frac{V_1-V_2+V_3-V_4}{4}$/mV |
|---|---|---|---|---|---|
| | $+I_s+I_M$ | $+I_s-I_M$ | $-I_s-I_M$ | $-I_s+I_M$ | |
| 0.50 | | | | | |
| 1.00 | | | | | |
| 1.50 | | | | | |
| 2.00 | | | | | |
| 2.50 | | | | | |
| 3.00 | | | | | |

**2. 用于测量 $V_H - I_M$ 曲线时的实验数据表格如下表**　　设定参数：($I_S$=3.00mA)

| $I_M$/mA | $V_1$/mV | $V_2$/mV | $V_3$/mV | $V_4$/mV | $V_H=\frac{V_1-V_2+V_3-V_4}{4}$/mV |
|---|---|---|---|---|---|
| | $+I_s+I_M$ | $+I_s-I_M$ | $-I_s-I_M$ | $-I_s+I_M$ | |
| 50 | | | | | |
| 100 | | | | | |
| 150 | | | | | |
| 200 | | | | | |
| 250 | | | | | |
| 300 | | | | | |
| 350 | | | | | |
| 400 | | | | | |
| 450 | | | | | |
| 500 | | | | | |

**3. 电磁铁端口磁场分布($X$ 范围 0～230mm)** 设定参数:($I_S$＝3.00mA，$I_M$＝500mA)

| $X$/mm | 0 | 5 | 10 | 15 | 20 | 25 | 30 | 35 | 40 |
|---|---|---|---|---|---|---|---|---|---|
| $V_H$/mV | | | | | | | | | |
| $X$/mm | 45 | 50 | 60 | 70 | 80 | 90 | 100 | 110 | 120 |
| $V_H$/mV | | | | | | | | | |
| $X$/mm | 130 | 140 | 150 | 160 | 170 | 180 | 185 | 190 | 195 |
| $V_H$/mV | | | | | | | | | |
| $X$/mm | 200 | 205 | 210 | 215 | 220 | 225 | 230 | | |
| $V_H$/mV | | | | | | | | | |

# 实验 24 数据记录单

班号：__________日　　期：__________实验地点：______________________

姓名：__________指导老师：__________实验情况：______________________

**1. CR 串联电路**

| 参考频率 $f$/Hz | | 398 | 796 | 1194 | 1592 | 2388 | 3183 | 4775 | 6366 |
|---|---|---|---|---|---|---|---|---|---|
| 电阻电压 $U_R$ | | | | | | | | | |
| 电容电压 $U_C$ | | | | | | | | | |
| 电源电压 $U_总$ | | | | | | | | | |
| 电源理论值 | $U_总 = \sqrt{U_R^2 + U_C^2}$ | | | | | | | | |
| 位相角 | $2Y_0$ | | | | | | | | |
| | $2Y_m$ | | | | | | | | |
| 位相角测量值 | $\varphi_C = \arcsin\left(\frac{2Y_0}{2Y_m}\right)$ | | | | | | | | |
| 位相角理论值 | $\varphi_C = \arctan(2\pi fCR)$ | | | | | | | | |

**2. LR 串联电路**

| 参考频率 $f$/Hz | | 398 | 796 | 1194 | 1592 | 2388 | 3183 | 4775 | 6366 |
|---|---|---|---|---|---|---|---|---|---|
| 电阻电压 $U_R$ | | | | | | | | | |
| 电感电压 $U_L$ | | | | | | | | | |
| 电源电压 $U_总$ | | | | | | | | | |
| 电源理论值 | $U_总 = \sqrt{U_R^2 + U_L^2}$ | | | | | | | | |
| 位相角 | $2Y_0$ | | | | | | | | |
| | $2Y_m$ | | | | | | | | |
| 位相角测量值 | $\varphi_L = \arcsin\left(\frac{2Y_0}{2Y_m}\right)$ | | | | | | | | |
| 位相角理论值 | $\varphi_L = \operatorname{arccot}\left(\frac{2\pi fL}{R}\right)$ | | | | | | | | |

# 实验25 数据记录单

班号：__________日　　期：__________实验地点：____________________

姓名：__________指导老师：__________实验情况：____________________

**1. RLC 串联电路**

| 参考频率 $f$/Hz | | 629 | 1258 | 2516 | 3774 | 5033 | 6291 | 7549 | 8807 | 10128 |
|---|---|---|---|---|---|---|---|---|---|---|
| 电阻电压 $U_R$ | | | | | | | | | | |
| 电流 $I=U_R/R$ | | | | | | | | | | |
| 电流理论值 | | | | | | | | | | |
| 位相角 | $2Y_0$ | | | | | | | | | |
| | $2Y_m$ | | | | | | | | | |
| 位相角测量值 $\varphi_{总}=\arcsin\left(\frac{Y_0}{Y_m}\right)$ | | | | | | | | | | |
| 位相角理论值 | | | | | | | | | | |

**2. 电容放电**

| 欠阻尼 | 过阻尼 |
|---|---|
| | |

**3. 滤波器的设计**

| 频率 $f$/Hz | | | | | | | | | |
|---|---|---|---|---|---|---|---|---|---|
| 电阻电压 $U_R$ | | | | | | | | | |

# 实验 26 数据记录单

班号:__________ 日　期:__________ 实验地点:____________________

姓名:__________ 指导老师:__________ 实验情况:____________________

**1. 室温下 1W 白光 LED 伏安特性的实验数据**

| $U$/V | 0 | 0.3 | 0.5 | 0.7 | 0.9 | 1.1 | 1.3 | 1.6 | 2.0 | 2.4 | 2.8 | 3.2 |
|---|---|---|---|---|---|---|---|---|---|---|---|---|
| $I$/mA | | | | | | | | | | | | |

**2. 室温下 1W 白光 LED 光强随电流变化的实验数据**

| $I$/mA | 250 | 260 | 270 | 280 | 290 | 300 | 310 | 320 |
|---|---|---|---|---|---|---|---|---|
| $I_\Phi$/mcd | | | | | | | | |

**3. 1W 白光 LED 光强分布实验数据** $I=$__________ mA，$t=$__________℃

| $\theta$/(°) | −40 | −30 | −20 | −10 | 0 | 10 | 20 | 30 | 40 |
|---|---|---|---|---|---|---|---|---|---|
| $I_\Phi$/mcd | | | | | | | | | |

**4. 恒流 1W 白光 LED 光效随温度变化的实验数据**

$I=300$mA，$\theta=$____________________。

| $t$/℃ | 10 | 20 | 30 | 40 | 50 | 60 |
|---|---|---|---|---|---|---|
| $I_\Phi$/mcd | | | | | | |
| $U$/V | | | | | | |
| $\eta=\frac{I_\Phi}{IU}$ | | | | | | |

**5. 恒压 1W 白光 LED 光效随温度变化的实验数据**

$U=3$V，$\theta=$____________________。

| $t$/℃ | 10 | 20 | 30 | 40 | 50 | 60 |
|---|---|---|---|---|---|---|
| $I_\Phi$/mcd | | | | | | |
| $I$/mA | | | | | | |
| $\eta=\frac{I_\Phi}{IU}$ | | | | | | |

# 实验 27 数据记录单

班号：__________日　　期：__________实验地点：__________________________

姓名：__________指导老师：__________实验情况：__________________________

双量程电流计　$R_1=$____________，　$R_2=$____________

**1. 量程 1mA**

| $I_{标}$/mA | 0.10 | 0.20 | 0.30 | 0.40 | 0.50 |
|---|---|---|---|---|---|
| $I_x$/mA | | | | | |
| $\Delta I$ | | | | | |
| $I_{标}$/mA | 0.60 | 0.70 | 0.80 | 0.90 | 1.00 |
| $I_x$/mA | | | | | |
| $\Delta I$ | | | | | |

**2. 量程 5mA**

| $I_{标}$/mA | 0.50 | 1.00 | 1.50 | 2.00 | 2.50 |
|---|---|---|---|---|---|
| $I_x$/mA | | | | | |
| $\Delta I$ | | | | | |
| $I_{标}$/mA | 3.00 | 3.50 | 4.00 | 4.50 | 5.00 |
| $I_x$/mA | | | | | |
| $\Delta I$ | | | | | |

双量程伏特计　$R_1=$____________，　$R_2=$____________

**3. 量程 $V_1=1.00$V**

| $U_{标}$/V | 0.10 | 0.20 | 0.30 | 0.40 | 0.50 |
|---|---|---|---|---|---|
| $U_x$/V | | | | | |
| $\Delta U$ | | | | | |
| $U_{标}$/V | 0.60 | 0.70 | 0.80 | 0.90 | 1.00 |
| $U_x$/V | | | | | |
| $\Delta U$ | | | | | |

**4. 量程 $V_2=3.00$V**

| $U_{标}$/V | 0.30 | 0.60 | 0.90 | 1.20 | 1.50 |
|---|---|---|---|---|---|
| $U_x$/V | | | | | |
| $\Delta U$ | | | | | |
| $U_{标}$/V | 1.80 | 2.10 | 2.40 | 2.70 | 3.00 |
| $U_x$/V | | | | | |
| $\Delta U$ | | | | | |

# 实验 28 数据记录单

班号:__________日　　期:__________实验地点:____________________
姓名:__________指导老师:__________实验情况:____________________

(1)示波器一大格 1cm,一小格 0.2cm,记下 $x$ 轴灵敏度 $S_x$(V/cm),$y$ 轴灵敏度 $S_y$(V/cm)。保持灵敏度不变,逐渐增大信号源功率,依次记下磁滞回线右上角顶点坐标参数值为($x$/cm,$y$/cm)。代入已知参数,坐标与对应物理量(国际单位)的转换关系如下:

$H = \dfrac{N_1 \cdot u_1}{l \cdot R_1}$，　又 $u_1 = s_x \times x$，　故 $H=104.384\times Sx\times x=$________(A/m)

$B = \dfrac{R_2 C u_C}{N_2 S}$，　又 $u_C = s_y \times y$，　故 $B=1.598\times Sy\times y=$________(T)

$u_0 = 4\pi \times 10^{-7}$ N/A$^2$　$u_r = B/u_0 H$

**1. 软磁初始磁化曲线**　　$S_x$=(　　　)V/cm　　$S_y$=(　　　)V/cm

| $x$/cm | | | | | | | | | | |
|---|---|---|---|---|---|---|---|---|---|---|
| $y$/cm | | | | | | | | | | |
| $H$/(A/m) | | | | | | | | | | |
| $B$/T | | | | | | | | | | |
| $u_r$ | | | | | | | | | | |

**2. 硬磁初始磁化曲线**　　$S_x$=(　　　)V/cm　　$S_y$=(　　　)V/cm

| $x$/cm | | | | | | | | | | |
|---|---|---|---|---|---|---|---|---|---|---|
| $y$/cm | | | | | | | | | | |
| $H$/(A/m) | | | | | | | | | | |
| $B$/T | | | | | | | | | | |
| $u_r$ | | | | | | | | | | |

**3. 软磁饱和磁滞回线 $H_C$、$H_M$、$B_r$、$B_M$ 等关键点坐标**

| $x$/cm | | | | | | | | | | |
|---|---|---|---|---|---|---|---|---|---|---|
| $y$/cm | | | | | | | | | | |
| $H$/(A/m) | | | | | | | | | | |
| $B$/T | | | | | | | | | | |

**4. 硬磁饱和磁滞回线 $H_C$、$H_M$、$B_r$、$B_M$ 等关键点坐标**

| $x$/cm | | | | | | | | | | |
|---|---|---|---|---|---|---|---|---|---|---|
| $y$/cm | | | | | | | | | | |
| $H$/(A/m) | | | | | | | | | | |
| $B$/T | | | | | | | | | | |

(1)描绘软硬铁磁材料初始磁化曲线 $B-H$(国际单位)。

(2)描绘软硬铁磁材料相对磁导率的变化曲线 $u_r-H$(国际单位)。

(3)描绘软硬铁磁材料饱和磁滞回线(国际单位)。

# 实验 29 数据记录单

班号：__________ 日　期：__________ 实验地点：____________________

姓名：__________ 指导老师：__________ 实验情况：____________________

**1. 地磁场测量实验**

分别多次测量同一地点的地磁场竖直分量和水平分量，将数据填写到下表中。求出各分量的平均值，算出磁倾角 $\alpha$ 和该处的地磁场强度 $\boldsymbol{B}$ 以及其不确定度。并和地磁场的理论值进行比较求百分比误差。

| 测量次数 | 1 | 2 | 3 | 4 | 5 | 6 | 7 | 8 | 9 | 10 |
|---|---|---|---|---|---|---|---|---|---|---|
| 竖直分量 | | | | | | | | | | |
| 水平分量 | | | | | | | | | | |

**2. 线圈自感系数和互感系数的测量实验**

分别多次测量线圈的自感系数 $L$ 和互感系数 $M$，将数据填写到下表中，分别求出自感系数的平均值及其不确定度。

| 测量次数 | 1 | 2 | 3 | 4 | 5 | 6 | 7 | 8 | 9 | 10 |
|---|---|---|---|---|---|---|---|---|---|---|
| 自感系数 | | | | | | | | | | |
| 互感系数 | | | | | | | | | | |

# 实验 30、31 数据记录单

班号：__________日　　期：__________实验地点：________________________

姓名：__________指导老师：__________实验情况：________________________

**1. 三棱镜顶角测量**

| 次数 | $\varphi_1$ | $\varphi'_1$ | $\varphi_2$ | $\varphi'_2$ | 顶角 $\alpha$ | $\bar{\alpha}$ 平均值 |
|---|---|---|---|---|---|---|
| 1 | | | | | | |
| 2 | | | | | | |
| 3 | | | | | | |
| 4 | | | | | | |
| 5 | | | | | | |
| 6 | | | | | | |
| 7 | | | | | | |
| 8 | | | | | | |

# 实验 32、33 数据记录单

班号：__________日　　期：__________实验地点：____________________

姓名：__________指导老师：__________实验情况：____________________

**1. 色散曲线的测定**

| 颜色 | 折射光 | | 入射光 | | $\delta_{min}=\frac{1}{2}[(\theta-\theta')+(\theta_0-\theta'_0)]$ | $n=\frac{\sin\frac{\delta_{min}+\alpha}{2}}{\sin\frac{\alpha}{2}}$ |
|---|---|---|---|---|---|---|
| | $\theta$ | $\theta_0$ | $\theta'$ | $\theta'_0$ | | |
| 黄 1 | | | | | | |
| 黄 2 | | | | | | |
| 绿 | | | | | | |
| 绿蓝 | | | | | | |
| 蓝 | | | | | | |
| 紫 | | | | | | |

**2. 汞灯光谱的测量**

| 光谱及颜色 | +1 级谱线 | | −1 级谱线 | | $\varphi$ | $\lambda$ | 百分比误差 |
|---|---|---|---|---|---|---|---|
| | 左游标 $\theta_1$ | 右游标 $\theta_2$ | 左游标 $\theta'_1$ | 右游标 $\theta'_2$ | | | |
| 橙 6234.4Å | | | | | | | |
| 黄 5790.7Å | | | | | | | |
| 黄 5769.6Å | | | | | | | |
| 绿 5460.7Å | | | | | | | |
| 绿蓝 4916.0Å | | | | | | | |
| 蓝 4358.3Å | | | | | | | |
| 蓝紫 4077.8Å | | | | | | | |
| 蓝紫 4046.6Å | | | | | | | |

注：$d\sin\varphi=\lambda$，按 $\lambda=5461$Å 绿光的衍射角计算出 $d$，代入上表计算其他光谱波长。

# 实验 34 数据记录单

班号:__________日　　期:__________实验地点:________________________

姓名:__________指导老师:__________实验情况:________________________

**1. 衍射条纹间距的测量:测微目镜中衍射条纹位置读数(mm)**

| 波长 | 级数 | | | | | | |
|---|---|---|---|---|---|---|---|
| | −3 | −2 | −1 | 0 | 1 | 2 | 3 |
| 黄 5780Å | | | | | | | |
| 绿 5461Å | | | | | | | |
| 蓝 4358Å | | | | | | | |

**2. 用逐差法计算各色光衍射条纹的平均间距($f$=170.00mm),ν=________ Hz**

| 波长 | 衍射条纹的平均间距/mm | 声速/(m/s) |
|---|---|---|
| 黄 5780Å | | |
| 绿 5461Å | | |
| 蓝 4358Å | | |

# 实验 35 数据记录单

班号：__________ 日　期：__________ 实验地点：____________________

姓名：__________ 指导老师：__________ 实验情况：____________________

**1. 自准直法测薄凸透镜焦距(cm)**

| $n$ | $L_u$ | $x_1$ | $x_2$ | $\bar{x}=(x_1+x_2)/2$ | $f_0=\bar{x}-L_u$ |
|---|---|---|---|---|---|
| 1 | | | | | |
| 2 | | | | | |
| 3 | | | | | |

**2. 物距像距法测薄凸透镜焦距(cm)**

| $n$ | $L_u$ | $x_1$ | $x_2$ | $\bar{x}=(x_1+x_2)/2$ | $L_v$ | $u=\lvert\bar{x}-L\rvert_u$ | $v=\lvert L_v-\bar{x}\rvert$ | $f=\frac{uv}{u+v}$ |
|---|---|---|---|---|---|---|---|---|
| 1 | | | | | | | | |
| 2 | | | | | | | | |
| 3 | | | | | | | | |

**3. 二次成像法(共轭法,贝塞尔法)**

| $n$ | $L_u$ | $x_{11}$ | $x_{12}$ | $\bar{x}_1$ | $x_{21}$ | $x_{22}$ | $\bar{x}_2$ | $L_v$ | $d$ | $D$ | $f$ |
|---|---|---|---|---|---|---|---|---|---|---|---|
| 1 | | | | | | | | | | | |
| 2 | | | | | | | | | | | |
| 3 | | | | | | | | | | | |
| $\bar{x}_1=(x_{11}+x_{12})/2$, $\bar{x}_2=(x_{21}+x_{22})/2$, $D=\lvert L_u-L_v\rvert$, $d=\lvert\bar{x}_1-\bar{x}_2\rvert$, $f=\frac{D^2-d^2}{4D}$ | | | | | | | | | | | |

**4. 凹凸透镜成像法:请先让物屏与凸透镜距离稍大于 2 倍焦距,成缩小的实像,再加入凹透镜**

| $n$ | $x_1$ | $x_2$ | $\bar{x}$ | $L_{v_B}$ | $L_{v_D}$ | $S$ | $S'$ | $f$ |
|---|---|---|---|---|---|---|---|---|
| 1 | | | | | | | | |
| 2 | | | | | | | | |
| 3 | | | | | | | | |
| $\bar{x}=(x_1+x_2)/2$, $f=\frac{SS'}{S-S'}$, $S=\lvert L_{v_B}-\bar{x}\rvert$, $S'=\lvert L_{v_D}-\bar{x}\rvert$ | | | | | | | | |

**5. 自准直法测薄凹透镜焦距:请先让物屏与凸透镜距离稍大于 2 倍焦距,成缩小的实像,再加入凹透镜**

| $n$ | $x_1$ | $x_2$ | $\bar{x}=(x_1+x_2)/2$ | $L_v$ | $f=\bar{x}-L_v$ |
|---|---|---|---|---|---|
| 1 | | | | | |
| 2 | | | | | |
| 3 | | | | | |

# 实验 36 数据记录单

班号：__________日　　期：__________实验地点：____________________
姓名：__________指导老师：__________实验情况：____________________

**双棱镜干涉测量光波波长**

| 次数 | 1 | 2 | 3 | 4 | 5 |
|---|---|---|---|---|---|
| $K_0$/mm | | | | | |
| $K_n$/mm | | | | | |
| $\Delta x_2$/mm | | | | | |
| $K_0$/mm | | | | | |
| $K_n$/mm | | | | | |
| $\Delta x_1$/mm | | | | | |
| $K_{10}$/mm | | | | | |
| $K_{11}$/mm | | | | | |
| $a_1$/mm | | | | | |
| $K_{20}$/mm | | | | | |
| $K_{21}$/mm | | | | | |
| $a_2$/mm | | | | | |

# 实验 37 数据记录单

班号：__________日　　期：__________实验地点：____________________

姓名：__________指导老师：__________实验情况：____________________

**1. 牛顿环测曲率半径**

| | 1 | 2 | 3 | 4 | 5 | 6 |
|---|---|---|---|---|---|---|
| $x_{m左}$/cm | | | | | | |
| $x_{s左}$/cm | | | | | | |
| $x_{s右}$/cm | | | | | | |
| $x_{m右}$/cm | | | | | | |
| $D_m=x_{m右}-x_{m左}$/cm | | | | | | |
| $D_s=x_{s右}-x_{s左}$/cm | | | | | | |

**2. 劈尖干涉测量薄纸的厚度**

(1)接触端和纸边距离 $L$

| $x$(触)/cm | $x$(纸)/cm | $L$/cm |
|---|---|---|
| | | |

(2)条纹总宽度 $L_0$　$k_0=$__________条

| 次数 | 1 | 2 | 3 | 4 | 5 | 6 |
|---|---|---|---|---|---|---|
| $L_始$/cm | | | | | | |
| $L_末$/cm | | | | | | |
| $L_0$/cm | | | | | | |

$L_0$(平均值)=____________________

# 实验 38 数据记录单

班号：__________日　　期：__________实验地点：____________________
姓名：__________指导老师：__________实验情况：____________________

**1. 测量激光波长**

| 实验次数 | $d_0$ | $d_1$ | $d_2$ | $d_3$ |
|---|---|---|---|---|
| $M_2$ 镜位置/mm | | | | |
| 实验次数 | $d_4$ | $d_5$ | $d_6$ | $d_7$ |
| $M_2$ 镜位置/mm | | | | |
| 逐差法/mm | | | | |
| 50 个条纹 $\Delta d$/mm | | | | |

**2. 空气折射率的测定**

室温 $t$=____________℃；大气压强 $P_b$=101325Pa；$L$=0.095m；$\lambda$=632.8nm；$m$=________

| 实验次数 | 1 | 2 | 3 | 4 | 5 | 6 |
|---|---|---|---|---|---|---|
| $p_1$/MPa | | | | | | |
| $p_2$/MPa | | | | | | |
| $\Delta p=(p_2-p_1)$/MPa | | | | | | |
| $\overline{\Delta P}$/MPa | | | | | | |

# 实验 39 数据记录单

班号：__________日　　期：__________实验地点：______________________

姓名：__________指导老师：__________实验情况：______________________

**1. 验证马吕斯定律**

| $\theta$ | | | | | | | | | |
|---|---|---|---|---|---|---|---|---|---|
| $I$ | | | | | | | | | |
| $\cos^2\theta$ | | | | | | | | | |
| $\theta$ | | | | | | | | | |
| $I$ | | | | | | | | | |
| $\cos^2\theta$ | | | | | | | | | |

**2. 测量布儒斯特角**

| 次数 | $\varphi_0$ | $\varphi_1$ | $\varphi_B$ | $\bar{\varphi}_B$ |
|---|---|---|---|---|
| 1 | | | | |
| 2 | | | | |
| 3 | | | | |
| 4 | | | | |
| 5 | | | | |

# 实验 40 数据记录单

班号：__________日　　期：__________实验地点：____________________

姓名：__________指导老师：__________实验情况：____________________

**1. 测量单缝宽度 *d***

| $K$ | 1 | | 2 | | 3 | | 4 | | 5 | |
|---|---|---|---|---|---|---|---|---|---|---|
| | $X_+$ | $X_-$ | $X_+$ | $X_-$ | $X_+$ | $X_-$ | $X_+$ | $X_-$ | $X_+$ | $X_-$ |
| $X$ | | | | | | | | | | |
| $X_{1k}=\frac{\lvert X_+-X_-\rvert}{2}$ | | | | | | | | | | |
| $X_{1i}=X_{1k}/K$ | | | | | | | | | | |
| $\overline{X}_1=\frac{1}{n}\sum_{i=1}^{n}X_{1i}$ | | | | | | | | | | |
| $X$ | | | | | | | | | | |
| $X_{2k}=\frac{\lvert X_+-X_-\rvert}{2}$ | | | | | | | | | | |
| $X_{2i}=X_{2k}/K$ | | | | | | | | | | |
| $\overline{X}_2=\frac{1}{n}\sum_{i=1}^{n}X_{2i}$ | | | | | | | | | | |

**2. 测量单丝直径 *a***

| $K$ | 1 | | 2 | | 3 | | 4 | | 5 | |
|---|---|---|---|---|---|---|---|---|---|---|
| | $X_+$ | $X_-$ | $X_+$ | $X_-$ | $X_+$ | $X_-$ | $X_+$ | $X_-$ | $X_+$ | $X_-$ |
| $X$ | | | | | | | | | | |
| $X_{1k}=\frac{\lvert X_+-X_-\rvert}{2}$ | | | | | | | | | | |
| $X_{1i}=X_{1k}/K$ | | | | | | | | | | |
| $\overline{X}_1=\frac{1}{n}\sum_{i=1}^{n}X_{1i}$ | | | | | | | | | | |
| $X$ | | | | | | | | | | |
| $X_{2k}=\frac{\lvert X_+-X_-\rvert}{2}$ | | | | | | | | | | |
| $X_{2i}=X_{2k}/K$ | | | | | | | | | | |
| $\overline{X}_2=\frac{1}{n}\sum_{i=1}^{n}X_{2i}$ | | | | | | | | | | |

# 实验 41 数据记录单

班号：__________日　　期：__________实验地点：________________________

姓名：__________指导老师：__________实验情况：________________________

**1. 透镜 $f_{01}=$ ____________________（单位：mm）**

| $n$ | $x_n$ | $x_{n+5}$ | $\Delta x = x_{n+5} - x_n$ | $\Delta\bar{x} = \sum_{n=1}^{5} \Delta x_n / 5$ | $M_1$ |
|---|---|---|---|---|---|
| 1 | | | | | |
| 2 | | | | | |
| 3 | | | | | |
| 4 | | | | | |
| 5 | | | | | |

| $f_0$ | $f_e$ | $L_0$ | $L_e$ | $\Delta$ | $L$ | $D$ | $M_1$ | $M_2$ | $\eta$ |
|---|---|---|---|---|---|---|---|---|---|
| | | | | | | | | | |

**2. 透镜 $f_{02}=$ ____________________（单位：mm）**

| $n$ | $x_n$ | $x_{n+5}$ | $\Delta x = x_{n+5} - x_n$ | $\Delta\bar{x} = \sum_{n=1}^{5} \Delta x_n / 5$ | $M_1$ |
|---|---|---|---|---|---|
| 1 | | | | | |
| 2 | | | | | |
| 3 | | | | | |
| 4 | | | | | |
| 5 | | | | | |

| $f_0$ | $f_e$ | $L_0$ | $L_e$ | $\Delta$ | $L$ | $D$ | $M_1$ | $M_2$ | $\eta$ |
|---|---|---|---|---|---|---|---|---|---|
| | | | | | | | | | |

(1)根据 $M_1 = \dfrac{\Delta\bar{x}}{5 \times 0.1} \times 20$ 计算显微镜的实际放大倍数。

(2)根据 $M_2 = \dfrac{\Delta}{f_0} \cdot \dfrac{D}{f_0}$ 计算显微镜的视角放大率。其中，$\Delta = d_{\mathrm{LoLe}} - f_0 - f_e$。

# 实验 42 数据记录单

班号：__________日　　期：__________实验地点：________________________

姓名：__________指导老师：__________实验情况：________________________

**1. 各滤色片光电实验 *I* 与 *U* 数据**

| | | | | | | | | | |
|---|---|---|---|---|---|---|---|---|---|
| 365.0nm | $I$/A | | | | | | | | |
| | $U$/V | | | | | | | | |
| | $I$/A | | | | | | | | |
| | $U$/V | | | | | | | | |
| 404.7nm | $I$/A | | | | | | | | |
| | $U$/V | | | | | | | | |
| | $I$/A | | | | | | | | |
| | $U$/V | | | | | | | | |
| 435.8nm | $I$/A | | | | | | | | |
| | $U$/V | | | | | | | | |
| | $I$/A | | | | | | | | |
| | $U$/V | | | | | | | | |
| 546.1nm | $I$/A | | | | | | | | |
| | $U$/V | | | | | | | | |
| | $I$/A | | | | | | | | |
| | $U$/V | | | | | | | | |
| 577.0nm | $I$/A | | | | | | | | |
| | $U$/V | | | | | | | | |
| | $I$/A | | | | | | | | |
| | $U$/V | | | | | | | | |

光镧直径 $\Phi$=________ $\mu$m

**2. 各波长截止电压**

| $\lambda$/nm | 365.0 | 404.7 | 435.8 | 546.1 | 577.0 |
|---|---|---|---|---|---|
| $\nu/\times10^{14}$ Hz | | | | | |
| $U_c$/V | | | | | |

注：本实验中电流的测量需要换挡，换挡后量程一定要随之记录。

# 实验 43 数据记录单

班号:＿＿＿＿＿＿日　　期:＿＿＿＿＿＿实验地点:＿＿＿＿＿＿＿＿＿＿＿＿

姓名:＿＿＿＿＿＿指导老师:＿＿＿＿＿＿实验情况:＿＿＿＿＿＿＿＿＿＿＿＿

**1. $I_P$ - $V_{G2K}$ 测量数据记录表**

(1)灯丝电压＿＿＿＿＿＿＿＿＿＿＿＿

| $I_P$ | | | | | | | | | | |
|---|---|---|---|---|---|---|---|---|---|---|
| $V_{G2K}$ | | | | | | | | | | |
| $I_P$ | | | | | | | | | | |
| $V_{G2K}$ | | | | | | | | | | |
| $I_P$ | | | | | | | | | | |
| $V_{G2K}$ | | | | | | | | | | |
| $I_P$ | | | | | | | | | | |
| $V_{G2K}$ | | | | | | | | | | |

(2)灯丝电压＿＿＿＿＿＿＿＿＿＿＿＿

| $I_P$ | | | | | | | | | | |
|---|---|---|---|---|---|---|---|---|---|---|
| $V_{G2K}$ | | | | | | | | | | |
| $I_P$ | | | | | | | | | | |
| $V_{G2K}$ | | | | | | | | | | |
| $I_P$ | | | | | | | | | | |
| $V_{G2K}$ | | | | | | | | | | |
| $I_P$ | | | | | | | | | | |
| $V_{G2K}$ | | | | | | | | | | |

注:本实验在测量中电流 $I_P$ 与电压 $V_{G2K}$ 有量程的变化,单位和量程要随时记录。

# 实验 44 数据记录单

班号：__________日　　期：__________实验地点：____________________

姓名：__________指导老师：__________实验情况：____________________

**1. 不同灯丝电压和极板电压时测得的阳极电流值**

| $I$/mA | | 极板电压 $V'$/V | | | | | | | |
|---|---|---|---|---|---|---|---|---|---|
| | | 25 | 36 | 49 | 64 | 81 | 100 | 121 | 144 |
| 灯丝电压 $V$/V | 3.8 | | | | | | | | |
| | 4.2 | | | | | | | | |
| | 4.7 | | | | | | | | |
| | 5.2 | | | | | | | | |
| | 5.6 | | | | | | | | |
| | 6.0 | | | | | | | | |
| | 6.4 | | | | | | | | |

**2. 不同灯丝温度时的 $\lg I$ 与 $\sqrt{V}$ 的换算值**

| $\lg I$ | | 灯丝温度 $T$/K | | | | | | | |
|---|---|---|---|---|---|---|---|---|---|
| $\sqrt{V}$ | | | | | | | | | |
| | | | | | | | | | |
| | | | | | | | | | |
| | | | | | | | | | |
| | | | | | | | | | |
| | | | | | | | | | |

**3. 不同灯丝温度时的零场电流以及 $\lg(I_0/T^2)-1/T$ 的换算值**

| $T$/K | | | | | | | | |
|---|---|---|---|---|---|---|---|---|
| $\lg I_0$ | | | | | | | | |
| $\lg(I_0/T^2)$ | | | | | | | | |
| $1/T$/$K^{-1}$ | | | | | | | | |

# 实验 45 数据记录单

班号：__________日　　期：__________实验地点：________________________
姓名：__________指导老师：__________实验情况：________________________

**1. 基本电荷测量数据记录**

| $n$ | $V_{平}$/(m/s) | $t_1$/s | $t_2$/s | $t_3$/s | $t_4$/s | $\tau$/s | $q$ | $N$ | $e_i$ |
|---|---|---|---|---|---|---|---|---|---|
| 1 | | | | | | | | | |
| 2 | | | | | | | | | |
| 3 | | | | | | | | | |
| 4 | | | | | | | | | |
| 5 | | | | | | | | | |